数据科学与工程技术丛书

TEXT ANALYTICS WITH PYTHON

A PRACTITIONER'S GUIDE TO NATURAL LANGUAGE PROCESSING, SECOND EDITION

Python文本分析

（原书第2版）

[印度] 迪潘简·萨卡尔（Dipanjan Sarkar） 著

闫龙川 高德荃 李君婷 译

机械工业出版社
China Machine Press

图书在版编目（CIP）数据

Python 文本分析（原书第 2 版）/（印）迪潘简·萨卡尔（Dipanjan Sarkar）著；闫龙川，高德荃，李君婷译 . 一北京：机械工业出版社，2020.9
（数据科学与工程技术丛书）
书名原文：Text Analytics with Python: A Practitioner's Guide to Natural Language Processing, Second Edition

ISBN 978-7-111-66677-6

I. P… II. ① 迪… ② 闫… ③ 高… ④ 李… III. 数据处理 IV. TP274

中国版本图书馆 CIP 数据核字（2020）第 186428 号

本书版权登记号：图字 01-2020-1959

Python 文本分析（原书第 2 版）

出版发行：机械工业出版社（北京市西城区百万庄大街 22 号 邮政编码：100037）
责任编辑：李美莹   责任校对：李秋荣
印　　刷：大厂回族自治县益利印刷有限公司   版　　次：2020 年 10 月第 1 版第 1 次印刷
开　　本：185mm×260mm　1/16   印　　张：27.75
书　　号：ISBN 978-7-111-66677-6   定　　价：129.00 元

客服电话：（010）88361066 88379833 68326294   投稿热线：（010）88379604
华章网站：www.hzbook.com   读者信箱：hzit@hzbook.com

译 者 序

自然语言处理和文本分析是当今人工智能研究与应用的重要方向，在人机交互方面拥有广泛的应用和前景，学术界和产业界因此对其投入巨大。目前已经有一些产品陆续面世，在机器学习、问答系统、语音助理、情感分析等方面取得了非常不错的进展，给人们的生活带来了便利。

本书作者 Dipanjan Sarkar 是红帽公司的数据科学家、畅销书作者、顾问和培训师，曾在多家初创公司以及《财富》500 强公司（如英特尔）任职或提供咨询服务。Sarkar 的研究领域涉及数据科学与软件工程，他有着丰富的文本分析研究和工程方面的经验，出版过 R、Python、机器学习、社交媒体分析、自然语言处理和深度学习等方面的著作。作者在 GitHub（https://github.com/dipanjanS/text-analytics-with-python）上开源了本书相关的程序代码和数据集，感兴趣的读者可以下载研究。

本书首先介绍了与文本分析相关的自然语言基本概念，以及 Python 语言的一些特性和常用功能，然后结合示例代码详细阐述了文本理解与处理、特征工程、文本分类、文本摘要与主题模型、文本相似性与聚类、语义分析和情感分析等内容，具有很强的实用性。本书覆盖了文本分析的重要方面，可以为相关应用的开发和研究提供很好的参考作用。

本书是关于自然语言处理的实践教程，作者在本书第 1 版的基础上增加了很多深度学习技术在文本分析方面的最新研究成果。通过学习本书，读者可以全面掌握文本分析的基本概念、一些经典的机器学习方法和前沿的深度学习技术，包括 SVM、贝叶斯分类器、k-均值聚类、层次聚类、Word2Vec、GloVe、FastText 等。本书为读者进一步的学习和研究奠定了基础，感兴趣的读者可以继续研究和探索深度学习技术在文本分析中的应用，这是人工智能应用中发展非常迅速的领域。

最后，感谢本书的作者和机械工业出版社华章公司的编辑，是他们的鼓励和支持，使本书能够与读者见面。感谢家人的理解。尽管我们努力准确地表达出作者的思想和方法，但仍难免有不当之处，敬请各位亲爱的读者指出译文中的错误，我们将非常感激。

译者
2020 年 4 月

推　荐　序

得益于机器学习（machine learning）的发展，文本分析（text analytics）和自然语言处理（Natural Language Processing，NLP）的强大功能已开始不负众望。

如果你已经阅读过本书的第 1 版，那么你可能已有所了解。该书于 2016 年出版并迅速成为自然语言处理社区的主要参考书籍。然而，在技术世界中，几年时间太漫长了！因此欢迎阅读本书第 2 版！

尽管本版保留了第 1 版的核心内容，但全书仍进行了许多更新和修改。值得注意的是，随着神经网络在自然语言处理方法中越来越重要，文本分类（text classification）和情感分析（sentiment analysis）已扩展到包括传统的机器学习模型和深度学习模型。此外，主题建模（topic modeling），即一系列抽象主题发现技术的集合，已得到进一步开发，包括了许多互补方法，并利用了其他 Python 库。

还有一个关于特征工程的全新章节，特征工程在自然语言处理和文本数据中发挥着特别重要的作用，其中涵盖了传统方法和基于神经网络的方法。此外，如今在自然语言处理方面对深度学习已进行了很多探讨，但我们有一种明显的感觉，即这仅仅只是开始。为此，本书包括全新的一章专门介绍使用深度学习进行自然语言处理。

为什么要阅读本书？因为本书不仅涵盖了各种前沿文本分析和自然语言处理技术背后的思想和直觉的知识，而且还全面介绍了实现这些思想的实用方法和 Python 代码，使读者可以灵活使用它们。Sarkar 已经证明了他在文本分析方面的知识和指导的价值，所以阅读本书第 2 版，了解这些扩展和更新，会是一个很棒的主意。

Matthew Mayo

编辑，KDnuggets

@mattmayo13

前　言

　　数据是新的"石油"，特别是文本、图像和视频等非结构化数据，包含了丰富的信息。然而，由于处理和分析这类数据的内在复杂性，人们经常避免在处理结构化数据集之外花费额外的时间和精力去冒险分析这些非结构化数据源，而这些非结构化数据源有可能是潜在的金矿。自然语言处理（NLP）就是所有与利用工具、技术和算法去处理和理解基于自然语言的数据有关的事物，这些数据往往像文本、语音等一样，是非结构化的。在本书中，我们将研究经过验证的策略——技术和工作流程，从业者和数据科学家可以利用这些技术和工作流程从文本数据中提取有用的见解。

　　在当今这个快节奏的世界中，成为计算机视觉和自然语言处理等领域的专家已经不再是一个奢望，而是任何一位数据科学家所必需的。本书是一本从业者的参考指南，读者可以从中学习和应用 NLP 技术，从充满噪声和非结构化的文本数据中提取可供操作的见解。本书可帮助读者理解 NLP 中的关键概念，并通过广泛的案例研究和实际示例，帮助读者掌握应用 NLP 解决实际问题的最先进的工具、技术和框架。我们使用 Python 3 和最新的、最先进的框架，包括 NLTK、Gensim、spaCy、Scikit-Learn、TextBlob、Keras 和 TensorFlow，来展示本书中的示例。你可以在 GitHub 上找到本书中所有的例子，地址为 https://github.com/dipanjanS/text-analytics-with-python。

　　到目前为止，在该领域的学习过程中，我一直在与各种问题作斗争，面临了许多挑战，也随着时间的推移吸取了各种教训。这本书包含了我在文本分析和自然语言处理领域获得的大量知识，在这些领域，仅仅基于一堆文本文档构建一个花哨的词云已经不再足够。也许学习文本分析的最大问题不是缺乏信息，而是信息太多，这通常称为信息过载。有太多的资源、文档、论文、书籍和期刊，包含了太多的内容，以至于常常会让这个领域的新手不知所措。你可能会问这样的问题：解决问题的正确方法是什么？文本摘要是如何工作的？哪些框架最适合解决多类文本分类问题？等等。通过将数学和理论概念与使用 Python 的真实案例研究的实际实现相结合，本书试图解决这个问题，并帮助读者避免迄今为止我在学习过程中遇到的紧迫问题。

　　本书遵循了一个全面的结构化的方法。首先，在最初的章节中，本书介绍了自然语言理解和 Python 文本数据处理的基础知识。一旦你熟悉了这些基础知识，我们将介绍文本处理、解析和理解。接下来，我们将在余下的每一章中讨论文本分析中一些有趣的问题，包括文本分类、聚类和相似性分析、文本摘要和主题模型、语义分析和命名实体识别、情感分析和模型解释。最后一章是一个有趣的章节，介绍了由深度学习和迁移学习带来的 NLP 的最新进展，我们还介绍了一个使用通用句子嵌入进行文本分类的示例。

　　本书的目的是让你感受文本分析和 NLP 的广阔前景，并用必要的工具、技术和知识武装你，以便于解决你需要解决的问题。我希望本书对你有所帮助，并祝你在文本分析和 NLP 的世界中度过愉快的学习旅程！

致　谢

如果没有一些出色的人和组织提供帮助和支持，本书绝不可能出版。首先，非常感谢所有读者，你们不仅阅读了我的书，还提供了宝贵的反馈和见解。确实，我从你们身上学到了很多东西，并且仍会继续。你们的反馈已帮助我使本书的新版成为现实！我还要感谢Apress的整个团队，他们在幕后孜孜不倦地为读者打造和出版高质量的内容。

特别感谢整个 Python 开发者社区，尤其是 NumPy、SciPy、Scikit-Learn、spaCy、NLTK、Pandas、Gensim、Keras、TextBlob 和 TensorFlow 等框架的开发人员。感谢像 Anaconda 这样的组织，因为它使数据科学家的日常更加轻松，并围绕数据科学、人工智能和自然语言处理建立了一个令人惊叹的生态系统，该生态系统随着时间的推移呈指数级增长。

我还要向我的朋友、同事、老师、经理和祝福者表示诚挚的谢意，感谢他们提供了宝贵的建议、强大的动力和良好的想法。如果没有以下几个人的帮助和一些优秀的资源，本书中的许多内容是不可能完成的。我要感谢 Christopher Olah，他为 LSTM 模型提供了一些出色的描述和解释（http://colah.github.io）；感谢 Pramit Choudhary 帮助我通过 Skater 进行了模型解释的大量工作；感谢 François Chollet 创建了 Keras，并写了一本关于深度学习的好书；感谢 Raghav Bali，他与我合著了几本书，并帮助我重新构思了本书的许多内容；感谢 Srdjan Santic，他是本书的出色代言人，并给了我很多宝贵的反馈意见；感谢 Matthew Mayo 为本书撰写推荐序，并在 KDnuggets 上发布了令人赞叹的内容；感谢我在 Towards Data Science、Springboard 和 Red Hat 的整个团队，帮助我每天学习和成长。同时，还要感谢行业专家，包括 Kirk Borne、Tarry Singh、Favio Vazquez、Dat Tran、Matt Dancho、Kate Strachnyi、Kristen Kehrer、Kunal Jain、Sudalai Rajkumar、Beau Walker、David Langer、Andreas Kretz 等，他们帮助我每天学习更多，并让我保持动力。

我还要感谢我的父母 Digbijoy 和 Sampa、我的伴侣 Durba、我的宠物和祝福者，感谢他们一如既往的爱、支持和鼓励，这促使我努力实现更多的目标。最后，我要再次感谢 Apress 的整个团队，特别是 Welmoed Spahr、Aditee Mirashi、Celestin John、Santanu Pattanayak 和本书编辑，感谢他们共同参与这一美好旅程。

Dipanjan Sarkar

作 者 简 介

　　迪潘简·萨卡尔（Dipanjan Sarkar）是红帽（Red Hat）公司的数据科学家、畅销书作者、顾问和培训师。曾在多家初创公司以及《财富》500强公司（如英特尔）任职并提供咨询服务，主要致力于利用数据科学、高级分析、机器学习和深度学习来构建大规模智能系统。他拥有数据科学和软件工程专业的硕士学位，是自学教育和大规模开放在线课程的坚定支持者。他目前涉足开源产品领域，致力于提高全球开发人员的生产力。

　　迪潘简多年来一直从事数据分析工作，他的重点研究方向包括机器学习、自然语言处理、统计方法和深度学习。他对数据科学和教育充满热情，还在 Springboard 等各种组织中担任 AI 顾问和导师，帮助人们提升数据科学和机器学习等方面的技能。他还是 *Towards Data Science*——一家专注于人工智能和数据科学的领先在线期刊的主要撰稿人和编辑。迪潘简还撰写过有关 R、Python、机器学习、社交媒体分析、自然语言处理和深度学习的书籍。

　　迪潘简的研究兴趣包括新技术、金融市场、颠覆性初创企业、数据科学、人工智能和深度学习。在业余时间，他喜欢阅读、游戏、观看流行的情景喜剧和足球，并在 https://medium.com/@dipanzan.sarkar 和 https://www.linkedin.com/in/dipanzan 上撰写趣味横生的文章。他还是开源的坚定支持者，在 GitHub（https://github.com/dipanjanS）上公开了他的书中的代码和分析。

技术审校者简介

桑塔努·帕塔纳亚克（Santanu Pattanayak）目前在通用电气公司（GE）工作，是一名数据科学家，并且是深度学习著作《TensorFlow 专业深度学习：数学原理与 Python 实战进阶》的作者。他拥有约 12 年的工作经验，其中有 8 年是在数据分析与数据科学领域。他还具有开发和数据库技术方面的背景。加入 GE 之前，他还在 RBS、Capgemini 和 IBM 等公司工作过。他毕业于加尔各答的 Jadavpur 大学，获得了电子工程学位，并且是一个狂热的数学爱好者。桑塔努目前正在海得拉巴的印度理工学院（IIT）攻读数据科学硕士学位。他还参与了数据科学黑客马拉松和 Kaggle 竞赛，并进入了全球前 500 名。桑塔努在印度西孟加拉邦出生并长大，目前与妻子一起住在印度班加罗尔。

目　录

第1章
自然语言处理基础

我们已迎来了大数据时代，组织和企业越来越难以管理由各种系统、过程和事务生成的所有数据。由于数据的 3 个 V——高容量（volume）、多样性（variety）、高速度（velocity）的模糊的定义，导致了大数据（Big Data）这个术语常常被误用。这是因为人们有时很难准确地量化什么数据属于"大"。一些人可能把数据库中的十亿条记录看作大数据，但是与各种传感器甚至社交媒体生成的 PB 级数据相比，实际上该数据就显得量级相对较小。所有组织，无论其从属何种行业领域，现今都有体量巨大的非结构化文本数据。仅举一些例子，我们有巨量的各种形式的推特数据、状态消息、散列标签、文章、博客、维基信息和其他更多的社交媒体数据。即使在零售业和电子商务商店，也会基于新产品信息、客户评价和反馈元数据生成大量的文本数据。

与文本数据相关的挑战主要有两个方面。第一方面涉及数据的有效存储和数据管理。通常，文本数据是非结构化的，与关系数据库不同，它不遵循任何特定的预定义数据模型或模式。然而，基于数据语义，你可以将数据存储在基于 SQL 的数据库管理系统，如 SQL Server 和 MySQL，或存储在基于 NoSQL 的系统，如 MongoDB 和 CouchDB，以及最近出现的基于信息检索的数据存储，如 ElasticSearch 和 Solr。

拥有海量文本数据集的组织通常使用数据仓库，以及如 Hadoop 这样的基于文件的系统，他们将数据转储到 Hadoop 分布式文件系统（HDFS），并按需进行访问，这是数据湖（data lake）的主要原理之一。

第二方面是数据分析，以及尝试从中提取有意义的模式和有用的见解。虽然我们有大量能任意使用的机器学习和数据分析技术，但其中大多数技术适用于数值型数据，所以我们必须借助于自然语言处理（NLP）和专门的技术、变换和模型来分析文本数据，或者更具体的自然语言，它与机器容易理解的结构化数据和常规编程语言显著不同。请记住，高度非结构化的文本数据并不遵循结构化或规范化的语法和模式，因此我们不能直接使用机器学习模型或统计模型来分析它。

非结构化数据，特别是文本、图像和视频，包含了丰富的信息。然而，由于处理和分析这些数据的内在复杂性，人们常常避免在处理结构化数据集之外花费额外的时间和精力去冒险分析这些非结构化数据源，而这些非结构化数据源可能是一个潜在的金矿。NLP 就是所有与利用工具、技术和算法来处理和理解基于自然语言的数据有关的事物，这些数据通常是非结构化的（如文本、语音等）。在本书中，我们将介绍 NLP 的基本概念和技术。然而，在我们深入研究分析文本数据的特定技术或算法之前，我们将介绍一些与自然语言和非结构化文本相关的核心概念和原则。其主要目的是让你熟悉与 NLP 和文本分析相关的概念和领域。

在本书中，我们主要使用 Python 编程语言来访问和分析文本数据。作为升级版，我们主要使用 Python 3.x 和最新的、最先进的开源框架来进行分析工作。本章中的示例非常简单易懂。但是，如果你想先了解 Python、基本框架和组成，可以先快速浏览第 2 章的内容。

在学习更高级主题，如文本语料库、NLP、深度学习和文本分析之前，我们在本章将介绍与自然语言、语言学、文本数据格式、句法、语义和语法（这些都是 NLP 本身的主要部分）相关的一些概念。本章中所有的代码示例可在 GitHub 存储库下载，你可以访问 https://github.com/dipanjanS/text-analytics-with-python/tree/master/New-Second-Edition。

1.1 自然语言

虽然文本数据是非结构化数据，但它通常属于特定语言，遵循特定的语法和语义。任何文本数据，如简单的单词、句子或文档，都可以追溯到一些自然语言。在本节中，我们将讨论自然语言的定义、语言哲学、语言习得和语言的用法。

1.1.1 什么是自然语言

要理解文本分析和 NLP，我们需要了解到底是什么形成了语言的"自然性"。简单来说，自然语言是人类基于自然使用和交流而发展演化而来的语言，而不是像计算机编程语言那样由人工构造和创建的语言。

不同的人类语言，如英语、日语和梵语，都是自然语言。自然语言可以以不同的形式进行沟通，包括说话、写作，甚至使用符号。已经有大量的学术研究工作致力于理解语言的起源、本质和哲学。我们将在下一节中简要讨论这些。

1.1.2 语言哲学

我们现在知道了自然语言是什么。但想想以下的问题：一门语言的起源是什么？英国人的语言"English"是因何形成的？"fruit"这个单词的意义是如何产生的？人们如何使用语言进行交流沟通？无疑，这些都是一些非常重大的哲学问题。

我们现在来看看语言哲学，它主要涉及以下 4 个问题。

- ❑ 语言意义的本质
- ❑ 语言用法
- ❑ 语言认知
- ❑ 语言与现实之间的关系

语言意义的本质涉及语言的语义和意义自身的本质。这里，语言哲学家或语言学家试图找出语言对实际事物对象的意义，也就是说，任何单词或句子的意义如何起源和产生，以及语言中不同的单词如何成为彼此的同义词并形成联系。另一个重要的研究内容是语言的结构和句法是如何为语义奠定好基础，或者更具体地说，具有自身意义的单词如何被结构化地组织，以形成有意义的句子。语言学（linguistics）是对语言的科学研究，它是一个处理这些问题的专业领域。

　　句法、语义、语法和解析树是解决这些问题的一些方法。意义的本质可以在两个人之间的语言学中得到表达，这里的两个人分别称为发送者和接收者。另外，从非语言学的角度来看，诸如身体语言、既有经验和心理作用等都是语言意义的影响因素，考虑到这些因素，每个人都会以自己的方式感知或推断出语言的意义。

　　语言用法更关心语言在各种场景和人类之间的交流中是如何作为一个实体使用的。这包括言语分析和说话时的语言用法，其中包括说话者的意图、语气、内容和表达消息时涉及的相关动作。在语言学中这通常称为言语行为（speech act）。更高级的概念，如语言创作的起源和人类认知活动（例如语言习得——负责研究语言的学习和使用）也受到了重点关注。

　　语言认知（language cognition）侧重于研究人脑的认知功能如何实现理解和解释语言。考虑典型的发送者和接收者例子，涉及从消息沟通到解释的许多行为。语言认知试图发现大脑如何将特定单词组合并关联为句子，再变为有意义的消息，当发送者和接收者使用语言来沟通消息时，语言与他们思维过程的关系是什么。

　　语言与现实之间的关系探讨语言表达的真实程度。通常，语言哲学家试图度量这些表达的事实符合度，以及它们如何与我们现实世界中的特定事件相关。这种关系可以用几种方式表示，我们将探讨其中的一些。

　　"语义三角形"是最流行的语义模型之一，其用于解释单词如何在接收者的大脑中传达意义和想法，以及该意义如何与现实世界中的实体对象或事实联系起来。语义三角形模型由查尔斯·奥格登（Charles Ogden）和艾佛·理查德（Ivor Richards）在他们的著作 *Meaning of Meaning* 中提出，模型如图 1-1 所示。

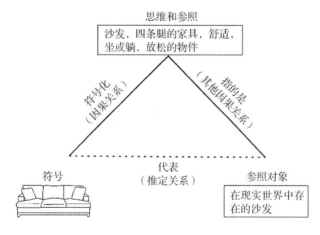

图 1-1　语义三角形模型

　　语义三角形模型也被称为意义之意义模型。图 1-1 描述了一个沙发被一个人感知的实际例子。符号（symbol）表示语言符号，比如能唤起人脑中思维的单词或物体。在这个例子中，符号是沙发，这唤起了什么是沙发的思维，即一件可以用于坐着或躺下的放松的家具，一种能让我们感到舒适的物件。这些思维被称为参照，通过这个参照，人们能够将它与存在于现实世界中的称为参照对象的物体相关联。在本例中，参照对象是现实世界中的沙发。

　　找到语言和现实之间关系的第二种方式被称为方向匹配（direction of fit），我们将在这里讨论两个主要方向。"单词 – 世界"（word-to-world）的方向匹配讨论的是语言使用能够反映现实的情况，即使用单词来匹配或关联现实世界中正在发生的或已经发生的事情。举一个例子，句子"埃菲尔铁塔真的很大"，它强调了现实世界中的一个事实。另一个方向匹配被称为"世界 – 单词"（world-to-word），它讨论的是语言使用可以改变现实的情况。举一个例子，句子"我要去游泳"，在这里人物"我"通过"要去游泳"正在改变现实，而且通过正在交流的语句表达了这个事实。图 1-2 显示了两种方向匹配之间的关系。

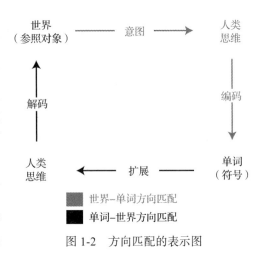

图 1-2　方向匹配的表示图

基于从现实世界感知的参照对象，一个人可以形成以符号或单词形式的表达，并且可以将其完全相同地传达给另一个人。这就基于所接收的符号形成了对真实世界的表示，从而构成一个循环。

1.1.3　语言习得和用法

到目前为止，我们已经掌握了自然语言所表示的意思和语言背后的概念，以及它的本质、意义和用法。本节我们将更深入地讨论人类如何使用认知能力来感知、理解和学习语言，最后我们将讨论之前简要讨论过的语言用法的主要形式，如言语行为。重要的是不仅要理解自然语言的含义，而且要理解人类如何解释、学习和使用语言，以便我们在尝试从文本数据中提取见解时，能够在算法和技术中编程模拟其中的一些概念。很多人可能已经看到了基于这些原则的最新进展，包括深度学习、序列建模、生成模型和认知计算。

1. 语言习得和认知学习

语言习得被定义为人类基于听觉和感知，利用认知能力、知识和经验来理解语言的过程。这促使人类之间开始按照单词、短语和句子使用语言进行相互交流。简单来说，获取和产生语言的能力被称为语言习得。

语言习得的研究历史可追溯到几个世纪前，哲学家和学者曾试图推理和理解语言习得的起源，并提出了几种理论，例如将其看作一种代代相传下来的天赋能力。柏拉图等学者指出，单词和意义之间的映射在语言习得中起关键作用。许多学者和哲学家也提出了现代理论，在一些流行理论中，最为著名的是伯尔赫斯·斯金纳（Burrhus Skinner）指出的知识、学习和语言的使用更多是一种自然的行为。

任何语言符号都是基于某种刺激，由于对它们反复使用，会在年幼儿童的记忆中得到增强。这个理论基于操作性条件反射（operant conditioning）或工具性条件反射（instrumentation conditioning），这是一种条件反射学习，其中基于其后果（例如奖励或惩罚）进行特定行为或行动强度的调整，并且这些后果的刺激有助于增强或控制行为和进行学习。

举一个例子，孩子们可以学到某个单词发音的一个特定声音组合，这可能是通过他们的父母对该单词的反复使用，或者是通过他们正确地读出这个单词时得到的奖赏回报，或者是通过说错时被纠正。这种反复的条件反射最终会强化孩子记忆中关于该单词的实际意义和理解。总而言之，孩子们主要是在行为上通过听和模仿成年人，来学习和使用语言。

然而，这种行为理论受到了著名的语言学家诺姆·乔姆斯基（Noam Chomsky）的质疑，他认为，孩子们不可能仅通过模仿成人的一切来学习语言。这个假设在下面的例子中是有效的。虽然像"go"和"give"这样的单词是正确有效的，但是孩子们最后常常会使用这个单词的无效形式，例如使用"goed"或"gived"来代替过去时态的"went"或"gave"。

我们知道他们的父母没有在孩子面前说出这些单词，所以根据先前斯金纳的理论，孩子们就不可能习得这些。因此，乔姆斯基提出孩子们不仅会模仿他们所听到的言语，而且还从相同的语言结构中提取模式、语法和规则，这与仅仅运用基于行为的通用认知能力是不同的。

按照乔姆斯基的观点，认知能力以及与特定语言相关的知识和能力，如句法、语义、言语概念和语法，一起形成了他所称的"语言习得机制"，从而使人类具备了语言习得的能力。除了认知能力之外，在语言学习中独特和重要的还有语言本身的语法，这在他的名句"Colorless green ideas sleep furiously"中进行了强调。这个句子是没有意义的，因为colorless 与 green 矛盾，ideas 不能与 green 关联，它们也不能与 sleep furiously 搭配。然而，从语法上来讲，这个句子是正确的。

这正是乔姆斯基试图解释的，句法和语法描述的信息独立于词的意义和语义。因此，他提出与其他认知能力相比，语言句法的学习和识别是人类的一种独特能力。这个假设也被称为句法自主性（autonomy of syntax）。当然，这些理论仍然受到学者和语言学家的广泛争论，但是对于探索人类大脑如何习得和学习语言都非常有益。现在，我们将看看通常情况下语言使用的典型模式。

2. 语言用法

上一节讨论了言语行为以及如何使用方向匹配模型将单词和符号与现实相关联。在本节中，我们将介绍与言语行为相关的一些概念，重点讲述在交流中使用语言的不同方式。言语行为主要分为三类：言内（locutionary）行为、言外（illocutionary）行为和言后（perlocutionary）行为。

❑ 言内行为主要涉及当句子通过说话从一个人表达给另一个人时的实际传递。

❑ 言外行为更关注于所表达句子的实际语义和意图。

❑ 言后行为是指言语表达对其接收者的实际影响，更注重心理或行为角度。

举一个简单的短语例子，父亲对孩子说："把桌上的书给我。"这位父亲说出短语时就形成了言内行为。这句话的意图是一条指令，命令孩子替他去从桌上取书，形成一种言外行为。孩子听到后所采取的行动，也就是说，如果他把书从桌子取给他的父亲，则形成了言后行为。我们在上面这个例子中所讨论的言外行为是一条指令。根据哲学家约翰·塞尔（John Searle）的理论，总共有如下五种不同类型的言外行为：

❑ 断言（assertive）

❑ 指令（directive）

❑ 承诺（commissive）

❑ 表达（expressive）

❑ 宣告（declaration）

断言是说明事物已经存在于世界的言语行为。当发送者试图断言一个在现实世界中可能是真或假的主张时，发送者说出的就是断言。这些断言可以是声明或宣告。举一个简单的例子，"地球绕着太阳转"。这些信息表示前面讨论的单词 – 世界的方向匹配。

指令是发送者向接收者传达要求或指挥他们做某事的言语行为。这表示了一个接收者在接收到来自发送者的指令之后可能进行的自愿行为。这些指令可以被遵从也可以不被遵从。它们可以是简单请求，或者甚至可以是指令或命令。"把桌上的书给我"是一个指令类示例，我们先前谈论言语行为类型时讨论过。

承诺是发送者或发言者按其所说，承诺一些未来自愿行为或行动的言语行为。诸如许诺、誓言、保证和宣誓等言语行为即为承诺，其匹配方向可以有两种。"我保证明天会去那里参加仪式"是一个承诺类的例句。

表达表明发送者或发言者对通过消息所传递的特定主张的意向和观点。它可以包含各种表现形式或情感类型，例如祝贺、讽刺等。"恭喜你以全班第一的成绩毕业"是一个表达类的例句。

宣告是强力的言语行为，因为它们具有基于发言者或发送者所表达的消息中宣称的主张来改变现实的能力。它的方向匹配通常为"世界 – 单词"模式，但也可以是相反方向。"我在此宣布他犯有所有指控的罪行"是一个宣告类的例子。

这些言语行为是人类之间使用和传递语言的主要方式，我们往往并不会意识到，在一天中，我们可能会使用上述言语行为上百次。现在来看看语言学以及一些与它相关的主要研究领域。

1.2　语言学

我们已经介绍了什么是自然语言、语言是如何被学习和使用的、语言习得的起源。在语言学中，这些是语言学家等研究人员和学者们所正式研究的内容。严格来讲，语言学被定义为对语言的科学研究，包括语言的形式和句法、意义和由语言用法和使用上下文描述的语义。语言学的起源可追溯到公元前 4 世纪，当时的印度学者和语言学家帕尼尼（Panini）对梵语语言进行了形式化描述。大约在 1847 年术语"语言学"（linguistics）首先被提出用来表明对语言的科学研究，在此之前被用于表达相同意思的术语是"文献学"（philology）。虽然文本分析不需要语言学的详细知识，但是了解语言学的不同领域还是十分有用的，因为其中一些领域在 NLP 和文本分析算法中被广泛使用。在语言学中，主要的研究领域如下。

❑ 语音学（phonetics）：这是对在讲话过程中由人类声道产生的声音的声学属性方面的研究。它包括研究声音的属性，以及声音如何被人类创造和感知。人类语音的最小个体单元称为音位（phoneme），这通常是区别于特定语言的。对于这个语音单元，一个更通用的术语是音素（phone）。

❑ 音韵学（phonology）：这是对人类思维如何解释声音模式的研究，用于区分不同的音位。通常，通过逐一考虑特定语言来详细研究音位的结构、组合和解释。英语由大约 45 个音位组成。音韵学通常不止研究音位，还包括口音、语气和音节结构等内容。

❑ 句法（syntax）：这通常是对句子、短语、单词及其结构的研究。它包括研究单词如何在语法上组合在一起以构成短语和句子。在短语或句子中,使用单词的句法顺序很重要,因为顺序会完全改变其含义。

❑ 语义(semantics):这涉及语言中意义的研究,并且可以进一步细分为词汇语义(lexical semantics)和成分语义(compositional semantics)。

  ○ 词汇语义:使用形态和句法来研究单词和符号的意义。

  ○ 成分语义:研究单词和单词组合之间的关系,理解短语和句子的意义以及它们之间的相关性。

❑ 形态学(morphology):语素(morpheme)是具有区别性意义的最小语言单元。这包括单词、前缀、后缀等具有各自不同含义的内容。形态学是对一门语言中这些不同单元或语素的结构和意义的研究。特定的规则和句法通常是控制语素组合在一起的方式。

❑ 词汇(lexicon):这是对语言中使用的单词和短语的属性以及它们如何构建语言词汇的研究。这些包括何种声音与单词的含义相关联、单词所属的词性,以及它们的形态构成。

❑ 语用学(pragmatics):研究语言和非语言因素(如上下文和场景)如何影响一条消息或一个话语所表达的意义。这包括设法推断在沟通交流中是否存在隐含或间接的意义。

❑ 话语分析(discourse analysis):它通过人们的对话来分析语言和以句子形式的信息交换。这些对话可以通过口头、书面,甚至手势进行表达。

❑ 文体学(stylistics):这是侧重于对语言写作风格的研究,包括语气、口音、对话、语法和语态类型。

❑ 符号学(semiotics):这是对符号、标签和符号过程以及它们如何传达意义的研究。这个领域涵盖类比、隐喻和象征主义等内容。

上述内容是语言学研究探讨的主要领域,但语言学属于一个庞大的领域,其范围远远大于这里所提及的内容。然而,诸如语言句法和语义之类的内容是一些最重要的概念,这些概念通常是 NLP 的基础。因此,我们在以下章节将更深入地介绍它们。为了更好地理解,我们用实际的例子来展示一些概念。如果你想继续并亲自运行这些示例,还可以在 GitHub 存储库 https://GitHub.com/dipanjanS/text-analytics-with-python/tree/master/New-Second-Edition 中查看 Jupyter notebook 的第 1 章。在你的 Python 环境中加载以下依赖项。安装和设置 Python 和特定框架的详细说明将在第 2 章中介绍。

```
import nltk
import spacy
import numpy as np
import pandas as pd

# following line is optional for custom vocabulary installation
# you can use nlp = spacy.load('en')
nlp = spacy.load('en_core', parse=True, tag=True, entity=True)
```

1.3 语言句法和结构

我们已经知道语言句法和结构所表示的内涵。句法和结构通常是密切相关的,一组特定的规则、约定和原则控制了将单词组合为短语的方式。短语组成从句、从句组成句子。

我们将在本节专门讨论英语的句法和结构，因为在本书中我们将处理英文类型的文本数据。当然，这些概念很多也可以扩展到其他语言类型。关于语言结构和句法的知识对许多领域有所帮助，例如文本处理、文本标注，以及进一步的文本分析，如文本分类或摘要。

在英语中，单词常常组合在一起形成其他成分单元。这些成分包括单词、短语、从句和句子。所有这些成分在任何消息中一起存在，并且在层次结构中彼此相关。此外，句子是一种表达一组词汇的结构化格式，前提是它们遵循某些句法规则，如语法。让我们举一个例子，"The brown fox is quick and he is jumping over the lazy dog"。下面的代码片段向我们展示了这个句子在 Python 中的表示。

```
sentence = "The brown fox is quick and he is jumping over the lazy dog"
sentence
```

```
'The brown fox is quick and he is jumping over the lazy dog'
```

单词的语法和顺序一定会给句子赋予意义。如果我们把单词弄乱了怎么办？这个句子还能说得通吗？

```
words = sentence.split()
np.random.shuffle(words)
print(words)
```

```
['quick', 'is', 'fox', 'brown', 'The', 'and', 'the', 'is', 'he', 'dog',
'lazy', 'jumping', 'over']
```

如图 1-3 所示，这一串无序的单词肯定很难理解，不是吗？

根据图 1-3 中的单词集合很难确定它可能正在尝试传递什么。事实上，语言不仅仅是非结构化词汇的堆叠。正确的句法不仅有助于我们获取正确的句子结构和相关词，也可以帮助句子根据单词的顺序或位置来表达意义。就我们先前的"句子→从句→短语→单词"的层次结构而论，我们能使用浅层解析（shallow parsing）构建图 1-4 中的分层句子树，浅层解析是一种用于查找句子成分的技术。

```
dog  the  over  he
lazy  jumping  is  the  fox
and  is  quick  brown
```

图 1-3　没有任何关系或结构的单词集合

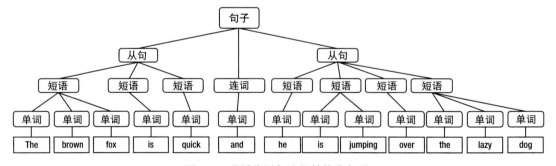

图 1-4　遵循分层句法的结构化句子

根据图 1-4 中的分层树我们得到了结构化的有意义的句子"The brown fox is quick and he is jumping over the lazy dog"。可以看到，分层树的叶节点由单词组成，这些单词是树的最小单元，单词之间组合形成短语，短语再依次形成从句。从句通过各种填充词或单词（如连词）连接在一起，形成最终的句子。在下一节，我们将进一步详细介绍这里提及的每种成分，了解如何分析它们，并找出主要的句法类别。

1.3.1 单词

单词（word）是一门语言中的最小独立单元，具有其特有的含义。虽然语素是有独特意义的最小语言单元，但语素与单词不同，它不是独立的，而一个单词可以由几个语素组成。标注和标记单词并分析其词性（Part Of Speech，POS）对于查看主要句法类别是有用的。在这里，我们将介绍各种 POS 标签的主要类别和意义。后续在第 3 章中我们将进一步详细研究它们，并学习编程生成 POS 标签的方法。通常，单词可以归为以下主要的类别之一。

- ❑ 名词（noun）：通常表示描述一些可能是有生命的或没有生命的对象或实体的单词。例如 fox、dog、book 等。名词的 POS 标签符号是 N。
- ❑ 动词（verb）：动词是用来描述某些动作、状态或事件的单词。动词有各种各样的子类，如助动词（auxiliary）、反身动词（reflexive）和及物动词（transitive）等。动词的一些典型例子如 running、jumping、read 和 write。动词的 POS 标签符号是 V。
- ❑ 形容词（adjective）：形容词是用于描述或限定其他单词（通常是名词和名词短语）的单词。短语 beautiful flower 有一个名词（N）flower，用形容词（ADJ）beautiful 来描述或限定。形容词的 POS 标签符号是 ADJ。
- ❑ 副词（adverb）：副词通常用作其他单词的修饰词，包括名词、形容词、动词或其他副词。短语 very beautiful flower 有副词（ADV）very，它修饰形容词（ADJ）beautiful，表明 flower 的 beautiful 程度。副词的 POS 标签符号是 ADV。

除了上面这 4 个主要类别的词类外，还有其他词类也在英语中经常出现。这些词类包括代词（pronoun）、介词（preposition）、感叹词（interjection）、连词（conjunction）和限定词（determiner）等。而且每个 POS 标签均可进一步细分，如名词（N）可以进一步细分为单数名词（NN）、单数专有名词（NNP）和复数名词（NNS）。我们将在第 3 章中更详细地介绍 POS 标签，到时我们将处理和解析文本数据并实现使用 POS 标注器来标注文本。考虑先前的例句"The brown fox is quick and he is jumping over the lazy dog"，在 Python 中使用 NLTK 或 spaCy 对该句子进行 POS 标签标注，如图 1-5 所示。

```
pos_tags = nltk.pos_tag(sentence.split())
pd.DataFrame(pos_tags).T
```

	0	1	2	3	4	5	6	7	8	9	10	11	12
0	The	brown	fox	is	quick	and	he	is	jumping	over	the	lazy	dog
1	DT	JJ	NN	VBZ	JJ	CC	PRP	VBZ	VBG	IN	DT	JJ	NN
2	DET	ADJ	NOUN	VERB	ADJ	CCONJ	PRON	VERB	VERB	ADP	DET	ADJ	NOUN

图 1-5 利用 NLTK 对单词进行 POS 标签标注

我们将在第 3 章详细介绍每个 POS 标签的意义。但是，你依然可以使用 spaCy 来理解每个标签标注的高级语义，如图 1-6 所示。

```
spacy_pos_tagged = [(word, word.tag_, word.pos_) for word in nlp(sentence)]
pd.DataFrame(spacy_pos_tagged).T
```

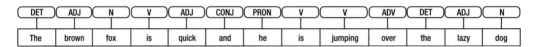

图 1-6　利用 spaCy 对单词进行 POS 标签标注

从图 1-6 所示的输出可以看到，标签标注在两个框架中都是匹配的。在内部，它们使用 Penn Treebank 表示法进行 POS 标签标注。回到我们的讨论上来，使用基本 POS 标签对句子进行简单标注，如图 1-7 所示。

DET	ADJ	N	V	ADJ	CONJ	PRON	V	V	ADV	DET	ADJ	N
The	brown	fox	is	quick	and	he	is	jumping	over	the	lazy	dog

图 1-7　对单词进行 POS 标签标注

从本例中，你可能会注意到一些不熟悉的标签。标签 DET 代表限定词，用于描述数量，如 a、an、the 等。标签 CONJ 表示连词，通常用于连接从句以形成句子。PRON 标签代表代词，表示用于表达或替代名词的单词。标签 N、V、ADJ 和 ADV 是典型的开放性词类，代表属于开放性词汇表的词。开放性词类（open class）由无限的单词集组成，并且普遍接受向词汇表中添加人们创造的新单词。单词通常通过诸如形态派生（morphological derivation）、基于用法的发明和创建复合词（compound lexeme）等过程被添加到开放性词类中。最近添加的一些流行名词包括"Internet"（因特网）和"multimedia"（多媒体）。封闭性词类（closed class）由一个封闭和有限的单词集组成，不接受添加新单词。代词就属于封闭性的词类。下一节将介绍分层结构中的下一个级别内容：短语。

1.3.2　短语

正如我们先前介绍的，单词具有特有的词汇属性（如 POS）。使用这些词，我们可以按照单词的意义来排序它们，使得每个单词属于相应的短语类别，其中一个单词是主词或中心词。在分层树中，单词的组合构成短语，形成了句法树的第三级。原则上，按照"单词←短语←从句←句子"这样的级别排序，短语假定为至少包含两个单词。然而，在从句或句子中，基于句法和位置，短语可以是单个单词或单词组合。例如，句子"Dessert was good"只有三个单词，每个单词为一个短语，加起来就相当于有三个短语。单词"Dessert"是名词，也是名词短语，"is"充当动词以及动词短语，"good"代表形容词以及形容词短语，用来描述上述的"Dessert"。短语有如下五个主要类别。

❑ 名词短语（Noun Phrase，NP）：这些短语以名词作为中心词。名词短语作为动词的主语或宾语。通常，名词短语是一组单词，可以用代词代替而不会造成句子或从句在句法上不正确。例如"dessert""the lazy dog""the brown fox"。

❑ 动词短语（Verb Phrase，VP）：这些短语是以动词作为中心词的词汇单元。通常有两种形式的动词短语。一种形式是包括动词要素以及其他词对象，如名词、形容词或副词作为宾语的一部分。这里的动词称为限定动词（finite verb）。它作为分层树中的独立单元，可以作为从句中的根。这种形式在成分语法（constituency grammar）中很重要。另一种形式是限定动词作为整个从句的根，这在依存语法（dependency grammar）中很重要。这种形式的另一类派生词包括严格由动词组成的动词短语（包括主动词、辅动词、不定式和分词）。句子"He has started the engine"可以用来说明这两种类型的动词短语。短语"has started the engine"和"has started"就是基于刚才讨论的两种形式。

❑ 形容词短语（Adjective Phrase，ADJP）：这些是用形容词作为中心词的短语。它们的主要作用是在句子中描述或限定名词和代词，可以放在名词或代词之前或之后。"The cat is too quick"这句话中有一个形容词短语"too quick"，用来修饰名词短语"cat"。

❑ 副词短语（Adverb Phrase，ADVP）：这些短语类似副词，因为副词是短语中的中心词。副词短语用作名词、动词或副词本身的修饰词，以更多的细节来描述或限定它们。在句子"The train should be at the station pretty soon"中，副词短语"pretty soon"描述了"train"何时到达。

❑ 介词短语（Prepositional Phrase，PP）：这些短语通常包含介词作为中心词和其他的单词成分，如名词、代词等。它的作用像形容词或副词，用来描述其他单词或短语。"Going up the stairs"这个句子包含一个介词短语"up"，描述了"the stairs"的方向。

短语的五大主要句法类别可以从使用几个规则的单词中产生，其中一些规则已讨论过，如利用不同类型的句法和语法。我们将在后面的章节探讨一些流行的语法。浅层解析是一种流行的 NLP 技术，用于提取这些组成成分，包括 POS 标签以及句子中的短语。对于句子"The brown fox is quick and he is jumping over the lazy dog"，我们根据浅层解析获得了 7 个短语，如图 1-8 所示。

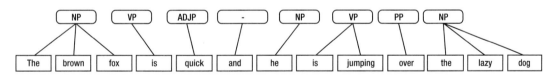

图 1-8 在浅层解析中使用标签标注的短语

短语标签属于前面讨论的类别，而"and"这个单词是一个连词，通常用于将从句连接在一起。有更好的办法吗？可能会有！你可以为短语定义自己的规则，然后使用一个基于查找的解析器来启用浅层解析或分块，该解析器类似于 NLTK 的 Regexp Parser。它是一个基于语法的分块解析器，使用一组正则表达式模式（定义的语法规则）来指定解析器的行为。下面的代码显示了它在句子中的作用！参见图 1-9。

```
grammar = '''
            NP: {<DT>?<JJ>?<NN.*>}
            ADJP: {<JJ>}
            ADVP: {<RB.*>}
```

```
        PP: {<IN>}
        VP: {<MD>?<VB.*>+}
    '''

pos_tagged_sent = nltk.pos_tag(sentence.split())
rp = nltk.RegexpParser(grammar)
shallow_parsed_sent = rp.parse(pos_tagged_sent)
print(shallow_parsed_sent)

(S
  (NP The/DT brown/JJ fox/NN)
  (VP is/VBZ)
  (ADJP quick/JJ)
  and/CC
  he/PRP
  (VP is/VBZ jumping/VBG)
  (PP over/IN)
  (NP the/DT lazy/JJ dog/NN))

# visualize shallow parse tree
shallow_parsed_sent
```

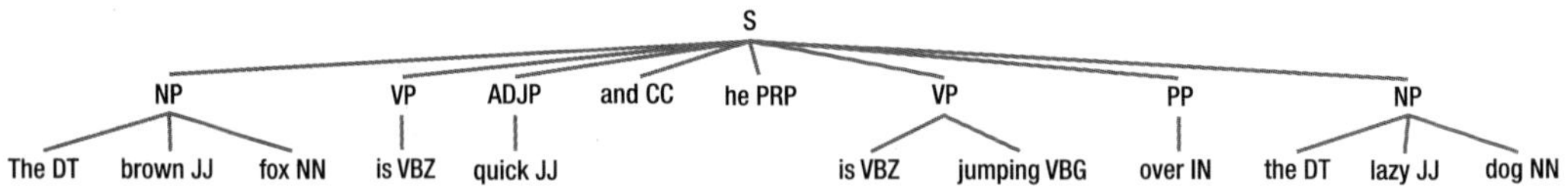

图 1-9   利用 NLTK 的浅层解析得到的带标签的标注短语

根据图 1-9 的输出，我们可以看到一个简单的基于规则的分块器在识别主要短语和句子结构方面的威力。在下一节中，我们将会讨论从句和它们的主要类别，以及用于从句子中提取从句的一些惯例和句法规则。

1.3.3   从句

本质上，从句可以作为独立的句子，或者几个从句可以组合在一起形成一个句子。一个从句是由一组相互之间有某种关系的单词组成，通常包含一个主语和一个谓语。有时主语并不存在，谓语通常具有动词短语或具有对象的动词。默认情况下，你可以将从句分为两个不同的类别：主从句（main clause）和从属从句（subordinate clause）。主从句也被称为独立从句，因为它本身可以形成一个句子，并可以作为句子和从句。从属从句或依存从句本身不能独立存在，其取决于主从句的意义。它们往往通过使用从属词（如从属连词）与其他从句相连。

由于我们在讨论语言的句法特性，从句可以根据句法分为若干类。具体解释如下。

❑ 陈述类（declarative）：这些从句通常很频繁地出现，表示没有与其相关联的特定语气的陈述。这些只是标准的使用中性语调的陈述，可能是事实或非事实的。例如，"Grass is green"。

❑ 祈使类（imperative）：这些从句通常以请求、命令、规定或建议的形式出现。这种情况下，语气可能是一个人向一个或多个人发出命令，以执行命令、请求或指令。

例如，"Please do not talk in class"。

- ❑ 关系类（relative）：对关系从句的最简单解释是它们为从属从句，因此依赖于通常包含单词、短语，甚至从句的句子的其他部分。该元素通常充当关系从句中的一个单词的先行词，并与之相关。举一个简单的例子，"John just mentioned that he wanted a soda"，句子中具有的先行词是专有名词"John"，其在关系从句"he wanted a soda"中被提及。
- ❑ 疑问类（interrogative）：这些从句通常是以问题的形式出现。这些问题的类型可以是肯定的或者否定的。举一些例子，如"Did you get my mail?"和"Didn't you go to school?"。
- ❑ 感叹类（exclamative）：这些从句用来表达惊讶、惊喜，甚至赞美。这些表达属于感叹语类，这类从句往往以感叹号结尾。例如，"What an amazing race!"。

大多数从句都是以前面提到的句法形式之一表示，不过这个从句类别列表并不是详尽的列表，它可以进一步分为几种其他形式。对于例句"The brown fox is quick and he is jumping over the lazy dog"，如果你记得句法树的话，这里的并列连词"and"将句子分成两个从句："The brown fox is quick"和"he is jumping over the lazy dog"。你能猜出它们属于什么类别吗？（提示：请回顾陈述和关系从句的定义）。

1.3.4　语法

语法（grammar）有助于构建语言的句法和结构。语法主要包括一组规则，为任何自然语言构造句子时用来确定如何定位词、短语和从句。语法不局限于书面文字——它在口头语言上也有同样作用。语法规则可以具体到一个地区、语言或方言，或是比较普遍的主谓宾语（Subject-Verb-Object，SVO）模型。语法的起源有着悠久的历史，它是从印度的梵文开始。在西方，语法研究起源于希腊语，最早的作品是由狄奥尼修斯·泰勒（Dionysius Thrax）撰写的 *Art of Grammar*。拉丁语语法模型是从希腊语模型开发而来，逐步跨越几个时代，创建了各种语言的语法。直到 18 世纪，语法才被认为是语言学领域的重要分支。

语法是在时间历程中发展演化，导致更新类型的语法诞生，而各种旧的语法慢慢失去了主导地位。因此，语法不仅仅是一套固定的规则，而且是基于人类在时间长河中使用语言的演变。在英语中，有几种方法可以对语法进行分类。我们首先讨论两大类，最流行的语法框架可以据此分组。然后，我们将进一步探讨这些语法如何表达语言。根据语法在语言句法和结构上的表现形式，语法可分为两大类。具体如下：

- ❑ 依存语法
- ❑ 成分语法

1. 依存语法

这是一类并不关注单词、短语和从句等组成部分（不像成分语法），而是更加强调词的语法。因此，依存语法也被称为基于单词的语法。要理解依存语法，我们应该首先知道在这种情况下依存关系是什么意思。在这种情况下，依存关系标记为通常非对称的单词 – 单词关联或连接。基于句子中词的定位，一个单词与另一个单词有关联或依存于另一个单词。因此，依存语法假定短语和从句的深一层的成分来自单词与单词之间的依存关系结构。依存语法背后的基本原理是，在某种语言的任意一个句子中，除了一个单词以外，所有的单词都与句子中的其他单词有某种关系或依存关系。没有依存关系的单词称为句子的根（root）。在大多数情况下，动词会被视为句子的根。所有其他的单词都通过连接直接或间接地与根动词联系在一起，这就是依存关系。虽然没有短语或从句的概念，但是了解单词与其从属词的句法和关系，可以确定句子中必要的组成部分。

依存语法对句子中的每个单词都有一一对应关系。这种语法表示有两个方面，一个是句子的句法或结构，另一个是从词之间表示的关系所获得的语义。单词及其互连的句法或结构可以使用类似于前面章节所描述的句子语法或解析树来显示。考虑句子"The brown fox is quick and he is jumping over the lazy dog"，如果我们想为该句绘制依存关系的句法树，我们将得到如图 1-10 所示的结构。

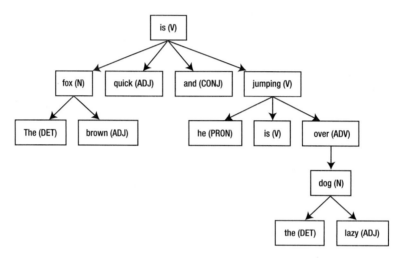

图 1-10　使用 POS 标签，基于依存语法的句法树

图 1-10 显示了由依存关系构成的一棵树，或更准确地说，是一张涵盖了句子中所有单词的图。该图中连接的每个单词至少有一个有向边以此作为连出或连入。该图也是有向的，因为两个单词之间的每个边指向一个特定方向。本质上，依存关系树是有向非循环图（Directed Acyclic Graph，DAG）。除了根节点，树中的每个节点最多有一个入边。由于这是一个有向图，自然地依存关系树不会描述句子中单词的顺序，而是强调句子中单词之间的关系。在图 1-10 中的句子使用了我们前面讨论过的相关 POS 标签和显示依存关系的有向边进行了标注。

现在，如果你还记得，我们刚刚讨论过，使用依存语法来表示句子有两个方面。每个有向边代表特定类型的有意义关系（也称为句法功能）。我们能更进一步标注我们的句子，从而显示单词之间具体的依存关系类型。这如图 1-11 所示。

这些依存关系每个都有自己的意义，并且是通用依存关系类型列表的一部分。这是原作论文"Universal Stanford Dependencies: A Cross-Linguistic Typology"（de Marneffe 等人，2014）中的一部分。你可以在 http://universaldependencies.org/u/dep/index.html 查看依存关系类型及其含义的详尽列表。spaCy 框架利用了这个通用依赖方案和一个称为清晰依赖方案的替代方案。如果你对了解所有这些依赖项的重要性感兴趣，请访问 https://emorynlp.github.io/nlp4j/components/dependency-parsing.html，获得有关可能依赖项的详细信息。如果我们观察到这些依存关系，那就不难理解它们了。下面我们来看看在图 1-11 中句子依存关系所使用到的一些标签细节。

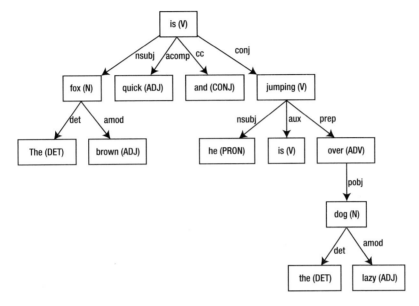

图 1-11　用依存关系类型标注的基于依存语法的句法树

- 依存关系标签"det"表示一个名义上的中心词和限定词之间的限定关系。通常，带有 POS 标签 DET 的单词也具有 det 的依存标签关系。例如 fox → the 和 dog → the。
- 依存关系标签"amod"代表形容词修饰语（adjectival modifier），表示修饰名词意义的任何形容词。例如 fox → brown 和 dog → lazy。
- 依存关系标签"nsubj"表示在从句中充当主语或替代词的实体。例如 is → fox 和 jumping → he。
- 依存关系标签"cc"和"conj"更多的是与通过并列连词（coordinating conjunction）相关的单词产生连接关系。例如 is → and 和 is → jumping。
- 依存关系标签"aux"表示从句中的助动词或辅助动词。例如 jumping → is。
- 依存关系标签"acomp"代表句子中的形容词补语，作为补充的动作或动词的宾语。例如 is → quick。
- 依存关系标签"prep"表示起介词修饰符，经常被用来名词、动词、形容词或介词的含义。这种指代关系通常用于拥有名词或名词短语补语的介词。例如 jumping → over。
- 依存关系标签"pobj"用于表示介词的宾语。在句子中，它通常是跟在介词后面的名词短语的前部。例如 over → dog。

在例句中，这些标签已广泛用于注释单词之间的各种依存关系。既然你已经更好地理解了依存关系，那么最好记住，当为句子表示依存关系语法时，由于依存语法中没有单词顺序的概念，所以不用创建具有线性顺序的树，也可以用普通图来表示它。我们可以利用 spaCy 为例句构建这个依赖树 / 图（参见图 1-12）。

```
from spacy import display

display.render(nlp(sentence), jupyter=True,
                options={'distance': 100,
                         'arrow_stroke': 1.5,
                         'arrow_width': 8})
```

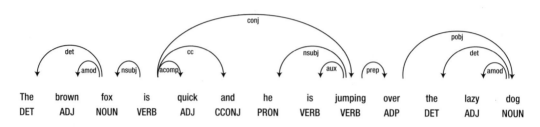

图 1-12   使用 spaCy 的例句依存关系语法标注图

图 1-12 描述了用依赖项标签标注的句子，根据我们之前的讨论，你对这一点应该很清楚。当我们在下一节介绍基于成分结构的语法时，将会观察到依存关系语法中的节点数相较于它的成分结构副本数是更少的。目前，基于依存关系语法建立了多种多样的语法框架。许多流行的语法框架包含代数句法（Algebraic Syntax）和算符文法（Operator Grammar）。接下来，我们将探讨成分语法背后的概念及其表示。

2. 成分语法

成分语法是建立在以下原则上的一类语法类型，即一条语句可以被多个由语句派生出的成分代表。这类语法能够以层次分明、有序的成分结构模拟或表示语句的内部结构。每个单词通常都属于一个特定的词汇范畴，并形成不同短语的头单词。这些短语基于短语结构规则（phrase structure rule）构成。因此，成分语法通常也称为短语结构语法（phrase structure grammar）。短语结构语法最初由诺姆·乔姆斯基于 19 世纪 50 年代提出。想要理解成分语法，我们必须清楚地明白成分的含义。为了重温相关内容，这里再次说明，成分是拥有特定含义并且能够组合在一起构成独立或非独立单元的单词或词组。它们也能够进一步结合在一起构成语句中的高阶结构，包括短语和从句。

短语结构规则构成了成分结构句法的核心，因为它们涉及管理语句中各种成分层级和排序的句法及规则。这些规则主要规定两件事。第一，也是最重要的，是它们决定哪些单词可以被用来构成短语或成分。第二是这些规则决定如何组合这些成分。如果我们希望分析短语结构，就应该清楚短语结构规则的典型架构模式。短语结构规则一般的表示方式是 $S \rightarrow AB$，它代表结构 S 由成分 A 和 B 构成，并且顺序是先 A 后 B。

对于这几种短语结构规则，我们将逐一探讨它们，以理解到底如何在语句中对成分进行提取和排序。其中，最重要的规则是界定如何划分语句或从句。该短语结构规则用 $S \rightarrow NP\ VP$ 表示一个语句或分句的二分法，其中 S 表示语句或分句，它被分为由名词短语（NP）表示的主语和由动词短语（VP）表示的谓语。当然，我们可以应用更多的规则以进一步分解每个成分，但是层级的顶端通常始于一个 NP 或 VP。名词短语的表示方式是 $NP \rightarrow [DET][ADJ]N[PP]$，其中方括号表示该内容是可选的。通常一个名词短语由一个肯定是作为头单词的名词（N）构成，并可选择性的包含定冠词（DET）、描述名词的形容词（ADJ）以及一个位于句法树右侧的介词短语（PP）。因此，一个名词短语可能包含另一个名词短语作为其中的成分。图 1-13 展现了 些由上述规则支配的名词短语例子。

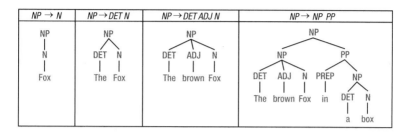

图 1-13　名词短语结构规则的成分句法树示意图

句法树为我们展示了一个名词短语中常包含的各种各样的成分。如前所述，一个在产生式规则左侧的使用 NP 表示的名词短语也可能会出现在产生式规则的右侧，正如前面的例子所示。这个特性称作递归（recursion），在本章最后我们将会讨论递归。我们接下来介绍动词短语的表示规则。规则的形式是 $VP{\rightarrow}V\,|\,MD[VP][NP][PP][ADJP][ADVP]$，其中的第一个单词通常是一个动词（V）或者一个情态动词（MD）。一个情态动词本身是一个助动词，但是我们给予它一个不同的表达方式以区别于普通动词。头单词之后是一个可选的动词短语（VP）、名词短语（NP）、介词短语（PP）、形容词短语（ADJP）或者状语短语（ADVP）。当我们使用二分法切分语句的时候，动词短语总是第二组件，名词短语是第一组件。图 1-14 给出了一些例子以说明不同类型的动词短语通常是怎样构成的，以及它们的句法树形式表示。

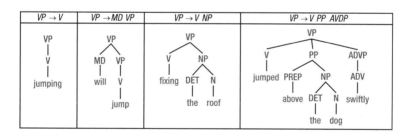

图 1-14　动词短语结构规则的成分句法树示意图

如前所述，句法树展现了动词短语中各类成分的表现形式。采用递归特性，一个动词短语中同样可能包含另一个动词短语，我们可以在第二个句法树中观察到这一现象。我们还可以看到前面提到的层次结果，尤其是在句法树的第三层和第四层，其中 NP 和 PP 本身是 VP 下的成分，而它们还可以进一步地拆分成更小的成分。既然我们已经看过许多使用在例句中的介词短语，接下来，就让我们一起了解表示介词短语的产生式规则。基本原则的形式是 $PP{\rightarrow}PREP[NP]$，其中 PREP 代表介词，它是头单词，其后面是可选择性添加的名词短语（NP）。图 1-15 展示了介词短语的一些表现形式以及相应的句法树。

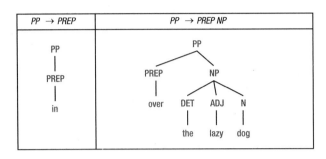

图 1-15 介词短语结构规则的成分句法树示意图

图 1-15 中的句法树展示了介词短语的不同表示方式。我们现在讨论递归的概念。递归作为语言的一个固有特性，允许成分嵌入其他成分中，这一特性可以由同时出现在产生式规则两侧的短语类型说明。递归使我们能够从语句中创建出基于成分结构的长句法树。图 1-16 给出了一个简单的例子，句子"The flying monkey in the circus on the trapeze by the river"使用成分结构解析树的表示方式。

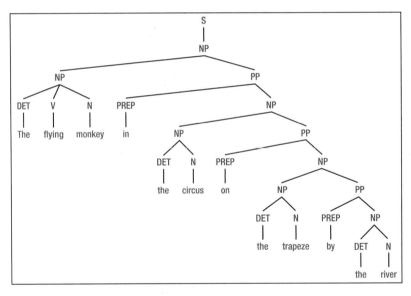

图 1-16 成分之间递归关系的成分句法树示意图

如果你仔细观察图 1-16 中的句法树，将会注意到它仅由名词短语和介词短语构成。然而，由于固有的递归特性，一个介词短语本身可以包含一个名词短语，而名词短语可以包含另一个名词短语或介词短语，因此，我们会发现图中包含了许多 NP 和 PP 的层级结构。如果你对所有的名词短语和介词短语重温产生式规则，就会发现图 1-16 句法树中的成分均符合规则。

我们现在讨论连词，因为连词用于连接句子和短语，是构成语言句法的重要组成部分。一般来说，单词、短语、甚至从句都可以用连词组合在一起。产生式规则可以表示为 $S \rightarrow S\ conj\ S \forall S \in \{S, NP, VP\}$，其中用 conj 表示将两个成分联结在一起的连接词。由两个名词短语和一个介词组成的名词短语的简单例子是"The brown fox and the lazy dog"。

图 1-17 描述了该句的成分句法树，显示了遵循的产生式规则。

图 1-17 展示了最上层的名词短语就是句子本身，它还拥有两个名词短语作为它自己的成分，它们通过连接词连接在一起，因此满足我们前述的产生式规则。如果我们想要用连接词连接两个句子或从句会出现什么情况？我们可以把这些规则和惯例结合起来，可以为例句"The brown fox is quick and he is jumping over the lazy dog"生成基于成分结构的句法树。图 1-18 展示了例句的句法表达。

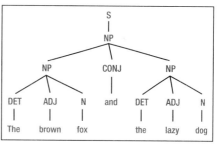

图 1-17　由连接词连接的名词短语的成分句法树

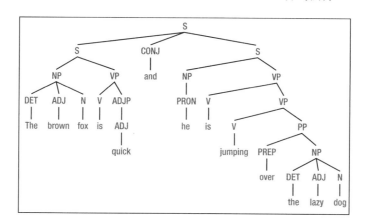

图 1-18　例句的成分句法树

由图 1-18 可以得出例句有两个主要的从句或成分（如前所述），它们由一个并列连接词（and）连接。此外，基于成分语法的产生式规则将最顶层的成分进一步切分成包含短语或者单词的成分。在上图的句法树中，你可以看出它确实展示了句子中单词的顺序，并且是一个层级分明、拥有无向边的树状结构。因此，相较于拥有无序单词和有向边的基于依存语法的句法树/图，成分语法大有不同。目前，由成分语法派生出了一些流行的语法框架，包括短语结构语法、对弧语法（Arc Pair Grammar）、词汇功能语法（Lexical Functional Grammar），以及著名的上下文无关文法（Context-Free Grammar），它广泛适用于正式语言的描述。在 NLTK 中，我们可以利用基于 Stanford 核心 NLP 解析器对例句执行成分结构解析。

```
from nltk.parse.stanford import StanfordParser

scp = StanfordParser(path_to_jar='E:/stanford/stanford-parser-
full-2015-04-20/stanford-parser.jar', path_to_models_jar='E:/stanford/
stanford-parser-full-2015-04-20/stanford-parser-3.5.2-models.jar')

result = list(scp.raw_parse(sentence))
print(result[0])

(ROOT
  (NP
    (S
```

```
(S
  (NP (DT The) (JJ brown) (NN fox))
  (VP (VBZ is) (ADJP (JJ quick))))
(CC and)
(S
  (NP (PRP he))
  (VP
    (VBZ is)
    (VP
      (VBG jumping)
      (PP (IN over) (NP (DT the) (JJ lazy) (NN dog)))))))))
```

```
# visualize constituency tree
result[0]
```

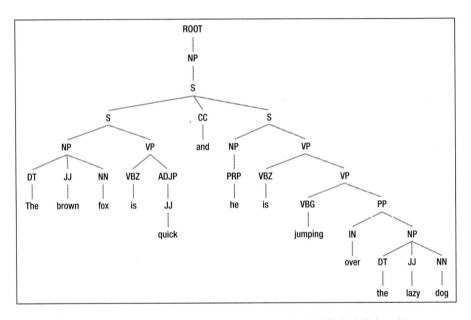

图 1-19   使用 NLTK 和 Standford 核心 NLP 得到例句的成分句法树

我们可以看到图 1-19 所示的成分结构句法树与图 1-18 所示的成分结构句法树具有相同的层次结构。

1.3.5   语序类型学

语言学中的类型学（typology）是一个专门处理基于句法、结构、功能的语言分类的领域。语言有多种分类方法，最常见的模型之一是根据它们的主导词顺序分类，也被称为语序类型学（word-order typology）。从句中的主要语序包括主语、谓语和宾语。当然，并不是所有的分句都使用主语、谓语和宾语，并且在某些语言中，通常不会使用主语和宾语。但是，存在几种不同类型的语序，可用于分类各种各样的语言。罗素·汤姆林（Russell Tomlin）在 1986 年完成了一个调研，如表 1-1 所示，展示了一些来自他的分析见解。

表 1-1 基于语序的语言分类，由罗素·汤姆林于 1986 年调研

序号	语序	语言占比	语言示例
1	主语－宾语－谓语	180（45%）	梵文、孟加拉语、哥特语、印地语、拉丁语
2	主语－谓语－宾语	168（42%）	英语、法语、中文、西班牙语
3	谓语－主语－宾语	37（9%）	希伯来语、爱尔兰语、菲律宾语、亚拉姆语
4	谓语－宾语－主语	12（3%）	Baure、马达加斯加语、Aneityan
5	宾语－谓语－主语	5（1%）	Apalai、希卡利亚纳语、Arecua
6	宾语－主语－谓语	1（0%）	瓦劳语

在表 1-1 中，我们可以观察到一共有六种主要的语序，例如英语遵循的是主语－谓语－宾语的语序。"He ate cake"是一个简单的例子，其中"He"是主语，"ate"是谓语，"cake"是宾语。表中大部分语言遵循的是主语－宾语－谓语的语序。那么，如果翻译到这些语言中，"He cake ate"将会是正确的表达方式。图 1-20 说明了同一个句子从英语翻译到印地语中不同的表达方式，该图由谷歌翻译提供。

图 1-20 从英语翻译到印地语改变了例句"He ate cake"的语序类别

即使你不理解印地语，你也可以理解由谷歌提供的英语注释，其中"cake"一词（在印地语翻译的下方用"kek"表示）从右端移到句子中间，用"khaaya"表示的动词"ate"从中间移到了句子末尾，使得语序类别变成了主语－宾语－谓语——印地语的正确语序。图 1-20 告诉了我们语序的重要性，以及在多种多样的语言中信息的表示方法在语法上可以大有不同。到此为止，我们就结束了关于句法和语言结构的讨论。接下来，我们将研究语言语义学中的一些概念。

1.4 语言语义

语义学（semantics）的定义是含义的研究。语言学有自身的语言语义学（linguistic semantics）的子域，研究涉及语言含义、词汇、短语以及符号之间的关系，以及它们所表示知识的暗示、含义和指代。简而言之，语义更关心的是面部表情、标志、符号、身体语言以及当信息从一个实体传递到另一个实体时所包含的知识。在句法和规则中也有很多类似的表示形式，包括前面章节讲述的各种各样的表示形式。使用正式规则或规约表示语义一直是语言学界的挑战。但是，还是有一些不同的方式以表示从语言中获得的含义和知识。下一节我们将关注语言中的词汇单元，主要是单词和短语的关系，并且探索关于知识和含义的形式化表达的一些表示形式和概念。

1.4.1 词汇语义关系

词汇语义学（lexical semantics）通常关注识别语言中词汇单元之间的语义关系，以及它们如何与句法和语言结构相关联。词汇单元通常是由词素表示，语素是有意义且语法正确的最小语言单元。单词本质上是这些语素的子集。每个词汇单元都有自己的句法、形式和含义。它们也从周围的上下文（即短语、从句和句子的词汇单元）中派生出含义。词汇（lexicon）是这些词汇单元的一个完整的集合。我们将在本节中围绕词汇语义学探讨一些概念。

1. 词元和词形

词元（lemma）也称为一组词的规范或基本形式。词元通常是一组词（在本书中被称为词位（lexeme））的基本形式。词元是一种特定的基本形式或头单词，它代表了词位。词形（word form）是词元的变式，它是词位的一部分并且可以是文章中的一个词元。举个简单的例子，词位 {eating，ate，eats} 包含多种词形，它们的词元是单词 eat。

基于在句子中的位置，这些词拥有特定的含义。这也称为词的含义（sense），或者词义。词义给予了一个词所拥有的不同含义的具体表示。考虑下列句中"fair"单词的含义："They are going to the annual fair"和"I hope the judgement is fair to all"。虽然两个句子中的"fair"一词完全一样，但是由于周围单词以及上下文的不同，词义发生了改变。

2. 同形同音异义词、同形异义词、同音异义词

同形同音异义词（homonym）定义为具有相同拼写或发音，但具有不同含义的单词。一个替代的定义要求具有相同的拼写。这些词之间的关系称为同形同音异义（homonymy）。同形同音异义词通常被认为是同形异义词和同音异义词的超集。以下例句说明了"bat"一词的同形同音异义情况："The bat hangs upside down from the tree"（蝙蝠倒挂在树上）以及"That baseball bat is really sturdy"（那个棒球棒真的很坚固）。

同形异义词（homograph）定义为具有相同书面形式或拼写，但具有不同含义的单词。在几个替代定义中，其发音也可以不同。同形异义词的一些例子包括，"lead"一词在"I am using a lead pencil"（我正在使用一根铅笔）和"Please lead the soldiers to the camp"（请带领士兵到营地）中的含义，以及"bass"一词在"Turn up the bass for the song"（调高这首歌的低音）和"I just caught a bass today while I was out fishing"（我今天在外面抓鱼的时候，抓到了一条鲈鱼）中的含义。请注意，在这两种情况下，拼写均是保持不变，但发音却根据句子中的上下文而发生变化。

同音异义词（homophone）定义为具有相同发音，但含义不同的单词，它们可以具有相同或不同的拼写。举例来说，"pair"（意为一对）和"pear"（意为梨）。它们听起来一样，但具有不同的含义和书面形式。通常这些词会在 NLP 中产生问题，因为使用机器智能很难找出实际的上下文和含义。

3. 同形异音异义词和同音同义异形词

同形异音异义词（heteronym）是具有相同书面形式或拼写，但具有不同发音和含义的单词。本质上，它们是同形异义词的一个子集。它们也称为异音词（heterophone），意思是拥有"不同的声音"。同形异音异义词的例子是"lead"（金属铅，命令）和"tear"（撕掉，泪水）。

同音同义异形词（heterograph）是具有相同发音，但含义和拼写不同的单词。本质上它们是同音异义词的一个子集。它们的书面表达可能会有所不同，但是它们听起来很相似，或者说经常是完全一样。例子包括单词"to""too"和"two"，它们听起来相似，但却具有不同的拼写和含义。

4. 语义相近多义词

语义相近多义词（polysemes）定义为具有相同书面形式或拼写，同时具有虽然不同但却非常相关的含义的词。这与同形同音异义词非常相似，它们之间的差异是主观的，并且取决于上下文，因为这些词的含义彼此相关。一个很好的例子是"bank"这个单词，它可以表示（1）一个金融机构；（2）河岸；（3）属于金融机构的建筑；（4）一个意为依赖的动词。这些例子使用相同单词"bank"，并且是同形同音异义的。但是，只有（1）、（3）和（4）象征着信任和安全（表示金融机构），是代表一个共同主题的语义相近多义词。

5. 首字母大写异义词

首字母大写异义词（capitonym）是具有相同书面形式或拼写，但是首字母大写时，具有不同含义的词。它们可能有不同的发音。例子包括"march"（"March"（三月）表示月份，"march"（行军）则表示行走的行动）和"may"（"May"（五月）表示月份，"may"则是情态动词）。

6. 同义词和反义词

同义词（synonym）是具有不同发音和拼写，但在某些或所有上下文中均具有相同含义的单词。如果两个词或词位是同义词，则它们可以在各种上下文中相互替代，并且表示它们具有相同的主题含义。同义词之间是彼此同义的，而同义词的状态称为同义关系（synonymy）。然而，完美的同义词几乎不存在。因为同义词更多是感官和上下文含义之间的关系，而不仅仅是单词。让我们细思同义词"big""huge""large"之间的区别。它们都非常相似并且可以在句子"That milkshake is really (big\large\huge)"中完美表达其意思。但是，对于句子"Bruce is my big brother"来说，如果我们用"huge"或"large"代替"big"的话，这句话就失去了意义。这是因为这里的"big"有一个描述长大、更老的上下文或含义，而另外两个同义词缺少这个含义。同义词可以存在于所有的词性中，包括名词、形容词、动词、副词和介词。

反义词（antonym）定义为拥有二元对立关系的一对单词。这些单词表示完全相反的具体感觉和含义。反义词的状态称为反义关系（antonym）。反义词有三种：分级反义词，互补反义词和关系反义词。正如分级反义词的名字所暗示的，它是连续衡量时具有一定等级或层次的反义词，例如一对反义词"fat"（胖的）和"skinny"（极瘦的、皮包骨的）。互补的反义词是指具有相反意义的一对词，但它们不能以任何等级或尺度衡量。互补反义词的一个例子是"divide"（分开、使……产生分歧）和"unite"（团结、联合）。关系反义词是拥有一定关系的一对单词，其反义关系是基于语境的，并由这种特定关系所表示。关系反义词的一个例子是"doctor"（医生）和"patient"（病人）。

7. 下位词和上位词

下位词（hyponym）通常是另一个词的子类。在这种情况下，与它们的超类相比，下位词通常具有非常具体的含义和上下文。上位词（hypernym）是下位词的超类，与下位词相

比，它们具有更通用的含义。举例来说，单词"fruit"是一个上位词，"mango""orange"和
"pear"是这个词的下位词。这些词之间关系通常称为下位关系（hyponymy）和上位关系
（hypernymy）。

1.4.2 语义网络和模型

我们已经看到了几种将单词与含义之间的关系具象化的方法。让我们思考词汇语义，
现在已经有一些方法可以找出每个词汇单元的含义，但是如果我们想要表示一些概念或理
论的含义，而这些概念或理论需要将词汇单元结合在一起并根据它们的意义形成相互之间
的联系呢？语义网络（semantic network）旨在使用网络或图来解决表示知识和概念的问题。
语义网络的基本单位是实体或概念。一个概念可以是有形或抽象的事物，比如一个想法。
概念集合彼此拥有一定关系，这些关系可以用有向或无向边来表示。每条边都表示两个概
念之间的特定关系。

假设我们谈到"fish"（鱼）的概念，基于与鱼这一概念的关系，我们可以对鱼有不同的
理解。例如，fish "is-a" animal（鱼是一种动物）和 fish "is-a" part of marine life（鱼是一
种海洋生物）。这类关系称为"is-a"关系。其他类似的关系包括"has-a""part-of""related-
to"等，这些关系取决于上下文和语义。概念和关系合在一起形成了一个语义网络。目前，
网上已经有了一些具有广阔的知识基础且横跨多个不同概念的语义模型。图 1-21 展示了一
个与鱼有关的概念表示。该模型由 Nodebox 在 https://www.nodebox.net/perception/ 提供，
你可以在该网站中搜索各种概念，并以同样的展示形式看到其他相关概念。

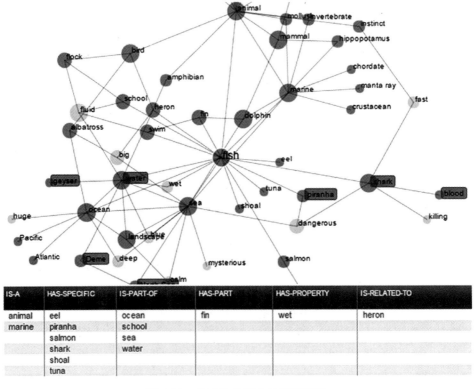

IS-A	HAS-SPECIFIC	IS-PART-OF	HAS-PART	HAS-PROPERTY	IS-RELATED-TO
animal	eel	ocean	fin	wet	heron
marine	piranha	school			
	salmon	sea			
	shark	water			
	shoal				
	tuna				

图 1-21　关于鱼的概念的语义网络

在图 1-21 的网络中，我们可以看到前面讨论的一些关于鱼的概念，以及一些具体的鱼类，如鳗鱼、鲑鱼、鲨鱼等。这些鱼是鱼这一概念的下位词。这些语义网络由使用图形结构的语义数据模型表示，其中概念或实体由点表示，关系由线表示。语义网（Semantic Web）是万维网的一种扩展，使用语义元数据注释，以及基于诸如资源描述框架（Resource Description Framework，RDF）和 Web 本体语言（Web Ontology Language，OWL）之类的数据建模技术。在语言学中，有一个丰富的词汇语料库和数据库，称为 WordNet，它提供了一个关于不同词汇实体集合基于相似语义（如同义词）映射到同义词集的详尽列表。这些同义词集和各种单词之间的语义关系可以在 WordNet 中进行探索，使其在本质上成为一种语义网络。后续章节中，在我们讲述文本语料库时，将更详细地讨论 WordNet。

1.4.3　语义表示

到目前为止，我们已经了解如何基于词汇单元来表示语义，以及词汇单元是如何借助语义网络相互关联的。但是，如果我们考虑通过消息进行交流的常规形式，无论是书面还是口头，如果实体向另一实体发送消息，并且该实体基于该消息采取一些特定行动，则认为第二实体已经理解了被传达信息的含义。

我们可能会想到的一个问题是，如何正式地表示一个简单句子所传达的含义或语义。虽然对我们来说，理解所传达的意义可能非常容易，但是正式地表示语义并不像看起来的那么简单。让我们一起来看"Get me the book from the table"（把桌上的书给我）这个例子。这句话本质上是一个指令，它指示听者做某事。理解这句话所传达的意义除了需要理解从桌子上拿出书的实际行为，还可能涉及语用学，比如"具体是哪本书？""具体是哪张桌子？"虽然人类的思维是直观的，但是正式表达各种成分之间的含义和关系仍是一个挑战——我们可以使用诸如命题逻辑（Propositional Logic，PL）和一阶逻辑（First Order Logic，FOL）等技术来实现。使用这些表示方法，读者可以表示不同句子所包含的含义，从中推断，甚至可以发现一个句子基于其语义是否需要另一个句子。语义表示对于我们开展各种 NLP 操作使得机器能够使用适当的表达来理解消息背后的语义而言，是非常有用的，因为机器缺乏人类内在禀赋的认知能力。

1. 命题逻辑

命题逻辑也称为语句逻辑（sentential logic）或陈述逻辑（statement logic），定义为关于命题、陈述和句子研究的逻辑学科。它包括研究命题和陈述之间的逻辑关系和属性，将多个命题组合起来形成更复杂的命题，并观察命题的价值如何基于其成分和逻辑运算符的变化而改变。一个命题或陈述通常是声明性的，并且具有非真即假的布尔值。通常，一个陈述更具有语言特指性和具体性，而一个命题更倾向于传达观念或概念。一个简单的例子就是下面两个陈述"The rocket was faster than the airship"（火箭比飞艇快）和"The airship was slower than the rocket"（飞艇比火箭慢），它们是不同的句子，但是表达了同样的含义或命题。尽管如此，陈述和命题在命题逻辑中通常是可互换使用的。

命题逻辑的主要关注点是研究不同的命题，以及如何将各种命题与逻辑运算符组合以改变整个命题的语义。这些逻辑运算符更多地用作连接词或并列连接词（如果你记得前文所讲述的）。运算符包括诸如"and""or""not"这样的词项，它们可以单独改变一个命题或者与几个组合在一起的命题的含义。一个简单的例子是下面两个命题，"The Earth is round"（地球是圆的）和"The Earth revolves around the Sun"（地球围绕太阳转动）。它们可以通过逻辑操作符结合起来，并给出我们的命题"The Earth is round and it revolves around the Sun"，这表明了在运算符"and"两侧的命题必须都是真（True），组合命题才能够是 True。

命题逻辑的优点是每个命题均有自己的真值，并且其真值与命题进一步细分后较小的语块的逻辑特征无关。每一个命题均可被认为是一个具有自身真值的不可分割的整体。逻辑运算符可以应用于一个或多个命题。在这里我们不考虑命题的细分部分，如分句或短语。为了代表命题逻辑的各种构成模块，我们使用一些规约和符号。大写字母用于表示单独的陈述或命题，例如 P 和 Q。表 1-2 中列出了命题逻辑使用的不同运算符及其相应符号，基于它们的优先顺序进行了排序。

表 1-2　逻辑运算符的符号及其优先级

序号	运算符号	操作含义	优先级
1	¬	非（not）	最高
2	∧	和（and）	
3	∨	或（or）	
4	→	若则（if-then）	
5	↔	当且仅当（iff——if and only if）	最低

在表 1-2 中，我们可以看到总共有五个运算符，其中 not 算符优先级最高，而 iff 运算符优先级最低。逻辑常量为 True 或 False。常量和符号被称为基本单位，所有其他单位（更具体地说语句和陈述）都是复合单位。一段文字通常是一个基本陈述，或者是其使用了 not 运算符后的否定式。我们来看一个简单的例子，两个句子 P 和 Q，对它们应用各种运算符。如下所示。

P：He is hungry（他饿了）。

Q：He will eat a sandwich（他会吃一个三明治）。

表达式 $P \wedge Q$ 意味着"He is hungry and he will eat a sandwich"（他饿了，并且他会吃一个三明治）。这表示这个操作的结果本身也是一个语句或命题。这种是连接操作，其中 P 和 Q 是连接项。只有在 P 和 Q 都是 True 的时候，这个句子才是 True。

表达式 $P \vee Q$ 意味着"He is hungry or he will eat a sandwich"（他饿了，或者他会吃三明治）。这表明这个操作的结果也是一个命题，它由分离操作形成，其中 P 和 Q 是分离项。如果 P 和 Q 其中一项为 True，则该句子即为 True。

表达式 $P \rightarrow Q$ 表示"If he is hungry, then he will eat a sandwich"（如果他饿了，那么他会吃三明治）。这种是蕴涵操作，它确定 P 是前提（premise）或前件（antecedent），而 Q 是后件（consequent）。它就像是一个规则，说明了只有 P 已经发生或者为 True，Q 才会发生。

表达式 $P \leftrightarrow Q$ 意为"He will eat a sandwich if and only if he is hungry"（当且仅当他饿了的时候，他会吃一个三明治），这基本上是"If he is hungry then he will eat a sandwich"（如果他饿了，那么他会吃三明治）（$P \rightarrow Q$）和"If he will eat a sandwich, he is hungry"（如果他要吃三明治，那么他是饿了）（$Q \rightarrow P$）两种表达的组合。当且仅当上述的两个蕴涵操作评估为 True 时，这种双重条件或等价操作才会评估为 True。

表达式 $\neg P$ 意为"He is not hungry"（他不饿），这是否定操作，当且仅当 P 被判断为 False 时，其结果才是 True。

这给了我们一个命题间基本操作和复杂操作的概念，复杂操作可以通过多个逻辑连接符或者增加更多命题实现。举一个简单的例子如下所示。

P：We will play football（我们准备去踢足球）。

Q：The stadium is open（体育馆是开着的）。

R：It will rain today（今天会下雨）。

它们可以组合并表示为 $Q \land \neg R \to P$ 来表示复杂的命题，"If the stadium is open and it does not rain today, then we will play football"（如果体育场是开着的，并且今天不下雨，那么我们会去踢足球）。最终命题语义的真值或结果，可以根据单个命题的真值和所使用的运算符进行评估。使用不同运算符所得出的真值结果如图 1-22 所示。

P	Q	$\neg P$	$P \land Q$	$P \lor Q$	$P \to Q$	$P \leftrightarrow Q$
False	False	True	False	False	True	True
False	True	True	False	True	True	False
True	False	False	False	True	False	False
True	True	False	True	True	True	True

图 1-22　各种逻辑连接的真值

这样，使用图 1-22 中的表格，我们就可以通过将更加复杂的命题分解成简单的布尔运算，然后评估每个布尔运算的真值，再逐步合成结果，来实现复杂命题的评估。除了这些结果，其他属性如结合性、交换性和分配性均有助于评估复杂命题的结果。检查每个操作和命题的有效性，并最终评估结果的行为也称为推理（inference）。

然而，除了全面广泛地评估真值表，我们还可以利用一些推理规则来得出最终结果或结论。这样做的主要原因是，随着命题数量的增加，这些包含各种运算符的真值表的大小开始呈指数级增长。此外，推理规则更容易被理解并且经过了良好的测试验证，其核心原理同样使用了真值表——但是我们不必为其内部原理而操心。通常，应用一系列推理规则后，可以得出一个结论，这个结论通常被称为逻辑证明（logical proof）。推理规则的通用形式是 $P \vdash Q$，表示 Q 可以通过由 P 表示的语句集合的某些推导操作得出。转向符号（$\vdash$）表示 Q 是 P 的一些逻辑结论。最常用的推理规则如下：

❏ 取式推理（modus ponens）：可能是目前最流行的推理规则，它也被称为蕴涵消除规则（implication elimination rule）。它可以表示为 $\{P \to Q, P\} \vdash Q$，即如果 P 意味着 Q，并且 P 被认定为 True，那么可以推断 Q 也是 True。你还可以用 $((P \to Q) \land P) \to Q$ 表示上述关系，使用真值表便可以轻松评估该表达式。举一个简单的例子，"If it is sunny, we will play football"（如果天晴，我们将踢足球）以 $P \to Q$ 表示。现在如果我们说"天确实是晴朗的"，这表明 P 是 True，那么 Q 便自动推断为 True，即表明"我们将踢足球"。

❏ 拒式推理（modus tollens）：这与前面的规则非常相似，正式的表示是 $\{P \to Q, \neg Q\} \vdash \neg P$，即如果 P 意味着 Q，并且 Q 实际上被断言为 False，则推断 P 也是 False。你还可以用 $((P \to Q) \land \neg Q) \to \neg P$ 表示上述关系，使用真值表可以轻松评估该表达式。一个命题例子是"If he is a bachelor, he is not married"（如果他是一个单身汉，那么他没有结婚），由 $P \to Q$ 表示。现在如果我们说他已经结婚了，由 $\neg Q$ 表示，那么我们可以

推断 ¬P，这意味着他不是单身汉。

❑ 选言推理（disjunctive syllogism）：也称为析取消去（disjunction elimination），其正式的表示是 $\{P \vee Q, \neg P\} \vdash Q$，即 P 或 Q 是 True，并且 P 是 False，那么 Q 是 True。一个简单的例子是 "He is a miracle worker or a fraud"（他是一个奇迹创造者或者是个骗子），由 $P \vee Q$ 表示，他不是一个奇迹创造者由 ¬P 表示。那么，我们可以推断他是一个骗子，由 Q 表示。

❑ 假言推理（hypothetical syllogism）：这通常称为演绎链规则（chain rule of deduction），正式的表示是 $\{P \rightarrow Q, Q \rightarrow R\} \vdash P \rightarrow R$，即如果 P 意味着 Q，并且 Q 意味着 R，我们可以推断 P 意味着 R。举一个有趣的例子来帮助读者理解，"If I am sick, I can't go to work"（如果我生病了，我就不能去工作）由 $P \rightarrow Q$ 表示，"If I can't go to work, the building construction will not be complete"（如果我不能上班，建筑施工就无法完工），由 $Q \rightarrow R$ 表示。那么，我们可以推断出"如果我生病了，建筑施工就无法完工"，可以用 $P \rightarrow R$ 表示。

❑ 构造性二难推理（constructive dilemma）：该推理规则是取式推理的析取版本，正式的表示是 $\{(P \rightarrow Q) \wedge (R \rightarrow S), P \vee R\} \vdash Q \vee S$，即如果 P 意味着 Q，R 意味着 S，P 或 R 为 True，则可以推断 Q 或 S 为 True。考虑以下命题："If I work hard, I will be successful"（如果我努力工作，我将会取得成功）以 $P \rightarrow Q$ 表示，"If I win the lottery, I will be rich"（如果我赢得彩票，我将会变得富有）以 $R \rightarrow S$ 表示。现在我们说"我努力工作或赢得彩票"是 True，由 $P \vee R$ 表示。那么我们可以推断出"我将会取得成功，或者我将会变得富有"，由 $Q \vee S$ 表示。这个规则的补集是破坏性二难推理（destructive dilemma）规则，即拒式推理规则的析取版本。

以上内容应该可以给你一个关于推理规则的清晰直观的认识，当我们试图找出复杂命题的结论时，使用它们比使用多个真值表容易许多。从推理规则中得出的解释可以给我们语句或命题的语义。一个有效的陈述是一个在所有解释下都为 True 的语句，不论有何种逻辑运算符或各种陈述在其中。这通常被称为重言式（tautology）。重言式的补集是在所有解释下都是 False 的矛盾陈述或前后不一致的陈述。请注意，前面的列表只是最流行的推理规则的参考列表，并不是详尽的列表。感兴趣的读者可以阅读更多关于推理规则和命题演算的资料，以了解本文以外的其他规则和公理。接下来我们将讨论一阶逻辑，它可以解决命题逻辑中存在的一些不足。

2. 一阶逻辑

一阶逻辑（FOL）通常称为谓词逻辑（predicate logic）和一阶谓词演算（first order predicate calculus），定义为一种定义明确的形式系统的集合，其广泛用于演绎、推理和表征知识。FOL 允许我们在句子中使用数量词和变量，这使我们能够克服命题逻辑（PL）中的一些限制。如果我们要考虑 PL 的利弊，需要考虑到有利的方面，即 PL 是声明性的，并且允许我们使用格式良好的句法轻松地阐述事实。PL 还允许复杂表示，如联结、析取和否定的认知表示。这本质上使得 PL 组合中复合或复杂命题由简单命题和逻辑连接词构成，而简单命题则是复杂命题的组成部分。然而，有几个领域是 PL 无法涉及的。在 PL 中想要表示事实绝非易事，因为对于每个可能的基本事实，我们都需要一个唯一的符号表示。因此，由于这种限制，PL 具有非常有限的表现力。也正因为如此，FOL 背后的基本思想是不将命题视为基本实体。

与 PL 相比，FOL 具有更加丰富的句法和更多的必要组件。FOL 的基本组件如下所示。

❑ 对象：是具有独特身份的具体实体或事物，如人、动物等。

❑ 关联：也称为谓词，通常包含对象或对象集合，并表达某种形式的关系或连接，如 is_man、is_brother、is_mortal。关系通常对应于动词。

❑ 函数：是一些关联的子集，其中对于某些给定的输入，它们永远只有一个输出值或对象，如 height、weight、age_of。

❑ 属性：指有助于将其与其他对象区分开的特定属性，如 round、huge 等。

❑ 连接：指与 PL 中类似的逻辑连接，包括 not（¬）、and（∧）、or（∨）、implies（→）、iff（当且仅当 ↔）。

❑ 量词：包括两种类型的量词——代表全体（"for all"或"all"）的全称量词（∀），以及代表存在（"there exists"或"exists"）的存在量词（∃），它们以逻辑或数学的表达方式量化实体。

❑ 常量符号：用于表示具体的实体或对象，如 John、King、Red 和 7。

❑ 变量符号：用于表示变量，如 x、y 和 z。

❑ 函数符号：用于将功能映射到结果，如 age_of(John)=25 或 color_of(Tree)=Green。

❑ 谓词符号：将具体实体以及它们之间的关系或函数映射到基于结果的真值。例如 color(sky, blue)=True。

这些是研究 FOL 逻辑表示和句法的主要组成部分。通常，对象由各种项表示，它们可以是上述不同组成部分中的函数、变量或者常量。这些项不需要定义，也不返回数值。借助谓词符号的帮助，使用谓词和项通常可以构建各种命题。一个 n 元谓词由一个关于 n 元词项的函数构成，它具有 True 或 False 结果。一个原子语句可以由一个 n 元谓词表示，并且结果是 True 或 False 取决于句子的语义，也就是说，取决于由项表示的对象在由谓词指定对象之间的关系是否正确。一个复杂的语句或陈述是由几个原子语句和逻辑连接词形成。一个量化语句则在句子中包含前述的量词。

量词是一阶逻辑相对于命题逻辑的一个优势，它让我们可以表示关于全体对象集合的语句，而不需要使用不同的名字表示和列举每个对象。全称量词（∀）断言一个特定关系或者谓词对于某个变量的所有值取值均为真。$\forall x\ F(x)$ 表示 F 取值为 x 值域与 x 相关的所有值。对于 $\forall x\ cat(x)\rightarrow animal(x)$ 这样一个例子，表示所有的猫都是动物。全称量词经常与蕴涵连接符（→）一起使用，形成规则或陈述。需要记住的是全称量词不和与连接符（∧）在陈述中一起使用来表示世界上涉及每个实体的关系。表示为 $\forall x\ dog(x)\wedge eats\_meat(x)$ 的例子，实际意思是世界上每个实体都是狗而且吃肉，这听起来有些荒诞！存在量词（∃）表示对于某个变量至少存在一些值使得一个特定的关系或预测取值为真。表达式 $\exists x\ F(x)$ 表示对于一些 x 取值范围内的 x 值使得 F 取值为真。例如 $\exists x\ student(x)\wedge pass\_exam(x)$，表示至少 1 个学生通过了考试。因为我们在不指定对象或实体名字的情况下，可以表达陈述，这个量词增加了 FOL 表达能力。

存在量词经常和与连接符（∧）一起使用来形成规则和陈述。需要注意的是存在量词几乎不与蕴涵连接符（→）一起在陈述中使用，因为其表达的语义一般也是错误的。例如 $\exists x$ student(x)→knowledgeable(x)，告诉我们如果你是个学生你就是知识渊博的，但事实上会发生问题，如果你问不是学生的人知识不渊博会怎么样？

量词的嵌套范围和量词相乘的顺序是否有影响取决于所使用的量词的类型。对于全称量词相乘，交换顺序不改变陈述的意义。这个可以描述为 $(\forall x)(\forall y)$ brother(x,y)↔$(\forall y)(\forall x)$ brother(x,y)，x 和 y 作为变量符号表示两个人彼此是兄弟，而与顺序无关。同样，你可以交换存在量词的顺序，例如 $(\exists x)(\exists y)F(x,y)$↔$(\exists y)(\exists x)F(x, y)$。交换陈述中混合量词的顺序影响和改变陈述的含义。下面的例子详细解释这一点，这些是 FOL 中典型的例子：

- $(\forall x)(\exists y)$ loves(x, y) 意思是世界上每个人至少喜爱某个人。
- $(\exists y)(\forall x)$ loves(x, y) 意思是世界上的某个人被每个人喜爱。
- $(\forall y)(\exists x)$ loves(x, y) 意思是世界上的每个人至少有某个人喜爱他们。
- $(\exists x)(\forall y)$ loves(x, y) 意思是世界上至少有某个人喜爱每个人。

从上面的例子，你可以看到陈述基本相同，但是量词顺序的改变使语句含义产生了非常明显的改变。还有几个关于量词之间关系的特性。我们列出了一些主要的量词恒等式和特性，如下所示。

- $(\forall x)\neg F(x)$↔$\neg(\exists x) F(x)$
- $\neg(\forall x)F(x)$↔$(\exists x)\neg F(x)$
- $(\forall x)F(x)$↔$\neg(\exists x)\neg F(x)$
- $(\exists x)F(x)$↔$\neg(\forall x)\neg F(x)$
- $(\forall x) (P(x)\wedge Q(x))$↔$\forall x\, P(x)\wedge\forall x\, Q(x)$
- $(\exists x) (P(x)\vee Q(x))$↔$\exists x\, P(x)\vee\exists x\, Q(x)$

谓词逻辑中存在几个重要的规则转换的概念。这些包括例示（instantiation）规则和推广（generalization）规则。全称量词例示（Universal instantiation）规则也称为全称量词消去（universal elimination）规则，是一种涉及全称量词的推理规则。它告诉我们，如果 $(\forall x)F(x)$ 是真的，则 $F(C)$ 是真的，C 是 x 值域的任意常数项。这里的变量符号可以被任何基项替换。描述这一点的例子 $(\forall x)$ drinks(John, x)→drinks(John, Water)。

全称量词推广（universal generalization）规则又称为全称量词引入（universal introduction）规则，这个推理规则告诉我们如果 $F(A)\wedge F(B)\wedge F(C)\wedge\cdots$ 为真，则我们可以推理 $(\forall x)F(x)$ 为真。

存在例示（existential instantiation）规则，也称为存在消去（existential elimination）规则，是一个涉及存在量词的推理规则。它告诉我们，如果给定的表示 $(\exists x)f(x)$ 的存在，对于一个新的常数或变量符号 C 我们可以推断出 $F(C)$。这个假设在此规则中引入的常量或变量 C 应该是一个全新的常数，以前没有出现在这个证明或在我们现有的完整的知识基础中。这个过程也称为斯科林化（skolemization），常量 C 称为 skolem 常量。

存在量词一般化也称为存在引入（existential introduction），是推理规则，告诉我们，假设 $f(C)$ 是真的，C 是一个常数项，那么我们可以推断 $(\exists x)f(x)$。这可以通过 eats_fish(cat)→$(\exists x)$eats_fish(x) 表示，可译为 "Cats eat fish, and therefore there exists something or someone at least who eats fish"（猫吃鱼，因此至少存在某物或某人吃鱼）。

现在，我们将看一些如何用 FOL 来表示自然语言陈述的例子，反之亦然。表 1-3 中例子描述了一些 FOL 表示自然语言陈述的典型用法。

上述内容告诉我们 FOL 的不同组成、使用和相对于命题逻辑的优点。然而，FOL 也有自身的局限。就其本质而言，FOL 允许我们用量词限定变量和对象，但不能限定属性或关系。高阶逻辑（Higher Order Logic，HOL）允许我们用量词限定关系、谓语和函数。更具体地说，二阶逻辑允许我们用量词限定谓语和函数，三阶逻辑允许我们用量词限定谓语的谓语。逻辑的表达能力越强，越难确定 HOL 所有句子的正确性。这就结束了我们关于表示语义的讨论。我们将在下一节讨论文本语料库。

表 1-3　使用 FOL 的自然语言陈述表达

SI 序号	FOL 表示	自然语言陈述
1	¬ eats(John, fish)	John does not eat fish
2	is_hot(pie) □ is_delicious(pie)	The pie is hot and delicious
3	is_hot(pie) ∨ is_delicious(pie)	The pie is either hot or delicious
4	study(John, exam) → pass(John, exam)	If John studies for the exam, he will pass the exam
5	$\forall x$ student(x) → pass(x, exam)	All students passed the exam
6	$\exists x$ student(x) □ fail(x, exam)	There is at least one student who failed the exam
7	($\exists x$ student(x) □ fail(x, exam) □ ($\forall y$ fail(y, exam) → $x{=}y$))	There was exactly one student who failed the exam
8	$\forall x$ (spider(x) □ black_widow(x)) → poisonous(x)	All black widow spiders are poisonous

1.5　文本语料库

文本语料库是大量的结构化文本或文本数据集合，一般由书面或口语文本组成，常以电子形式存储。这包括将历史悠久的文本语料库从物理形式转换成电子形式，以便于分析与处理。文本语料库的主要目的是便于语言学分析和统计分析，以及作为构建 NLP 工具的数据。

单语言语料库由一种语言的文本数据组成，多语言语料库则由多种语言的文本数据组成。为认识文本语料库的重要性，我们必须理解语料的起源以及其背后的原因。语料库与语言学一同出现，人们收集与语言相关的数据来学习语言的特性和结构。在 20 世纪 50 年代，统计和数量分析方法用于分析收集到的数据。但由于缺乏统计方法有效应用所需的大量文本数据，这种努力很快到了尽头。此外，认知学习与行为科学获得了大量关注。这使得著名的语言学家乔姆斯基构建并形式化了一个复杂的基于规则的语言模型，该语言模型成为构建、注释、分析大规模文本语料库的基础。

1.5.1　文本语料库标注及使用

文本语料库使用了丰富的元数据进行标注，当使用文本语料进行 NLP 和文本分析时，这对于获得有价值的见解非常有意义。常见的语料标注包括 POS 标签、词干、词元等。下面是最常用的标注语料库的技术和方法。

❑ POS 标注：这主要用词性标签表示每个单词与之相关的词性。
❑ 词干：词干是单词的一部分，各种词缀可以附加在词干上构成单词。
❑ 词元：词元是一组单词的规范或基本形式，也称为中心词。
❑ 依存语法：这包括查找句子成分之间的各种关系并标注这些依存关系。

❑ 成分语法：这是基于成分对句子增加句法标注，包括短语和从句。

❑ 语义类型和角色：标注句子的不同成分（包括单词和短语的语义类型和角色），这通常从一个表明它们做什么的本体中获得。这些包括地点、人物、时间、组织、代理、接受者、主题等。

高级的标注形式包括对文本增加句法和语义结构。这些是基于语法解析树的依存语法和成分语法。这些专业语料库，又称为树库（treebank），广泛应用于构建 POS 标注器、句法和语义解析器。语料库也被语言学家广泛用于创建新字典和语法。语料库的属性，如一致性、搭配和频率计数使他们能找到词汇信息、模式、形态信息和语言学习。除了语言学外，语料库也广泛应用于开发 NLP 工具，如文本标注器、语音识别、机器翻译、拼写和语法检查器、文本到语音和语音到文本合成器、信息检索、对象识别和知识提取。

1.5.2 流行的语料库

目前，已经建成了一些流行的文本语料库资源，并随着时间的推移而不断演变。我们列出了一些最著名和热门的语料库，这会唤起你的兴趣。你可以研究和了解你感兴趣的文本语料库的更多细节。下面是一些长期积累下来的热门文本语料库。

❑ 上下文关键字（KWIC）：KWIC 是一个 19 世纪 60 年代发明的方法，在 20 世纪 50 年代被语言学家广泛使用，以索引文件和创建一致性语料库。

❑ Brown 语料库：这是第一个百万级的英文语料，也称为"当代美国英语标准语料库"，由 Kucera 和 Francis 于 1961 年发布。该语料库由来自不同来源和分类的文本组成。

❑ LOB 语料库：LOB 语料库编译于 20 世纪 70 年代，是兰卡斯特大学、奥斯陆大学和挪威卑尔根人文计算中心之间合作的结果。该项目的主要目的是提供一个与 Brown 语料库对应的英国语料库。该语料库也是一个百万单词级的语料库，由多种来源和类别的文本组成。

❑ Collins 语料库：柯林斯伯明翰大学国际语言数据库（COBUILD）是 1980 年由柯林斯出版社资助的，在伯明翰大学建立的一个大型的英语现代文本电子语料库。这也为未来的语料库（如英语银行和柯林斯 COBUILD 英语词典）铺平了道路。

❑ CHILDES：儿童语言数据交换系统（CHILDES）是在 1984 年由 Brian 和 Catherine 创建，作为语言数据获取的存储库，包括来自超过 130 个不同的语料库的 26 种语言的文字稿、音频和视频。近来，该语料库已经合并了一个较大的语料库 TalkBank，并广泛用于幼儿语言与语音分析。

❑ WordNet：该语料库是一个面向语义的英语字典数据库，在 George Armitage 指导下于 1985 年在普林斯顿大学创建。该语料库由单词和同义词集（synset）组成。此外，该语料库由单词定义、关系以及单词和同义词集使用例子。整体来讲，它是一个字典和同义词字典的组合。

❑ Penn Treebank：该语料库包括标记和解析的英语句子，句子包含树库中常见的 POS 标签和语法解析树。它也被定义为一个语言树的集合，由宾夕法尼亚大学创建，故称宾夕法尼亚大学树库。

❑ BNC：英国国家语料库（BNC）是最大的英语语料库之一，由多个来源的书面和口头文本样本的 1 亿个单词组成。该语料库是 20 世纪后期英国书面和口头英语的一个代表。

- ❑ ANC：ANC 是一个大型的美国英语语料库，该语料由 20 世纪 90 年代以来的 2200 万口语和书面语单词组成。该语料库拥有广阔的来源，包括新出现的而不在 BNC 中的来源，如邮件、推特和网页信息。
- ❑ COCA：美国当代英语语料库（COCA)由 4.5 亿单词组成，是最大的美国英语文本语料库，包括来自不同的类别和来源的口语笔录和书面文本。
- ❑ 谷歌 n-gram 语料库：谷歌 n-gram 语料库由 1 万亿个单词组成，出自包括书籍、网页等不同来源。该语料库每种语言的 n-gram 文件达到了 5-gram。
- ❑ 路透社语料库：该语料库专门为开展 NLP 和机器学习而准备，主要是 2000 年的路透社新闻和故事集。
- ❑ 网页、聊天记录、邮件和推特：这些都是随着社交媒体的崛起而快速地发展起来的全新形式的文本语料库。这些语料库来自网页的不同来源，包括推特、Facebook、聊天室等。

上述内容让我们了解了一些最热门的文本语料库，以及它们随时间的演变情况。下一节讨论如何使用 Python 和自然语言工具包（NLTK）平台访问这些文本语料库。

1.5.3　访问文本语料库

我们已经了解文本语料的构成，并看了现有的几个流行的文本语料库的一个列表。在本节中，我们将使用 Python 和 NLTK 来连接和访问这些文本语料库。如果有语法或代码看起来不好理解，请不要担心，下一章会详细介绍 Python 和 NLTK。本节的主要目的是让你了解到，你可以很容易地访问和利用文本语料库来满足 NLP 和分析需求。我们也将使用 NLTK 的函数库，你可以在 http://www.nltk.org 找到这个项目的更多细节信息，NLTK 是一个用于访问文本资源的完整的平台和框架，包括各种 NLP 和机器学习功能的语料库和函数库。

开始之前，你要确认已经安装了 Python。你可以单独安装 Python 或从 Anaconda 网站 https://www.anaconda.com/download 下载流行的 Anaconda Python，这个版本包括 NLTK 的完整分析套件。如果你想深入了解 Python，以及哪个版本更适合你，你可以翻到第 2 章快速浏览一下，第 2 章将更加详细地介绍这些主题。

假如你现在已经安装好了 Python，如果你安装的是 Anaconda 版本，NLTK 则已经安装完毕。注意本书将使用 Python 3，也欢迎你使用最新版本的 Python，最好至少是 Python 3.5+。如果你没有安装 Anaconda 版本而仅仅是安装了 Python，你可以打开终端或命令提示符，执行下面的命令安装 NLTK。

```
$ pip install nltk
```

该命令将会完成 NLTK 函数库安装，之后你就可以使用它了。然而，默认安装的 NLTK 不会包含本书所需要的全部组件。你可以打开 Python shell 输入下面的命令安装 NLTK 全部的组件和资源。你将会看到 NLTK 相关的各种资源被下载下来。部分输出如下面的代码片段所示。

```
In [1]: import nltk

In [2]: nltk.download('all', halt_on_error=False)
[nltk_data] Downloading collection u'all'
[nltk_data]    |
[nltk_data]    | Downloading package abc to
[nltk_data]    |     C:\Users\DIP.DIPSLAPTOP\AppData\Roaming\nltk_data
[nltk_data]    |     ...
[nltk_data]    |   Package abc is already up-to-date!
[nltk_data]    | Downloading package alpino to
[nltk_data]    |     C:\Users\DIP.DIPSLAPTOP\AppData\Roaming\nltk_data
[nltk_data]    |     ...
```

上面的命令将下载 NLTK 所需要的全部资源。如果你不希望全部都下载，可以使用
`nltk.download()`命令通过图形用户界面（GUI）选择必要的组件。必要的组件下载完毕
后，你就可以开始访问文本语料库了！

1. 访问 Brown 语料库

我们已经初步介绍了布朗大学 1961 年开发的 Brown 语料库。该语料库由 500 多个来
源的文本组成，并分为不同的类型。下面的代码片段将 Brown 语料库加载到系统的内存，
显示了不同的可用类型。

```
# load the Brown Corpus
from nltk.corpus import brown

# total categories
print('Total Categories:', len(brown.categories()))
Total Categories: 15

# print the categories
print(brown.categories())
['adventure', 'belles_lettres', 'editorial', 'fiction', 'government',
'hobbies', 'humor', 'learned', 'lore', 'mystery', 'news', 'religion',
'reviews', 'romance', 'science_fiction']
```

上面的输出告诉我们，该语料库中共有 15 个类型，例如新闻、推理小说、传说等。下
面的代码片段深入挖掘了 Brown 语料库中推理小说类型。

```
# tokenized sentences
brown.sents(categories='mystery')
[['There', 'were', 'thirty-eight', 'patients', 'on', 'the', 'bus', 'the',
'morning', 'I', 'left', 'for', 'Hanover', ',', 'most', 'of', 'them',
'disturbed', 'and', 'hallucinating', '.'], ['An', 'interne', ',', 'a',
'nurse', 'and', 'two', 'attendants', 'were', 'in', 'charge', 'of', 'us',
'.'], ...]

# POS tagged sentences
brown.tagged_sents(categories='mystery')
[[('There', 'EX'), ('were', 'BED'), ('thirty-eight', 'CD'), ('patients',
```

```
'NNS'), ('on', 'IN'), ('the', 'AT'), ('bus', 'NN'), ('the', 'AT'),
('morning', 'NN'), ('I', 'PPSS'), ('left', 'VBD'), ('for', 'IN'),
('Hanover', 'NP'), (',', ','), ('most', 'AP'), ('of', 'IN'), ('them',
'PPO'), ('disturbed', 'VBN'), ('and', 'CC'), ('hallucinating', 'VBG'),
('.', '.')], [('An', 'AT'), ('interne', 'NN'), (',', ','), ('a', 'AT'),
('nurse', 'NN'), ('and', 'CC'), ('two', 'CD'), ('attendants', 'NNS'),
('were', 'BED'), ('in', 'IN'), ('charge', 'NN'), ('of', 'IN'), ('us',
'PPO'), ('.', '.')], ...]

# get sentences in natural form
sentences = brown.sents(categories='mystery')
sentences = [' '.join(sentence_token) for sentence_token in sentences]
sentences[0:5] # viewing the first 5 sentences
['There were thirty-eight patients on the bus the morning I left for
Hanover , most of them disturbed and hallucinating .',
 'An interne , a nurse and two attendants were in charge of us .',
 "I felt lonely and depressed as I stared out the bus window at Chicago's
grim, dirty West Side.",
 'It seemed incredible , as I listened to the monotonous drone of voices
and smelled the fetid odors coming from the patients , that technically I
was a ward of the state of Illinois , going to a hospital for the mentally
ill .',
 'I suddenly thought of Mary Jane Brennan , the way her pretty eyes could
flash with anger , her quiet competence , the gentleness and sweetness that
lay just beneath the surface of her defenses .']
```

从上面的片段和输出，我们可以看到，推理小说类型的书面内容，以及句子如何以标记和标注的格式存在。假设我们想看看推理小说类型中最常用的单词，我们可以使用下面的代码。请注意在 POS 标签中使用 NN 或是 NP 指示名词的不同形式。第 3 章将进一步详细介绍 POS 标签。

```
# get tagged words
tagged_words = brown.tagged_words(categories='mystery')

# get nouns from tagged words
nouns = [(word, tag) for word, tag in tagged_words if any(noun_tag in tag
                                                for noun_tag in
['NP', 'NN'])]
nouns[0:10] # view the first 10 nouns
[('patients', 'NNS'), ('bus', 'NN'), ('morning', 'NN'), ('Hanover', 'NP'),
('interne', 'NN'),
 ('nurse', 'NN'), ('attendants', 'NNS'), ('charge', 'NN'), ('bus', 'NN'),
('window', 'NN')]

# build frequency distribution for nouns
nouns_freq = nltk.FreqDist([word for word, tag in nouns])

# view top 10 occurring nouns
nouns_freq.most_common(10)
[('man', 106), ('time', 82), ('door', 80), ('car', 69), ('room', 65),
```

```
('Mr.', 63), ('way', 61), ('office', 50), ('eyes', 48), ('Mrs.', 46)]
```

该片段输出了出现次数最多的 10 个名词，例如 man、time、room 等。我们已经使用了一些高级的部件和技术，例如列表分析器、迭代器和元组。下一章将进一步详细地介绍使用 Python 组件进行文本处理的核心概念。目前，你需要知道的就是我们基于 POS 标签从其他词中过滤出名词，然后计算这些名词的出现频率，从而获得语料库中最常出现的名词。

2. 访问路透社语料库

路透社语料库由 90 个不同分类的 10 788 条路透社新闻组成，并分成了训练集和测试集。在机器学习术语中，训练集经常用于训练模型，测试集用于测试模型的性能。下面的代码片段给出了如何访问路透社语料库的数据。

```
# load the Reuters Corpus
from nltk.corpus import reuters

# total categories
print('Total Categories:', len(reuters.categories()))
Total Categories: 90

# print the categories
print(reuters.categories())
['acq', 'alum', 'barley', 'bop', 'carcass', 'castor-oil', 'cocoa', ...,
'yen', 'zinc']

# get sentences in housing and income categories
sentences = reuters.sents(categories=['housing', 'income'])
sentences = [' '.join(sentence_tokens) for sentence_tokens in sentences]
sentences[0:5]   # view the first 5 sentences
["YUGOSLAV ECONOMY WORSENED IN 1986 , BANK DATA SHOWS National Bank
economic data for 1986 shows that Yugoslavia ' s trade deficit grew , the
inflation rate rose , wages were sharply higher , the money supply expanded
and the value of the dinar fell .",
 'The trade deficit for 1986 was 2 . 012 billion dlrs , 25 . 7 pct higher
than in 1985 .',
 'The trend continued in the first three months of this year as exports
dropped by 17 . 8 pct , in hard currency terms , to 2 . 124 billion dlrs .',
 'Yugoslavia this year started quoting trade figures in dinars based on
current exchange rates , instead of dollars based on a fixed exchange rate
of 264 . 53 dinars per dollar .',
 "Yugoslavia ' s balance of payments surplus with the convertible currency
area fell to 245 mln dlrs in 1986 from 344 mln in 1985 ."]

# fileid based access
print(reuters.fileids(categories=['housing', 'income']))
['test/16118', 'test/18534', 'test/18540', ..., 'training/7006',
'training/7015', 'training/7036', 'training/7098', 'training/7099',
'training/9615']

print(reuters.sents(fileids=[u'test/16118', u'test/18534']))
[['YUGOSLAV', 'ECONOMY', 'WORSENED', 'IN', '1986', ',', 'BANK', 'DATA',
'SHOWS', 'National', 'Bank', 'economic', 'data', 'for', '1986', 'shows',
```

```
'that', 'Yugoslavia', "'", 's', 'trade', 'deficit', 'grew', ',', 'the',
'inflation', 'rate', 'rose', ',', 'wages', 'were', 'sharply', 'higher',
',', 'the', 'money', 'supply', 'expanded', 'and', 'the', 'value', 'of',
'the', 'dinar', 'fell', '.'], ['The', 'trade', 'deficit', 'for', '1986',
'was', '2', '.', '012', 'billion', 'dlrs', ',', '25', '.', '7', 'pct',
'higher', 'than', 'in', '1985', '.'], ...]
```

上述内容告诉我们如何使用分类和文件标识符访问语料数据。下面我们看一下如何访问 WordNet 语料库。

3. 访问 WordNet 语料库

因为 WordNet 由大量的单词和连接每个单词的语义同义词组成，它也许是最常使用的语料库之一。我们将探索 WordNet 语料库的一些基本特征，包括同义词和语料库数据访问方法。更多关于 WordNet 高级分析和覆盖情况，请详见第 8 章（包括同义词、词元、上下义词、多义词），以及 1.4 节中提到的一些概念。下面的代码片段让你初步了解如何访问 WordNet 语料库数据和同义词。

```python
# load the Wordnet Corpus
from nltk.corpus import wordnet as wn

word = 'hike' # taking hike as our word of interest
# get word synsets
word_synsets = wn.synsets(word)
word_synsets

# get details for each synonym in synset
for synset in word_synsets:
    print(('Synset Name: {name}\n'
          'POS Tag: {tag}\n'
          'Definition: {defn}\n'
          'Examples: {ex}\n').format(name=synset.name(),
                                     tag=synset.pos(),
                                     defn=synset.definition(),
                                     ex=synset.examples()))

Synset Name: hike.n.01
POS Tag: n
Definition: a long walk usually for exercise or pleasure
Examples: ['she enjoys a hike in her spare time']

Synset Name: rise.n.09
POS Tag: n
Definition: an increase in cost
Examples: ['they asked for a 10% rise in rates']

Synset Name: raise.n.01
POS Tag: n
Definition: the amount a salary is increased
Examples: ['he got a 3% raise', 'he got a wage hike']

Synset Name: hike.v.01
```

```
POS Tag: v
Definition: increase
Examples: ['The landlord hiked up the rents']
Synset Name: hike.v.02
POS Tag: v
Definition: walk a long way, as for pleasure or physical exercise
Examples: ['We were hiking in Colorado', 'hike the Rockies']
```

前面的代码片段描述了单词 hike 和它相关同义词的一个有趣的例子，这包括它的名词同义词，以及具有不同的意义的动词。WordNet 使得单词间的同义词语义链接比较容易，可以很容易地检索不同单词的含义和例子。前面的例子告诉我们，hike 具有长时间的步行、工资或租金价格的上涨的意思。请随时进行不同的实验，以找出它们的同义词、定义、例子和关系。

除了流行的语料库外，你还可以通过 nltk.corpus 模块检查和访问很多文本语料库。因此，在 Python 和 NLTK 的帮助下，你可以看到访问和使用来自任何文本语料库的数据都非常容易。我们的文本语料库探讨就要结束了。下面的章节将介绍自然语言处理和文本分析相关的基础知识。

1.6 自然语言处理

在本章中，我们多次提到自然语言处理（NLP）这个词。到目前为止，你也许对 NLP 已经有了一些理解。NLP 是以计算语言学为基础，属于计算机科学与工程和人工智能的一个专业领域。它主要涉及设计和构建让机器与人类所使用的自然语言间进行交互的应用和系统。这也使得 NLP 与人机交互（Human-Computer Interaction，HCI）领域联系紧密。NLP 技术使得计算机可以处理和理解人类的语言并且进一步提供有用的输出。下面，我们将介绍 NLP 的一些主要应用。

1.6.1 机器翻译

机器翻译也许是 NLP 领域中最梦寐以求和最受欢迎的应用之一。其定义是为任何两个语言之间提供实现句法、语法、语义正确翻译的技术。机器翻译几乎是 NLP 中第一个主要研究与开发的领域。简而言之，机器翻译就是使用机器实现自然语言的翻译。默认情况下，机器翻译的基本组成模块是将单词从一种语言简单地转换为另一种语言，但这种情况下我们忽略了如语法和短语的一致性。因此，经过一段时间的发展，进化出了更加复杂的技术，包括将大规模的文本语料库资源与统计技术和语言技术有机结合。谷歌翻译是知名的机器翻译系统之一。在图 1-23 中，谷歌翻译成功地把 "What is the fare to the airport?" 从英语翻译到意大利语。

随着时间的推移，机器翻译系统正变得越来越好，当你说话或写字时可以在应用中提供实时的翻译。

图 1-23　谷歌翻译系统的机器翻译结果

1.6.2　语音识别系统

语音识别也许是 NLP 中最难的应用。在人工智能系统中，最难的智能测试也许就是图灵测试。这个测试是测试计算机的智能程度。向计算机和人提出一个问题，如果不能说出哪个答案是由人给出的，则通过测试。随着时间的推移，通过使用如语音合成、分析、句法分析、上下文推理等技术，这方面取得了很大的进步。但是语音识别系统主要的局限仍然存在：它们是特定域的，如果用户与系统期望的输入有一点偏差，则不能正常工作。现在，从桌面电脑到移动电话再到虚拟协助系统，语音识别系统已经在许多地方得到了应用。

1.6.3　问答系统

问答系统（Question Answering System，QAS）基于 NLP 和信息检索（Information Retrieval，IR）技术构建问题回答规则。问答系统主要涉及的是构建鲁棒的、可扩展的系统，以自然语言形式为用户问题提供答案。设想一下，在国外用户通过自然语言向手机的个人助理提出一个问题，并从个人助理获得一个相似的回应。这就是研究人员和技术人员一直追求的理想状态。像 Siri 和 Cortana 个人助理一样，这一领域已经取得了一系列成功，但由于它们只能理解整个人类自然语言关键句子和短语一个子集，所以它们的应用范围还存在一定局限。

构建一个成功的问答系统，需要有各个领域数据组成的大型知识库。问答系统将使用知识库中的高效检索系统，以自然语言的形式提供问题答案。创建和维护这样一个巨大的、可查询的知识库十分困难。因此，你会看到问答系统在一些诸如食品、健康、电子商务等特殊的领域出现。聊天机器人充分运用了问答系统的技术，这是一个新兴的研究趋势。

1.6.4　上下文识别与消解

上下文识别与消解（contextual recognition and resolution）是理解自然语言中一个广泛的领域，包括基于语法和语义的推理。词义消歧是一个流行的应用，我们希望通过该应用找到给定句子中单词的上下文意义。思考"book"这个单词。当用作名词时，它可以表示包含知识和信息的对象，当用作动词时，它也可以用来表示预订座位或桌位。通过上下文检测句子中单词的不同含义是词义消歧的主要前提，这是一个艰巨的任务。

指代消解（coreference resolution）是 NLP 中正着力解决的语言学的另一个问题。根据定义，指代是在一个文本中两个或多个单词（或表达）指的是同一个实体。它们称为具有相同的指代。思考这句话"John just told me that he is going to the exam hall"。在这句话中，代词"he"指的就是"John"。解析这样的代词是指代消解的一部分，当我们在文本中具有多个指代时，这就成了一个挑战。例如，"John just talked with Jim. He told me we have a surprise test tomorrow"。在这个文本中，代词"He"可以指"John"或"Jim"，因此这使得准确指出指代十分困难。

1.6.5 文本摘要

文本摘要的主要目标是对一个可能包含文本、段落或句子的文本语料合理地缩减内容创建一个保留文档集关键点的摘要。摘要可以通过浏览不同文档找到包含重要突出信息的关键字、关键短语和句子来实现。主要有两类文本摘要技术，分别是基于抽取的文本摘要技术和基于概括的文本摘要技术。随着文本和非结构化数据的大量出现，对快速获得有洞见的文本摘要的需求十分巨大。

文本摘要系统通常执行两类主要的操作。第一类是通用摘要，通过分析对收集到的文本尽力提供一个通用的摘要。第二类是基于查询的摘要，根据从查询中提取的特定的查询、相关的关键字和短语对语料进行过滤生成一个查询相关的文本摘要。

1.6.6 文本分类

文本分类的主要目的是基于文档的内容识别出文档属于哪个类型或类别。这是 NLP 和机器学习领域最受关注的应用之一，因为拥有正确的数据，可以非常容易地理解内在的原理，并实现一个可以运转的文本分类系统。有监督的机器学习和无监督的机器学习都可以用来解决这个问题，有时两种方法也可以组合使用。这些技术已经帮助构建了很多成功的、实用的应用，包括垃圾邮件过滤、新闻文章分类。

1.7 文本分析

如前所述，随着大量的计算资源、非结构化数据的出现，以及机器学习和统计分析技术的成功应用，文本分析很快获得了较多的关注。然而，相对于常规分析方法，文本分析仍存在一些挑战。自由流动的文本是高度非结构化的数据，很少像关系数据库中天气数据或结构化属性一样遵循任何特定的模式。因此，将标准的统计方法直接应用到非结构文本数据时是没有帮助的。本节涵盖了一些主要的文本分析概念，还介绍了文本分析的定义和范围，这将帮助你对下面章节的内容有一个广泛的认知。

文本分析也称为文本挖掘，是从文本数据中获得高质量、可操作的信息和见解所遵循的方法和过程。这涉及使用 NLP、信息检索和机器学习技术从语法上把非结构化文本数据解析成更结构化的形式，并从这些数据中提取出对终端用户有帮助的模式和见解。为满足分析需要，文本分析由用于建模和从文本中提取信息的机器学习、语言学和统计技术组成，包括商业智能、探索性、描述性和预测性分析。以下是文本分析中一些主要的技术和操作：

- ❏ 文本分类
- ❏ 文本聚类
- ❏ 文本摘要

❑ 情感分析

❑ 实体抽取与识别

❑ 相似性分析与关系建模

然而，有时候开展文本分析是一个比常规的统计分析或机器学习更加复杂的过程。在应用任何学习技术或算法之前，你必须将非结构化文本数据转换为这些算法所能接受的格式。根据定义，正文的分析通常是一个文档，我们通常通过应用各种技术将这个文档转换为词向量，词向量是一个数值数组，其值是每个词的特定权值，可以是词的频率、出现次数或是其他各种描述，我们将在第 3 章中讨论其中一些权值。文本经常需要进行清洗和处理，以去除噪声项和数据，这一过程称为文本预处理。一旦拥有了机器能够读取和理解的格式的数据，我们就可以把相关算法应用到要着手解决的问题上。文本分析具有多方面的应用，一些热门的文本分析应用包括以下内容：

❑ 垃圾邮件检测

❑ 新闻分类

❑ 社交媒体分析与监测

❑ 生物医疗

❑ 安全智能

❑ 市场营销和客户关系管理

❑ 情感分析

❑ 广告投放

❑ 聊天机器人

❑ 虚拟助理

1.8　机器学习

我们可以把机器学习（Machine Learning，ML）定义为人工智能（Artificial Intelligence，AI）的一个子领域。机器学习是利用技术的艺术与科学。它可以让机器自动地从底层数据中学习潜在的模式和关系，并随着时间的推移不断改进自己，而无须显式编程或硬编码特定的规则。通常需要 NLP 和 ML 的结合来解决实际问题，如文本分类、聚类等。机器学习的三大类技术包括有监督、无监督和强化学习算法。

1.9　深度学习

深度学习（Deep Learning，DL）领域是机器学习的一个分支，专门研究模型和算法，其灵感来源于大脑的工作方式和功能。事实上，人工神经网络（Artificial Neural Network，ANN）是第一个从人脑中汲取灵感的模型。虽然我们确实离复制大脑的功能还很远，但神经网络是极其复杂的非线性模型，能够自动学习分层数据表示。深度学习或深度神经网络通常使用多层非线性处理单元，也称为神经元。我们更喜欢称它们为处理单元。每一层都使用前一层的输出作为输入，自行执行一些特征提取、特征工程和特征转换。因此，每一层都会在不同的抽象层次上学习数据的分层表示。我们可以利用这些模型来解决有监督和无监督问题。近年来，深度学习在解决 NLP 问题方面显示出巨大的潜力。

1.10　本章小结

恭喜你坚持读完这冗长的一章！通过浏览自然语言的世界和与之相关的概念与领域，我们已经开始了 Python 文本分析之旅。你已经很好地掌握了自然语言在我们这个世界的意义以及其重要性。我们也熟悉了语言方式、语言获取和语言使用的相关概念。这也是语言研究涉及的领域，研究自然语言的起源和随时间的演化方式。我们详细介绍了语言的语法和语义，包括一些便于理解和掌握的关键概念和有趣的例子。我们还介绍了语言资源，也就是文本语料库，以及一些如何使用 Python 和 NLTK 来连接和访问语料库的代码实例。最后，我们以讨论 NLP 和文本分析不同方面的应用结束本章。下一章我们将介绍如何使用 Python 进行文本分析。我们将涉及用于 NLP 的 Python 开发环境安装、Python 处理文本的不同的组件，以及 NLP 常用的库、框架和平台。

## 第 2 章

Python 自然语言处理

在第 1 章中，我们开启了自然语言处理的世界之旅，探讨了几个有趣的概念和与之相关的领域知识。现在，我们对自然语言处理（NLP）、语言学和文本分析的整体范畴有了更深入的了解。如果你想重温一下，我们可以先尝试运行 Python 代码来浏览与处理和理解文本相关的基本知识。我们也可以借助 NLTK 框架来访问和使用文本语料库资源。在本章中，我们将了解为什么会选择 Python 语言进行 NLP，配置一个健壮的 Python 环境，通过动手实战的方法来理解字符串和文本处理、操作和转换的基本知识，并通过查看与 NLP 和文本分析相关的一些重要库及框架来进行学习总结。本章旨在为 Python 和 NLP 提供快速入门途径。

本书假定你具有 Python 或任何其他编程语言的一些知识。如果你是一位 Python 工程师，甚至是 Python 资深专家，则可以快速浏览本章，因为本章内容将从 Python 的简要历史介绍开始，然后介绍 Python 开发环境设置，再介绍文本数据处理的 Python 基础。本章的重点是探索如何用 Python 处理文本数据，并更多地了解 Python 中最新的 NLP 工具和框架。本章采用动手实战的方法，并通过实际示例介绍各种概念知识。本章中展示的所有代码示例均可在本书的官方 GitHub 存储库 https://github.com/dipanjanS/text-analytics-with-python/tree/master/New-Second-Edition 中找到。

2.1 了解 Python

在深入探究 Python 生态系统以及了解与之相关的各种组件之前，我们需要简要回顾一下 Python 的起源和哲学，了解它是如何随着时间的推移发展成为目前支持许多应用程序、服务器和系统的语言选择的。Python 是一种高级、开源、通用的编程语言，广泛用于脚本编写并跨领域使用。Python 源于 Guido Van Rossum 的创意，在 20 世纪 80 年代后期被构想作为 ABC 语言的继承者，两者都是由荷兰国家数学和计算机科学研究所（Centrum Wiskunde and Informatica，CWI）开发的。起初 Python 设计为一种脚本和解释语言，直到今天，它仍然保留着作为最流行的脚本语言的特质。Python 使用面向对象原则（Object Oriented Principle，OOP）和构造，你可以像使用任何其他面向对象的语言一样来使用它，例如 Java。Guido 所创造的 "Python" 名称来自热门喜剧节目 *Monty Python's Flying*

Circus。

Python 是一种通用编程语言，支持多种编程范式。它支持的流行编程范式如下所示。

- ❏ 面向对象编程
- ❏ 函数式编程
- ❏ 过程式编程
- ❏ 面向方面的编程

Python 中有很多面向对象编程概念，包括类、对象、数据和方法。诸如抽象、封装、继承和多态的原则也可以使用 Python 来实现和展现。Python 中有几个高级功能，包括迭代器（iterator）、生成器（generator）、列表解析式（list comprehension）、lambda 表达式和几个模块（如 `collections`、`itertools` 和 `functools`），这些模块提供了遵循函数编程范式编写代码的能力。Python 的设计思想是：与过早优化和难以解释的代码相比，简单而漂亮的代码会更优雅、更易于使用。

Python 的标准库功能强大，具有从底层硬件接口到处理文件和处理文本数据的各种功能与特性。易于扩展和集成使得在开发 Python 时，可以轻松地实现与现有应用程序集成，甚至可以创建丰富的应用程序编程接口（Application Programming Interface，API）来提供与其他应用程序和工具的接口。Python 还有一个蓬勃发展和乐于助人的开发者社区，可确保互联网上有大量有用的资源和文档。Python 社区还在世界各地组织各种研讨会和会议。

与 Java、C++ 和 C 等其他语言相比，Python 通过减少开发、运行、调试、部署和维护大型代码库所需的时间来提高工作效率。将超过 100 行的大型程序移植到 Python，可以减少到平均 20 行或更少。高级抽象有助于开发人员专注于手头要解决的问题，而不必担心特定语言的细微差别。Python 也避开了编译和链接的障碍。因此，Python 通常是首选的编程语言，特别是快速原型设计和开发，这对于在很短时间内解决重要问题至关重要。

Python 的主要优点之一是其作为一种多用途的编程语言，可以用于任何事情！从 Web 应用程序到智能系统，Python 可为各种各样的应用程序和系统提供支持。除了作为一种多用途语言外，使用 Python 开发的，以及为 Python 而开发的各种框架、库和平台，围绕 Python 形成了一个完整的、稳健的生态系统。这些库通过提供各种各样的能力和功能，达到以最少的代码执行各种任务的目的。库的例子包括处理数据库、文本数据、机器学习、信号处理、图像处理、深度学习、人工智能的库等。

2.2　Python 之禅

你或许想知道 Python 之禅究竟是什么。如果你对 Python 有所了解，这是你首先要知道的内容之一。Python 之美在于其简洁和优雅的风格。在程序设计中，"Python 之禅"（The Zen of Python）有 20 条有影响力的指导原则或格言。资深的 Python 开拓者 Tim Peters 在 1999 年记录了其中 19 条，可以通过 https://hg.python.org/peps/file/tip/pep-0020.txt 访问，它们已成为 Python 增强提案（Python Enhancement Proposal，PEP）中第 20 号（PEP 20）的一部分。如果你已经安装了 Python，这些原则内容可以随时通过在 Python、IPython shell 或 Jupyter notebook 中运行以下代码来访问：

```
# zen of python
import this

The Zen of Python, by Tim Peters

Beautiful is better than ugly.
Explicit is better than implicit.
Simple is better than complex.
Complex is better than complicated.
Flat is better than nested.
Sparse is better than dense.
Readability counts.
Special cases aren't special enough to break the rules.
Although practicality beats purity.
Errors should never pass silently.
Unless explicitly silenced.
In the face of ambiguity, refuse the temptation to guess.
There should be one-- and preferably only one --obvious way to do it.
Although that way may not be obvious at first unless you're Dutch.
Now is better than never.
Although never is often better than *right* now.
If the implementation is hard to explain, it's a bad idea.
If the implementation is easy to explain, it may be a good idea.
Namespaces are one honking great idea -- let's do more of those!
```

上述输出展示了构成"Python 之禅"的 19 条原则，它们作为复活节彩蛋包含在 Python 语言本身中。这些原则是用简单的英语编写的，即使你以前没有写过代码，很多也都是一目了然的，其中很多包含了圈内笑料！Python 专注于编写简洁、可读的代码。Python 还旨在确保你能专注于错误处理、实现易于解释和理解的代码。我最想要请你记住的一个原则是"简单胜过复杂"（simple is better than complex），它不仅适用于 Python，而且适用于解决世界上的很多事情。只要你知道在做什么，有时一个简单的方法会好于更复杂的方法。

2.3　应用：何时使用 Python

Python 作为一种通用的多用途编程语言，能为不同领域构建应用程序和系统，并解决各种现实世界中的问题。Python 自带一个标准库，该库包括大量对于解决各种问题有用的库和模块。除了标准库之外，因特网上还有数以千计的第三方库随时可用，它们用于鼓励开源和积极开发。Python 官方资源存储库是 Python 的软件包索引（Python Package Index，PyPI），用于托管第三方库以及增强开发的工具，你可以访问 https://pypi.python.org 并查看各种软件包。目前，可以安装和使用的软件包超过 80 000 个。Python 可以用来解决大量问题，下面归类列出了一些最受欢迎的领域。

❑ 脚本（scripting）：Python 被普遍称为脚本语言。它可以用于执行许多任务，例如，与网络、硬件的交互，处理文件和数据库，执行操作系统（OS）的操作，以及接收和发送电子邮件。

❑ Web 开发（Web development）：有很多广泛用于 Web 开发的强大且稳定的 Python 框架，例如 Django、Flask、Web2Py 和 Pyramid。你可以使用它们来开发完整的企业 Web 应用程序，Python 支持各种架构风格，如 RESTful API 和 MVC 架构。Python 还提供与数据库交互的 ORM 支持，并在此之上使用面向对象的编程。Python 甚至还有像 Kivy 这样的框架，该框架支持跨平台开发，用于在 iOS、Android、Windows 和 OS X 等多个平台上开发应用程序。

❑ 图形用户界面（Graphical User Interface，GUI）：使用 Python 可以轻松构建大量具有 GUI 的桌面应用程序。tkinter、PyQt、PyGTK 和 wxPython 之类的库和 API 允许开发人员通过简单或复杂的接口开发基于 GUI 的应用程序。多样化的框架使得开发人员能够为不同的 OS 和平台开发基于 GUI 的应用程序。

❑ 系统编程（system programming）：作为一门高级语言，Python 具有与底层 OS 服务和协议交互的大量接口，并且这些服务之上的抽象使得开发人员能够编写强大而可移植的系统监控和管理工具。你可以使用 Python 执行多种 OS 操作，包括创建、处理、搜索、删除、管理文件和目录。Python 标准库（Python Standard Library，PSL）提供 OS 和 POSIX 绑定，可用于处理文件、多线程、多处理、环境变量、控制套接字、管道（pipe）和进程。

❑ 数据库编程（database programming）：Python 用于连接和访问来自不同类型数据库的数据，无论是 SQL 还是 NoSQL。MySQL、MSSQL、MongoDB、Oracle、PostgreSQL 和 SQLite 等数据库都提供 API 和连接器。实际上，SQLite 是一个轻量级的关系数据库，现在它已作为 Python 标准发行版的一部分。流行的库，例如 SQLAlchemy 和 SQLObject，提供了访问各种关系数据库的接口，并且还具备 ORM 组件来帮助在关系表之上实现 OOP 风格的类和对象。

❑ 科学计算（scientific computing）：Python 在数值和科学计算等领域展现出多用途的禀赋。你可以使用 Python 执行简单和复杂的数学运算，包括代数和微积分。SciPy、NumPy 等库能够帮助研究人员、科学家和开发人员利用高度优化的函数与接口进行数值和科学编程。这些库还在机器学习等各个领域作为开发复杂算法的基础。

❑ 机器学习（machine learning）和深度学习（deep learning）：Python 被视为当今机器学习中最流行的语言之一。Python 有一套广泛的库和框架，例如 Scikit-Learn、h2o、TensorFlow、Keras、PyTorch，甚至还有 Numpy 和 SciPy 等核心库，不仅能够用于实现机器学习算法，而且还可以利用它们来解决现实世界中的高级分析问题。

❑ NLP 和文本分析（text analytics）：如前所述，Python 能很好地处理文本数据，在这方面产生了几个流行的库用来进行 NLP、信息检索和文本分析，例如 NLTK、Gensim 和 spaCy。你还可以应用标准的机器学习算法来解决与文本分析相关的问题。在本书中，我们将探讨其中的一些库。

尽管上述列表看起来已经非常强大了，但这些只不过是 Python 所能解决问题领域中的冰山一角。它还广泛应用于其他一些领域，包括人工智能（AI）、游戏开发、机器人、物联网（IoT）、计算机视觉、多媒体处理以及网络和系统监控，这里仅列举几例。为了了解 Python 在艺术、科学、计算机科学和教育等不同领域所取得的一些广泛成功案例，热心的程序员和研究人员可以访问 www.python.org/about/success/。如果想了解使用 Python 开发的各种流行应用程序，请查看 www.python.org/about/apps/ 和 https://wiki.python.org/moin/Applications，你肯定会在其中找到你使用过的一些应用程序。

2.4　缺点：何时不用 Python

像现有的任何工具或语言一样，Python 也有其优点和缺点，在本节中，我们将重点介绍其中的一些，以便你在用 Python 开发和编写代码时了解它们。

- ❏ 执行速度性能：性能是一个非常关键的方面，它可以表示几种含义，所以需要准确界定要讨论的范围是什么。这里的性能就是指执行速度。由于 Python 并不是一种完全编译的语言，因此它总是比底层完全编译的编程语言（如 C 和 C ++）要慢些。有几种方法可以优化代码，包括多线程、多处理，使用静态类型和 Python 的 C 语言扩展（也称为 Cython）。你还可以考虑使用 PyPy，它比普通的 Python 快得多，因为它使用即时（Just-In-Time，JIT）编译器（参见 http://pypy.org）。通常，如果你编写优化过后的代码，你可以使用 Python 开发应用程序，而无须依赖其他语言。请记住，问题通常不在于工具，而是你编写的代码——所有开发人员和工程师都会随着时间和经验意识到这一点。

- ❏ 全局解释器锁（Global Interpreter Lock，GIL）：GIL 是一种互斥锁，用于多种编程语言的解释器，例如 Python 和 Ruby。使用 GIL 的解释器即使在多核处理器上运行，也只允许单线程依次有效执行。这有效限制了通过多线程实现的并行性，具体取决于进程是 I/O 绑定还是 CPU 绑定，以及在解释器之外进行了多少次调用。Python 3.x 还具有诸如 `asyncio` 之类的模块，它可用于异步 IO 操作。

- ❏ 版本不兼容：如果一直密切关注 Python，你会知道 Python 在 2.7.x 版本之上发布了 3.x 版本后，它在多个方面都是向后不兼容的，这带来了一大堆亟待解决的问题。Python 2.7.x 内置了几个主要的库和软件包，当用户在不经意中更新其 Python 版本时，它们就会开始崩溃。代码弃用和版本更改是系统崩溃中最重要的因素之一。但是，现在 Python 3.x 非常稳定，大多数用户群在过去的几年中已开始积极使用它。

上述许多问题并非 Python 特有，其他语言也同样具有。因此，不要仅仅因为前面说的几点就气馁不使用 Python 了。但是，你在编写代码和构建系统时，一定要记住它们。

2.5　Python 的实现和版本

Python 仍在积极开发中，会定期有多种 Python 的实现和不同版本的 Python 发布。本节讨论 Python 的实现和版本及其重要性，这能让你对存在哪些 Python 环境以及可能要用于开发需求的 Python 环境有所了解。目前，有四种主流的应用于生产环境的、健壮和稳定的 Python 实现。

- ❏ CPython：CPython 是普通的旧版本 Python，也是我们通常所称的 Python。它既是编译器也是解释器，有自己的一套全部用标准 C 语言编写的标准软件包和模块。该版本可以直接在所有流行的当前平台中使用。大多数 Python 第三方软件包和库与此版本兼容。

- ❑ PyPy：PyPy 是一种更快的替代 Python 实现，它使用 JIT 编译器来使代码的运行速度比 CPython 实现的速度更快，有时可以使速度提高 10～100 倍。PyPy 还具有更高的内存效率，支持 greenlet 和 stackless，从而实现高并行性和并发性。

- ❑ Jython：Jython 是适用于 Java 平台的 Python 实现，它支持任何 Java 版本（理想的是高于版本 7）的 Java 虚拟机（Java Virtual Machine，JVM）。通过使用 Jython，你可以用所有类型的 Java 库、软件包和框架来编写代码。在你了解了 Java 语法和 Java 中广泛使用的 OOP（如类、对象和接口）后，它的效果最好。

- ❑ IronPython：IronPython 是适用于流行的 Microsoft .NET 框架的 Python 实现，也称为通用语言运行时（Common Language Runtime，CLR）。你可以在 IronPython 中使用所有 Microsoft CLR 的库和框架，即使你基本上并不需要在 C # 中编写代码，更多地了解 C # 的语法和构造有助于有效地使用 IronPython。

我们建议你首先使用默认的 Python 版本，即 CPython 实现，只有当你真的有兴趣与其他语言（例如 C # 和 Java）进行交互并需要在代码库中使用它们时，才需要去尝试其他版本。

Python 有两个主要版本——2.x 系列和 3.x 系列，其中 x 是一个数字。Python 2.7 是 2010 年发布的 2.x 系列的最后一个主要版本，从那以后，后续的版本主要是错误修复和性能改进，但没有新功能。需要记住的非常重要的一点，对 Python 2.x 的支持将于 2020 年结束。3.x 系列是从 Python 3.0 开始，与 Python 2.x 系列相比，它引入了许多向后不兼容的更改，并且每一个发布的版本 3 系列不仅修复了错误和改进了性能，还引入了新功能，例如 `AsyncIO` 模块。在撰写本书时，Python 3.7 是 3.x 系列的最新版本。关于使用哪个版本的 Python 尚有许多争论。考虑到对 Python 2 的支持将于 2020 年结束，并且没有计划为其提供任何新功能或增强功能，因此建议你将 Python 3 用于所有的项目、研究和开发。

2.6 建立强大的 Python 环境

既然你已经熟悉了 Python，并进一步了解了这门语言的功能、实现和版本，那么本节将介绍一些有关如何设置开发环境以及处理软件包管理和虚拟环境的基本知识。本节将为你的后续工作奠定一个良好的开端，并提供本书中介绍的各种实战示例。

2.6.1 用哪个 Python 版本

我们之前已讨论了两个主要的 Python 版本——2.x 系列和 3.x 系列。这两个版本非常相似，然而在 3.x 版本中出现了几个向后不兼容的更改，这导致在使用 2.x 的人和使用 3.x 的人之间有了巨大的偏离。PyPI 上的大多数遗留代码和大部分的 Python 软件包都是在 Python 2.7.x 中开发的，并且软件包的所有者没有时间或意愿将其全部的代码库移植到 Python 3.x。下面是 3.x 系列中的一些更改：

- ❑ 默认情况下，所有文本字符串均为 Unicode。
- ❑ `print` 和 `exec` 是函数，不再是语句。

❑ 诸如 range() 的几种方法返回内存高效的可迭代对象（iterable），而不是列表（list）。

❑ 修改了类的风格。

❑ 库和名称已根据约定和风格冲突而更改。

❑ 更多功能、模块和增强功能。

要了解更多有关 Python 3.x 中引入的所有更改信息，请查看 https://docs.python.org/3/whatsnew/3.7.html，它是列出更改信息的官方文档。如果你将代码从 Python 2 移植到 Python 3，关于哪些更改会破坏你的代码，这个官方文档应该会为你提供一个相当好的解读。

现在来解决选择哪个 Python 版本的问题，我们明确建议始终使用 Python 3。造成这种情况的主要原因是 Python 核心小组成员最近发布的声明，其中提到对 Python 2 的支持将在 2020 年结束，并且不会再向 Python 2 推送任何新功能或增强功能。我们建议你查看 PEP 373（https://legacy.python.org/dev/peps/pep-0373/），其中详细介绍了此问题。但是，如果你正在使用 Python 2.x 来处理大型遗留代码库，那么你可能需要坚持使用它，直到可以将其移植到 Python 3 为止。我们在本书中使用 Python 3.x，并建议你也这样做。对于 Python 2.x 中的代码，你可以根据需要参考本书的第 1 版。

2.6.2　用哪个操作系统

目前有几种流行的操作系统，每个人都有自己的使用偏好。Python 的优点是可以在任何操作系统上无缝地运行，而没有太多麻烦。Python 支持的一些操作系统包括：

❑ Windows

❑ Linux

❑ Mac OS（也称为 OS X）

可以选择任何你希望使用的操作系统，并与示例一起使用。本书使用 Linux 和 Windows 作为操作系统平台。Python 外部软件包在基于 UNIX 的操作系统（例如 Linux 和 Mac OS）上能很容易地安装。但是，有时在 Windows 上安装它们时会出现重大问题，因此我们会突出显示这些实例并加以解决，以便 Windows 读者可以轻松执行本书中的任何代码段和示例。在按照本书中的示例操作时，非常欢迎你使用你所选择的任何操作系统！

2.6.3　集成开发环境

集成开发环境（Integrated Development Environment，IDE）是软件产品，通过提供编写、管理和执行代码所需的一整套工具与功能，帮助开发人员提高工作效率。IDE 的常用组件包括源代码编辑器、调试器、编译器、解释器、重构和构建工具。它们还具有其他功能，例如代码完成、语法高亮显示、错误突出显示和检查、对象和变量资源管理器。IDE 可用于管理整个代码库，这比尝试在简单的文本编辑器中编写代码要好得多，但也需要更多时间。经验丰富的开发人员经常使用简单的纯文本编辑器来编写代码，尤其是当他们在服务器环境中工作时。链接 https://wiki.python.org/moin/IntegratedDevelopmentEnvironments 提供了专门用于 Python 的 IDE 列表。我们将组合使用 PyCharm、Spyder、Sublime

Text 和 Jupyter notebook。本书中的代码示例大部分在 Jupyter notebook 上进行演示,它与 Anaconda Python 发行版一起安装,用于编写和执行代码。

2.6.4 环境设置

本节将介绍如何以最少的工作量来设置 Python 环境以及所需的主要组件的详细信息。你可以前往 Python 的官方网站,并从 https://www.python.org/downloads/ 下载 Python 3.7,或者也可以从 Anaconda(以前称为 Continuum Analytics)下载完整的 Python 发行版,其中包含数百个专门为数据科学和 AI 构建的软件包,称为 Anaconda Python 发行版。后者有很大的优势,特别是对于 Windows 用户而言,因为安装某些软件包(如 NumPy 和 SciPy)有时可能会出现重大问题。你可以访问 https://www.anaconda.com 来获取有关 Anaconda 和它们正在开展的出色工作的更多信息。Anaconda 附带 conda(一个开源软件包和环境管理系统)和 Spyder(Scientific Python Development Environment 的缩写,一个用于编写和执行代码的 IDE)。

要开始环境设置,你可以按照 https://docs.anaconda.com/anaconda/install/windows 上适用于 Windows 的说明进行操作,或者使用你所选择的任何其他操作系统的操作说明。可以到 https://www.anaconda.com/cn/download/ 下载适用于 Windows 64 位或 32 位的 Python 3 安装程序,这具体取决于你的操作系统版本。对于其他操作系统,你可以查看网站上的相关说明。启动可执行文件,按照屏幕上的说明在每一步单击"下一步"按钮。请记住要设置正确的安装位置,如图 2-1 所示。

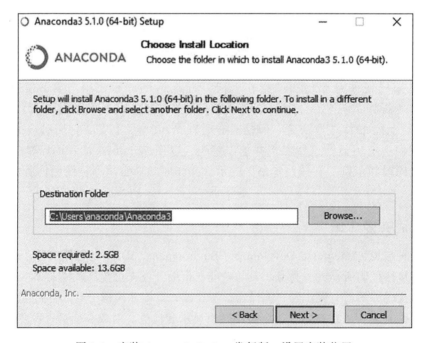

图 2-1 安装 Anaconda Python 发行版:设置安装位置

在开始实际安装之前,请记住勾选图 2-2 所示的两个选项。

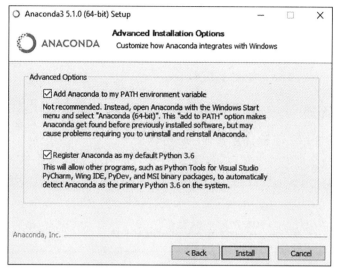

图 2-2　安装 Anaconda Python 发行版：添加到系统路径

完成安装后，可以通过双击相关图标启动 Spyder，或者通过命令提示符启动 Python 或 IPython shell。要启动 Jupyter notebook，只需在终端或命令提示符键入 jupyter notebook 即可。Spyder 提供了一个完整的 IDE，可以在常规 Python 和 IPython shell 中编写并执行代码。图 2-3 显示了如何启动 Jupyter notebook。

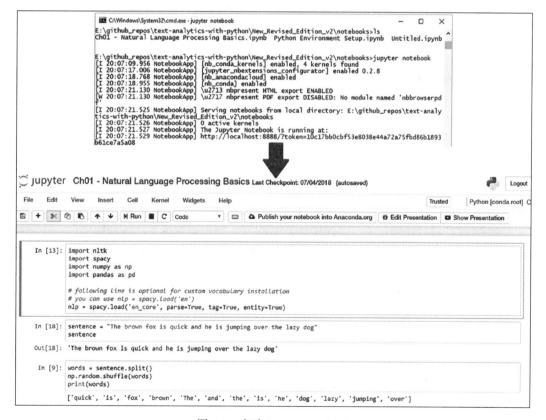

图 2-3　启动 Jupyter notebook

这应该使你了解了在 Jupyter notebook 中以交互方式来展示代码和输出是很容易的事。我们通常通过这些 notebook 来展示代码。要测试 Python 是否正确安装，你只需在终端或者 notebook 上键入 `python --version`，如图 2-4 所示。

```
In [1]:  !python --version
         Python 3.5.2 :: Anaconda custom (64-bit)

In [2]:  print('Welcome to Python')
         Welcome to Python
```

图 2-4　检查 Python 安装

2.6.5　软件包管理

现在我们简单介绍一下软件包管理。你可以使用 `pip` 或 `conda` 命令来安装、卸载和升级软件包。下面的 shell 命令描述了通过 `pip` 安装 pandas 库。你可以使用 `pip freeze <package_name>` 命令来检查是否已安装软件包，使用 `pip install <package_name>` 命令来安装软件包，如图 2-5 所示。如果你已经安装了软件包 / 库，则可以使用 `--upgrade` 标志。

```
In [3]:  !pip freeze | grep pandas

         pandas==0.20.3

         You are using pip version 9.0.1, however version 10.0.1 is available.
         You should consider upgrading via the 'python -m pip install --upgrade pip' command.

In [4]:  !pip install pandas

         Requirement already satisfied: pandas in c:\program files\anaconda3\lib\site-packages
         Requirement already satisfied: python-dateutil>=2 in c:\program files\anaconda3\lib\site-packages (from pandas)
         Requirement already satisfied: pytz>=2011k in c:\program files\anaconda3\lib\site-packages (from pandas)
         Requirement already satisfied: numpy>=1.7.0 in c:\program files\anaconda3\lib\site-packages (from pandas)
         Requirement already satisfied: six>=1.5 in c:\program files\anaconda3\lib\site-packages (from python-dateutil>=2->pandas)

         You are using pip version 9.0.1, however version 10.0.1 is available.
         You should consider upgrading via the 'python -m pip install --upgrade pip' command.

In [4]:  !pip install pandas --upgrade

         Collecting pandas
           Downloading https://files.pythonhosted.org/packages/24/f1/bbe61db3ab675ae612d5261e69cff05f1ff0a7638469a9faa1c9cdc1dcd5/pandas-
         0.23.3-cp35-cp35m-win_amd64.whl (7.6MB)
         Collecting python-dateutil>=2.5.0 (from pandas)
           Downloading https://files.pythonhosted.org/packages/cf/f5/af2b09c957ace60dcfac112b669c45c8c97e32f94aa8b56da4c6d1682825/python_
         dateutil-2.7.3-py2.py3-none-any.whl (211kB)
         Collecting numpy>=1.9.0 (from pandas)
           Downloading https://files.pythonhosted.org/packages/f3/71/94628784c3f07d4bc0dd38f8753e3f751d66cfd5a6823591179608c27f09/numpy-
         1.14.5-cp35-none-win_amd64.whl (13.4MB)
         Collecting pytz>=2011k (from pandas)
           Downloading https://files.pythonhosted.org/packages/30/4e/27c34b62430286c6d59177a0842ed90dc789ce5d1ed740887653b898779a/pytz-20
         18.5-py2.py3-none-any.whl (510kB)
         Collecting six>=1.5 (from python-dateutil>=2.5.0->pandas)
           Downloading https://files.pythonhosted.org/packages/67/4b/141a581104b1f6397bfa78ac9d43d8ad29a7ca43ea90a2d863fe3056e86a/six-1.1
         1.0-py2.py3-none-any.whl
         Installing collected packages: six, python-dateutil, numpy, pytz, pandas
```

图 2-5　使用 `pip` 进行 Python 软件包管理

`conda` 软件包管理器在多个方面都比 `pip` 更好，因为它为将要升级的依赖项以及安装过程中的特定版本和其他细节提供了整体视图。`pip` 经常无法在 Windows 中安装某些软件包，但是 `conda` 在安装过程中通常不会出现此类问题。图 2-6 描述了如何使用 `conda` 安装和管理软件包。

现在，你对如何在 Python 中安装外部软件包和库已经有了更好的了解。以后，每当你要在环境中安装外部 Python 软件包时，这都将很有用。现在，你的 Python 环境应该已经设置好，可以准备执行代码了。在深入探讨 Python 中处理文本数据的技术之前，下面先来介绍虚拟环境。

```
C:\> conda install pandas
Solving environment: done

## Package Plan ##

  environment location: C:\Program Files\Anaconda3

  added / updated specs:
    - pandas


The following packages will be downloaded:

    package                    |              build
    ---------------------------|-----------------
    pandas-0.23.3              |          py35_0          8.6 MB  conda-forge

The following packages will be UPDATED:

    pandas: 0.20.3-py35_1 conda-forge --> 0.23.3-py35_0 conda-forge

Proceed ([y]/n)? y


Downloading and Extracting Packages
pandas-0.23.3        | 8.6 MB | ############################################################ | 100%
Preparing transaction: done
Verifying transaction: done
Executing transaction: done
```

```
!pip freeze | grep pandas
```

```
pandas==0.23.3
```

图 2-6　使用 conda 进行 Python 软件包管理

2.6.6　虚拟环境

虚拟环境（virtual environment，也称为 venv）是一个完整独立的 Python 环境，具有自己的 Python 解释器、库、模块和脚本。该环境是与其他虚拟环境和默认的系统级 Python 环境相隔离的独立环境。当你有多个项目或代码库，并依赖于相同软件包或库的不同版本时，虚拟环境非常有用。例如，如果名为 TextApp1 的项目依赖于 NLTK 2.0，而另一个名为 TextApp2 的项目依赖于 NLTK 3.0，那么就不可能在同一系统上运行这两个项目。因此，这就需要提供完全隔离的虚拟环境，并且能够根据需要进行激活和停用。

要设置虚拟环境，你需要 virtualenv 软件包。我们要在保存虚拟环境的位置创建一个新目录，并按如下所示安装 virtualenv：

```
E:\>mkdir Apress
E:\>cd Apress
E:\Apress>pip install virtualenv

Collecting virtualenv
Installing collected packages: virtualenv
Successfully installed virtualenv-16.0.0
```

软件包安装完成后，你就能创建一个虚拟环境。在这里，我们创建一个名为 test_

proj 的新项目目录，并在该目录中创建虚拟环境：

```
E:\Apress>mkdir test_proj && chdir test_proj
E:\Apress\test_proj>virtualenv venv

Using base prefix 'c:\\program files\\anaconda3'
New python executable in E:\Apress\test_proj\venv\Scripts\python.exe
Installing setuptools, pip, wheel...done.
```

现在你已经成功安装了虚拟环境，可以尝试观察一下全局系统 Python 环境与虚拟环境之间的主要区别。回忆一下，在上一节中我们将全局系统 Python 的 pandas 软件包版本更新为 0.23。我们可以使用如下命令进行验证。

```
E:\Apress\test_proj>echo 'This is Global System Python'
'This is Global System Python'

E:\Apress\test_proj>pip freeze | grep pandas
pandas==0.23.3
```

现在假设要在虚拟环境中使用较旧版本的 pandas，但我们不想影响全局系统的 Python 环境。我们可以通过激活虚拟环境并安装 pandas 来做到。

```
E:\Apress\test_proj>venv\Scripts\activate
(venv) E:\Apress\test_proj>echo 'This is VirtualEnv Python'
'This is VirtualEnv Python'

(venv) E:\Apress\test_proj>pip install pandas==0.21.0
Collecting pandas==0.21.0
    100% |##############################| 9.0MB 310kB/s
Collecting pytz>=2011k (from pandas==0.21.0)
Collecting python-dateutil>=2 (from pandas==0.21.0)
Collecting numpy>=1.9.0 (from pandas==0.21.0)
Collecting six>=1.5 (from python-dateutil>=2->pandas==0.21.0)

Installing collected packages: pytz, six, python-dateutil, numpy, pandas
Successfully installed numpy-1.14.5 pandas-0.21.0 python-dateutil-2.7.3
pytz-2018.5 six-1.11.0

(venv) E:\Apress\test_proj>pip freeze | grep pandas
pandas==0.21.0
```

对于其他操作系统平台，你可能需要使用命令 source venv/bin/activate 来激活虚拟环境。一旦激活了虚拟环境，你就可以看到 (venv) 标记，如上面的代码输出所示，并且你安装的任何新软件包都将被放置在 venv 文件夹中，与全局系统 Python 环境完全隔离。

从上面的代码段中可以看到，pandas 软件包在同一台机器中有不同的版本，全局 Python 为 0.23.3，虚拟环境 Python 为 0.21.0。因此，这些隔离的虚拟环境可以在同一系统上无缝运行。在虚拟环境中完成工作后，可以按如下所示再次将其停用。

```
(venv) E:\Apress\test_proj>venv\Scripts\deactivate
E:\Apress\test_proj>pip freeze | grep pandas
pandas==0.23.3
```

这将让你回到系统默认的 Python 版本，正如预期的那样，其中包含所有已安装的库，并且 `pandas` 版本是已安装的较新版本。这让我们对虚拟环境的实用性和优点有了很好的了解，一旦你开始处理多个项目，那一定要考虑使用它。要了解有关虚拟环境的更多信息，请访问 http://docs.python-guide.org/en/latest/dev/virtualenvs/，这是 `virtualenv` 软件包的官方文档。我们将结束安装和设置工作。接下来，我们将研究有关 Python 语法和结构的一些基本概念，接着再通过实战示例深入了解使用 Python 来处理文本数据。

2.7　Python 语法和结构

现在简要讨论为应用程序和系统编写 Python 代码时应遵循的基本语法、结构和设计理念。在编写代码时应该记住，Python 代码有明确定义的分层语法。任何大型 Python 应用程序或系统都是由多个模块构建的，这些模块本身由 Python 语句组成。每条语句就像对系统的一条命令或指令，指示应该执行的操作。这些语句由表达式和对象组成。Python 中的所有内容都是对象，包括函数、数据结构、类型、类等。图 2-7 很好地展示了这种层次结构。

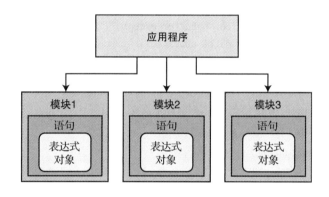

图 2-7　Python 程序层次结构

基本语句由对象和表达式组成（表达式使用对象并对其进行处理和执行操作）。对象可以是从简单的数据类型和结构到复杂的对象的任何类型，包括具有自己特定作用的函数和保留字。Python 大约有 30 多个关键字或保留字，所有关键字或保留字都有各自设定的作用和功能。我们假设你具有一些基本编程构造的知识，但是如果你没有，请不要绝望。在下一节中，我们将通过详细的实战示例来展示如何使用文本数据。

2.8　使用文本数据

在本节，我们简要介绍专门为处理文本数据而设计的特定数据类型，以及这些数据类型及其关联的实用程序、函数和方法在后续各章中是如何有用的。Python 中用于处理文本数据的主要数据类型是字符串。这些可以是普通字符串、存储二进制信息的字节或 Unicode。默认情况下，在 Python 3.x 中的所有字符串均为 Unicode，但在 Python 2.x 中并非如此。当你在处理不同 Python 发行版中的文本时，绝对要牢记这一点。

在 Python 中字符串是一系列字符，类似于具有一组属性和方法的数组及代码，可以利用这些属性和方法轻松地对文本数据进行操作和运算。这使得 Python 许多情况下成为文本分析的首选语言。在下一节我们将讨论各种类型的字符串，并提供一些示例。

2.8.1 字符串文字

如前所述，字符串有多种类型。下面的 BNF（Backus-Naur Form）为我们提供了如官方 Python 文档中所示的生成字符串的一般词汇定义。

```
stringliteral   ::=  [stringprefix](shortstring | longstring)
stringprefix    ::=  "r" | "u" | "ur" | "R" | "U" | "UR" | "Ur" | "uR"
                     | "b" | "B" | "br" | "Br" | "bR" | "BR"
shortstring     ::=  "'" shortstringitem* "'" | '"' shortstringitem* '"'
longstring      ::=  "'''" longstringitem* "'''" | '"""' longstringitem*
                     '"""'
shortstringitem ::=  shortstringchar | escapeseq
longstringitem  ::=  longstringchar | escapeseq
shortstringchar ::=  <any source character except "\" or newline or the
                     quote>
longstringchar  ::=  <any source character except "\">
escapeseq       ::=  "\" <any ASCII character>
```

这些规则告诉我们，存在不同类型的字符串前缀，可以与不同的字符串类型一起使用来生成字符串文字。简单来说，下列类型的字符串文字最常用。

❑ 短字符串（short string）：这些字符串通常用单引号（'）或双引号（"）把字符括起来。例如，'Hello' 和 "Hello"。

❑ 长字符串（long string）：这些字符串通常用三个单引号（'''）或双引号（"""）把字符括起来。例如，"""Hello, I'm a long string""" 或者 '''Hello I\'m a long string'''。注意，\' 表示转义序列，我们将在下面讨论。

❑ 字符串中的转义序列（escape sequences in string）：这些字符串通常嵌入转义序列，转义序列的规则以反斜杠（\）开始，其后跟着任意的 ASCII 字符。因此，它们执行退格插值。流行的转义序列包括 \n——表示换行符，以及 \t——表示一个制表符。

❑ 字节（byte）：它们用于表示创建字节数据类型对象的字节串（bytestring）。这些字符串可以创建为 bytes('...')，或者使用 b'...' 表示。例如，bytes('hello') 和 b'hello'。

❑ 原始字符串（raw string）：这些字符串最初是专门为正则表达式（regex）和 regex 模式而创建的。这些字符串可以使用 r'...' 表示法创建，并将其保留为原始或原生形式。因此，它不执行任何退格插值，并关闭转义序列。例如，r'Hello'。

❑ Unicode：这些字符串支持文本中的 Unicode 字符，它们通常是非 ASCII 字符序列。Unicode 字符串用 u'...' 表示。但是，在 Python 3.x 中，所有字符串文字通常都表示为 Unicode。除了字符串表示法外，还有几种特定的方法可以表示字符串中的特殊 Unicode 字符。通常包括十六进制字节值转义序列，格式为 '\xVV'。除此之外，还有 Unicode 转义序列，格式为 '\uVVVV' 和 '\uVVVVVVVV'，其中第一种格式使用 4 个十六进制数字来编码 16 位字符，第二种格式使用 8 个十六进制数字来编码 32 位字符。例如，u'H\xe8llo' 和 u'H\u00e8llo'，它们表示字符串 'Hèllo'。

现在我们已经了解字符串文字的主要类型，下面让我们看看表示字符串的方法。

2.8.2　表示字符串

字符串是字符序列或字符集合，用于存储和表示文本数据，它是本书中大多数示例所选择的数据类型。字符串可用于存储文本和字节作为信息。有多种可用于处理和操作字符串的方法，我们将在下一节中介绍。要记住的重要一点是，字符串是不可变的，对字符串执行的任何操作都会创建一个新的字符串对象（可以使用 id 函数进行检查），而不是仅仅就更改现有字符串对象的值。让我们看看一些基本的字符串表示形式。

```
new_string = "This is a String"  # storing a string
print('ID:', id(new_string))  # shows the object identifier (address)
print('Type:', type(new_string))  # shows the object type
print('Value:', new_string)  # shows the object value

ID: 1907471142032
Type: <class 'str'>
Value: This is a String
# simple string
simple_string = 'Hello!' + " I'm a simple string"
print(simple_string)

Hello! I'm a simple string
```

表示多行字符串也很容易，可以按照如下步骤完成：

```
# multi-line string, note the \n (newline) escape character automatically
created
multi_line_string = """Hello I'm
a multi-line
string!"""

multi_line_string

"Hello I'm\na multi-line\nstring!"

print(multi_line_string)

Hello I'm
a multi-line
string!
```

现在，我们看一下如何以原始格式表示转义序列和原始字符串，这无须任何转义序列。

```
# Normal string with escape sequences leading to a wrong file path!
escaped_string = "C:\the_folder\new_dir\file.txt"
print(escaped_string)  # will cause errors if we try to open a file here

C: he_folder
ew_dirile.txt
```

```
# raw string keeping the backslashes in its normal form
raw_string = r'C:\the_folder\new_dir\file.txt'
print(raw_string)

C:\the_folder\new_dir\file.txt
```

我们再来看看如何利用 Unicode 表示非 ASCII 字符，该方法还可以用来表示诸如表情符号之类的符号。

```
# unicode string literals
string_with_unicode = 'H\u00e8llo!'
print(string_with_unicode)

Hèllo!

more_unicode = 'I love Pizza 🍕!  Shall we book a cab 🚗 to get pizza?'
print(more_unicode)

I love Pizza 🍕!  Shall we book a cab 🚗 to get pizza?

print(string_with_unicode + '\n' + more_unicode)

Hèllo!
I love Pizza 🍕!  Shall we book a cab 🚗 to get pizza?

' '.join([string_with_unicode, more_unicode])

'Hèllo! I love Pizza 🍕!  Shall we book a cab 🚗 to get pizza?'

more_unicode[::-1]  # reverses the string

'?azzip teg ot 🚗 bac a koob ew llahS  !🍕 azziP evol I'
```

2.8.3 字符串操作和方法

字符串是可迭代的序列，因此可以对它们执行很多操作。在将文本数据处理和解析为易于使用（easy-to-consume）的格式时，这尤其有用。可以对字符串执行几种操作。我们将它们分类为以下几个部分。

- ❏ 基本操作
- ❏ 索引和切片
- ❏ 方法
- ❏ 格式化
- ❏ 正则表达式

这些内容涵盖了处理字符串最常用的技术，并构成我们入门所需的基础。在下一章，我们将基于在前两章中学到的概念来理解和处理文本数据。

1. 基本操作

你可以对字符串执行几种基本操作，包括连接和检查子字符串、字符和长度。我们从连接字符串的一些基本示例开始。

```
In [10]: 'Hello ☺' + ' and welcome ' + 'to Python 🐍!'
Out [10]: 'Hello ☺ and welcome to Python 🐍!'
```

```
In [11]: 'Hello ☺' ' and welcome ' 'to Python ઠ!'
Out [11]: 'Hello ☺ and welcome to Python ઠ!'
```

现在，我们看一下在处理字符串时将变量和文字连接起来的一些方法。

```
# concatenation of variables and literals
In [12]: s1 = 'Python 🖥!'
    ...: 'Hello ☺ ' + s1
Out [12]: 'Hello ☺ Python 🖥!'

In [13]: 'Hello ☺ ' s1
File "<ipython-input-17-da1762b9f01f>", line 1
    'Hello ☺ ' s1
                ^
SyntaxError: invalid syntax
```

现在，我们看一下字符串连接的更多方法。

```
In [5]: s2 = '--ઠPythonઠ--'
   ...: s2 * 5
Out [5]: '--ઠPythonઠ----ઠPythonઠ----ઠPythonઠ----ઠPythonઠ----
ઠPythonઠ--'

In [6]: s1 + s2
Out [6]: 'Python 🖥!--ઠPythonઠ--'

In [7]: (s1 + s2)*3
Out [7]: 'Python 🖥!--ઠPythonઠ--Python 🖥!--ઠPythonઠ--Python 🖥
!--ઠPythonઠ--'
# concatenating several strings together in parentheses
In [8]: s3 = ('This '
   ...:       'is another way '
   ...:       'to concatenate '
   ...:       'several strings!')
   ...: s3
Out[8]: 'This is another way to concatenate several strings!'
```

下面是一些更基本的操作，例如检查子字符串和查找典型字符串的长度。

```
In [9]: 'way' in s3
Out[9]: True

In [10]: 'python' in s3
Out[10]: False

In [11]: len(s3)
Out[11]: 51
```

2. 索引和切片

我们已经讨论过字符串是可迭代的，并且是字符序列。因此，它们可以像列表等其他可迭代对象一样进行索引、切片和迭代。在字符串中，每个字符都有一个特定位置，即它的索引（index）。使用索引，我们可以访问字符串的指定部分。使用字符串中的特定位置或索引来访问单个字符称为索引（indexing），而访问字符串的一部分，例如使用起始索引和结束索引的子字符串，称为切片（slicing）。Python 支持两种索引类型：一种从 0 开始，每个字符加 1，直到字符串的末尾；另一种是从字符串末尾以 –1 开始，每个字符减 1，直到字符串的开头。图 2-8 描述了字符串 'PYTHON' 的两种索引类型。

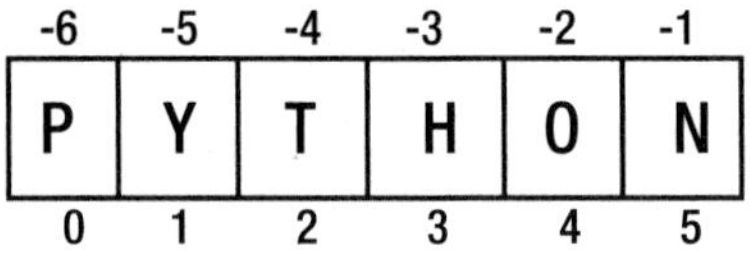

-6	-5	-4	-3	-2	-1
P	Y	T	H	O	N
0	1	2	3	4	5

图 2-8　字符串索引语法

让我们开始一些基本的字符串索引，以便你可以了解如何访问字符串中的特定字符。

```
# creating a string
In [12]: s = 'PYTHON'
    ...: s, type(s)
Out[12]: ('PYTHON', str)

# depicting string indices
In [13]: for index, character in enumerate(s):
    ...:     print('Character ->', character, 'has index->', index)
Character -> P has index-> 0
Character -> Y has index-> 1
Character -> T has index-> 2
Character -> H has index-> 3
Character -> O has index-> 4
Character -> N has index-> 5

# string indexing
In [14]: s[0], s[1], s[2], s[3], s[4], s[5]
Out[14]: ('P', 'Y', 'T', 'H', 'O', 'N')

In [15]: s[-1], s[-2], s[-3], s[-4], s[-5], s[-6]
Out[15]: ('N', 'O', 'H', 'T', 'Y', 'P')
```

很显然，你可以使用索引访问特定字符串元素，这与访问列表的方式类似。现在，我们通过实战示例来看一些将字符串切片的有趣方法！

```
# string slicing
In [16]: s[:]
Out[16]: 'PYTHON'

In [17]: s[1:4]
Out[17]: 'YTH'

In [18]: s[:3], s[3:]
Out[18]: ('PYT', 'HON')

In [19]: s[-3:]
Out[19]: 'HON'

In [21]: s[:3] + s[-3:]
Out[21]: 'PYTHON'

In [22]: s[::1]  # no offset
Out[22]: 'PYTHON'
```

```
In [24]: s[::2]  # print every 2nd character in string
Out[24]: 'PTO'
```

前面的代码段应会让你对如何从给定字符串中进行切片和提取特定子字符串有一个很好的了解。如前所述，它与列表非常相似。但是，它们关键的区别在于字符串是不可变的。我们尝试通过下面的示例理解这个思想。

```
# strings are immutable hence assignment throws error
In [27]: s[0] = 'X'

Traceback (most recent call last):

  File "<ipython-input-27-88104b3bc919>", line 1, in <module>
    s[0] = 'X'

TypeError: 'str' object does not support item assignment

# creates a new string
In [28]: print('Original String id:', id(s))
    ...: # creates a new string
    ...: s = 'X' + s[1:]
    ...: print(s)
    ...: print('New String id:', id(s))

Original String id: 2117246774552
XYTHON
New String id: 2117246656048
```

根据前面的示例，你清楚地知道了字符串是不可变的，并且不支持以任何形式对原始字符串进行分配或修改。即使你使用相同的变量对字符串执行一些操作，你也会得到一个全新的字符串。

3. 方法

Python 提供了有关字符串的大量内置方法（method），可用于执行各种转换、操作和运算。详细讨论每种方法将超出当前范围，但是在 https://docs.python.org/3/library/stdtypes. html#string-methods 上的官方 Python 文档提供了你需要了解的关于每种方法以及语法和定义的所有信息。字符串的方法非常有用，可以提高生产率，因为你可以不必花费额外的时间编写样板代码来处理和操作字符串。在下面的代码段中，我们将展示一些常用的字符串操作方法示例。

```
s = 'python is great'

# case conversions
In [33]: s.capitalize()
Out[33]: 'Python is great'

In [34]: s.upper()
Out[34]: 'PYTHON IS GREAT'

In [35]: s.title()
Out[35]: 'Python Is Great'
```

```
# string replace
In [36]: s.replace('python', 'NLP')
Out[36]: 'NLP is great'

# Numeric checks
In [37]: '12345'.isdecimal()
Out[37]: True

In [38]: 'apollo11'.isdecimal()
Out[38]: False

# Alphabet checks
In [39]: 'python'.isalpha()
Out[39]: True

In [40]: 'number1'.isalpha()
Out[40]: False

# Alphanumeric checks
In [41]: 'total'.isalnum()
Out[41]: True

In [42]: 'abc123'.isalnum()
Out[42]: True

In [43]: '1+1'.isalnum()
Out[43]: False
```

以下代码段展示了根据不同的实战示例对字符串进行分割（split）、连接（join）和删除（strip）的一些方法。

```
# String splitting and joining
In [44]: s = 'I,am,a,comma,separated,string'
    ...: s.split(',')
Out[44]: ['I', 'am', 'a', 'comma', 'separated', 'string']
In [45]: ' '.join(s.split(','))
Out[45]: 'I am a comma separated string'

# Basic string stripping
In [46]: s = '    I am surrounded by spaces     '
    ...: s
Out[46]: '    I am surrounded by spaces     '

In [47]: s.strip()
Out[47]: 'I am surrounded by spaces'

# some more combinations
In [48]: sentences = 'Python is great. NLP is also good.'
    ...: sentences.split('.')
Out[48]: ['Python is great', ' NLP is also good', '']

In [49]: print('\n'.join(sentences.split('.')))

Python is great
 NLP is also good
```

```
In [50]: print('\n'.join([sentence.strip()
    ...:                          for sentence in sentences.split('.')
    ...:                          if sentence]))
Python is great
NLP is also good
```

这些示例只是对字符串可能进行的大量操作和运算的简述。你可以随意尝试使用文档中提到的不同方法进行其他操作。在后面的章节中，我们将使用其中的几个。

4. 格式化

字符串的格式化（formatting）用于替换字符串中的特定数据对象和类型。在向用户显示文本时，经常使用格式化。字符串有两种不同类型的格式化。

❏ 格式化表达式（formatting expression）：这些表达式通常使用语法 '...%s...%s...'%(values)，其中 %s 表示 1 个占位符，用于从 values 描述的字符串列表中替换字符串。这与 C 语言风格的 printf 模型非常相似，并且在 Python 中自始至今都保留着。你可以用 % 符号后面的相应字母来替换其他类型的值，例如 %d 代表整数，%f 代表浮点数。

❏ 格式化方法（formatting method）：这些字符串采用 '...{}...{}...'.format(values) 的形式，它使用大括号（{}）作为占位符，使用 format 方法从 values 中放置字符串。在 Python 中自 2.6.x 版本以来，这个方法一直存在。

下面的代码段使用几个实战示例来描述两种类型的字符串格式化。

```
# Simple string formatting expressions - old style
In [51]: 'Hello %s' %('Python!')
Out[51]: 'Hello Python!'

In [52]: 'Hello %s %s' %('World!', 'How are you?')
Out[52]: 'Hello World! How are you?'

# Formatting expressions with different data types - old style
In [53]: 'We have %d %s containing %.2f gallons of %s' %(2, 'bottles',
2.5, 'milk')
Out[53]: 'We have 2 bottles containing 2.50 gallons of milk'

In [54]: 'We have %d %s containing %.2f gallons of %s' %(5.21, 'jugs',
10.86763, 'juice')
Out[54]: 'We have 5 jugs containing 10.87 gallons of juice'

# Formatting strings using the format method - new style
In [55]: 'Hello {} {}, it is a great {} to meet you at {}'.format('Mr.',
'Jones', 'pleasure', 5)
Out[55]: 'Hello Mr. Jones, it is a great pleasure to meet you at 5'

In [56]: 'Hello {} {}, it is a great {} to meet you at {} o\'
clock'.format('Sir', 'Arthur', 'honor', 9)
Out[56]: "Hello Sir Arthur, it is a great honor to meet you at 9 o' clock"

# Alternative ways of using string format
In [57]: 'I have a {food_item} and a {drink_item} with me'.format(drink_
```

```
item='soda', food_item='sandwich')
Out[57]: 'I have a sandwich and a soda with me'

In [58]: 'The {animal} has the following attributes: {attributes}'.
format(animal='dog', attributes=['lazy', 'loyal'])
Out[58]: "The dog has the following attributes: ['lazy', 'loyal']"
```

从这些示例中，你可以看出格式化字符串并没有硬性规定，因此可以继续尝试不同的格式，并使用最适合你的任务的格式。

5. 正则表达式

正则表达式（regular expression）也称为 regex，允许你创建字符串模式，并将其用于搜索和替换文本数据中的特定模式匹配。Python 提供了一个名为 re 的富模块，用于创建和使用正则表达式。由于正则表达式易于使用，但难以掌握，因此整本书都与此主题有关。在当前范围内不可能讨论正则表达式的各个方面，但是我们将用充足的示例涵盖其主要领域，这应该足以开始讨论该主题。

正则表达式是通常使用原始字符串符号来表示的特定模式。这些模式基于模式表示的规则来匹配一组特定的字符串。然后，这些模式通常被编译为字节码，再使用匹配的引擎执行该字节码以匹配字符串。re 模块还提供了多个标志，可以用于更改模式匹配的执行方式。一些重要的标志如下。

❑ re.I 或 re.IGNORECASE 用于匹配不区分大小写的模式。

❑ re.S 或 re.DOTALL 使句号（.）字符与任何字符匹配，包括换行符。

❑ re.U 或 re.UNICODE 有助于匹配基于 Unicode 的字符（Python 3.x 中不推荐使用）。

对于模式匹配，在正则表达式中使用了各种规则。一些流行的规则如下：

❑ . 用于匹配单个字符。

❑ ^ 用于匹配字符串的首字符。

❑ $ 用于匹配字符串的末尾字符。

❑ * 用于在模式中的 * 符号之前匹配零个或多个前面提到的正则表达式。

❑ ? 用于在模式中的 ? 符号之前匹配零个或一个前面提到的正则表达式。

❑ [...] 用于匹配方括号内的任意一组字符。

❑ [^ ...] 用于匹配在方括号中 ^ 符号之后不存在的一个字符。

❑ | 表示 OR 运算符，用于匹配前一个或下一个正则表达式。

❑ + 用于在模式中的 + 符号之前匹配一个或多个前面提到的正则表达式。

❑ \d 用于匹配十进制数字，也表示为 [0-9]。

❑ \D 用于匹配非数字，也表示为 [^0-9]。

❑ \s 用于匹配空格字符。

❑ \S 用于匹配非空格字符。

❑ \w 用于匹配字母数字字符，也表示为 [a-zA-Z0-9_]。

❑ \W 用于匹配非字母数字字符，也表示为 [^a-zA-Z0-9_]。

正则表达式可以编译为模式对象，然后与多种方法一起用于字符串中的模式搜索和替换。re 模块提供的执行这些操作的主要方法如下：

❑ re.compile()：该方法将指定的正则表达式模式编译为正则表达式对象，可用于匹配和搜索。如前所述,需要将模式和可选标志作为输入参数。

- re.match():该方法用于匹配字符串开头的模式。
- re.search():该方法用于匹配出现在字符串中任意位置的模式。
- re.findall():该方法返回字符串中指定正则表达式模式的所有非重叠匹配项。
- re.finditer():对于从左到右扫描字符串中的特定模式,该方法以迭代器的形式返回所有匹配的实例。
- re.sub():该方法用于以替换串来替代字符串中指定的正则表达式模式。它仅仅替换字符串中最左侧出现的模式。

下面的代码段描述了其中一些方法,并展示了在处理字符串和正则表达式时通常如何使用它们。

```
# creating some strings
s1 = 'Python is an excellent language'
s2 = 'I love the Python language. I also use Python to build applications
at work!'

# due to case mismatch there is no match found
In [61]: import re
   ...:
   ...: pattern = 'python'
   ...: # match only returns a match if regex match is found at the
          beginning of the string
   ...: re.match(pattern, s1)

# pattern is in lower case hence ignore case flag helps in matching same pattern
# with different cases
In [62]: re.match(pattern, s1, flags=re.IGNORECASE)
Out[62]: <_sre.SRE_Match object; span=(0, 6), match='Python'>

# printing matched string and its indices in the original string
In [64]: m = re.match(pattern, s1, flags=re.IGNORECASE)
   ...: print('Found match {} ranging from index {} - {} in the string
         "{}"'.format(m.group(0), m.start(), m.end(), s1))

Found match Python ranging from index 0 - 6 in the string "Python is an
excellent language"

# match does not work when pattern is not there in the beginning of string s2
In [65]: re.match(pattern, s2, re.IGNORECASE)
```

现在我们来看一些示例,这些示例可以说明 find(...) 和 search(...) 方法在正则表达式中是如何工作的。

```
# illustrating find and search methods using the re module
In [66]: re.search(pattern, s2, re.IGNORECASE)
Out[66]: <_sre.SRE_Match object; span=(11, 17), match='Python'>

In [67]: re.findall(pattern, s2, re.IGNORECASE)
Out[67]: ['Python', 'Python']
```

```
In [68]: match_objs = re.finditer(pattern, s2, re.IGNORECASE)
   ...: match_objs

Out[68]: <callable_iterator at 0x1ecf5c1c828>

In [69]: print("String:", s2)
   ...: for m in match_objs:
   ...:     print('Found match "{}" ranging from index {} - {}'.format
         (m.group(0), m.start(), m.end()))

String: I love the Python language. I also use Python to build applications
at work!
Found match "Python" ranging from index 11 - 17
Found match "Python" ranging from index 39 - 45
```

用于文本替换的正则表达式对于查找和替换字符串中的特定文本标识符很有用。我们用几个例子来说明。

```
# illustrating pattern substitution using sub and subn methods
In [81]: re.sub(pattern, 'Java', s2, flags=re.IGNORECASE)
Out[81]: 'I love the Java language. I also use Java to build applications
at work!'

In [82]: re.subn(pattern, 'Java', s2, flags=re.IGNORECASE)
Out[82]: ('I love the Java language. I also use Java to build applications
at work!', 2)

# dealing with unicode matching using regexes
In [83]: s = u'H\u00e8llo! this is Python 🐍'
   ...: s
Out[83]: 'Hèllo! this is Python 🐍'

In [84]: re.findall(r'\w+', s)
Out[84]: ['Hèllo', 'this', 'is', 'Python']

In [85]: re.findall(r"[A-Z]\w+", s, re.UNICODE)
Out[85]: ['Hèllo', 'Python']

In [86]: emoji_pattern = r"['\U0001F300-\U0001F5FF'|'\U0001F600-
                         \U0001F64F'|'\U0001F680-\U0001F6FF'|'\u2600-
                         \u26FF\u2700-\u27BF']"
   ...: re.findall(emoji_pattern, s, re.UNICODE)

Out[86]: ['🐍']
```

至此，我们将结束对字符串及其各个方面（包括表示和操作）的讨论。这应该让你了解了如何使用字符串来处理文本数据，以及它们如何构成处理文本的基础，这些是文本分析中的重要组成部分。现在，我们将介绍一个基本的文本处理案例研究，在该案例中，我们基于在前几节中学到的知识，将所有相关内容综合在一起。

2.9　基本的文本处理和分析：综合案例

让我们利用在本章以及第 1 章中所学的知识来构建和解决基本的文本处理问题。为此，我们从 NLTK 中的古腾堡（Gutenberg）语料库来加载詹姆斯国王（King James）版的《圣经》。下面的代码展示了如何加载圣经语料库，并显示语料库的前几行。

```
from nltk.corpus import gutenberg
import matplotlib.pyplot as plt
% matplotlib inline
bible = gutenberg.open('bible-kjv.txt')
bible = bible.readlines()
bible[:5]

['[The King James Bible]\n',
 '\n',
 'The Old Testament of the King James Bible\n',
 '\n',
 'The First Book of Moses:  Called Genesis\n']
```

在前面的输出中，我们可以清楚地看到圣经语料库的前几行。让我们进行一些基本的预处理，方法是删除语料库中所有空的换行符，并从其他行中去除所有换行符。

```
In [88]: len(bible)
Out[88]: 99805

In [89]: bible = list(filter(None, [item.strip('\n') for item in bible]))
    ...: bible[:5]

Out[89]:
['[The King James Bible]',
 'The Old Testament of the King James Bible',
 'The First Book of Moses:  Called Genesis',
 '1:1 In the beginning God created the heaven and the earth.',
 '1:2 And the earth was without form, and void; and darkness was upon']

In [90]: len(bible)
Out[90]: 74645
```

我们可以清楚地看到，语料库中有很多空的换行符，而我们已经能够成功地删除它们。现在，我们对语料库进行一些基本的频率分析。假设我们想可视化整个《圣经》中典型句子或行长的整体分布。我们可以通过计算每个句子的长度做到这一点，然后使用直方图将其可视化，如图 2-9 所示。

```
line_lengths = [len(sentence) for sentence in bible]
h = plt.hist(line_lengths)
```

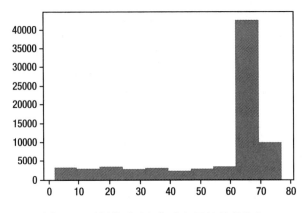

图 2-9 可视化《圣经》中句子的长度分布

根据图 2-9 中所描述的情节，大多数句子看起来长 65～70 个字符。现在，我们来看一下每个句子的所有单词分布。为了获得这种分布，我们首先来看一种将语料库中每个句子进行标记解析的方法。

```
In [95]: tokens = [item.split() for item in bible]
    ...: print(tokens[:5])

[[['The', 'King', 'James', 'Bible']'], ['The', 'Old', 'Testament', 'of',
'the', 'King', 'James', 'Bible'], ['The', 'First', 'Book', 'of', 'Moses:',
'Called', 'Genesis'], ['1:1', 'In', 'the', 'beginning', 'God', 'created',
'the', 'heaven', 'and', 'the', 'earth.'], ['1:2', 'And', 'the', 'earth',
'was', 'without', 'form,', 'and', 'void;', 'and', 'darkness', 'was',
'upon']]
```

现在，我们已经标记解析了每个句子，我们只需计算每个句子的长度即可获得每个句子的所有单词数，并构建直方图来可视化总字数的分布，参见图 2-10。

```
In [96]: total_tokens_per_line = [len(sentence.split()) for sentence in bible]
    ...: h = plt.hist(total_tokens_per_line, color='orange')
```

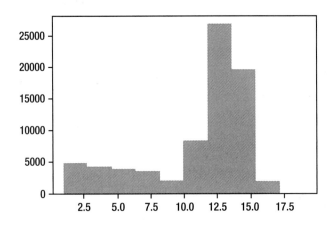

图 2-10 可视化《圣经》中每个句子总字数的分布

根据图 2-10 中所示的可视化情况，我们可以清楚地得出结论，《圣经》中的大多数句子中大约包含 12～15 个单词或标识符。现在，让我们来尝试确定圣经语料库中最常用的词。我们已经将句子进行标记解析为单词（或单词列表）。第一步需要将这个大的表中表（list of lists，每个列表是一个标记化的单词句子）扁平化为一个大的单词列表。

```
words = [word for sentence in tokens for word in sentence]
print(words[:20])
```

```
['[The', 'King', 'James', 'Bible]', 'The', 'Old', 'Testament', 'of', 'the',
'King', 'James', 'Bible', 'The', 'First', 'Book', 'of', 'Moses:', 'Called',
'Genesis', '1:1']
```

太好了！我们从语料库得到了大的标识符列表。但是，你会看到标识符并不是完全干净的，并且部分单词中有一些多余的符号和特殊字符。现在，让我们使用正则表达式的强大功能来去除它们。

```
words = list(filter(None, [re.sub(r'[^A-Za-z]', '', word) for word in
words]))
print(words[:20])
```

```
['The', 'King', 'James', 'Bible', 'The', 'Old', 'Testament', 'of', 'the',
'King', 'James', 'Bible', 'The', 'First', 'Book', 'of', 'Moses', 'Called',
'Genesis', 'In']
```

基于前面代码中使用的正则表达式，我们只是去除了所有非字母字符的内容。因此，所有数字和特殊字符均被删除。现在，我们可以使用下面的代码来确定最常用的单词。

```
In [99]: from collections import Counter
   ...:
   ...: words = [word.lower() for word in words]
   ...: c = Counter(words)
   ...: c.most_common(10)

Out[99]:
[('the', 64023),
 ('and', 51696),
 ('of', 34670),
 ('to', 13580),
 ('that', 12912),
 ('in', 12667),
 ('he', 10419),
 ('shall', 9838),
 ('unto', 8997),
 ('for', 8970)]
```

我们看到很多常用的填充词，例如代词、冠词等一些最常用的单词，这很有意义。但是，这并没有传递出太多信息。如果我们想要删除这些单词并专注于更有趣的单词，那么该怎么办？一种方法是删除这些填充词（通常称为停用词），然后按以下代码计算频率。

```
In [100]: import nltk
     ...:
     ...: stopwords = nltk.corpus.stopwords.words('english')
     ...: words = [word.lower() for word in words if word.lower() not in
         stopwords]
     ...: c = Counter(words)
     ...: c.most_common(10)
Out[100]:
[('shall', 9838),
 ('unto', 8997),
 ('lord', 7830),
 ('thou', 5474),
 ('thy', 4600),
 ('god', 4442),
 ('said', 3999),
 ('ye', 3983),
 ('thee', 3826),
 ('upon', 2748)]
```

因此，我们看到上面的结果比之前的结果更好。但是，许多单词仍然是填充词或停用词。原因是这是口语化的英语，它们不是标准英语停用词列表的一部分，因此未将其删除。我们始终可以根据需要构建自定义的停用词列表（见第 3 章中有关于停用词的更多信息）。本节应该会让你对如何使用与字符串、方法和转换有关的所有方面来处理和分析文本数据有一个很好的了解。

2.10 自然语言处理框架

我们讨论了 Python 生态系统的多样性，它在不同领域中支持各种库、框架和模块。由于我们将分析文本数据并解决几个用例，对于 NLP 和文本分析有专门的框架和库，你可以安装并开始使用它们，就像 Python 标准库中的任何其他内置模块一样。这些框架已经构建了很长一段时间，而且通常仍在积极开发中。评估一个框架的方法通常是了解其开发者社区的活跃程度。

每个框架都包含各种方法、功能和特性，用于对文本进行操作、获取见解以及准备好数据以进行进一步的分析，例如将机器学习算法应用于预处理的文本数据。利用这些框架可以节省在编写模板代码来加工、处理和操作文本数据时所花费的大量精力和时间。因此，这些框架使得开发人员和研究人员可以更专注于解决实际问题以及所需的必要逻辑和算法。在第 1 章中，我们已经对 NLTK 库有所了解。以下列出的库和框架是一些最流行的文本分析框架，在本书的整个学习过程中，我们将应用其中的几个。

- ❑ NLTK：自然语言工具包（Natural Language Toolkit）是一个包含 50 多种语料库和词汇资源的完整平台，例如 WordNet。此外，它还提供了必要的工具、接口和方法来处理并分析文本数据。NLTK 框架附带了一套用于分类（classification）、标记解析（tokenization）、词干提取（stemming）、词形还原（lemmatization）、标注

（tagging）、解析（parsing）和语义推理（semantic reasoning）的有效模块。它是业内 NLP 项目的标准主力框架。

❏ pattern：pattern 项目在这里被特别提及，是因为我们在本书第 1 版中广泛使用了它。但是，由于缺乏官方支持或 Python 3.x 版本，我们将不在本版中使用它。最初，它是安特卫普大学计算语言学与心理语言学研究中心的一个研究项目。它为 Web 挖掘、信息检索、NLP、机器学习和网络分析提供了工具和接口。

❏ spaCy：与其他库相比，这是较新的库之一，但或许是 NLP 最好的库之一。我们可以保证，spaCy 通过提供每种技术和算法的最佳实现从而具备了业界强大的 NLP 能力，这使得 NLP 任务在性能和实现方面都很高效。实际上，spaCy 在大规模信息提取任务方面表现出色。它是使用高效的内存管理 Cython 从底层开始编写的。大量的研究证实，spaCy 是世界上最快的库。spaCy 还可以与深度学习和机器学习框架无缝协作，例如 TensorFlow、PyTorch、Scikit-Learn、Gensim 以及其他 Python 的优秀 AI 生态系统。最好的部分是，spaCy 支持多种语言并提供预训练的词向量。

❏ Gensim：Gensim 库具有丰富的语义分析功能，包括主题建模和相似性分析。而其最好的部分是，它包含谷歌非常流行的 Word2Vec 模型（最初以 C 语言包提供）的 Python 端口，该模型是一种神经网络模型，用于学习单词的分布表示，其中类似的单词（语义）彼此靠近。因此，Gensim 可用于语义分析以及特征工程！

❏ TextBlob：这是另一个提供多种功能的库，包括文本处理、短语提取、分类、POS 标注、文本翻译和情感分析。TextBlob 通过其非常直观且易于使用的 API，使许多困难的事情变得非常容易，包括语言翻译和情感分析。

除了这些，还有其他一些不是专用于文本分析的框架和库，当你想对文本数据使用机器学习或深度学习技术时，它们也是有用的。这些框架和库包括 Scikit-Learn、NumPy 和 SciPy stack，它们对于文本特征工程、以矩阵形式处理特征集，甚至执行流行的机器学习任务（如相似度计算、文本分类和聚类）非常有用。

除此之外，如果你想基于深度神经网络、卷积网络、序列和生成式模型构建高级深度学习模型，则 PyTorch、TensorFlow 和 Keras 等深度学习和基于张量的库也可以派上用场。你可以从命令行或终端使用 `pip install <library>` 命令来安装大多数这些库。在接下来的章节中，我们将介绍使用这些库时相关的注意事项。

2.11 本章小结

本章提供了整个 Python 生态系统的足够详细的鸟瞰图，以及该语言在处理文本数据方面为我们提供的能力。你已经了解了 Python 语言的起源，以及它是如何随着时间而演变的。Python 语言具有开源的优势，这使活跃的开发人员社区得以不断努力改进该语言并添加新功能。

到目前为止，你还知道何时应使用 Python，以及每个开发人员在构建系统和应用程序时都应记住的与 Python 语言相关的缺点。本章还为如何设置我们自己的 Python 环境以及处理多个虚拟环境提供了明确的思路。从最基础的内容开始，我们深入研究了如何使用字符串数据类型及其各种语法、方法、操作和格式来处理文本数据。我们还看到了正则表达式的强大功能以及它们在模式匹配和替换中的用处。

在本章最后，我们介绍了各种流行的文本分析和自然语言处理框架，这些框架可用于解决与 NLP 有关的问题和任务、分析并从文本数据中提取见解。这应该可以让你开始使用 Python 进行编程和处理文本数据。在下一章中，我们将以本章为基础，开始理解、处理和解析可用格式的文本数据。

第 3 章
处理和理解文本

在前面的章节中，我们简要介绍了自然语言处理（NLP）的完整过程和文本分析的全貌，以及其中涉及的重要术语和概念。此外，我们还介绍了 Python 编程语言、重要结构、语法，并学习了如何使用字符串来管理文本数据。想要使用机器学习或深度学习算法对文本执行复杂的操作，你需要将文本数据处理并解析成更易于理解的格式。所有机器学习算法（无论是有监督的还是无监督的）通常都会使用数值格式的输入特征。不过当然，这是特征工程领域里的一个独立主题，我们会在第 4 章中进行详细介绍，而在这之前，你需要先完成原始文本数据的清理、规范和预处理。

通常，文本语料库和其他原始文本数据都没有被很好的格式化或标准化，我们应该可以预料到这点——毕竟文本数据是高度非结构化的。文本处理，或者更具体地说——文本预处理，涉及使用各种技术将原始文本转换成定义良好的语言成分序列，这些序列具有标准的结构和标记。额外的元数据往往也会以标注的形式存在，以给文本组件（如标签）添加更多的描述。以下是将在本章中探讨的一些主流文本预处理和文本理解技术：

- ❏ 删除 HTML 标签
- ❏ 标记解析（Tokenization）
- ❏ 删除不必要的标识符（token）和停用词（stopword）
- ❏ 处理缩写词
- ❏ 纠正拼写错误
- ❏ 词干提取（stemming）
- ❏ 词形还原（lemmatization）
- ❏ 标注（tagging）
- ❏ 分块（chunking）
- ❏ 解析（parsing）

除了这些技术之外，你还需要执行一些基本操作，例如大小写转换、处理不相关的文本组件，以及针对待解决的问题去除噪声等。你需要记住一件重要的事情，那就是一个强大的文本预处理系统始终是 NLP 和文本分析方面的应用中的一个重要组成部分。其主要原因是在预处理之后获得的所有文本组件（无论是单词、短语、句子还是标识符）形成了下一阶段程序输入的基本构件，这些程序执行更复杂的分析，包括学习模式和提取信息。因此，俗话"垃圾输入，必会有垃圾输出"在这里非常中肯，因为如果我们无法正确地处理文本，我们最终只能从应用程序和系统中获得一堆多余和不相关的结果。

除此之外,文本处理还有助于文本清理和标准化,这样做不仅可以帮助文本分析系统提高分类器的准确率,还可以以标注的形式获取附加信息和元数据,它们可以提供更多有关文本的信息。本章将使用清理、删除无用标识符、词干和词根等各种技术来研究文本规范化。

另一个重要内容是理解经过处理和规范化后的文本数据。这涉及重新审视第 1 章中所介绍的语言语法和结构的相关概念,包括句子、短语、词性、浅层解析和语法。本章将介绍实现这些概念并将其用于实际数据的方法。我们将遵循一个循序渐进且清晰明确的路径,从文本处理开始逐步探索与之相关的各种概念和技术,然后理解文本结构和语法。本书针对实际的开发人员,书中的代码和示例可以帮助你了解正确的工具和框架,也便于在处理实际问题时实现这些概念。本章介绍的所有示例代码均可在本书的官方 GitHub 存储库中找到,你可以访问 https://github.com/dipanjanS/text-analytics-with-python/tree/master/New-Second-Edition。

3.1　文本预处理和整理

文本整理(text wrangling)(也称为预处理或规范化)是一个包含文本数据整理、清理、标准化等一系列步骤的过程,它将文本数据转化成可被其他 NLP 和智能系统处理的形式,这些系统通常基于机器学习和深度学习技术构建。常见的预处理技术包括文本清理、文本标记化、删除特殊字符、大小写转换、拼写校正、删除停用词及其他不必要的项、词干提取和词形还原。在本节中,我们将基于本章开始时提到的列表,讨论常用于文本整理的各类技术。其核心思想是从一个语料(或语料库)中的一个或多个文本文档中移除不必要的内容,以获取干净的文本文档。

3.1.1　删除 HTML 标签

通常情况下,非结构化文本数据噪声较大,特别是当你使用诸如网页抓取或截屏等技术从网页、博客、在线存储库检索数据时。HTML 标签、JavaScript 和 Iframe 标签通常对于理解和分析文本并没有多少价值。我们的主要目的是从提取自网络的数据中提取有意义的文本内容。让我们查看一段网页内容,展示了詹姆斯国王版(即钦定版)《圣经》,该内容由古腾堡计划免费提供,如图 3-1 所示。

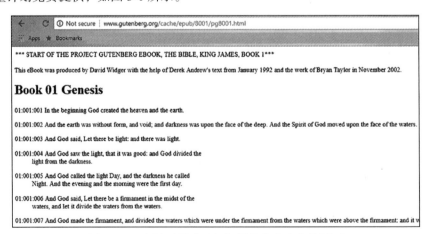

图 3-1　一个展示了《圣经》部分章节内容的网页

现在，我们利用 requests 库并使用 Python 检索该网页的内容。这就是所谓的 Web 抓取，下列代码可以帮助我们实现这一目标。

```python
import requests

data = requests.get('http://www.gutenberg.org/cache/epub/8001/pg8001.html')
content = data.content
print(content[1163:2200])
```

b'content="Ebookmaker 0.4.0a5 by Marcello Perathoner <webmaster@gutenberg.
org>" name="generator"/>\r\n</head>\r\n <body><p id="id00000">Project
Gutenberg EBook The Bible, King James, Book 1: Genesis</p>\r\n\r\n<p
id="id00001">Copyright laws are changing all over the world. Be sure
to check the\r\ncopyright laws for your country before downloading or
redistributing\r\nthis or any other Project Gutenberg eBook.</p>\r\n\r\n<p
id="id00002">This header should be the first thing seen when viewing this
Project\r\nGutenberg file. Please do not remove it. Do not change or edit
the\r\nheader without written permission.</p>\r\n\r\n<p id="id00003">Please
read the "legal small print," and other information about the\r\neBook and
Project Gutenberg at the bottom of this file. Included is\r\nimportant
information about your specific rights and restrictions in\r\nhow the
file may be used. You can also find out about how to make a\r\ndonation
to Project Gutenberg, and how to get involved.</p>\r\n\r\n<p id="id00004"
style="margin-top: 2em">**Welcome To The World of F'

从前面的输出中，我们可以清楚地看到，由于存在许多不必要的 HTML 标签，很难辨别网页中实际的文本内容。我们需要删除这些标签。BeautifulSoup 库为我们提供了一些便捷函数，可以帮助我们轻松地删除这些不必要的标签。

```python
import re
from bs4 import BeautifulSoup
def strip_html_tags(text):
    soup = BeautifulSoup(text, "html.parser")
    [s.extract() for s in soup(['iframe', 'script'])]
    stripped_text = soup.get_text()
    stripped_text = re.sub(r'[\r|\n|\r\n]+', '\n', stripped_text)
    return stripped_text

clean_content = strip_html_tags(content)
print(clean_content[1163:2045])
```

```
*** START OF THE PROJECT GUTENBERG EBOOK, THE BIBLE, KING JAMES, BOOK 1***
This eBook was produced by David Widger
with the help of Derek Andrew's text from January 1992
and the work of Bryan Taylor in November 2002.
Book 01        Genesis
01:001:001 In the beginning God created the heaven and the earth.
01:001:002 And the earth was without form, and void; and darkness was
           upon the face of the deep. And the Spirit of God moved upon
           the face of the waters.
```

```
01:001:003 And God said, Let there be light: and there was light.
01:001:004 And God saw the light, that it was good: and God divided the
           light from the darkness.
01:001:005 And God called the light Day, and the darkness he called
           Night. And the evening and the morning were the first day.
01:001:006 And God said, Let there be a firmament in the midst of the
           waters.
```

你可以将此输出与原始网页内容进行比较，可以看出已成功删除了不必要的 HTML 标签。现在，我们获得了整洁的文本内容，更易于理解和解释。

3.1.2 文本标记解析

第 1 章介绍了文本结构、成分和标识符。标识符是具有一定句法和语义且独立的最小文本成分。一段文本或一个文本文档具有几个成分，包括可以进一步细分为从句、短语和单词的句子。最流行的标记解析技术包括句子标记解析和单词标记解析，用于将文本文档（或语料）分解成句子，并将每个句子分解成单词。因此，文本标记解析可以定义为将文本数据分解或拆分为更小的、更有意义的成分（即标识符）的过程。在接下来的节中，我们会介绍一些将文本解析为句子和单词的方法。

1. 句子标记解析

句子标记解析（sentence tokenization）是将文本语料分解成句子的过程，这些句子是组成语料的第一级标识符。这个过程也称为句子分割，因为我们尝试将文本分成有意义的句子。任何文本语料都是文本的集合，其中每一段落都包含多个句子。执行句子标记解析有很多种技术，基本技术包括在句子之间寻找特定的分隔符，例如句号（.）、换行符（\n）或者分号（;）。我们将使用 NLTK 框架进行标记解析，该框架提供用于执行句子标记解析的各种接口。我们主要关注以下句子标记解析器：

❑ sent_tokenize
❑ 预训练的句子标记解析模型
❑ PunktSentenceTokenizer
❑ RegexpTokenizer

在进行句子标记解析之前，需要一些测试文本。我们需要加载一些示例文本，以及在 NLTK 中部分可用的古腾堡（Gutenberg）语料库。可以使用以下代码段加载必要的依赖项。

```
import nltk
from nltk.corpus import gutenberg
from pprint import pprint
import numpy as np

# loading text corpora
alice = gutenberg.raw(fileids='carroll-alice.txt')
sample_text = ("US unveils world's most powerful supercomputer, beats China. "
               "The US has unveiled the world's most powerful supercomputer
               called 'Summit', "
               "beating the previous record-holder China's Sunway
               TaihuLight. With a peak performance "
```

```
"of 200,000 trillion calculations per second, it is over
twice as fast as Sunway TaihuLight, "
"which is capable of 93,000 trillion calculations per
second. Summit has 4,608 servers, "
"which reportedly take up the size of two tennis courts.")
sample_text
```

"US unveils world's most powerful supercomputer, beats China. The US
has unveiled the world's most powerful supercomputer called 'Summit',
beating the previous record-holder China's Sunway TaihuLight. With a
peak performance of 200,000 trillion calculations per second, it is over
twice as fast as Sunway TaihuLight, which is capable of 93,000 trillion
calculations per second. Summit has 4,608 servers, which reportedly take up
the size of two tennis courts."

可以使用以下代码段查看 *Alice in Wonderland* 语料库的长度及其前几行内容：

```
# Total characters in Alice in Wonderland
len(alice)
```

144395

```
# First 100 characters in the corpus
alice[0:100]
```

"[Alice's Adventures in Wonderland by Lewis Carroll 1865]\n\nCHAPTER
I. Down the Rabbit-Hole\n\nAlice was"

（1）默认句子标记解析器

`nltk.sent_tokenize(...)` 函数是 NLTK 推荐的默认句子标记解析函数，它内部使用了一个 `PunktSentenceTokenizer` 类的实例。然而，它不仅仅是一个普通的对象或实例，而是已经在几种语言模型上完成了预训练，并且在除英语外的许多主流语言上取得了良好的运行效果。以下代码段展示了该函数在示例文本中的基本用法：

```
default_st = nltk.sent_tokenize
alice_sentences = default_st(text=alice)
sample_sentences = default_st(text=sample_text)

print('Total sentences in sample_text:', len(sample_sentences))
print('Sample text sentences :-')
print(np.array(sample_sentences))

print('\nTotal sentences in alice:', len(alice_sentences))
print('First 5 sentences in alice:-')
print(np.array(alice_sentences[0:5]))
```

运行上述代码段，你可以得到以下输出，该输出给出了句子总数以及这些句子在文本语料库中的模样：

```
Total sentences in sample_text: 4
Sample text sentences :-
```

["US unveils world's most powerful supercomputer, beats China."
 "The US has unveiled the world's most powerful supercomputer called
'Summit', beating the previous record-holder China's Sunway TaihuLight."
 'With a peak performance of 200,000 trillion calculations per second, it
is over twice as fast as Sunway TaihuLight, which is capable of 93,000
trillion calculations per second.'
 'Summit has 4,608 servers, which reportedly take up the size of two tennis
courts.']

Total sentences in alice: 1625
First 5 sentences in alice:-
["[Alice's Adventures in Wonderland by Lewis Carroll 1865]\n\nCHAPTER I."
 "Down the Rabbit-Hole\n\nAlice was beginning to get very tired of sitting
by her sister on the\nbank, and of having nothing to do: once or twice she
had peeped into the\nbook her sister was reading, but it had no pictures
or conversations in\nit, 'and what is the use of a book,' thought Alice
'without pictures or\nconversation?'"
 'So she was considering in her own mind (as well as she could, for the\nhot
day made her feel very sleepy and stupid), whether the pleasure\nof making
a daisy-chain would be worth the trouble of getting up and\npicking the
daisies, when suddenly a White Rabbit with pink eyes ran\nclose by her.'
 "There was nothing so VERY remarkable in that; nor did Alice think it so\
nVERY much out of the way to hear the Rabbit say to itself, 'Oh dear!'"
 'Oh dear!']

现在，你应该可以看出，句子标记解析器其实是非常智能的。它不仅会使用句号来划分句子，还会考虑其他标点符号以及单词大小写。我们还可以使用 NLTK 提供的一些预训练模型来标记解析其他语种的文本。

（2）预训练句子标记解析器模型

假设我们正在处理德语文本，可以使用已经训练好的 sent_tokenize，或者加载一个在德语文本上预训练好的标记解析模型到一个 PunktSentenceTokenizer 实例并执行相同的操作。如以下代码段所示。我们首先加载德语文本语料库并检查它：

```
from nltk.corpus import europarl_raw

german_text = europarl_raw.german.raw(fileids='ep-00-01-17.de')
# Total characters in the corpus
print(len(german_text))
# First 100 characters in the corpus
print(german_text[0:100])
```

```
157171

Wiederaufnahme der Sitzungsperiode Ich erkläre die am Freitag , dem 17.
Dezember unterbrochene Sit
```

然后，使用默认的 sent_tokenize(...) 标记解析器和一个从 NLTK 源加载的预训练德语标记解析器将文本语料库分割成句子：

```
# default sentence tokenizer
german_sentences_def = default_st(text=german_text, language='german')

# loading german text tokenizer into a PunktSentenceTokenizer instance
german_tokenizer = nltk.data.load(resource_url='tokenizers/punkt/german.
pickle')
german_sentences = german_tokenizer.tokenize(german_text)
```

现在，我们可以核查德语标记解析器的类型，并检查通过两个标记解析器获得的结果是否一致！

```
# verify the type of german_tokenizer
# should be PunktSentenceTokenizer
print(type(german_tokenizer))

<class 'nltk.tokenize.punkt.PunktSentenceTokenizer'>
# check if results of both tokenizers match
# should be True
print(german_sentences_def == german_sentences)

True
```

由此我们可以看出，german_tokenizer 是 PunktSentenceTokenizer 的一个实例，专门用来处理德语。我们还对比了从默认标记解析器获得的句子是否与从预训练的标记解析器获得的句子相同。正如我们所预料的，它们是一致的（比对结果为 True）。我们还打印了部分标记解析结果句子示例：

```
# print first 5 sentences of the corpus
print(np.array(german_sentences[:5]))

[' \nWiederaufnahme der Sitzungsperiode Ich erkläre die am Freitag , dem
17. Dezember unterbrochene Sitzungsperiode des Europäischen Parlaments für
wiederaufgenommen , wünsche Ihnen nochmals alles Gute zum Jahreswechsel und
hoffe , daß Sie schöne Ferien hatten .'
 'Wie Sie feststellen konnten , ist der gefürchtete " Millenium-Bug " nicht
eingetreten .'
 'Doch sind Bürger einiger unserer Mitgliedstaaten Opfer von schrecklichen
Naturkatastrophen geworden .'
 'Im Parlament besteht der Wunsch nach einer Aussprache im Verlauf dieser
Sitzungsperiode in den nächsten Tagen .'
 'Heute möchte ich Sie bitten - das ist auch der Wunsch einiger
Kolleginnen und Kollegen - , allen Opfern der Stürme , insbesondere in den
verschiedenen Ländern der Europäischen Union , in einer Schweigeminute zu
gedenken .']
```

从结果可以看出我们前面的假设是正确的，你也可以用两种方式来标记解析其他语言的句子。

（3）PunktSentenceTokenizer

使用默认的 PunktSentenceTokenizer 类也能很方便地实现句子标记解析，如下所示。

```
punkt_st = nltk.tokenize.PunktSentenceTokenizer()
sample_sentences = punkt_st.tokenize(sample_text)
print(np.array(sample_sentences))
```

```
["US unveils world's most powerful supercomputer, beats China."
 "The US has unveiled the world's most powerful supercomputer called
'Summit', beating the previous record-holder China's Sunway TaihuLight."
 'With a peak performance of 200,000 trillion calculations per second, it
is over twice as fast as Sunway TaihuLight, which is capable of 93,000
trillion calculations per second.'
 'Summit has 4,608 servers, which reportedly take up the size of two tennis
courts.']
```

（4）RegexpTokenizer

在句子标记解析这部分知识中，最后要介绍的是使用 `RegexpTokenizer` 类的实例将文本标记解析为句子，我们将使用基于正则表达式的模式来标记解析句子。如果你需要加强记忆，那么请回想一下第 2 章与正则表达式有关的内容。以下代码段展示了如何使用正则表达式模式来对句子进行标记解析。

```
SENTENCE_TOKENS_PATTERN = r'(?<!\w\.\w.)(?<![A-Z][a-z]\.)(?<![A-Z]\.)
(?<=\.|\?|\!)\s'
regex_st = nltk.tokenize.RegexpTokenizer(
            pattern=SENTENCE_TOKENS_PATTERN,
            gaps=True)
sample_sentences = regex_st.tokenize(sample_text)
print(np.array(sample_sentences))
```

```
["US unveils world's most powerful supercomputer, beats China."
 "The US has unveiled the world's most powerful supercomputer called
'Summit', beating the previous record-holder China's Sunway TaihuLight."
 'With a peak performance of 200,000 trillion calculations per second, it
is over twice as fast as Sunway TaihuLight, which is capable of 93,000
trillion calculations per second.'
 'Summit has 4,608 servers, which reportedly take up the size of two tennis
courts.']
```

通过上面的输出可以看出，我们获得的标记解析结果与使用其他标记解析器获得的标记解析结果相同。以上内容介绍了关于使用不同的 NLTK 接口将文本标记解析成句子的大致概念。在下一节中，我们将使用几种技术把这些句子标记解析成单词。

2. 单词标记解析

单词标记解析（word tokenization）是将句子分解或分割成其组成单词的过程。一个句子是单词的集合，通过单词标记解析，在本质上，我们将一个句子分割成单词列表，该单词列表又可以重建句子。单词标记解析在很多过程中都是非常重要的，特别是在文本清理和规范化时，诸如词干提取和词形还原这类基于词干、词形的操作会在每个单词上进行。与句子标记解析类似，NLTK 为单词标记解析提供了各种有用的接口。本节将介绍以下主流接口：

❑ `word_tokenize`

❑ TreebankWordTokenizer
❑ TokTokTokenizer
❑ RegexpTokenizer
❑ 从 RegexpTokenizer 继承的标记解析器

我们利用上一节中的示例文本数据来演示实操案例。

（1）默认单词标记解析器

nltk.word_tokenize(...) 函数是 NLTK 默认并推荐的单词标记解析器。该标记解析器是 TreebankWordTokenizer 类的一个实例或对象，并且是该核心类的一个装饰器。以下代码段可以说明其用法。

```
default_wt = nltk.word_tokenize
words = default_wt(sample_text)
np.array(words)

array(['US', 'unveils', 'world', "'s", 'most', 'powerful',
        'supercomputer', ',', 'beats', 'China', '.', 'The', 'US', 'has',
        'unveiled', 'the', 'world', "'s", 'most', 'powerful',
        'supercomputer', 'called', "'Summit", "'", ',', 'beating', 'the',
        'previous', 'record-holder', 'China', "'s", 'Sunway', 'TaihuLight',
        '.', 'With', 'a', 'peak', 'performance', 'of', '200,000',
        'trillion', 'calculations', 'per', 'second', ',', 'it', 'is',
        'over', 'twice', 'as', 'fast', 'as', 'Sunway', 'TaihuLight', ',',
        'which', 'is', 'capable', 'of', '93,000', 'trillion',
        'calculations', 'per', 'second', '.', 'Summit', 'has', '4,608',
        'servers', ',', 'which', 'reportedly', 'take', 'up', 'the', 'size',
        'of', 'two', 'tennis', 'courts', '.'], dtype='<U13')
```

（2）TreebankWordTokenizer

TreebankWordTokenizer 基于 Penn Treebank，并使用各种正则表达式来分割文本。当然，这里的一个主要假设是我们已经预先执行了句子标记解析。Penn Treebank 使用的原始标记解析器是一个 sed 脚本，你可以在 http://www.cis.upenn.edu/~treebank/tokenizer.sed 上下载它，从而了解句子标记解析为单词的简要模式。该标记解析器的主要函数包括：

❑ 分割和分离出现在句子末尾的句号。
❑ 分割和分离空格前的逗号和单引号。
❑ 将大多数标点符号分割成独立标识符。
❑ 分割常规的缩写词，例如将 "don't" 分割成 "do" 和 "n't"。

以下代码段展示了 TreebankWordTokenizer 在单词标记解析中的用法。

```
treebank_wt = nltk.TreebankWordTokenizer()
words = treebank_wt.tokenize(sample_text)
np.array(words)

array(['US', 'unveils', 'world', "'s", 'most', 'powerful',
        'supercomputer', ',', 'beats', 'China.', 'The', 'US', 'has',
        'unveiled', 'the', 'world', "'s", 'most', 'powerful',
```

```
'supercomputer', 'called', "'Summit", "'", ',', 'beating', 'the',
'previous', 'record-holder', 'China', "'s", 'Sunway',
'TaihuLight.', 'With', 'a', 'peak', 'performance', 'of', '200,000',
'trillion', 'calculations', 'per', 'second', ',', 'it', 'is',
'over', 'twice', 'as', 'fast', 'as', 'Sunway', 'TaihuLight', ',',
'which', 'is', 'capable', 'of', '93,000', 'trillion',
'calculations', 'per', 'second.', 'Summit', 'has', '4,608',
'servers', ',', 'which', 'reportedly', 'take', 'up', 'the', 'size',
'of', 'two', 'tennis', 'courts', '.'], dtype='<U13')
```

正如我们所预期的，其输出结果与 `word_tokenize()` 的输出结果相似，因为它们使用相同的标记解析机制。

（3）TokTokTokenizer

`TokTokTokenizer` 是 NLTK 在 `nltk.tokenize.toktok` 模块中提供的较新标记解析器之一。总的来说，tok-tok 标记解析器是一个通用标记解析器，它假定输入文本每行只有一个句子。因此，只有最后一句话会被标记解析。但是，根据实际需要，我们可以使用正则表达式从文本中删除其他句号。tok-tok 已在英语、波斯语、俄语、捷克语、法语、德语、越南语和许多其他语种上测试，并给出了相当不错的结果。实际上，它是 https://github.com/jonsafari/tok-tok 的 Python 端口，也包含了 Perl 实现。以下代码显示了使用 `TokTokTokenizer` 在单词标记解析中的用法。

```
from nltk.tokenize.toktok import ToktokTokenizer
tokenizer = ToktokTokenizer()
words = tokenizer.tokenize(sample_text)
np.array(words)
```

```
array(['US', 'unveils', 'world', "'", 's', 'most', 'powerful',
       'supercomputer', ',', 'beats', 'China.', 'The', 'US', 'has',
       'unveiled', 'the', 'world', "'", 's', 'most', 'powerful',
       'supercomputer', 'called', "'", 'Summit', "'", ',', 'beating',
       'the', 'previous', 'record-holder', 'China', "'", 's', 'Sunway',
       'TaihuLight.', 'With', 'a', 'peak', 'performance', 'of', '200,000',
       'trillion', 'calculations', 'per', 'second', ',', 'it', 'is',
       'over', 'twice', 'as', 'fast', 'as', 'Sunway', 'TaihuLight', ',',
       'which', 'is', 'capable', 'of', '93,000', 'trillion',
       'calculations', 'per', 'second.', 'Summit', 'has', '4,608',
       'servers', ',', 'which', 'reportedly', 'take', 'up', 'the', 'size',
       'of', 'two', 'tennis', 'courts', '.'], dtype='<U13')
```

（4）RegexpTokenizer

现在来看看如何使用正则表达式和 `RegexpTokenizer` 类来标记解析句子。请记住，在单词标记解析中有两个主要参数：`pattern` 参数和 `gaps` 参数。`pattern` 参数用于构建标记解析器，`gaps` 参数如果设置为 True，用于查找标识符之间的间隙，否则，它用于查找标识符本身。以下代码段显示了一些使用正则表达式执行单词标记解析的示例：

```
# pattern to identify tokens themselves
```

```
TOKEN_PATTERN = r'\w+'
regex_wt = nltk.RegexpTokenizer(pattern=TOKEN_PATTERN,
                                gaps=False)
words = regex_wt.tokenize(sample_text)
np.array(words)

array(['US', 'unveils', 'world', 's', 'most', 'powerful', 'supercomputer',
       'beats', 'China', 'The', 'US', 'has', 'unveiled', 'the', 'world',
       's', 'most', 'powerful', 'supercomputer', 'called', 'Summit',
       'beating', 'the', 'previous', 'record', 'holder', 'China', 's',
       'Sunway', 'TaihuLight', 'With', 'a', 'peak', 'performance', 'of',
       '200', '000', 'trillion', 'calculations', 'per', 'second', 'it',
       'is', 'over', 'twice', 'as', 'fast', 'as', 'Sunway', 'TaihuLight',
       'which', 'is', 'capable', 'of', '93', '000', 'trillion',
       'calculations', 'per', 'second', 'Summit', 'has', '4', '608',
       'servers', 'which', 'reportedly', 'take', 'up', 'the', 'size',
       'of', 'two', 'tennis', 'courts'], dtype='<U13')

# pattern to identify tokens by using gaps between tokens
GAP_PATTERN = r'\s+'
regex_wt = nltk.RegexpTokenizer(pattern=GAP_PATTERN,
                                gaps=True)
words = regex_wt.tokenize(sample_text)
np.array(words)

array(['US', 'unveils', "world's", 'most', 'powerful', 'supercomputer,',
       'beats', 'China.', 'The', 'US', 'has', 'unveiled', 'the',
       "world's", 'most', 'powerful', 'supercomputer', 'called',
       "'Summit',", 'beating', 'the', 'previous', 'record-holder',
       "China's", 'Sunway', 'TaihuLight.', 'With', 'a', 'peak',
       'performance', 'of', '200,000', 'trillion', 'calculations', 'per',
       'second,', 'it', 'is', 'over', 'twice', 'as', 'fast', 'as',
       'Sunway', 'TaihuLight,', 'which', 'is', 'capable', 'of', '93,000',
       'trillion', 'calculations', 'per', 'second.', 'Summit', 'has',
       '4,608', 'servers,', 'which', 'reportedly', 'take', 'up', 'the',
       'size', 'of', 'two', 'tennis', 'courts.'], dtype='<U14')
```

如上所示，你可以看到利用标记解析模式或间隔模式，有多种方法可以获得相同的结果。以下代码向我们展示了如何在标记解析过程中获取每个标识符的边界。

```
word_indices = list(regex_wt.span_tokenize(sample_text))
print(word_indices)
print(np.array([sample_text[start:end] for start, end in word_indices]))

[(0, 2), (3, 10), (11, 18), (19, 23), (24, 32), (33, 47), (48, 53), (54,
60), (61, 64), (65, 67), (68, 71), (72, 80), (81, 84), (85, 92), (93, 97),
(98, 106), (107, 120), (121, 127), (128, 137), (138, 145), (146, 149),
(150, 158), (159, 172), (173, 180), (181, 187), (188, 199), (200, 204),
```

```
(205, 206), (207, 211), (212, 223), (224, 226), (227, 234), (235, 243),
(244, 256), (257, 260), (261, 268), (269, 271), (272, 274), (275, 279),
(280, 285), (286, 288), (289, 293), (294, 296), (297, 303), (304, 315),
(316, 321), (322, 324), (325, 332), (333, 335), (336, 342), (343, 351),
(352, 364), (365, 368), (369, 376), (377, 383), (384, 387), (388, 393),
(394, 402), (403, 408), (409, 419), (420, 424), (425, 427), (428, 431),
(432, 436), (437, 439), (440, 443), (444, 450), (451, 458)]
['US' 'unveils' "world's" 'most' 'powerful' 'supercomputer,' 'beats'
 'China.' 'The' 'US' 'has' 'unveiled' 'the' "world's" 'most' 'powerful'
 'supercomputer' 'called' "'Summit'," 'beating' 'the' 'previous'
 'record-holder' "China's" 'Sunway' 'TaihuLight.' 'With' 'a' 'peak'
 'performance' 'of' '200,000' 'trillion' 'calculations' 'per' 'second,'
 'it' 'is' 'over' 'twice' 'as' 'fast' 'as' 'Sunway' 'TaihuLight,' 'which'
 'is' 'capable' 'of' '93,000' 'trillion' 'calculations' 'per' 'second.'
 'Summit' 'has' '4,608' 'servers,' 'which' 'reportedly' 'take' 'up' 'the'
 'size' 'of' 'two' 'tennis' 'courts.']
```

（5）从 RegexpTokenizer 继承的标记解析器

除了基础的 RegexpTokenizer 类之外，还有几个派生类可以执行不同类型的单词标记解析。WordPunktTokenizer 使用 r'\ w + | [^ \ w \ s] +' 模式将句子标记解析成独立的字母和非字母的标识符。

```
wordpunkt_wt = nltk.WordPunctTokenizer()
words = wordpunkt_wt.tokenize(sample_text)
np.array(words)
```

```
array(['US', 'unveils', 'world', "'", 's', 'most', 'powerful',
       'supercomputer', ',', 'beats', 'China', '.', 'The', 'US', 'has',
       'unveiled', 'the', 'world', "'", 's', 'most', 'powerful',
       'supercomputer', 'called', "'", 'Summit', "',", 'beating', 'the',
       'previous', 'record', '-', 'holder', 'China', "'", 's', 'Sunway',
       'TaihuLight', '.', 'With', 'a', 'peak', 'performance', 'of', '200',
       ',', '000', 'trillion', 'calculations', 'per', 'second', ',', 'it',
       'is', 'over', 'twice', 'as', 'fast', 'as', 'Sunway', 'TaihuLight',
       ',', 'which', 'is', 'capable', 'of', '93', ',', '000', 'trillion',
       'calculations', 'per', 'second', '.', 'Summit', 'has', '4', ',',
       '608', 'servers', ',', 'which', 'reportedly', 'take', 'up', 'the',
       'size', 'of', 'two', 'tennis', 'courts', '.'], dtype='<U13')
```

WhitespaceTokenizer 基于诸如缩进符、换行符及空格的空白字符进行句子标记解析。以下代码说明了上述标记解析器的用法：

```
whitespace_wt = nltk.WhitespaceTokenizer()
words = whitespace_wt.tokenize(sample_text)
np.array(words)
array(['US', 'unveils', "world's", 'most', 'powerful', 'supercomputer,',
       'beats', 'China.', 'The', 'US', 'has', 'unveiled', 'the',
       "world's", 'most', 'powerful', 'supercomputer', 'called',
```

```
"'Summit',", 'beating', 'the', 'previous', 'record-holder',
"China's", 'Sunway', 'TaihuLight.', 'With', 'a', 'peak',
'performance', 'of', '200,000', 'trillion', 'calculations', 'per',
'second,', 'it', 'is', 'over', 'twice', 'as', 'fast', 'as',
'Sunway', 'TaihuLight,', 'which', 'is', 'capable', 'of', '93,000',
'trillion', 'calculations', 'per', 'second.', 'Summit', 'has',
'4,608', 'servers,', 'which', 'reportedly', 'take', 'up', 'the',
'size', 'of', 'two', 'tennis', 'courts.'], dtype='<U14')
```

3. 基于 NLTK 和 spaCy 构建健壮的标记解析器

对于典型的 NLP 流水线，我建议利用如 NLTK 和 spaCy 等最新的库，并使用其强大的实用程序来构建自定义函数，以执行句子级和单词级的标记解析。以下代码段描述了一个简单的示例。我们首先研究如何利用 NLTK。

```
def tokenize_text(text):
    sentences = nltk.sent_tokenize(text)
    word_tokens = [nltk.word_tokenize(sentence) for sentence in sentences]
    return word_tokens

sents = tokenize_text(sample_text)
np.array(sents)

array([list(['US', 'unveils', 'world', "'s", 'most', 'powerful',
            'supercomputer', ',', 'beats', 'China', '.']),
       list(['The', 'US', 'has', 'unveiled', 'the', 'world', "'s", 'most',
            'powerful', 'supercomputer', 'called', "'Summit", "'", ',',
            'beating', 'the', 'previous', 'record-holder', 'China', "'s",
            'Sunway', 'TaihuLight', '.']),
       list(['With', 'a', 'peak', 'performance', 'of', '200,000',
            'trillion', 'calculations', 'per', 'second', ',', 'it', 'is',
            'over', 'twice', 'as', 'fast', 'as', 'Sunway', 'TaihuLight',
            ',', 'which', 'is', 'capable', 'of', '93,000', 'trillion',
            'calculations', 'per', 'second', '.']),
       list(['Summit', 'has', '4,608', 'servers', ',', 'which',
            'reportedly', 'take', 'up', 'the', 'size', 'of', 'two',
            'tennis', 'courts', '.'])], dtype=object)
```

利用列表分析（list comprehension），我们还可以达到单词级的标记解析，如以下代码所示。

```
words = [word for sentence in sents for word in sentence]
np.array(words)

array(['US', 'unveils', 'world', "'s", 'most', 'powerful',
       'supercomputer', ',', 'beats', 'China', '.', 'The', 'US', 'has',
       'unveiled', 'the', 'world', "'s", 'most', 'powerful',
       'supercomputer', 'called', "'Summit", "'", ',', 'beating', 'the',
       'previous', 'record-holder', 'China', "'s", 'Sunway', 'TaihuLight',
       '.', 'With', 'a', 'peak', 'performance', 'of', '200,000',
       'trillion', 'calculations', 'per', 'second', ',', 'it', 'is',
```

```
'over', 'twice', 'as', 'fast', 'as', 'Sunway', 'TaihuLight', ',',
'which', 'is', 'capable', 'of', '93,000', 'trillion',
'calculations', 'per', 'second', '.', 'Summit', 'has', '4,608',
'servers', ',', 'which', 'reportedly', 'take', 'up', 'the', 'size',
'of', 'two', 'tennis', 'courts', '.'], dtype='<U13')
```

以类似的方式，我们可以利用 spaCy 非常快捷地执行句子级和单词级别的标记解析，如以下代码片段所示。

```
import spacy
nlp = spacy.load('en_core', parse = True, tag=True, entity=True)
text_spacy = nlp(sample_text)

sents = np.array(list(text_spacy.sents))
sents

array([US unveils world's most powerful supercomputer, beats China.,
        The US has unveiled the world's most powerful supercomputer called
        'Summit', beating the previous record-holder China's Sunway TaihuLight.,
        With a peak performance of 200,000 trillion calculations per second,
        it is over twice as fast as Sunway TaihuLight, which is capable of
        93,000 trillion calculations per second.,
        Summit has 4,608 servers, which reportedly take up the size of two
        tennis courts.],
        dtype=object)

sent_words = [[word.text for word in sent] for sent in sents]
np.array(sent_words)

array([list(['US', 'unveils', 'world', "'s", 'most', 'powerful',
            'supercomputer', ',', 'beats', 'China', '.']),
        list(['The', 'US', 'has', 'unveiled', 'the', 'world', "'s", 'most',
            'powerful', 'supercomputer', 'called', "'", 'Summit', "'",
            ',', 'beating', 'the', 'previous', 'record', '-', 'holder',
            'China', "'s", 'Sunway', 'TaihuLight', '.']),
        list(['With', 'a', 'peak', 'performance', 'of', '200,000',
            'trillion', 'calculations', 'per', 'second', ',', 'it', 'is',
            'over', 'twice', 'as', 'fast', 'as', 'Sunway', 'TaihuLight',
            ',', 'which', 'is', 'capable', 'of', '93,000', 'trillion',
            'calculations', 'per', 'second', '.']),
        list(['Summit', 'has', '4,608', 'servers', ',', 'which',
            'reportedly', 'take', 'up', 'the', 'size', 'of', 'two',
            'tennis', 'courts', '.'])],
        dtype=object)

words = [word.text for word in text_spacy]
np.array(words)

array(['US', 'unveils', 'world', "'s", 'most', 'powerful',
        'supercomputer', ',', 'beats', 'China', '.', 'The', 'US', 'has',
        'unveiled', 'the', 'world', "'s", 'most', 'powerful',
```

```
'supercomputer', 'called', "'", 'Summit', "'", ',', 'beating',
'the', 'previous', 'record', '-', 'holder', 'China', "'s",
'Sunway', 'TaihuLight', '.', 'With', 'a', 'peak', 'performance',
'of', '200,000', 'trillion', 'calculations', 'per', 'second', ',',
'it', 'is', 'over', 'twice', 'as', 'fast', 'as', 'Sunway',
'TaihuLight', ',', 'which', 'is', 'capable', 'of', '93,000',
'trillion', 'calculations', 'per', 'second', '.', 'Summit', 'has',
'4,608', 'servers', ',', 'which', 'reportedly', 'take', 'up',
'the', 'size', 'of', 'two', 'tennis', 'courts', '.'], dtype='<U13')
```

以上内容应该足以让你开始着手文本标记解析工作了，我们鼓励你在更多的文本数据上做探索和尝试，看看能否做得更好！

3.1.3 删除重音字符

通常在任何文本语料库中，你有可能需要处理带重音的字符或字母，特别是当你只想分析英语时。因此，我们需要确保将这些字符转换并标准化为 ASCII 字符。这里给出了一个简单示例——如何将 é 转换为 e。以下函数是解决此任务的简单方法。

```
import unicodedata

def remove_accented_chars(text):
    text = unicodedata.normalize('NFKD', text).encode('ascii', 'ignore').
    decode('utf-8', 'ignore')
    return text

remove_accented_chars('Sómě Áccěntěd těxt')

'Some Accented text'
```

上述函数向我们展示了如何轻松地将带重音符号的字符转换为普通的英语字符，这有助于规范语料库中的单词。

3.1.4 扩展缩写词

缩写词（contraction）是单词或音节的缩短形式。它们既在书面形式中存在，也在口语中存在。现有单词的缩短版本可以通过删除特定的字符和音节获得。在英语的缩写形式中，缩写词通常是从单词中删除一些元音来创建的。举例来说"is not"缩写成"isn't"，"will not"缩写成"won't"，你应该已经注意到了，缩写词中撇号用来表示缩写，而一些元音和其他字母则被删除了。

在正式书写时通常会避免使用缩写词，但在非正式情况下，它们被广泛使用。英语中存在各种形式的缩写词，这些形式的缩写词与助动词的类型相关，不同的助动词给出了常规缩写词、否定缩写词和其他特殊的口语缩写词（其中一些可能并不涉及助动词）。

缩写词确实为 NLP 和文本分析制造了一个难题，首先因为在该单词中有一个特殊的撇号字符。此外，我们有两个甚至更多的单词由缩写词表示，当我们尝试执行单词标记解析或者单词标准化时，这就会引发一连串复杂的问题。因此，在处理文本时，需要一些确切的步骤来处理缩写词。

　　理想情况下，你可以对缩写词和对应的扩展词进行适当的映射，然后使用映射关系扩展文本中的所有缩写词。我创建了一个缩写词及其扩展形式的词汇表，你可以在 Python 库中的 contractions.py 文件中访问它们（可与本章的代码文件一起使用）。部分缩写词汇表显示在以下代码段中：

```
CONTRACTION_MAP = {
    "ain't": "is not",
    "aren't": "are not",
    "can't": "cannot",
    "can't've": "cannot have",
    .
    .
    .
    "you'll've": "you will have",
    "you're": "you are",
    "you've": "you have"
}
```

　　请记住，一些缩写词可以对应多种形式。例如，缩写词"you'll"既可以表示"you will"也可以表示"you shall"。简便起见，我为每个缩写词选取了一个扩展形式。下一步，想要扩展缩写词，可以使用以下代码段：

```
from contractions import CONTRACTION_MAP
import re

def expand_contractions(text, contraction_mapping=CONTRACTION_MAP):

    contractions_pattern = re.compile('({})'.format('|'.join(contraction_
    mapping.keys())), flags=re.IGNORECASE|re.DOTALL)
    def expand_match(contraction):
        match = contraction.group(0)
        first_char = match[0]

        expanded_contraction = contraction_mapping.get(match)\
                                if contraction_mapping.get(match)\
                                else contraction_mapping.get(match.lower())
        expanded_contraction = first_char+expanded_contraction[1:]
        return expanded_contraction

    expanded_text = contractions_pattern.sub(expand_match, text)
    expanded_text = re.sub("'", "", expanded_text)
    return expanded_text
```

　　该代码段中，我们在主函数 expand_contractions 中使用了 expand_match 函数来查找与我们所创建的正则表达式模式相匹配的每个缩写词，所有的缩写词存放在 CONTRACTION_MAP 库中成。匹配缩写词后，我们用相应的扩展版本替换它，并保留非缩写形式的单词。让我们一起看看实际操作过程吧！

```
expand_contractions("Y'all can't expand contractions I'd think")

'You all cannot expand contractions I would think'
```

我们可以看到函数是如何在之前的输出结果上扩展缩写词的。是否还有更好的方法呢？当然！如果我们有足够的例子，我们甚至可以训练一个深度学习模型来获得更好的性能。

3.1.5 删除特殊字符

特殊字符和符号通常是非字母数字字符，甚至也有可能是数字字符（取决于我们所面对的具体问题），这会增加非结构化文本的附加噪声。通常情况下，可以使用简单的正则表达式删除它们。以下代码可以帮助我们删除特殊字符。

```
def remove_special_characters(text, remove_digits=False):
    pattern = r'[^a-zA-z0-9\s]' if not remove_digits else r'[^a-zA-z\s]'
    text = re.sub(pattern, '', text)
    return text

remove_special_characters("Well this was fun! What do you think? 123#@!",
                          remove_digits=True)

'Well this was fun What do you think '
```

我保留了是否删除数字的参数选项，因为我们有时需要将它们保留在预处理的文本中。

3.1.6 大小写转换

有时，你有可能会希望修改单词或句子的大小写，以使诸如特殊单词或标识符的匹配工作更加容易。通常有两种类型的大小写转换操作，即小写转换和大写转换，通过这两种操作可以将文本正文完全转换为小写或大写。当然也有其他大小写形式，如句式大小写格式或标题大小写格式。小写字体是这样一种格式，其中所有文本的字母都是小写字母，而在大写字体格式中则全部都是大写字母。标题大小写格式中，句子中每个单词的首字母是大写的。以下代码段说明了上述概念。

```
# lowercase
text = 'The quick brown fox jumped over The Big Dog'
text.lower()

'the quick brown fox jumped over the big dog'

# uppercase
text.upper()

'THE QUICK BROWN FOX JUMPED OVER THE BIG DOG'

# title case
text.title()

'The Quick Brown Fox Jumped Over The Big Dog'
```

3.1.7 文本校正

文本整理面临的主要挑战之一是文本中存在不正确的单词。这里不正确的定义包括拼写错误的单词，以及包含重复且无重要意义字母的单词。举例来说，"finally"一词可能会被错误地写成"fianlly",或者被想要表达强烈情绪的人写成"finalllyyy"。我们的主要目标是将这些单词标准化为正确形式,使我们不至于失去文本中的重要信息。本节将介绍处理重复字符以及校正拼写错误的方法。

1. 校正重复字符

我们刚才提到了单词通常包含几个重复的字符,这可能是由于拼写错误、俚语或者是人们想要表达强烈的情感造成的。在这里,我们将介绍一种组合使用句法和语义的拼写校正方法。首先,从校正这些单词的句法开始,然后转向语义。

算法的第一步是使用正则表达式来识别单词中的重复字符,然后使用置换来逐个删除重复字符。考虑前面例子中"finalllyyy"一词,我们可以使用 r'(\w*)(\w)\2(\w*)' 模式来识别单词中在两个不同字符之间的重复字符。在每个步骤中,我们都尝试利用基于模式 r'\1\2\3' 的正则表达式匹配组(组 1、2 和 3),通过置换方法消除一个重复字符。然后迭代此过程,直到消除所有重复字符。以下代码段说明了此过程:

```
old_word = 'finalllyyy'
repeat_pattern = re.compile(r'(\w*)(\w)\2(\w*)')
match_substitution = r'\1\2\3'
step = 1
while True:
    # remove one repeated character
    new_word = repeat_pattern.sub(match_substitution,
                                  old_word)
    if new_word != old_word:
        print('Step: {} Word: {}'.format(step, new_word))
        step += 1 # update step
        # update old word to last substituted state
        old_word = new_word
        continue
    else:
        print("Final word:", new_word)
        break

Step: 1 Word: finalllyy
Step: 2 Word: finallly
Step: 3 Word: finally
Step: 4 Word: finaly
Final word: finaly
```

上面的代码段显示了如何逐步删除重复字符,直到我们最终得到单词"finaly"。然而,在语义上,这个词是不正确的,正确的单词是"finally",即我们在步骤 3 中获得的单词。现在将使用 WordNet 语料库来检查每个步骤得到的单词,一旦获得有效单词就立即终止循环。这就引入了算法所需的语义校正,如下面的代码段所示:

```
from nltk.corpus import wordnet
old_word = 'finalllyyy'
repeat_pattern = re.compile(r'(\w*)(\w)\2(\w*)')
```

```
match_substitution = r'\1\2\3'
step = 1

while True:
    # check for semantically correct word
    if wordnet.synsets(old_word):
        print("Final correct word:", old_word)
        break
    # remove one repeated character
    new_word = repeat_pattern.sub(match_substitution,
                                  old_word)
    if new_word != old_word:
        print('Step: {} Word: {}'.format(step, new_word))
        step += 1 # update step
        # update old word to last substituted state
        old_word = new_word
        continue
    else:
        print("Final word:", new_word)
        break
Step: 1 Word: finalllyy
Step: 2 Word: finallly
Step: 3 Word: finally
Final correct word: finally
```

从上面的代码段中可以看出，代码在步骤 3 后正确地终止了，我们获得了既遵守句法又遵循语义的正确单词。我们可以通过将该逻辑编写到函数中来构建一个更好的代码段，以便使其在校正单词时变得更为通用。

```
from nltk.corpus import wordnet

def remove_repeated_characters(tokens):
    repeat_pattern = re.compile(r'(\w*)(\w)\2(\w*)')
    match_substitution = r'\1\2\3'
    def replace(old_word):
        if wordnet.synsets(old_word):
            return old_word
        new_word = repeat_pattern.sub(match_substitution, old_word)
        return replace(new_word) if new_word != old_word else new_word

    correct_tokens = [replace(word) for word in tokens]
    return correct_tokens
```

在上述代码段中，我们使用内部函数 `replace()` 来大致模拟之前介绍的算法，然后在外部函数 `remove_repeated_characters()` 中对句子中的每个标识符重复调用它。我们可以在下面的代码片段中看到包含例句的代码段。

```
sample_sentence = 'My schooool is reallllllyyy amaaazingggg'
correct_tokens = remove_repeated_characters(nltk.word_tokenize(sample_
```

```
sentence))
' '.join(correct_tokens)

'My school is really amazing'
```

从上面的输出可以看出，函数执行过程符合预期，它替换了每个标识符中的重复字符，然后按照要求给出了正确的标识符。

2. 校正拼写错误

我们遇到的第二个问题是由于人为错误，甚至是机器错误所导致的拼写错误，你可能在自动更正文本函数中看到过此类错误。有多种处理拼写错误的方法，其最终目标都是获得拼写正确的标识符。本节将介绍最为著名的算法之一，它由谷歌研究主管 Peter Norvig 开发。你可以在 http://norvig.com/spell-correct.html 上找到完整详细的算法说明，我们将在本节中共同探索该算法。

我们的主要目标是，给出一个问题单词，找到这个单词最有可能的正确形式。我们遵循的方法是生成一系列类似输入词的候选词，并从该集合中选择最有可能的单词作为正确的单词。我们使用标准英文单词语料库，根据语料库中单词的频率，从距离输入单词最近的最后一组候选词中识别出正确的单词。这个距离衡量了该单词距离输入单词的远近，也称为编辑距离（edit distance）。

我们使用的输入语料库是一个包含 Gutenberg 语料库书籍、维基词典和英国国家语料库中最常用的单词列表的文件。你可以在本章的代码资源中找到这个命名为 `big.txt` 的文件，或者直接从 Norvig 的链接 http://norvig.com/big.txt 中下载并使用它。我们可以使用以下代码段来获得英文中最常出现的单词及其计数的大致情况：

```
import re, collections

def tokens(text):
    """
    Get all words from the corpus
    """
    return re.findall('[a-z]+', text.lower())

WORDS = tokens(open('big.txt').read())
WORD_COUNTS = collections.Counter(WORDS)
# top 10 words in corpus
WORD_COUNTS.most_common(10)

[('the', 80030), ('of', 40025), ('and', 38313), ('to', 28766), ('in', 22050),
 ('a', 21155), ('that', 12512), ('he', 12401), ('was', 11410), ('it', 10681)]
```

拥有了自己的词汇表之后，就可以定义三个函数，计算出与输入单词编辑距离为 0、1 和 2 的单词组。这些编辑距离由插入、删除、添加和调换位置等操作产生。以下代码段定义了实现该功能的函数：

```
def edits0(word):
    """
    Return all strings that are zero edits away
    from the input word (i.e., the word itself).
```

```
    """
    return {word}
def edits1(word):
    """
    Return all strings that are one edit away
    from the input word.
    """
    alphabet = 'abcdefghijklmnopqrstuvwxyz'
    def splits(word):
        """
        Return a list of all possible (first, rest) pairs
        that the input word is made of.
        """
        return [(word[:i], word[i:])
                for i in range(len(word)+1)]

    pairs      = splits(word)
    deletes    = [a+b[1:]           for (a, b) in pairs if b]
    transposes = [a+b[1]+b[0]+b[2:] for (a, b) in pairs if len(b) > 1]
    replaces   = [a+c+b[1:]         for (a, b) in pairs for c in alphabet if b]
    inserts    = [a+c+b             for (a, b) in pairs for c in alphabet]
    return set(deletes + transposes + replaces + inserts)

def edits2(word):
    """Return all strings that are two edits away
    from the input word.
    """
    return {e2 for e1 in edits1(word) for e2 in edits1(e1)}
```

我们还可以定义一个 `known()` 函数，该函数根据单词是否存在于词汇词典 WORD_COUNTS 中，从 edit 函数得出的候选词组中返回一个单词子集。这使我们可以从候选词组中获得一个有效的单词列表：

```
def known(words):
    """
    Return the subset of words that are actually
    in our WORD_COUNTS dictionary.
    """
    return {w for w in words if w in WORD_COUNTS}
```

在下面的代码片段中，我们可以看到这些函数在测试输入单词（即拼写校正）上的作用，这些代码根据输入词的编辑距离显示了可能的候选词列表。

```
# input word
word = 'fianlly'
# zero edit distance from input word
edits0(word)

{'fianlly'}
```

```
# returns null set since it is not a valid word
known(edits0(word))

set()

# one edit distance from input word
edits1(word)

{'afianlly',
 'aianlly',
   .
   .
 'yianlly',
 'zfianlly',
 'zianlly'}

# get correct words from above set
known(edits1(word))

{'finally'}

# two edit distances from input word
edits2(word)

{'fchnlly',
 'fianjlys',
   .
   .
 'fiapgnlly',
 'finanlqly'}

# get correct words from above set
known(edits2(word))

{'faintly', 'finally', 'finely', 'frankly'}
```

此输出显示了一组有效的候选词，它们可以代替拼写错误的输入单词。通过赋予编辑距离最近的单词更高的优先级，可以从列表中选出候选词，下面的代码段对此进行了说明。

```
candidates = (known(edits0(word)) or
              known(edits1(word)) or
              known(edits2(word)) or
              [word])
candidates

{'finally'}
```

假如在前面的候选词中有两个单词的编辑距离相同，我们可以使用 max(candidates, key=WORD_COUNTS.get)函数从词汇表 WORD_COUNTS 中选取出现频率最高的单词来作为有效词。现在，我们使用上述逻辑定义拼写校正函数：

```
def correct(word):
    """
```

```
Get the best correct spelling for the input word
"""
# Priority is for edit distance 0, then 1, then 2
# else defaults to the input word itself.
candidates = (known(edits0(word)) or
              known(edits1(word)) or
              known(edits2(word)) or
              [word])
return max(candidates, key=WORD_COUNTS.get)
```

我们可以对拼写错误的单词直接使用上述函数来校正它们，如以下代码段所示。

```
correct('fianlly')
```

```
'finally'
```

```
correct('FIANLLY')
```

```
'FIANLLY'
```

我们发现该函数区分大小写，并且无法纠正非小写的单词，因此我们编写下列函数，以使其能够同时校正大写和小写的单词。该函数的逻辑是保留单词的原始大小写，然后将所有字母转换为小写字母，更正拼写错误，最后使用 case_of 函数将其重新转换回初始的大小写格式。

```
def correct_match(match):
    """
    Spell-correct word in match,
    and preserve proper upper/lower/title case.
    """

    word = match.group()
    def case_of(text):
        """
        Return the case-function appropriate
        for text: upper, lower, title, or just str.:
        """
        return (str.upper if text.isupper() else
                str.lower if text.islower() else
                str.title if text.istitle() else
                str)
    return case_of(word)(correct(word.lower()))

def correct_text_generic(text):
    """
    Correct all the words within a text,
    returning the corrected text.
    """
    return re.sub('[a-zA-Z]+', correct_match, text)
```

现在，我们可以使用上述函数来校正单词，而不用管它们的大小写问题，如以下代码段所示。

```
correct_text_generic('fianlly')

'finally'

correct_text_generic('FIANLLY')

'FINALLY'
```

当然，这种方法并不总是完全准确的，如果某些单词未出现在我们的词汇表中，则可能无法校正。使用更多的词汇表数据以涵盖更多的单词，有助于解决这种问题。可以在 TextBlob 库中直接使用此算法。在以下代码段中对此进行了描述。

```
from textblob import Word
w = Word('fianlly')
w.correct()

'finally'

# check suggestions
w.spellcheck()

[('finally', 1.0)]

# another example
w = Word('flaot')
w.spellcheck()

[('flat', 0.85), ('float', 0.15)]
```

除此之外，Python 还提供了几个强大的库，包括基于 enchant 库的 PyEnchant（更多信息请参见 http://pythonhosted.org/pyenchant/），以及可从 https://github.com/phatpiglet/autocorrect/ 获得的 autocorrect。此外还有 aspell-python，这是较为流行的 GNU Aspell 的 Python 装饰器。随着深度学习技术的发展，诸如 RNN 和 LSTM 的序列模型以及词嵌入通常会超越传统方法。建议读者了解一下 DeepSpell，你可以从 https://github.com/MajorTal/DeepSpell 获得，它利用深度学习来构建拼写校正程序。欢迎随时查阅它们，并使用它们来校正单词拼写！

3.1.8　词干提取

想要理解词干提取的过程需要先理解词干（stem）的含义。在第 1 章中讨论了词素，它是任何自然语言中最小的独立单元。词素由词干和词缀组成。词缀是前缀、后缀等单元，它们附加到词干上以更改其含义或创建一个新词。词干通常也称为单词的基本形式，我们可以通过在词干上添加词缀来创建新词，这个过程称为词形变化。相反的过程是从单词的变形形式获得单词的基本形式，这称为词干提取。

以"JUMP"一词为例，你可以在其上添加词缀形成几个新单词，例如"JUMPS""JUMPED"和"JUMPING"。在这种情况下，基本词"JUMP"是词干。如果对它的三种变形形式中的任何一种进行词干提取，都将获得基本形式。图 3-2 清楚地描述了这一点。

图 3-2 描述了词干在其所有变形中是如何存在的，它构建了一个基础，每个词形变化都是在其上添加词缀构成的。词干提取帮助我们将单词标准化为其词根，而不用考虑其词

形变化，这对于许多应用程序大有裨益，如文本分类或聚类，甚至是信息检索。搜索引擎广泛使用此类技术，以提供更好、更准确的结果，而无须考虑单词的形式。针对词干提取器，NLTK 软件包有的几种实现算法。这些词干提取器在 stem 模块中实现，该模块继承了 nltk.stem.api 模块中的 StemmerI 接口。你甚至可以通过使用这个类（严格来说它是一个接口）作为基类来创建自己的词干提取器。最受欢迎的词干提取器之一是波特词干提取器，它基于其发明者马丁·波特

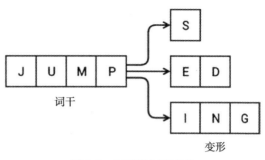

图 3-2　词干及词形变化

（Martin Porter）所开发的算法。其原始算法拥有 5 个不同的阶段以减少词形变换，每个阶段都有自己的一套规则。此外，还有一个 Porter2 词干提取算法，它是波特博士在原始算法基础上提出的改进算法。你可以在以下代码片段中看到波特提取器的用法。

```
# Porter Stemmer
In [458]: from nltk.stem import PorterStemmer
     ...: ps = PorterStemmer()
     ...: ps.stem('jumping'), ps.stem('jumps'), ps.stem('jumped')
(jump, jump, jump)

In [460]: ps.stem('lying')
'lie'

In [461]: ps.stem('strange')
'strang'
```

兰卡斯特词干提取器（Lancaster stemmer）基于兰卡斯特词干算法，通常也称为佩斯/哈斯科词干提取器（Paice/Husk stemmer），该算法由由克里斯·D. 佩斯（Chris D. Paice）提出。该词干提取器是一个迭代提取器，具有超过 120 个规则来具体说明如何删减或替换词缀以获得词干。以下代码段显示了兰卡斯特词干提取器的用法：

```
# Lancaster Stemmer
In [465]: from nltk.stem import LancasterStemmer
     ...: ls = LancasterStemmer()
     ...:  print ls.stem('jumping'), ls.stem('jumps'), ls.stem('jumped')
(jump, jump, jump)

In [467]: ls.stem('lying')
'lying'

In [468]: ls.stem('strange')
'strange'
```

你可以看到该词干提取器的行为与波特词干提取器的行为不同。除了这两种之外，还有其他几种词干提取器，包括 RegexpStemmer（可以基于用户定义的规则构建自己的词干）和 SnowballStemmer（除英语之外，它还支持 13 种不同的语言）。以下代码段显示了如何

使用它们执行词干提取。`RegexpStemmer` 使用正则表达式来识别单词中的词缀，然后删除与之匹配的词缀部分。

```
# Regex based stemmer
In [471]: from nltk.stem import RegexpStemmer
    ...: rs = RegexpStemmer('ing$|s$|ed$', min=4)
    ...:  rs.stem('jumping'), rs.stem('jumps'), rs.stem('jumped')
(jump, jump, jump)

In [473]: rs.stem('lying')
'ly'

In [474]: rs.stem('strange')
'strange'
```

你会看到词干提取结果与以前的词干提取结果之间的差异，上面的词干提取结果完全取决于我们自定义的提取规则。以下代码段展示了如何使用 `SnowballStemmer` 来对其他语言的单词进行词干提取。你可以在 http://snowballstem.org/ 上找到有关 Snowball 项目的更多详细信息。

```
# Snowball Stemmer
In [486]: from nltk.stem import SnowballStemmer
    ...: ss = SnowballStemmer("german")
    ...: print('Supported Languages:', SnowballStemmer.languages)
Supported Languages: (u'danish', u'dutch', u'english', u'finnish',
u'french', u'german', u'hungarian', u'italian', u'norwegian', u'porter',
u'portuguese', u'romanian', u'russian', u'spanish', u'swedish')

# stemming on German words
# autobahnen -> cars
# autobahn -> car
In [488]: ss.stem('autobahnen')
'autobahn'

# springen -> jumping
# spring -> jump
In [489]: ss.stem('springen')
'spring'
```

波特词干提取器是目前最常用的词干提取器，但是在实际执行词干提取时，你还是应该根据具体问题来选择词干提取器，并经过反复试验以验证提取器效果。以下是可用于词干提取的一个基本函数。

```
def simple_stemmer(text):
    ps = nltk.porter.PorterStemmer()
    text = ' '.join([ps.stem(word) for word in text.split()])
    return text

simple_stemmer("My system keeps crashing his crashed yesterday, ours
crashes daily")

'My system keep crash hi crash yesterday, our crash daili'
```

请尽情使用此函数满足你自己的词干提取需求。此外，如果需要，你甚至可以使用自己定义的规则构建属于你自己的词干提取器！

3.1.9　词形还原

词形还原的过程与词干提取非常相似，在词干提取中，我们删除词缀以得到单词的基本形式。但是在这种情况下，此基本形式也称为词根（root word），而不是词干（root stem）。两者的区别是，词干不一定是标准的、正确的单词，也就是说，它可能不存在于词典之中，而词根，也称为词元（lemma）则始终存在于字典之中。

词形还原过程比词干提取过程要慢得多，因为它涉及一个附加步骤，当且仅当该词元存在于词典中时，才能通过删除词缀形成词根或词元。NLTK 程序包有强大的词形还原模块，它使用 WordNet、单词的语法和语义（例如词性和上下文的一部分）来获取词根或词元。还记得第 1 章中讨论词性的内容吗？在自然语言中，名词、动词和形容词这三个实体最常见。下面的代码段描述了如何对属于这些类型的单词使用词形还原。

```
In [514]: from nltk.stem import WordNetLemmatizer
     ...: wnl = WordNetLemmatizer()

# lemmatize nouns
In [515]: print(wnl.lemmatize('cars', 'n'))
     ...: print(wnl.lemmatize('men', 'n'))
car
men

# lemmatize verbs
In [516]: print(wnl.lemmatize('running', 'v'))
     ...: print(wnl.lemmatize('ate', 'v'))
run
eat

# lemmatize adjectives
In [517]: print(wnl.lemmatize('saddest', 'a'))
     ...: print(wnl.lemmatize('fancier', 'a'))
sad
fancy
```

上述代码段展示了如何使用词形还原将每个单词转换为其基本形式。这有助于我们使单词标准化。上述代码利用了 WordNetLemmatizer 类，该类的内部使用 WordNetCorpusReader 类的 morphy() 函数。此函数通过检查 WordNet 语料库，使用单词及其词性来查找给定单词的基本形式或词元，并使用递归技术从单词中删除词缀，直到在 WordNet 中找到匹配项为止。如果找不到匹配项，则输入的单词将保持不变。在这里词性非常重要，因为如果词性是错误的，那么词形还原就会失效，如下面的代码片段所示。

```
# ineffective lemmatization
In [518]: print wnl.lemmatize('ate', 'n')
     ...: print wnl.lemmatize('fancier', 'v')
ate
fancier
```

spaCy 可以使我们的工作变得更加轻松，因为它对文本文档中的每个标识符执行了部分词性标注和有效的词形还原处理，你无须再担心是否有效地使用了词形还原。借助 spaCy，我们可以利用以下函数来执行有效的词形还原！

```
import spacy
nlp = spacy.load('en_core', parse=True, tag=True, entity=True)
text = 'My system keeps crashing his crashed yesterday, ours crashes daily'

def lemmatize_text(text):
    text = nlp(text)
    text = ' '.join([word.lemma_ if word.lemma_ != '-PRON-' else word.text
    for word in text])
    return text

lemmatize_text("My system keeps crashing! his crashed yesterday, ours
crashes daily")

'My system keep crash ! his crash yesterday , ours crash daily'
```

你可以利用 NLTK 或 spaCy 构建自己的词形还原器。请根据自己的数据随意尝试这些函数。

3.1.10　删除停用词

停用词（stopword）是指没有或只有极小意义的单词。通常在处理文本时将其从文本中删除，以保留具有最大意义及上下文的单词。如果你根据单个标识符聚合文本语料库并检查单词频率，就会发现停用词的出现频率是最高的。诸如"a""the""and"等单词就是停用词。目前并没有普遍或详尽的停用词列表，通常每个领域或语言都有自己的停用词集。下面的代码片段描述了一种过滤和删除英语停用词的方法。

```
from nltk.tokenize.toktok import ToktokTokenizer
tokenizer = ToktokTokenizer()
stopword_list = nltk.corpus.stopwords.words('english')
def remove_stopwords(text, is_lower_case=False):
    tokens = tokenizer.tokenize(text)
    tokens = [token.strip() for token in tokens]
    if is_lower_case:
        filtered_tokens = [token for token in tokens if token not in
        stopword_list]
    else:
        filtered_tokens = [token for token in tokens if token.lower() not
        in stopword_list]
    filtered_text = ' '.join(filtered_tokens)
    return filtered_text

remove_stopwords("The, and, if are stopwords, computer is not")

', , stopwords , computer'
```

　　在这里，并没有通用停用词的列表，但是我们使用 NLTK 中的标准英语停用词列表。你还可以根据需要添加特定领域的停用词。在上述函数中，我们使用了 NLTK，它有一个英语停用词的列表，我们使用它来筛选出与停用词相对应的所有标识符。与之前的输出相比，本次输出的标识符明显减少了，你可以比较并检查两种输出中作为停用词被删除的标识符。想要查看 NLTK 词汇表中所有英语停用词的列表，你可以打印 `nltk.corpus.stopwords.words('english')` 的内容来了解各种停用词。请记住一个重要的事情，就是在上述情况下（在第一句话中），诸如"no"和"not"这样的否定词被删除了。但是通常我们必须保留它们，以便于在诸如情感分析等应用中句子的语意不会失真，因此在这些应用中你需要确保此类单词不会被删除。

3.1.11　将以上整合在一起——构建文本规范器

　　现在，将我们学到的所有知识整合在一起，并将这些操作链接在一起，以构建文本规范器来预处理文本数据。我们专注于在自定义函数中使用经常用于文本整理的主要组件。

```
def normalize_corpus(corpus, html_stripping=True, contraction_expansion=True,
                     accented_char_removal=True, text_lower_case=True,
                     text_lemmatization=True, special_char_removal=True,
                     stopword_removal=True, remove_digits=True):
normalized_corpus = []
# normalize each document in the corpus
for doc in corpus:
    # strip HTML
    if html_stripping:
        doc = strip_html_tags(doc)
    # remove accented characters
    if accented_char_removal:
        doc = remove_accented_chars(doc)
    # expand contractions
    if contraction_expansion:
        doc = expand_contractions(doc)
    # lowercase the text
    if text_lower_case:
        doc = doc.lower()
    # remove extra newlines
    doc = re.sub(r'[\r|\n|\r\n]+', ' ',doc)
    # lemmatize text
    if text_lemmatization:
        doc = lemmatize_text(doc)
    # remove special characters and\or digits
    if special_char_removal:
        # insert spaces between special characters to isolate them
        special_char_pattern = re.compile(r'([{.(-)!}])')
        doc = special_char_pattern.sub(" \\1 ", doc)
        doc = remove_special_characters(doc, remove_digits=remove_digits)
    # remove extra whitespace
```

```
    doc = re.sub(' +', ' ', doc)
    # remove stopwords
    if stopword_removal:
        doc = remove_stopwords(doc, is_lower_case=text_lower_case)

    normalized_corpus.append(doc)

return normalized_corpus
```

现在，使该函数生效！我们将利用前面各节中的示例文本作为输入文档，并使用前面的函数对其进行预处理。

```
{'Original': sample_text,
 'Processed': normalize_corpus([sample_text])[0]}
```

```
{'Original': "US unveils world's most powerful supercomputer, beats
China. The US has unveiled the world's most powerful supercomputer called
'Summit', beating the previous record-holder China's Sunway TaihuLight.
With a peak performance of 200,000 trillion calculations per second,
it is over twice as fast as Sunway TaihuLight, which is capable of
93,000 trillion calculations per second. Summit has 4,608 servers, which
reportedly take up the size of two tennis courts.",
```

```
 'Processed': 'us unveil world powerful supercomputer beat china us unveil
world powerful supercomputer call summit beat previous record holder chinas
sunway taihulight peak performance trillion calculation per second twice
fast sunway taihulight capable trillion calculation per second summit
server reportedly take size two tennis court'}
```

你可以看到我们的文本预处理器如何帮助预处理示例新闻文章！在下一节中，我们将介绍如何分析和理解文本数据的句法属性和结构。

3.2 理解文本句法和结构

第 1 章中详细讨论了语言的句法和结构。如果你不记得基础知识，请转至 1.3 节，并快速浏览一下，以了解分析和理解文本数据句法和结构的各种方法。为了重温相关内容，我们简要介绍一下文本句法和结构的重要性。

对于任何一种语言，句法和结构通常是相辅相成的，它们有一系列特定规则、约定或原则约束着单词组合成短语、短语组合成从句、从句组合成句子的方式。我们会在本节中专门讨论英语句法和结构。在英语中，单词通常会组合在一起形成其他成分单元。这些成分包括单词、短语，从句和句子。句子 " The brown fox is quick and he is jumping over the lazy dog" 由一堆单词组成。仅看单词本身并不能告诉我们很多信息（见图 3-3）。

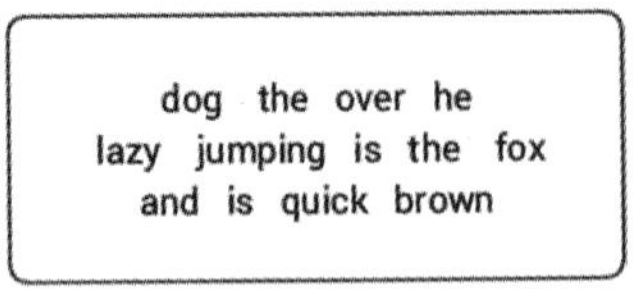

dog the over he
lazy jumping is the fox
and is quick brown

图 3-3   一堆无序的单词不能传达很多信息

有关语言的结构和句法的知识在很多领域都非常有用，例如文本处理、注释、解析，以及更进一步的操作如文本分类或摘要。在本节中，我们将会介绍并实现一些用于理解文本句法和结构的概念和技术。它们在自然语言处理中非常有用，通常在文本整理和标准化之后完成。我们专注于实现以下技术：

❑ 词性（POS）标注

❑ 浅层解析或分块

❑ 依存关系解析

❑ 成分结构解析

本书面向从业人员，所以我们注重并强调了在实际问题中实现和使用技术和算法的最佳方法。因此，在以下各节中，我们将探讨利用 NLTK 和 spaCy 之类的库来实现其中一些技术的最佳方法。除此之外，由于你可能对技术的内部构件感兴趣，并且可能会尝试自己实现部分技术，我们也会介绍如何做到这一点。在进一步介绍之前，我们将看看所需库的必要依存关系和安装细节，因为这并不简单。

3.2.1　安装必要的依赖项

本章会使用如下库和依赖项：

❑ NLTK 库

❑ spaCy 库

❑ 斯坦福解析器（Stanford parser）

❑ Graphviz 和必要的可视化库

我们在第 1 章中介绍了安装 NLTK 的方法。你可以直接通过在终端或命令提示符安装它，只要输入 pip install nltk，就可以自动下载并安装它。切记安装的库最好等于或高于版本 3.2.4。下载并安装 NLTK 之后，请记住下载我们在第 1 章中讨论的语料库。有关下载和安装 NLTK 的更多详细信息，可以按照 http://www.nltk.org/install.html 和 http://www.nltk.org/data.html 上的信息进行操作，它告诉你如何安装数据依赖项。启动 Python 解释器并使用以下代码段。

```
import nltk
# download all dependencies and corpora
nltk.download('all', halt_on_error=False)
# OR use a GUI based downloader and select dependencies
nltk.download()
```

想要安装 spaCy，请在终端或 conda 上输入 pip install spacy 命令。完成后，在终端使用 python -m spacy.en.download 命令下载英语语言模型，这将在 spaCy 软件包的目录中下载大约 500MB 的数据。有关更多详细信息，你可以参考 https://spacy.io/docs/#getting-started，该链接告诉你如何开始使用 spaCy。我们将使用 spaCy 进行标注并基于依赖项描述的解析。但是，如果你在加载 spaCy 的语言模型时遇到问题，请按照以下步骤解决此问题。（我在其中一个系统中遇到过此问题，但并非总是发生。）

```
# OPTIONAL: ONLY USE IF SPACY FAILS TO LOAD LANGUAGE MODEL
# Use the following command to install spaCy
> pip install -U spacy
OR
> conda install -c conda-forge spacy
```

```
# Download the following language model and store it in disk
https://github.com/explosion/spacy-models/releases/tag/en_core_web_md-2.0.0

# Link the same to spacy
> python -m spacy link ./spacymodels/en_core_web_md-2.0.0/en_core_web_md
en_core Linking successful
    ./spacymodels/en_core_web_md-2.0.0/en_core_web_md --> ./Anaconda3/lib/
site-packages/spacy/data/en_core
You can now load the model via spacy.load('en_core')
```

斯坦福解析器是由斯坦福大学开发的基于 Java 的语言解析器，该语言解析器有助于解析句子以了解其底层结构。我们使用斯坦福解析器和 NLTK 来执行基于依存关系的解析和基于成分语法的解析，NLTK 提供了一个出色的装饰器，它可以利用 Python 本身的解析器，因而无须在 Java 中编程。你可以参见 https://github.com/nltk/nltk/wiki/Installing-Third-Party-Software 上的官方安装指南，该指南告诉我们如何下载和安装斯坦福解析器并将其与 NLTK 集成。就个人而言，我在安装过程中遇到过几次问题（特别是在 Windows 系统中），所以在这里我会提供安装斯坦福解析器和必要依赖项的最普遍的方法。

首先，请确保从 http://www.oracle.com/ technetwork/java/javase/downloads/index.html?ssSourceSiteId=otnjp 下载并安装 Java Development Kit（不仅仅是 JRE，即 Java Runtime Environmen）。使用 Java SE 8u101/8u102 或更新的版本。我使用的是 8u102，因为我有一段时间没有升级 Java 了。安装后，请确保通过将其添加到 path 系统环境变量中来设置 Java 的 "path"。你还可以创建一个指向属于 JDK 的 java.exe 文件的 JAVA_HOME 环境变量。

根据我的经验，这两种方法在运行 Python 代码时效果都不好，我不得不使用 Python os 库来设置环境变量，当深入介绍实现细节时我会展示如何进行环境变量设置。安装 Java 后，可从 http://nlp.stanford.edu/software/stanford-parser-full-2015-04-20.zip 下载官方的斯坦福解析器，这似乎运行得很好。你可以通过访问 http://nlp.stanford.edu/software/lex-parser.shtml#Download 来查看 "发布历史" 信息，并尝试更新的版本。下载完成后，请将解压缩文件添加到文件系统中的一个已知位置。完成以上步骤后，你就可以使用 NLTK 的解析器了，这就是我们接下来要探索学习的内容！

Graphviz 并不是一个必需库，我们仅仅使用它来查看由斯坦福解析器生成的依存关系解析树。你可以从 Graphviz 的官方网站 http://www.graphviz.org/Download_windows.php 下载并安装它。接下来，你需要安装 pygraphviz，你可以根据系统架构和 Python 版本从 http://www.lfd.uci.edu/~gohlke/pythonlibs/#pygraphviz 下载 wheel 文件来获取。然后，对于运行 Python 3.x 的 64 位系统，可以使用 pip install pygraphviz-1.3.1-cp34-none-win_amd64.whl 命令进行安装。安装完成后，pygraphviz 应该就可以正常工作了。可能有些读者在安装过程中会遇到其他问题，这种情况下，使用如下代码依次完成 pydot-ng 和 graphviz 的安装可能会有所帮助。

```
pip install pydot-ng
pip install graphviz
```

我们还需要利用 NLTK 的绘图函数对 Jupyter notebook 中的解析树进行可视化。为此，你可能需要安装 ghostscript 以防 NLTK 引发错误。安装和设置说明如下所示。

```
## download and install ghostscript from https://www.ghostscript.com/
download/gsdnld.html

# often need to add to the path manually (for windows)
os.environ['PATH'] = os.environ['PATH']+";C:\\Program Files\\gs\\gs9.09\\bin\\"
```

至此，我们就安装完了必要的依赖项，可以开始实现和查看实际示例了。但是，实际上我们还没有完全准备好。在深入研究代码和示例之前，我们需要学习一些机器学习的基本概念。

3.2.2　机器学习的重要概念

我们将在下一节中使用语料库，并利用一些预先构建好的标注器来训练我们自己的标注器。为了更好地理解实现过程，你必须知道如下与数据分析和机器学习相关的重要概念。

- ❏ 数据准备：通常包含提取特征和训练之前的数据预处理。
- ❏ 特征提取：从原始数据中提取出有用特征以训练机器学习模型的过程。
- ❏ 特征：数据的各种有用属性（以个人数据为例，可以是年龄、体重等）。
- ❏ 训练数据：用于训练模型的一组数据。
- ❏ 测试/校验数据：一组数据，经过预训练的模型使用该组数据进行测试和评估，以评估模型优劣。
- ❏ 模型：使用数据/特征组合构建，一个机器学习算法可以是有监督的，也可以是无监督的。
- ❏ 准确率：模型预测的准确程度（还有其他详细的评估度量指标，如精度、召回率和 F1 分数）。

知道了这些术语应该足以让你开始接下来的学习了。更详细的知识介绍超出了本书的范围，但是如果你有兴趣进一步探索其中的某些内容，你可以在网络上找到大量关于机器学习的资料。如果你对机器学习实践感兴趣，我们建议你查看基于 2008 年出版的 *Practical Machine Learning with Python*。此外，我们将在后续章节中介绍与文本数据有关的有监督机器学习和无监督机器学习。

3.2.3　词性标注

词性（POS）是基于语法上下文和单词作用的具体词汇分类。如果你还记得第 1 章，我们在其中介绍了 POS 的一些基础知识，其中提到了主要的 POS 是名词、动词、形容词和副词。对单词进行分类并标记 POS 标签的过程称为词性标注（或 POS 标注）。

POS 标签用于标注单词并描述其词性，当我们需要在基于 NPL 的程序中使用标注文本时，这是非常有用的，因为我们可以通过特定的词性过滤数据并利用该信息来执行具体的分析。我们可以缩小名词范围并确定最突出的名词。考虑前面的例句 "The brown fox is quick and he is jumping over the lazy dog"，如果我们使用基本的 POS 标签对其进行标注，则结果如图 3-4 所示。

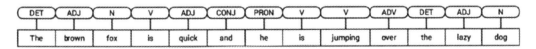

图 3-4　一个句子的 POS 标注

句子通常遵循由以下组成部分构成的分层结构：句子→从句→短语→单词。

使用 Penn Treebank 表示法进行 POS 标注，大多数推荐的 POS 标注器也会利用它。你可以在 http://www.cis.uni-muenchen.de/~schmid/tools/TreeTagger/data/Penn-Treebank-Tagset.pdf 中找到有关各种 POS 标签及其标注的更多信息，其上包含了详细的说明文档，举例说明了每一项标签。Penn Treebank 项目是宾夕法尼亚大学的一个项目，其主页 https://catalog.ldc.upenn.edu/docs/LDC95T7/treebank2.index.html 提供了有关该项目的更多信息。请记住，有各种各样的标签来满足不同的应用场景，例如用于单词词性的 POS 标签，通常被分配给短语的语块标签，以及一些用于描述关系的辅助标签。

表 3-1 给出了 POS 标签的详细描述及其示例，如果你不想费力气去查看 Penn Treebank 标签的详细文档，你可以随时用它作为参考，以便更好地理解 POS 标签和解析树。

表 3-1　POS 标签

序号	标签	描述	示例
1	CC	条件连接词	and, or
2	CD	基本数量词	five, one, 2
3	DT	限定词	a, the
4	EX	存在量词	there were two cars
5	FW	外来词	d'hoevre, mais
6	IN	介词 / 从句连接词	of, in, on, that
7	JJ	形容词	quick, lazy
8	JJR	比较级形容词	quicker, lazier
9	JJS	最高级形容词	quickest, laziest
10	LS	列表项标识符	2)
11	MD	情态动词	could, should
12	NN	单数或不可数名词	fox, dog
13	NNS	复数名词	foxes, dogs
14	NNP	专有名词单数	John, Alice
15	NNPS	专有名词复数	Vikings, Indians, Germans
16	PDT	前置限定词	both cats
17	POS	所有格	boss's
18	PRP	人称代词	me, you
19	PRP$	所有格代词	our, my, your
20	RB	副词	naturally, extremely, hardly
21	RBR	比较级副词	better
22	RBS	最高级副词	best
23	RP	副词小品词	about, up
24	SYM	符号	%, $
25	TO	不定词	how to, what to do

（续）

序号	标签	描述	示例
26	UH	感叹词	oh, gosh, wow
27	VB	动词原型	run, give
28	VBD	动词过去式	ran, gave
29	VBG	动名词	running, giving
30	VBN	动词过去分词	given
31	VBP	动词非第三人称一般现在时	I think, I take
32	VBZ	动词第三人称一般现在时	he thinks, he takes
33	WDT	WH 限定词	which, whatever
34	WP	WH 人称代词	who, what
35	WP$	WH 物主代词	whose
36	WRB	WH 副词	where, when
37	NP	名词短语	the brown fox
38	PP	介词短语	in between, over the dog
39	VP	动词短语	was jumping
40	ADJP	形容词短语	warm and snug
41	ADVP	副词短语	also
42	SBAR	主从句连接词	whether or not
43	PRT	小品词	up
44	INTJ	语气词	hello
45	PNP	介词名词短语	over the dog, as of today
46	-SBJ	主句	the fox jumped over the dog
47	-OBJ	从句	the fox jumped over the dog

表 3-1 展示了 Penn Treebank 中使用的主要 POS 标签集，也是各种文本分析和 NLP 应用程序中使用最广泛的 POS 标签集。在下一节中，我们将介绍 POS 标注的一些实现方法。

构建 POS 标注器

本节我们将用到 NLTK 和 spaCy，它们使用 Penn Treebank 表示法进行 POS 标注。为了更好地说明实现方法，我们将使用前几节示例新闻文章中的新闻标题。让我们看看如何使用 spaCy 实现 POS 标注，请参见图 3-5。

```
sentence = "US unveils world's most powerful supercomputer, beats China."

import pandas as pd
import spacy
nlp = spacy.load('en_core', parse=True, tag=True, entity=True)
sentence_nlp = nlp(sentence)
# POS tagging with Spacy
spacy_pos_tagged = [(word, word.tag_, word.pos_) for word in sentence_nlp]
pd.DataFrame(spacy_pos_tagged, columns=['Word', 'POS tag', 'Tag type']).T
```

	0	1	2	3	4	5	6	7	8	9	10
单词	US	unveils	world	's	most	powerful	supercomputer	,	beats	China	.
POS标签	NNP	VBZ	NN	POS	RBS	JJ	NN	,	VBZ	NNP	.
标签类型	PROPN	VERB	NOUN	PART	ADV	ADJ	NOUN	PUNCT	VERB	PROPN	PUNCT

图 3-5　使用 spaCy 对新闻标题进行 POS 标注

我们可以在图 3-5 中清楚地看到示例新闻标题中每个标识符的 POS 标签（标签依据 spaCy 定义），这很有意义。让我们尝试使用 NLTK 执行相同的任务，如图 3-6 所示。

```
# POS tagging with nltk
import nltk
nltk_pos_tagged = nltk.pos_tag(nltk.word_tokenize(sentence))
pd.DataFrame(nltk_pos_tagged, columns=['Word', 'POS tag']).T
```

	0	1	2	3	4	5	6	7	8	9	10
单词	US	unveils	world	's	most	powerful	supercomputer	,	beats	China	.
POS标签	NNP	JJ	NN	POS	RBS	JJ	NN	,	VBZ	NNP	.

图 3-6　使用 NLTK 对新闻标题进行 POS 标注

图 3-6 中的输出为我们提供了完全遵循 Penn Treebank 格式的标签，该标签更详细地指定了形容词、名词或动词的特定形式。

现在，我们将探索用一些技术来构建我们自己的 POS 标注器！我们将利用 NLTK 提供的一些类来实现它们。为了评估标注器的性能，我们使用了来自 NLTK 中的 treebank 语料库的一些测试数据。我们还将使用一些训练数据来训练标注器。首先，通过读取已标注的 treebank 语料库，我们可以获得训练和评估标注器的必要数据。

```
from nltk.corpus import treebank
data = treebank.tagged_sents()
train_data = data[:3500]
test_data = data[3500:]
print(train_data[0])

[('Pierre', 'NNP'), ('Vinken', 'NNP'), (',', ','), ('61', 'CD'), ('years',
'NNS'), ('old', 'JJ'), (',', ','), ('will', 'MD'), ('join', 'VB'), ('the',
'DT'), ('board', 'NN'), ('as', 'IN'), ('a', 'DT'), ('nonexecutive', 'JJ'),
('director', 'NN'), ('Nov.', 'NNP'), ('29', 'CD'), ('.', '.')]
```

我们将使用测试数据来评估标注器，并通过使用其标识符作为输入来查看它们如何作用于我们的例句。NLTK 利用的所有标注器均来自 `nltk.tag` 软件包，每个标注器都是 `TaggerI` 类的子类，每个标注器都实现一个 `tag()` 函数，该函数以一个句子标识符列表作为输入，并返回带有 POS 标签的相同单词列表作为输出。除了标注之外，还有一个 `evaluate()` 函数，该函数用于评估标注器的性能。这是通过标注每个输入的测试句子，然后将结果与句子的实际标签进行比较来完成的。我们使用该函数来测试标注器在 `test_data` 上的性能。

首先，我们来看一下 DefaultTagger，它继承自 SequentialBackoffTagger 基类，并为每个单词分配相同的用户输入 POS 标签。这看起来似乎很简单，但这是形成 POS 标注器基线并对其进行改进的绝佳方法。

```
# default tagger
from nltk.tag import DefaultTagger
dt = DefaultTagger('NN')
# accuracy on test data
dt.evaluate(test_data)

0.1454158195372253

# tagging our sample headline
dt.tag(nltk.word_tokenize(sentence))

[('US', 'NN'), ('unveils', 'NN'), ('world', 'NN'), ("'s", 'NN'), ('most', 'NN'),
 ('powerful', 'NN'), ('supercomputer', 'NN'), (',', 'NN'), ('beats', 'NN'),
 ('China', 'NN'), ('.', 'NN')]
```

从此输出中可以看到，treebank 测试数据集中正确标注单词的准确率达到 14%，这个结果并不理想。正如我们期望的那样，例句中的输出标签都为名词，因为我们给标注器提供的都是相同的标签。现在，我们将使用正则表达式和 RegexpTagger 来查看是否可以构建性能更好的标注器。

```
# regex tagger
from nltk.tag import RegexpTagger
# define regex tag patterns
patterns = [
        (r'.*ing$', 'VBG'),                 # gerunds
        (r'.*ed$', 'VBD'),                  # simple past
        (r'.*es$', 'VBZ'),                  # 3rd singular present
        (r'.*ould$', 'MD'),                 # modals
        (r'.*\'s$', 'NN$'),                 # possessive nouns
        (r'.*s$', 'NNS'),                   # plural nouns
        (r'^-?[0-9]+(.[0-9]+)?$', 'CD'),    # cardinal numbers
        (r'.*', 'NN')                       # nouns (default) ...
]
rt = RegexpTagger(patterns)

# accuracy on test data
rt.evaluate(test_data)

0.24039113176493368

# tagging our sample headline
rt.tag(nltk.word_tokenize(sentence))

[('US', 'NN'), ('unveils', 'NNS'), ('world', 'NN'), ("'s", 'NN$'), ('most', 'NN'),
 ('powerful', 'NN'), ('supercomputer', 'NN'), (',', 'NN'), ('beats', 'NNS'),
 ('China', 'NN'), ('.', 'NN')]
```

此输出向我们表明准确率现在已提高到 24%，但是我们可以做得更好吗？现在，我们将训练一些 n 元分词标注器。n 元分词是来自文本序列或语音序列的 *n* 个连续项。这些项可以由单词、音素、字母、字符或音节组成。shingle 指仅由单词组成的 n 元词。我们将使用大小为 1、2 和 3 的 n 元分词，它们也被分别称为一元分词（unigram）、二元分词（bigram）和三元分词（trigram）。`UnigramTagger`、`BigramTagger` 和 `TrigramTagger` 是从基类 `NGramTagger` 继承的类，该类本身是从 `ContextTagger` 类继承的，而 `ContextTagger` 类是从 `SequentialBackoffTagger` 类继承的。我们使用 `train_data` 作为训练数据，根据句子标识符及其 POS 标签来训练 n 元分词标注器。然后，我们将在 `test_data` 上评估训练后的标注器，并查看示例句的标注结果。

```
## N gram taggers
from nltk.tag import UnigramTagger
from nltk.tag import BigramTagger
from nltk.tag import TrigramTagger

ut = UnigramTagger(train_data)
bt = BigramTagger(train_data)
tt = TrigramTagger(train_data)

# testing performance of unigram tagger
print(ut.evaluate(test_data))
print(ut.tag(nltk.word_tokenize(sentence)))

0.8619421047536063
[('US', 'NNP'), ('unveils', None), ('world', 'NN'), ("'s", 'POS'), ('most',
'JJS'), ('powerful', 'JJ'), ('supercomputer', 'NN'), (',', ','), ('beats',
None), ('China', 'NNP'), ('.', '.')]

# testing performance of bigram tagger
print(bt.evaluate(test_data))
print(bt.tag(nltk.word_tokenize(sentence)))

0.1359279697937845
[('US', None), ('unveils', None), ('world', None), ("'s", None), ('most',
None), ('powerful', None), ('supercomputer', None), (',', None), ('beats',
None), ('China', None), ('.', None)]

# testing performance of trigram tagger
print(tt.evaluate(test_data))
print(tt.tag(nltk.word_tokenize(sentence)))

0.08142124116565011
[('US', None), ('unveils', None), ('world', None), ("'s", None), ('most',
None), ('powerful', None), ('supercomputer', None), (',', None), ('beats',
None), ('China', None), ('.', None)]
```

上述输出清楚地表明，仅使用 unigram 标注器就可以在测试集上获得 86% 的准确率，这与我们的上一个标注器相比要好很多。标签 None 表示标注器无法标注该单词，其原因是无法在训练数据中获得类似的标识符。bigram 和 trigram 模型的准确率要低得多，因为在训练数据中观察到的相同 bigram 和 trigram 不一定总是以相同的方式出现在测试数据中。

现在，我们研究一种通过创建带有标签列表的组合标注器并使用 backoff 标注器来组合所有标注器的方法。本质上，我们将创建一个标注器链，对于每一个标注器，如果它不能标注输入的标识符，则标注器的下一步将会回退到 backoff 标注器。

```
def combined_tagger(train_data, taggers, backoff=None):
    for tagger in taggers:
        backoff = tagger(train_data, backoff=backoff)
    return backoff

ct = combined_tagger(train_data=train_data,
                     taggers=[UnigramTagger, BigramTagger, TrigramTagger],
                     backoff=rt)

# evaluating the new combined tagger with backoff taggers
print(ct.evaluate(test_data))
print(ct.tag(nltk.word_tokenize(sentence)))
```

```
0.9108335753703166
[('US', 'NNP'), ('unveils', 'NNS'), ('world', 'NN'), ("'s", 'POS'),
('most', 'JJS'), ('powerful', 'JJ'), ('supercomputer', 'NN'), (',', ','),
('beats', 'NNS'), ('China', 'NNP'), ('.', '.')]
```

现在，我们在测试数据上获得了 91% 的准确率，这是非常好的。我们还看到，这个新的标注器可以成功标注例句中的所有标识符（即使其中一些标识符不正确，例如“beats”应该是动词）。

对于最终标注器，我们将使用有监督的分类算法来训练标注器。`ClassifierBased-POSTagger` 类使我们能够通过在 `classifier_builder` 参数中使用有监督的学习算法来训练标注器。此类继承自 `ClassifierBasedTagger`，并具有 `feature_detector()` 函数，该函数构成训练过程的核心。该函数用于从训练数据（如单词、前一个单词、标签、前一个标签、大小写等）中生成各种特征。实际上，当实例化 `ClassifierBasedPOSTagger` 类的对象时，你甚至可以构建自己的特征检测器函数，并将其传递给 `feature_detector` 参数。

我们使用的分类器是 `NaiveBayesClassifier`。它使用贝叶斯定理构建概率分类器，并假设特征之间是完全独立的。有关该算法的详细细节超出了本书的讨论范围，如果你想了解更多，请访问 https://en.wikipedia.org/wiki/Naive_Bayes_classifier。以下代码段展示了如何基于分类方法构建 POS 标注器并对其进行评估。

```
from nltk.classify import NaiveBayesClassifier, MaxentClassifier
from nltk.tag.sequential import ClassifierBasedPOSTagger

nbt = ClassifierBasedPOSTagger(train=train_data,
                               classifier_builder=NaiveBayesClassifier.train)

# evaluate tagger on test data and sample sentence
print(nbt.evaluate(test_data))
print(nbt.tag(nltk.word_tokenize(sentence)))
```

```
0.9306806079969019
[('US', 'PRP'), ('unveils', 'VBZ'), ('world', 'VBN'), ("'s", 'POS'),
('most', 'JJS'), ('powerful', 'JJ'), ('supercomputer', 'NN'), (',', ','),
('beats', 'VBZ'), ('China', 'NNP'), ('.', '.')]
```

　　使用此标注器，我们在测试数据上的准确率为93%，这是所有标注器中最高的。同样，如果你仔细观察例句的输出标签，你会发现它们是正确的，并且很有意义。这使我们了解到基于分类器的 POS 标注器有多强大和有效！你也可以尝试使用其他的分类器，如 `MaxentClassifier`，并将其性能与此标注器性能进行比较。我们在 notebook 中包含了代码，使这些工作变得更简便易行。

　　当然，还有其他几种使用 NLTK 和其他软件包构建或使用 POS 标注器的方法。即使没有必要，并且以上标注器足以满足你的 POS 标注需求，你仍可以继续探索其他方法来与上述方法进行比较，以满足你的好奇心。

3.2.4　浅层解析或分块

　　浅层解析，也称为轻量解析（light parsing）或分块，是一种分析句子结构的技术，它将句子分解成最小组成部分（即单词之类的标识符），然后将它们组合成更高级的短语。在浅层解析中，我们将更多的精力放在识别这些短语或语块上，而不是深入研究每个块内句法和语句关系的深层细节，正如我们通过深度解析所获得的语法解析树中看到的。浅层解析的主要目的是获得语义上有意义的短语，并观察它们之间的关系。

　　你可以查看 1.3 节，以重温由若干单词所组成的句子是如何被单词或短语赋予结构的相关记忆。根据我们之前描述的语句层次结构，短语由一些单词组成。短语有五种主要类别：

- ❏ 名词短语（NP）：这些短语中以名词作为中心词。名词短语充当动词的主语或宾语。
- ❏ 动词短语（VP）：这些短语是以动词作为中心词的词汇单元。通常，动词短语有两种形式。其中一种形式具有动词成分和其他实体（例如名词、形容词或副词）。
- ❏ 形容词短语（ADJP）：这些是以形容词作为中心词的短语。它们的主要作用是描述或限定句子中的名词和代词，它们一般在名词或代词的前面或后面。
- ❏ 副词短语（ADVP）：这些短语的作用类似于副词，因为副词是短语的中心词。副词短语提供描述或限定名词、动词或副词的更多详细信息。副词短语用作名词、动词或副词的修饰语。
- ❏ 介词短语（PP）：这些短语通常包含作为中心词的介词和其他词汇部分，例如名词、代词等。它们的作用类似于形容词或副词，用来描述其他单词或短语。

图 3-7 中显示了一个浅层解析树，其中包含一个例句，目的只是为了让你重温一下对它的结构的记忆。

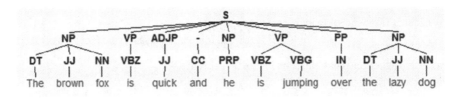

图 3-7　描述更高级别短语注释的浅层解析示例

　　现在，我们将研究使用多种技术对文本数据进行浅层解析的方法，其中包括正则表达式、分块、加缝隙（chinking）和基于标签的训练。

构建浅层解析器

我们使用正则表达式和基于标签的机器学习算法等多种技术来构建我们自己的浅层解析器。与 POS 标注类似，我们根据需要使用一些训练数据来训练我们的解析器，并使用一些测试数据对所有解析器进行性能评估。我们可以使用 NLTK 中的 treebank 语料库，它自带语块注释。加载它，然后使用以下代码段准备训练和测试数据集。

```
from nltk.corpus import treebank_chunk
data = treebank_chunk.chunked_sents()

train_data = data[:3500]
test_data = data[3500:]

# view sample data
print(train_data[7])

(S
  (NP A/DT Lorillard/NNP spokewoman/NN)
  said/VBD
  ,/,
  ``/``
  (NP This/DT)
  is/VBZ
  (NP an/DT old/JJ story/NN)
  ./.)
```

从上述输出中可以看出，我们的数据是句子，并且已经使用短语和 POS 标签元数据对其进行了注释，这对于训练浅层解析器很有用。我们首先使用基于分块和加缝隙概念的正则表达式进行浅层解析。分块过程中，我们可以使用并指定特定的模式来识别想要分块或分段的内容，例如基于特定元数据的短语等。加缝隙过程则与分块过程相反，在该过程中，我们指定一些特定的标识符使其不属于任何语块，然后形成除这些标识符以外的必要语块。让我们考虑一个简单的句子（我们的新闻标题），并使用正则表达式。我们利用 `RegexpParser` 类创建浅层解析器，以说明名词短语的分块和加缝隙过程。

```
from nltk.chunk import RegexpParser

# get POS tagged sentence
tagged_simple_sent = nltk.pos_tag(nltk.word_tokenize(sentence))
print('POS Tags:', tagged_simple_sent)

# illustrate NP chunking based on explicit chunk patterns
chunk_grammar = """
NP: {<DT>?<JJ>*<NN.*>}
"""
rc = RegexpParser(chunk_grammar)
c = rc.parse(tagged_simple_sent)

# print and view chunked sentence using chunking
```

```
print(c)
c

(S
  (NP US/NNP)
  (NP unveils/JJ world/NN)
  's/POS
  most/RBS
  (NP powerful/JJ supercomputer/NN)
  ,/,
  beats/VBZ
  (NP China/NNP)
  ./.)
```

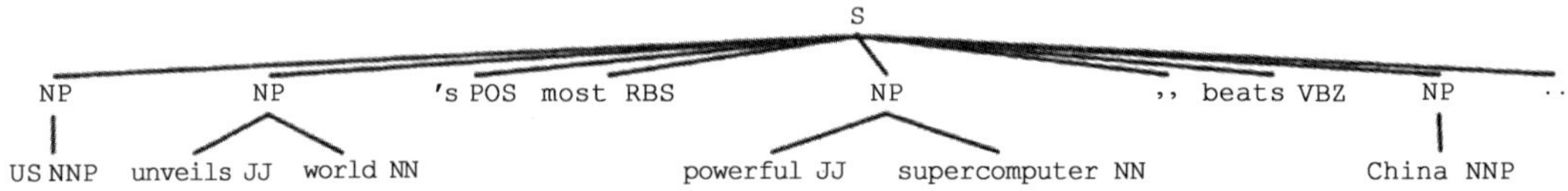

图 3-8　使用分块技术的浅层解析

我们可以看到图 3-8 中浅层解析树的结构，其中只有 NP 语块使用了分块技术。现在，让我们看看如何使用加缝隙技术来构建它。

```
# illustrate NP chunking based on explicit chink patterns
chink_grammar = """
NP:
    {<.*>+}              # Chunk everything as NP
    }<VBZ|VBD|JJ|IN>+{  # Chink sequences of VBD\VBZ\JJ\IN
"""
rc = RegexpParser(chink_grammar)
c = rc.parse(tagged_simple_sent)

# print and view chunked sentence using chinking
print(c)
c

(S
  (NP US/NNP)
  unveils/JJ
  (NP world/NN 's/POS most/RBS)
  powerful/JJ
  (NP supercomputer/NN ,/,)
  beats/VBZ
  (NP China/NNP ./.))
```

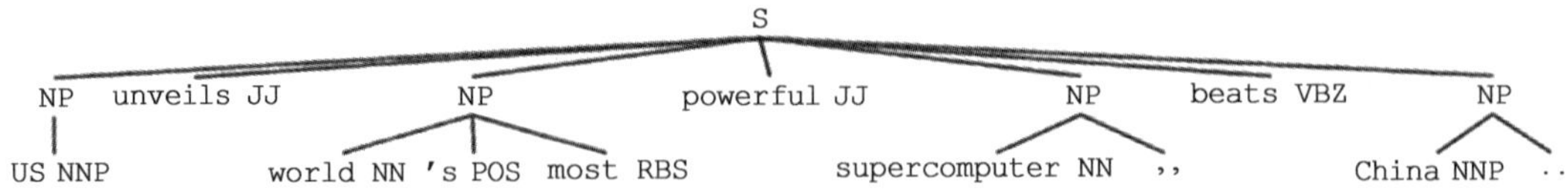

图 3-9　使用加缝隙技术的浅层解析

我们可以看到图 3-9 中的浅层解析树的结构，其中动词和形容词构成了缝隙，并分离出名词短语。请记住，语块是包含在一个组块（语块）集合中的标识符序列，而缝隙是从语块中排除的标识符或标识符序列。现在，我们训练一个更通用的基于正则表达式的浅层解析器，并在我们的测试 treebank 数据中测试其性能。在程序内部，需要执行几个步骤来完成该解析。在 NLTK 中，用于表示被解析语句的 Tree 结构被转换为 ChunkString 对象。然后使用已定义的分块和加缝隙规则创建 RegexpParser 对象。ChunkRule 和 ChinkRule 类的对象可以根据指定的模式创建包含必要语块的完整浅层解析树。以下代码段展示了基于正则表达式的浅层解析器。

```
# create a more generic shallow parser
grammar = """
NP: {<DT>?<JJ>?<NN.*>}
ADJP: {<JJ>}
ADVP: {<RB.*>}
PP: {<IN>}
VP: {<MD>?<VB.*>+}
"""
rc = RegexpParser(grammar)
c = rc.parse(tagged_simple_sent)

# print and view shallow parsed sample sentence
print(c)
c

(S
  (NP US/NNP)
  (NP unveils/JJ world/NN)
  's/POS
  (ADVP most/RBS)
  (NP powerful/JJ supercomputer/NN)
  ,/,
  (VP beats/VBZ)
  (NP China/NNP)
  ./.)
```

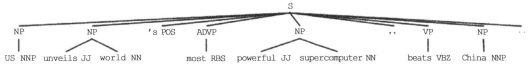

图 3-10　使用更具体的规则进行浅层解析

可以在图 3-10 中看到浅层解析树的结构，其中包含针对特定短语的详细规则。让我们看一下该解析器如何在我们之前构建的测试数据集上执行。

```
# Evaluate parser performance on test data
print(rc.evaluate(test_data))
```

```
ChunkParse score:
    IOB Accuracy:   46.1%%
    Precision:      19.9%%
    Recall:         43.3%%
    F-Measure:      27.3%%
```

从输出中，可以看到例句的解析树与我们从上一节性能优秀的解析器获得的树非常相似。此外，整体测试数据的准确率为 54.5%，这是一个相当不错的开头。要获取有关每个性能度量指标含义的更多详细信息，请参见 5.9 节。

还记得我们说带注释的文本标识元数据在许多方面很有用吗？我们利用两个分块实用函数——tree2conlltags 和 conlltags2tree。tree2conlltags 函数对每个标识符获取单词、标签和语块标签的三元组，而 conlltags2tree 函数从这些标识符三元组生成解析树。

稍后将使用这些函数来训练我们的解析器。首先，让我们看看这两个函数是如何工作的。请记住，语块标签使用一种流行的格式，称为 IOB 格式。以这种格式，你会注意到一些带有 I、O 和 B 前缀的新表示法，这是分块中常用的 IOB 表示法。它表示了内部、外部和开始。标签前的 B-前缀表示它是语块的开始；I-前缀表示它在语块内。O 标签表示标签不属于任何语块。B-标签总是在后面跟随相同类型的标签时使用，它们之间没有 O 标签。

```python
from nltk.chunk.util import tree2conlltags, conlltags2tree
# look at a sample training tagged sentence
train_sent = train_data[7]
print(train_sent)

(S
  (NP A/DT Lorillard/NNP spokewoman/NN)
  said/VBD
  ,/,
  ``/``
  (NP This/DT)
  is/VBZ
  (NP an/DT old/JJ story/NN)
  ./.)

# get the (word, POS tag, Chunk tag) triples for each token
wtc = tree2conlltags(train_sent)
wtc

[('A', 'DT', 'B-NP'),
 ('Lorillard', 'NNP', 'I-NP'),
 ('spokewoman', 'NN', 'I-NP'),
 ('said', 'VBD', 'O'),
 (',', ',', 'O'),
 ('``', '``', 'O'),
 ('This', 'DT', 'B-NP'),
 ('is', 'VBZ', 'O'),
 ('an', 'DT', 'B-NP'),
 ('old', 'JJ', 'I-NP'),
 ('story', 'NN', 'I-NP'),
 ('.', '.', 'O')]
```

```
# get shallow parsed tree back from the WTC triples
tree = conlltags2tree(wtc)
print(tree)
(S
  (NP A/DT Lorillard/NNP spokewoman/NN)
  said/VBD
  ,/,
  ``/``
  (NP This/DT)
  is/VBZ
  (NP an/DT old/JJ story/NN)
  ./.)
```

现在知道了这些函数的工作原理，我们定义一个名为 conll_tag_ chunks() 的函数，以从分块标注句子中提取 POS 和语块标签，并重用 POS 标注中的 combined_tagger() 函数来训练带有 backoff 标注器的组合标注器，如以下代码段所示。

```
def conll_tag_chunks(chunk_sents):
    tagged_sents = [tree2conlltags(tree) for tree in chunk_sents]
    return [[(t, c) for (w, t, c) in sent] for sent in tagged_sents]

def combined_tagger(train_data, taggers, backoff=None):
    for tagger in taggers:
        backoff = tagger(train_data, backoff=backoff)
    return backoff
```

现在，我们定义一个 NGramTagChunker 类，该类将标记好的句子作为训练输入，获取其 WTC 三元组（即单词、POS 标签、语块标签），并训练带有 UnigramTagger 作为 backoff 标注器的 BigramTagger。我们还定义了 parse() 函数来对新句子执行浅层解析。

```
from nltk.tag import UnigramTagger, BigramTagger
from nltk.chunk import ChunkParserI

class NGramTagChunker(ChunkParserI):

    def __init__(self, train_sentences,
                 tagger_classes=[UnigramTagger, BigramTagger]):
        train_sent_tags = conll_tag_chunks(train_sentences)
        self.chunk_tagger = combined_tagger(train_sent_tags, tagger_classes)

    def parse(self, tagged_sentence):
        if not tagged_sentence:
            return None
        pos_tags = [tag for word, tag in tagged_sentence]
        chunk_pos_tags = self.chunk_tagger.tag(pos_tags)
        chunk_tags = [chunk_tag for (pos_tag, chunk_tag) in chunk_pos_tags]
        wpc_tags = [(word, pos_tag, chunk_tag) for ((word, pos_tag), chunk_tag)
                       in zip(tagged_sentence, chunk_tags)]
        return conlltags2tree(wpc_tags)
```

在此类中，构造函数 __init__() 用于对每个句子训练浅层解析器，该解析器使用基于 WTC 三元组的 n-gram 标注。在内部，它接受训练语句的列表作为输入，并用分块的解析树元数据进行注释。它使用前面定义的 conll_tag_chunks() 函数来获取每个分块解析树的 WTC 三元组列表。最后，它使用这些三元组，用 UnigramTagger 作为 backoff 标注器来训练 BigramTagger，并将训练模型存储在 self.chunk_tagger。

请记住，你可以使用 tagger_classes 参数解析其他基于 n-gram 的标注器进行训练。训练后，可以使用 parse() 函数对测试数据上的标注器进行评估，并浅层解析新句子。在内部，它以带有 POS 标签的句子作为输入，从句子中分离 POS 标签，并使用我们训练过的 self.chunk_tagger 来获取句子的 IOB 语块标签。然后将其与原始句子标识符结合起来，然后使用 conlltags2tree() 函数获得最终的浅层解析树。以下代码片段显示了解析器的运行情况（请参见图 3-11）。

```
# train the shallow parser
ntc = NGramTagChunker(train_data)

# test parser performance on test data
print(ntc.evaluate(test_data))

ChunkParse score:
    IOB Accuracy:   97.2%%
    Precision:      91.4%%
    Recall:         94.3%%
    F-Measure:      92.8%%

# parse our sample sentence
sentence_nlp = nlp(sentence)
tagged_sentence = [(word.text, word.tag_) for word in sentence_nlp]
tree = ntc.parse(tagged_sentence)
print(tree)
tree

(S
  (NP US/NNP)
  unveils/VBZ
  (NP world/NN 's/POS most/RBS powerful/JJ supercomputer/NN)
  ,/,
  beats/VBZ
  (NP China/NNP)
  ./.)
```

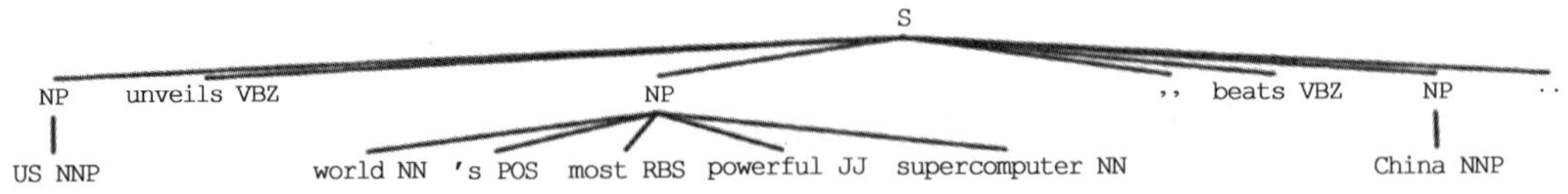

图 3-11　在 treebank 数据上使用基于 n-gram 分块的浅层解析新闻标题

此输出描述了在 treebank 测试集数据上的解析器性能，其整体准确率为 99.6%，性能非常好！图 3-11 还显示了解析树如何查找示例新闻标题。

现在，让我们在 conll2000 语料库上对解析器进行训练和评估，该语料库包含《华尔街日报》的摘录，是一个更大的语料库。我们将在前 10 000 个句子上训练解析器，并在其余 940 个以上的句子上测试其性能。以下代码段描述了此过程。

```
from nltk.corpus import conll2000
wsj_data = conll2000.chunked_sents()
train_wsj_data = wsj_data[:10000]
test_wsj_data = wsj_data[10000:]

# look at a sample sentence in the corpus
print(train_wsj_data[10])

(S
  (NP He/PRP)
  (VP reckons/VBZ)
  (NP the/DT current/JJ account/NN deficit/NN)
  (VP will/MD narrow/VB)
  (PP to/TO)
  (NP only/RB #/# 1.8/CD billion/CD)
  (PP in/IN)
  (NP September/NNP)
  ./.)

# train the shallow parser
tc = NGramTagChunker(train_wsj_data)

# test performance on the test data
print(tc.evaluate(test_wsj_data))

ChunkParse score:
    IOB Accuracy:  89.1%%
    Precision:     80.3%%
    Recall:        86.1%%
    F-Measure:     83.1%%
```

此输出表明，我们的解析器的整体准确率约为 89%，考虑到该语料库比 treebank 语料库大得多，这是相当不错的结果。让我们看一下它如何分块示例新闻标题。

```
# parse our sample sentence
tree = tc.parse(tagged_sentence)
print(tree)
tree

(S
  (NP US/NNP)
  (VP unveils/VBZ)
  (NP world/NN)
  (NP 's/POS most/RBS powerful/JJ supercomputer/NN)
  ,/,
  (VP beats/VBZ)
  (NP China/NNP)
  ./.)
```

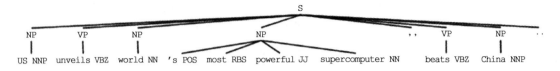

图 3-12　使用基于 n-gram 的 conll2000 数据分块的浅层解析新闻标题

图 3-12 向我们展示了与以前的解析树相比，该解析树如何查找更加具有定义的动词短语的示例新闻标题。你还可以使用其他技术，如 `ClassifierBasedTagger` 类的有监督分类器来实现浅层解析器。

3.2.5　依存关系解析

在基于依存关系的解析中，我们尝试使用基于依存关系的语法来分析和推断结构和语义依存关系以及句子中标识符之间的关系。请参阅 1.3.4 节，以重温回忆。依存语法帮助我们用依存关系标签来注释句子，标签是标识符之间的一对一的映射，表示了它们之间的依存关系。基于依存语法的解析树表示形式是经过标记和定向的树或图，它更加精确。解析树的节点始终是词汇标识符，有标签的边描述了起始点及其依赖项之间的依存关系。边上的标签表示依赖项的语法角色。

依存语法的基本原理是，在该语言的任何句子中，除一个单词外，所有单词都与该句子中的其他单词有某种关系或依存关系。没有依存关系的单词称为句子的根词。在大多数情况下，动词被用作句子的根词。所有其他单词都使用 link（即从属关系）直接或间接连接到根动词。如果我们想为句子 “The brown fox is quick and he is jumping over the lazy dog” 绘制依存关系解析树，我们将得到图 3-13 所示的结构。

这些依存关系各自具有各自的含义，并且是通用依存关系类型列表的一部分。这在 de Marneffe 等人于 2014 年发表的题为 “Universal Stanford Dependencies: A Cross-Linguistic Typology” 的原始论文中进行了讨论。你可以在 http://universaldependencies.org/u/dep/index.html 中查看依存关系类型及其含义的详尽列表。为了便于回顾相关内容，如果我们看一下这些依存关系，就不难理解其含义。

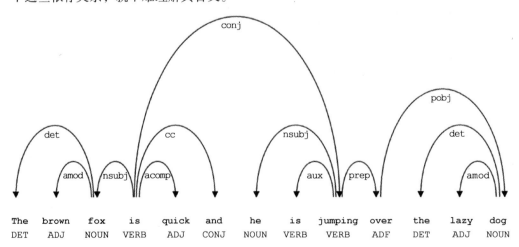

图 3-13　例句的依存关系解析树

- 依存关系标签"det"非常直观——它表示名义上的中心词和限定词之间的限定关系。通常，带有 POS 标签 DET 的单词也具有 det 依存标签关系。示例包括 fox → the 和 dog → the。
- 依存关系标签"amod"代表形容词修饰语，并且代表修饰名词含义的任何形容词。例如 fox → brown 和 dog → lazy。
- 依存关系标签"nsubj"代表在从句中充当主语或替代词的实体。例如 is → fox 和 jumping → he。
- 依存关系标签"cc"和"conj"更多的是与通过并列连词相关的单词产生连接关系。例如 is → and 和 is → jumping。
- 依存关系标签"aux"表明从句中的助动词或辅助动词。例如 jumping → is。
- 依存关系标签"acomp"代表形容词补语，并充当句子中动词的补语或宾语。例如 is → quick。
- 依存关系标签"prep"表示介词修饰语，通常修饰名词、动词、形容词或介词的含义。通常，此表示形式用于具有名词或名词短语补语的介词。例如 jumping → over。
- 依存关系标签"pobj"用于表示介词的对象。通常，它是句子中介词后面的名词短语的开头。例如：over → dog。

让我们看一下构建依存解析器以解析非结构化文本的一些方法！

构建依存解析器

我们使用了包括 NLTK 和 spaCy 在内的两个最先进的库来生成基于依赖关系的解析树，并在示例新闻标题中对其进行测试。根据你使用的语言模型，spaCy 具有两种类型的英语依存解析器。你可以在 https://spacy.io/api/annotation#section-dependency-parsing 中找到更多详细信息。

根据语言模型，你可以使用 NLP4J 中提供的通用依赖项方案或 CLEAR 样式依赖项方案。现在，我们利用 spaCy，并在新闻标题中打印每个标识符的依存关系。

```
dependency_pattern = '{left}<---{word}[{w_type}]--->{right}\n--------'
for token in sentence_nlp:
    print(dependency_pattern.format(word=token.orth_,
                                    w_type=token.dep_,
                                    left=[t.orth_
                                          for t
                                          in token.lefts],
                                    right=[t.orth_
                                           for t
                                           in token.rights]))

[]<---US[nsubj]--->[]
--------
['US']<---unveils[ROOT]--->['supercomputer', ',', 'beats', '.']
--------
[]<---world[poss]--->["'s"]
--------
[]<---'s[case]--->[]
```

```
--------
[]<---most[advmod]--->[]
--------
['most']<---powerful[amod]--->[]
--------
['world', 'powerful']<---supercomputer[dobj]--->[]
--------
[]<---,[punct]--->[]
--------
[]<---beats[conj]--->['China']
--------
[]<---China[dobj]--->[]
--------
[]<---.[punct]--->[]
--------
```

此输出为我们提供了每个标识符及其依存关系类型。左箭头指向左侧的依存关系，右箭头指向右侧的依存关系。显然，动词"beats"是根，因为与其他标识符相比，它没有任何其他依存关系。要了解有关每个注释的更多信息，你始终可以在 https://emorynlp.github.io/nlp4j/components/dependency-parsing.html 上参考 CLEAR 依存项方案。我们还可以使用以下代码，以更好的方式可视化这些依存关系。结果请参见图 3-14。

```
from spacy import displacy

displacy.render(sentence_nlp, jupyter=True,
                options={'distance': 110,
                         'arrow_stroke': 2,
                         'arrow_width': 8})
```

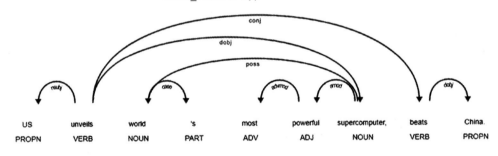

图 3-14　使用 spaCy 对新闻标题依存关系树进行可视化

你还可以利用 NLTK 和斯坦福依存解析器来可视化并构建依存关系树。我们以原始和带注释的形式展示依存关系树。我们首先构建带注释的依存关系树，并使用 Graphviz 对其进行显示。结果请参见图 3-15。

```
from nltk.parse.stanford import StanfordDependencyParser
sdp = StanfordDependencyParser(path_to_jar='E:/stanford/stanford-parser-
full-2015-04-20/stanford-parser.jar', path_to_models_jar='E:/stanford/
stanford-parser-full-2015-04-20/stanford-parser-3.5.2-models.jar')

# perform dependency parsing
result = list(sdp.raw_parse(sentence))[0]
```

```
# generate annotated dependency parse tree
result
```

我们还可以使用以下代码片段查看三重形式的实际
依赖项组件。

```
# generate dependency triples
[item for item in result.triples()]
```

```
[(('beats', 'VBZ'), 'ccomp', ('unveils', 'VBZ')),
 (('unveils', 'VBZ'), 'nsubj', ('US', 'NNP')),
 (('unveils', 'VBZ'), 'dobj', ('supercomputer', 'NN')),
 (('supercomputer', 'NN'), 'nmod:poss', ('world', 'NN')),
 (('world', 'NN'), 'case', ("'s", 'POS')),
 (('supercomputer', 'NN'), 'amod', ('powerful', 'JJ')),
 (('powerful', 'JJ'), 'advmod', ('most', 'RBS')),
 (('beats', 'VBZ'), 'nsubj', ('China', 'NNP'))]
```

这使我们可以详细了解每个标识符以及标识符之间
的依存关系。现在，我们来构建和可视化原始的依存关
系树。结果请参见图 3-16。

```
# print simple dependency parse tree
dep_tree = result.tree()
print(dep_tree)
```

```
(beats (unveils US (supercomputer (world 's) (powerful most))) China)
```

```
# visualize simple dependency parse tree
dep_tree
```

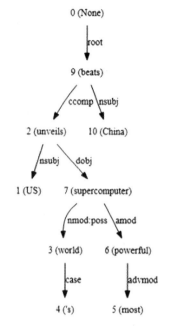

Annotated Dependency Tree

图 3-15　使用 NLTK 和斯坦福依存
解析器对新闻标题注释的
依存树进行可视化

注意与我们之前在图 3-15 中获得的树的相似之处。
注释有助于理解不同标识符之间的依存关系类型。你还可
以看到我们如何轻松地为句子生成依存关系解析树，并分
析和理解标识符之间的关系和依赖关系。斯坦福依存解析
器非常稳定和强大。它与 NLTK 完美集成。我们建议使用
NLTK 或 spaCy 解析器，因为它们都很好。

3.2.6　成分结构解析

成分语法被用于分析和确定组成句子的成分。除了确
定组成成分外，另一个重要目标是确定这些组成成分的内
部结构以及它们如何相互连接。对于不同类型的短语，通
常有几种规则，具体取决于它们可以包含的成分类型，我

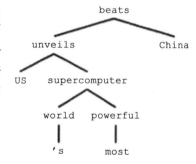

Raw Dependency Tree

图 3-16　使用 NLTK 和斯坦福依
存解析器对新闻标题原
始依赖树进行可视化

们可以使用它们来构建解析树。请参阅 1.3.4 节，以查看示例解析树并重温记忆。

通常，成分语法有助于指定如何将句子分解为各种成分。分解完成后，它将有助于将
这些组成成分分解为更多更小的成分。重复此过程，直到达到单个标识符或单词的级别。
通常，这些语法类型可用于根据其成分的层次结构来建模或表示句子的内部结构。在这种

情况下，每个单词通常属于特定的词汇类别，并且构成不同短语的中心词。这些短语是根据短语结构规则（phrase structure rule）形成的。

短语结构规则构成了成分语法的核心，因为它们讨论的是语法和规则，这些语法和规则控制句子中各种成分的层次结构和序列。这些规则主要满足两件事：

□ 它们确定使用哪些单词来构成短语或组成成分。

□ 它们确定了我们需要如何排列这些成分。

短语结构规则的一般表示形式是 $S \rightarrow AB$，它表示结构 S 由成分 A 和 B 组成，顺序为 A，后跟 B。尽管有多个规则（如果你想更深入地学习，请参阅第 1 章），但是最重要的规则描述了如何划分句子或从句。短语结构规则将句子或从句的二元除法表示为 $S \rightarrow NP\ VP$，其中 S 是句子或从句，它分为主语（由名词短语（NP）表示）和谓语（由动词短语（VP）表示）。

这些语法具有多种产生式规则，通常，上下文无关语法（Context Free Grammar，CFG）或短语结构语法就足够了。可以基于此类语法 / 规则构建成分结构解析器，这些语法 / 规则通常可以作为上下文无关语法或短语结构语法共同使用。解析器将根据这些规则处理输入的语句，并帮助构建解析树，示例树如图 3-17 所示。

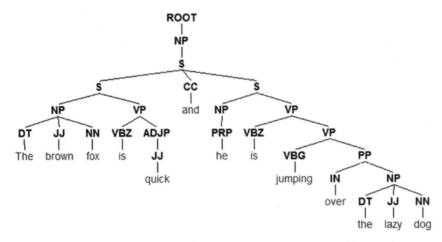

图 3-17　显示了嵌套层次结构的成分结构解析示例

解析器使语法栩栩如生，可以说是语法的过程解释。解析算法有多种类型，包括如下几类：

□ 递归下降解析（Recursive Descent parsing）

□ 移位规约解析（Shift Reduce parsing）

□ 图表解析（Chart parsing）

□ 自下而上的解析（Bottom-up parsing）

□ 自上而下的解析（Top-down parsing）

□ PCFG 解析

在当前范围内，不可能详细研究这些内容。但是，NLTK 在其官方说明书中提供了一些出色的信息（http://www.nltk.org/book/ch08.html）。我们将简要描述其中一些解析器，并在稍后实现自己的解析器时详细介绍 PCFG 解析。

□ 递归下降解析通常遵循自上而下的解析方法，它从输入语句中读取标识符，并尝试将它们与语法产生式规则中的终结符匹配。它始终超前一个标识符，并在每次获得匹配时，将输入读取指针前移。

❑ 移位规约解析遵循一种自下而上的解析方法。在该方法中，它找到与语法产生规则右侧相对应的标识符（单词或短语）序列，然后用该规则左侧的标识符替换它。这个过程一直持续到整个句子被简化成一个解析树为止。

❑ 图表解析使用动态规划来存储中间结果，并在需要时重新使用它们以获取显著的效率提升。在这种情况下，图表解析器将存储部分解决方案，并在需要时查找它们以获取完整的解决方案。

构建成分结构解析器

我们将使用 NLTK 和斯坦福解析器来生成解析树，因为它们是最先进的并且运行良好。

前提条件　从 http://nlp. stanford.edu/software/stanford-parser-full-2015-04-20.zip 下载官方的斯坦福解析器，它的效果看起来很好。你可以通过访问 http://nlp.stanford.edu/software/lex-parser.shtml#Download 并检查"发行历史记录"部分来尝试更高版本。下载后，将其解压缩到文件系统中的已知位置。完成后，你就可以使用 NLTK 的解析器了，我们将在不久的将来进行尝试。

斯坦福解析器通常使用 PCFG 解析器。PCFG 是一种上下文无关语法，它将每个产生式规则与一个概率值相关联。从 PCFG 产生一个解析树的概率是每一个产生式规则概率的乘积。让我们立即尝试使用一下这个解析器！解析结果请参见图 3-18。

```
# set java path
import os
java_path = r'C:\Program Files\Java\jdk1.8.0_102\bin\java.exe'
os.environ['JAVAHOME'] = java_path

# create parser object
from nltk.parse.stanford import StanfordParser
scp = StanfordParser(path_to_jar='E:/stanford/stanford-parser-
full-2015-04-20/stanford-parser.jar',
                     path_to_models_jar='E:/stanford/stanford-parser-
full-2015-04-20/stanford-parser-3.5.2-models.jar')

# get parse tree
result = list(scp.raw_parse(sentence))[0]
# print the constituency parse tree
print(result)

(ROOT
  (SINV
    (S
      (NP (NNP US))
      (VP
        (VBZ unveils)
        (NP
          (NP (NN world) (POS 's))
```

```
        (ADJP (RBS most) (JJ powerful))
        (NN supercomputer))))
    (, ,)
    (VP (VBZ beats))
    (NP (NNP China))
    (. .)))
# visualize the parse tree
from IPython.display import display
display(result)
```

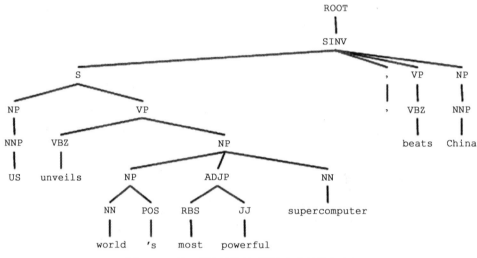

图 3-18   基于样例新闻标题的成分结构解析

与浅层解析中的平面结构相比，我们可以在上述的输出中看到成分的嵌套层次结构。如果你想知道 SINV 是什么意思，它代表一个反陈述句，即宾语跟随时态或情态动词的一种。根据需要，请参考 https://web.archive.org/web/20130517134339/http://bulba.sdsu.edu/jeanette/thesis/PennTags.html 上的 "Penn Treebank Reference" 以查找其他标签。

你可以通过多种方式来构建自己的成分结构解析器，包括创建自己的 CFG 产生式规则，然后使用解析器来使用该语法。要构建自己的 CFG，可以使用 nltk.CFG.fromstring 函数来输入自己的产生式规则，然后使用诸如 ChartParser 或 RecursiveDescentParser 之类的解析器，它们都属于 NLTK 程序包。随意构建一些小型语法，并试一下这些解析器。

现在，我们研究一种构建可扩展且高效的成分结构解析器的方法。常规 CFG 解析器如图表和递归下降解析器的问题一样，在于它们可能很容易被全部可能的解析器数量所淹没，并且变得非常慢。这就是加权语法（如 PCFG）和概率解析器（如 Viterbi 解析器）更有效的地方。

PCFG 是一种上下文无关语法，将概率与其每个产生式规则相关联。从 PCFG 产生一个解析树的概率是每一个产生式规则概率的乘积。我们使用 NLTK 的 ViterbiParser 在 treebank 语料库上训练解析器，该解析器为语料库中的每个句子提供带注释的解析树。此解析器是自下向上的 PCFG 解析器，它使用动态规划来查找每个步骤中最可能的解析。我们通过加载必要的训练数据和依赖项来构建自己的解析器。

```
import nltk
from nltk.grammar import Nonterminal
from nltk.corpus import treebank
# load and view training data
training_set = treebank.parsed_sents()
print(training_set[1])
(S
  (NP-SBJ (NNP Mr.) (NNP Vinken))
  (VP
    (VBZ is)
    (NP-PRD
      (NP (NN chairman))
      (PP
        (IN of)
        (NP
          (NP (NNP Elsevier) (NNP N.V.))
          (, ,)
          (NP (DT the) (NNP Dutch) (VBG publishing) (NN group))))))
  (. .))
```

现在，我们通过从带标签和注释的训练语句中提取产生式，并添加它们来构建语法的
产生式规则。

```
# extract the productions for all annotated training sentences
treebank_productions = list(
                        set(production
                            for sent in training_set
                            for production in sent.productions()
                        )
                    )
# view some production rules
treebank_productions[0:10]

[VP -> VB NP-2 PP-CLR ADVP-MNR,
 NNS -> 'foods',
 NNP -> 'Joanne',
 JJ -> 'state-owned',
 VP -> VBN PP-LOC,
 NN -> 'turmoil',
 SBAR -> WHNP-240 S,
 QP -> DT VBN CD TO CD,
 NN -> 'cultivation',
 NNP -> 'Graham']

# add productions for each word, POS tag
for word, tag in treebank.tagged_words():
    t = nltk.Tree.fromstring("("+ tag + " " + word  +")")
    for production in t.productions():
        treebank_productions.append(production)
```

```
# build the PCFG based grammar
treebank_grammar = nltk.grammar.induce_pcfg(Nonterminal('S'), treebank_
productions)
```

现在，我们有了包含产生式规则的必要语法，接下来，通过使用以下代码片段对语法进行训练，从而创建解析器，然后尝试在样例新闻标题中对其进行评估。

```
# build the parser
viterbi_parser = nltk.ViterbiParser(treebank_grammar)

# get sample sentence tokens
tokens = nltk.word_tokenize(sentence)

# get parse tree for sample sentence
result = list(viterbi_parser.parse(tokens))

-------------------------------------------------------------------------
ValueError                                Traceback (most recent call last)
<ipython-input-87-2b0fd95b2fbd> in <module>()
     16
     17 # get parse tree for sample sentence
---> 18 result = list(viterbi_parser.parse(tokens))

ValueError: Grammar does not cover some of the input words: "'unveils',
'beats'".
```

不幸的是，当我们尝试使用新建的解析器分析例句标识符时，会出现错误。从错误中可以很清楚地看出原因，例句中的某些单词未被基于 treebank 的语法所覆盖，因为它们不在我们的 treebank 语料库中。由于该成分语法根据训练数据使用 POS 标签和短语标签来构建树，因此我们将在语法中为例句添加标识符和 POS 标签并重建解析器。

```
# get tokens and their POS tags and check it
tagged_sent = nltk.pos_tag(nltk.word_tokenize(sentence))
print(tagged_sent)

[('US', 'NNP'), ('unveils', 'JJ'), ('world', 'NN'), ("'s", 'POS'), ('most',
'RBS'), ('powerful', 'JJ'), ('supercomputer', 'NN'), (',', ','), ('beats',
'VBZ'), ('China', 'NNP'), ('.', '.')]

# extend productions for sample sentence tokens
for word, tag in tagged_sent:
    t = nltk.Tree.fromstring("("+ tag + " " + word  +")")
    for production in t.productions():
        treebank_productions.append(production)
# rebuild grammar
treebank_grammar = nltk.grammar.induce_pcfg(Nonterminal('S'),
                                    treebank_productions)
# rebuild parser
viterbi_parser = nltk.ViterbiParser(treebank_grammar)
# get parse tree for sample sentence
```

```
result = list(viterbi_parser.parse(tokens))[0]
# print parse tree
print(result)
(S
  (NP-SBJ-2
    (NP (NNP US))
    (NP
      (NP (JJ unveils) (NN world) (POS 's))
      (JJS most)
      (JJ powerful)
      (NN supercomputer)))
  (, ,)
  (VP (VBZ beats) (NP-TTL (NNP China)))
  (. .)) (p=5.08954e-43)

# visualize parse tree
result
```

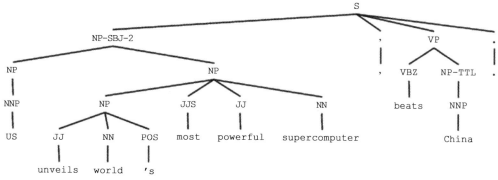

图 3-19 基于 treebank 注释的样例新闻标题的成分结构解析树

现在，我们能够成功为样例新闻标题生成解析树。你可以在图 3-19 中看到树的可视化表示。请记住，这是一个概率 PCFG 解析器，当我们显示解析树时，你可以在输出中看到该树的整体概率。这里的标签注释全部基于前面讨论的 treebank 注释。综上，上述过程向我们展示了如何构建自己的成分结构解析器。

3.3 本章小结

我们已经讨论了许多有关文本处理和整理、成分结构解析以及理解文本数据的概念、技术和实现方法。现在，我们已经在实际示例中实现了第 1 章中的许多概念，这些概念对你来说应该更为清晰明确了。本章介绍的内容包括两个部分。

我们研究了与文本处理和整理有关的概念。现在你已经知道处理和规范化文本的重要性，并且随着我们讲到后续章节，你将了解为什么拥有经过良好处理的标准化文本数据变得越来越重要。我们讨论了各种各样的文本整理技术，包括文本清理和标记解析、删除特殊字符、大小写转换和缩写词展开。我们还研究了文本校正技术，例如拼写校正。我们还在相同的上下文中构建了自己的拼写校正和缩写展开程序。我们找到了一种利用 WordNet 纠正带有重复字符的单词的方法。最后，我们研究了各种词干提取和词形还原技术，并了解了删除不相关单词（即停用词）的方法。

本章的第二部分致力于分析和理解文本句法和结构。我们回顾了第 1 章中的概念，包括 POS 标注、浅层解析、依存关系解析和成分结构解析。现在，你知道了如何在现实世界的文本数据上使用标注器和解析器，以及如何实现自己的标注器和解析器。我们将在之后的章节中使用各种机器学习技术（包括分类、聚类和摘要），深入研究如何从文本中分析和解读洞见。敬请期待！

第 4 章

用于文本表示的特征工程

在前面的章节中，我们了解了如何理解、处理和清理文本数据。但是，所有机器学习或深度学习模型都受到限制，因为它们不能直接理解文本数据，而只能理解将特征的数值表示作为的输入。本章将研究如何处理文本数据，文本数据无疑是非结构化数据中最丰富的来源之一。文本数据通常由可表示单词、句子，甚至自由文本的段落的文档组成。固有的缺乏结构（没有整齐格式的数据列）和文本数据的嘈杂性质使机器学习方法更难直接在原始文本数据上工作。因此，本章我们遵循动手实践的方法去探索一些最流行和最有效的策略，以从文本数据中提取有意义的特征。然后，这些特征可用来高效地表示文本，可在构建机器学习或深度学习模型时进一步利用它们轻松解决复杂任务。

特征工程非常重要，通常称为创建卓越和更好性能的机器学习模型的秘诀。一项出色的特征可能就是赢得 Kaggle 竞赛的门票或根据你的预测获得更多回报！特征工程对于非结构化的文本数据更为重要，因为我们需要将自由流动的文本转换为一些数字表示形式，然后机器学习算法才能理解这些数字表示形式。即使出现了自动化特征工程，你仍然需要了解不同特征工程策略背后的核心概念，然后再将其应用为黑盒模型。永远记住，"如果给了你一盒维修房屋的工具，你应该知道何时使用电钻以及何时使用锤子！"

本章我们将介绍用于特征工程的多种技术来表示文本数据，并研究基于深度学习的传统模型以及新模型。本章将介绍以下技术：

❑ 词袋模型
❑ n-gram 词袋模型
❑ TF-IDF 模型
❑ 相似度特征
❑ 主题模型
❑ Word2Vec
❑ GloVe
❑ 快速文本

我们将研究与每种特征工程技术有关的重要概念，并学习如何使用模型来表示文本数据。我们还将展示完整的动手实践的实例，因为边做边学最有效！本书的官方 GitHub 存储库中提供了本章中展示的所有代码示例，你可以从 https://github.com/dipanjanS/text-analytics-with-python/tree/master/New-Second-Edition 查看。

4.1 理解文本数据

考虑到我们已经用 3 章介绍了文本数据，相信你对文本数据应该有了清晰的认识！请记住，你始终可以以结构化的数据属性形式获取文本数据，但通常这些都属于结构化的分类数据。在这种情况下，我们谈论的是以单词、短语、句子和整个文档的形式自由流动的文本。本质上，我们确实有一些语法结构。单词构成短语，短语构成句子，句子组成段落。但是，文本文档没有固有的结构，因为与结构化数据集中固定数量的数据维度相比，文档中的各种单词会有所不同，并且每个句子的长度也不相同。本章是文本数据的完美示例！一个重要的问题是，我们该如何表示文本数据，以使机器易于理解？

向量空间模型在处理文本数据时是一个有用的概念，并且在信息检索和文档排名中非常流行。向量空间模型也称为词项向量模型，并定义为数学和代数模型，用于将文本文档转换为特定词项的数字向量并将其表示为向量项，从而形成向量维。在数学上，这可以如下定义。考虑我们在文档向量空间 VS 中有一个文档 D。每个文档的维数或列数是向量空间中所有文档的不同词项或单词的总数。因此向量空间可以表示为：

$$VS = \{W_1, W_2, \cdots, W_n\}$$

所有文档中有 n 个不同的单词。该向量空间中的文档 D 表示如下：

$$D = \{w_{D1}, w_{D2}, \cdots, w_{Dn}\}$$

其中 w_{Dn} 表示文档 D 中单词 n 的权重。该权重是一个数值，范围可以是该单词在文档中的出现频率、平均出现频率、嵌入权重，甚至是 TF-IDF 权重，我们稍后讨论。

关于特征提取和特征工程要记住的重要一点是，一旦我们使用变换和数学运算构建了特征工程模型，就需要确保在要预测的新文档中提取特征时使用相同的过程，而不是根据新文档再次重建整个算法。

4.2 构建文本语料库

我们需要一个文本语料库来进行工作并演示不同的特征工程和表示方法。为了使事情简单易懂，我们在本节中构建一个简单的文本语料库。首先，请在 Jupyter notebook 中加载以下依赖项：

```
import pandas as pd
import numpy as np
import re
import nltk
import matplotlib.pyplot as plt
pd.options.display.max_colwidth = 200
%matplotlib inline
```

现在，让我们构建一个样本语料库，在本章中我们将对其进行大多数分析。语料库通常是属于一个或多个主题或话题的文本文档的集合。以下代码可帮助我们创建语料库。你可以在图 4-1 的输出中看到此样本语料库。

```
# building a corpus of documents
corpus = ['The sky is blue and beautiful.',
          'Love this blue and beautiful sky!',
          'The quick brown fox jumps over the lazy dog.',
          "A king's breakfast has sausages, ham, bacon, eggs, toast and beans",
          'I love green eggs, ham, sausages and bacon!',
          'The brown fox is quick and the blue dog is lazy!',
          'The sky is very blue and the sky is very beautiful today',
          'The dog is lazy but the brown fox is quick!'
]
labels = ['weather', 'weather', 'animals', 'food', 'food', 'animals',
'weather', 'animals']

corpus = np.array(corpus)
corpus_df = pd.DataFrame({'Document': corpus, 'Category': labels})
corpus_df = corpus_df[['Document', 'Category']]
corpus_df
```

	文档	类别
0	The sky is blue and beautiful.	weather
1	Love this blue and beautiful sky!	weather
2	The quick brown fox jumps over the lazy dog.	animals
3	A king's breakfast has sausages, ham, bacon, eggs, toast and beans	food
4	I love green eggs, ham, sausages and bacon!	food
5	The brown fox is quick and the blue dog is lazy!	animals
6	The sky is very blue and the sky is very beautiful today	weather
7	The dog is lazy but the brown fox is quick!	animals

图 4-1 我们的文本语料库样本

图 4-1 显示，我们已经为小型语料库获取了一些属于不同类别的示例文本文档。在讨论特征工程之前，我们需要进行一些数据预处理和整理，以删除不必要的字符、符号和标识符。

4.3 预处理文本语料库

可以使用多种方式清理和预处理文本数据。在以下几点中，我们重点介绍了在自然语言处理流水线中大量使用的一些最重要的参数。如果你已经阅读了第 3 章，那么其中的许多内容将是复习。

- ❏ 删除标签：我们的文本通常包含不必要的内容，例如 HTML 标签，这些内容在分析文本时不会增加太多价值。BeautifulSoup 库在为此提供必要的功能方面做得很好。
- ❏ 删除重音字符：在任何文本语料库中，尤其是在使用英语时，你可能会处理重音字符 / 字母。因此，你需要确保将这些字符转换并标准化为 ASCII 字符。一个简单的例子是将 é 转换为 e。
- ❏ 扩展缩写：在英文中，缩写基本上是单词或音节的缩写，它们通过删除特定的字母和音调来创建。例子包括用 don't 表示 do not、I'd 表示 I would。将每个缩写转换为其扩展的原始形式通常有助于文本标准化。

❑ 删除特殊字符：特殊字符和通常不是字母数字字符的符号，常常会增加非结构化文本的额外杂音。通常，可以使用简单的正则表达式来实现此目的。

❑ 词干提取和词形还原：词干是单词的可能的基本形式，可以通过在词干上附加前缀和后缀等词缀来创建新单词，这称为词形变化。获得单词基本形式的逆过程称为词干提取。一个简单的例子是 watches、watching 和 watched。它们以词干 watch 为基本形式。词形还原与词干提取非常相似，在词形还原中，我们删除词缀以得到单词的基本形式。然而，在这种情况下，基本形式称为词根，而不是词干。区别在于，词根始终是词典上正确的单词（在词典中存在），但词干可能并不总是正确的单词。

❑ 删除停用词：从文本构造有意义的特征时，意义不大或没有意义的单词称为停用词。如果你在其中进行简单的词项或单词频率分析，这些单词通常以最高频率出现在语料库中。像 "a" "an" "the" 等单词被视为停用词。没有通用的停用词列表，我们一般使用 NLTK 中的标准英语停用词列表。你还可以根据需要添加自己的特定域的停用词。

你还可以执行其他标准操作，例如标记解析、删除多余的空格、小写文本和进行更高级的操作（例如拼写更正、语法错误更正、删除重复的字符等）。如果你有兴趣，请查看 3.1 节。

由于本章的重点是特征工程，因此我们构建了一个简单的文本预处理器，该预处理器着重于删除特殊字符、多余的空格、数字、停用词，以及将文本语料库小写化。

```
wpt = nltk.WordPunctTokenizer()
stop_words = nltk.corpus.stopwords.words('english')

def normalize_document(doc):
    # lowercase and remove special characters\whitespace
    doc = re.sub(r'[^a-zA-Z\s]', '', doc, re.I|re.A)
    doc = doc.lower()
    doc = doc.strip()
    # tokenize document
    tokens = wpt.tokenize(doc)
    # filter stopwords out of document
    filtered_tokens = [token for token in tokens if token not in stop_words]
    # re-create document from filtered tokens
    doc = ' '.join(filtered_tokens)
    return doc

normalize_corpus = np.vectorize(normalize_document)
```

一旦准备好基本的预处理流水线后，让我们将其应用于样本语料库，以便将其用于特征工程。

```
norm_corpus = normalize_corpus(corpus)
norm_corpus

array(['sky blue beautiful', 'love blue beautiful sky',
```

```
'quick brown fox jumps lazy dog',
'kings breakfast sausages ham bacon eggs toast beans',
'love green eggs ham sausages bacon',
'brown fox quick blue dog lazy', 'sky blue sky beautiful today',
'dog lazy brown fox quick'], dtype='<U51')
```

此输出应该可以帮助你清楚地了解预处理后每个示例文档的样子。现在，让我们探索各种特征工程技术！

4.4　传统特征工程模型

关于文本数据的传统（基于计数）特征工程策略属于一类模型，通常被称为"词袋"（Bag of Word）模型。这包括词频、TF-IDF（Term Frequency-Inverse Document Frequency）、n-gram、主题模型等。尽管它们是从文本中提取特征的有效方法，但由于该模型的固有性质只是一袋非结构化的单词，我们会丢失其他信息，例如每个文本文档中附近单词的语义、结构、顺序和上下文。有更高级的模型可以处理这些方面，我们将在本章的后续部分中介绍它们。传统的特征工程模型是使用数学和统计方法构建的。我们将研究其中一些模型，并将其应用于样本语料库。

4.4.1　词袋模型

这可能是非结构化文本最简单的向量空间表示模型。向量空间模型仅仅是将非结构化文本（或任何其他数据）表示为数字向量的数学模型，因此向量的每个维度都是特定的特征 / 属性。词袋模型将每个文本文档表示为数字向量，其中每个维度是语料库中的特定单词，其值可以是该词在文档中的出现频率、出现与否（以 1 或 0 表示），甚至是加权值。该模型之所以如此命名，是因为每个文档实际上都是用自己的词袋表示的，而无须考虑单词顺序、序列和语法。

```
from sklearn.feature_extraction.text import CountVectorizer
# get bag of words features in sparse format
cv = CountVectorizer(min_df=0., max_df=1.)
cv_matrix = cv.fit_transform(norm_corpus)
cv_matrix

<8x20 sparse matrix of type '<class 'numpy.int64'>'
    with 42 stored elements in Compressed Sparse Row format>

# view non-zero feature positions in the sparse matrix
print(cv_matrix)
  (0, 2)      1
  (0, 3)      1
  (0, 17)     1
  (1, 14)     1
  ...
  ...
  (6, 17)     2
```

```
(7, 6)      1
(7, 13)     1
(7, 8)      1
(7, 5)      1
(7, 15)     1
```

传统上将特征矩阵表示为稀疏矩阵，因为考虑到每个不同的单词都成为一个特征，每个文档的特征数量会显著增加。前面的输出告诉我们每对 (x, y) 的总数。在此，x 表示文档，y 表示特定的单词 / 特征，值是 y 在 x 中出现的次数。我们可以利用以下代码以稠密矩阵表示形式查看输出。

```
# view dense representation
# warning might give a memory error if data is too big
cv_matrix = cv_matrix.toarray()
cv_matrix

array([[0, 0, 1, 1, 0, 0, 0, 0, 0, 0, 0, 0, 0, 0, 0, 0, 0, 1, 0, 0],
       [0, 0, 1, 1, 0, 0, 0, 0, 0, 0, 0, 0, 0, 0, 1, 0, 0, 1, 0, 0],
       [0, 0, 0, 0, 0, 1, 1, 0, 1, 0, 0, 1, 0, 1, 0, 1, 0, 0, 0, 0],
       [1, 1, 0, 0, 1, 0, 0, 1, 0, 0, 1, 0, 1, 0, 0, 0, 1, 0, 1, 0],
       [1, 0, 0, 0, 0, 0, 0, 0, 1, 1, 0, 0, 0, 0, 1, 0, 1, 0, 0, 0],
       [0, 0, 0, 1, 0, 1, 1, 0, 1, 0, 0, 0, 0, 1, 0, 1, 0, 0, 0, 0],
       [0, 0, 1, 1, 0, 0, 0, 0, 0, 0, 0, 0, 0, 0, 0, 0, 0, 2, 0, 1],
       [0, 0, 0, 0, 0, 1, 1, 0, 1, 0, 0, 0, 0, 1, 0, 1, 0, 0, 0, 0]],
      dtype=int64)
```

因此，你可以看到这些文档已被转换为数值向量，从而每个文档都由特征矩阵中的一个向量（即行）表示，并且每一列表示一个单词作为特征。以下代码以更易于理解的格式表示了这一点。请参见图 4-2。

```
# get all unique words in the corpus
vocab = cv.get_feature_names()
# show document feature vectors
pd.DataFrame(cv_matrix, columns=vocab)
```

	bacon	beans	beautiful	blue	breakfast	brown	dog	eggs	fox	green	ham	jumps	kings	lazy	love	quick	sausages	sky	toast	today
0	0	0	1	1	0	0	0	0	0	0	0	0	0	0	0	0	0	1	0	0
1	0	0	1	1	0	0	0	0	0	0	0	0	0	0	1	0	0	1	0	0
2	0	0	0	0	0	1	1	0	1	0	0	1	0	1	0	1	0	0	0	0
3	1	1	0	0	1	0	0	1	0	0	1	0	1	0	0	0	1	0	1	0
4	1	0	0	0	0	0	0	0	1	1	0	0	0	0	1	0	1	0	0	0
5	0	0	0	1	0	1	1	0	1	0	0	0	0	1	0	1	0	0	0	0
6	0	0	1	1	0	0	0	0	0	0	0	0	0	0	0	0	0	2	0	1
7	0	0	0	0	0	1	1	0	1	0	0	0	0	1	0	1	0	0	0	0

图 4-2　基于词袋模型的文档特征向量

图 4-2 应该会让情况更清楚！你可以清楚地看到特征向量中的每一列或维代表语料库中的一个单词，每一行代表我们的文档之一。任何单元格中的值表示单词（由列

表示）在特定文档（由行表示）中出现的次数。一个简单的示例是，第一个文档的单词"blue""beautiful"和"sky"都出现一次，因此，对应的特征在先前输出中的第一行的值为 1。因此，如果文档语料库在所有文档中都包含 N 个唯一的单词，则每个文档都将具有 N 维向量。

4.4.2　n-gram 词袋模型

一个单词只是一个标识符，通常称为 unigram 或 1-gram。我们已经知道词袋模型不会考虑单词顺序。但是，如果我们还希望考虑短语或单词集合的出现顺序，该怎么办？n-gram 可以帮助我们做到这一点。n-gram 基本上是文本文档中单词标识符的集合，因此这些标识符是连续的并按顺序出现。bi-gram 表示二元的 n-gram（即两个单词），tri-gram 表示 3 元的 n-gram（即三个单词），依此类推。n-gram 词袋模型只是利用了基于 n-gram 特征的词袋模型的扩展。以下示例描述了每个文档特征向量中基于 bi-gram 的特征。请参见图 4-3。

```
# you can set the n-gram range to 1,2 to get unigrams as well as bigrams
bv = CountVectorizer(ngram_range=(2,2))
bv_matrix = bv.fit_transform(norm_corpus)

bv_matrix = bv_matrix.toarray()
vocab = bv.get_feature_names()
pd.DataFrame(bv_matrix, columns=vocab)
```

	bacon eggs	beautiful sky	beautiful today	blue beautiful	blue dog	blue sky	breakfast sausages	brown fox	dog lazy	eggs ham	...	lazy dog	love blue	love green	quick blue	quick brown	sausages bacon	sausages ham	sky beautiful
0	0	0	0	1	0	0	0	0	0	0	...	0	0	0	0	0	0	0	0
1	0	1	0	1	0	0	0	0	0	0	...	0	1	0	0	0	0	0	0
2	0	0	0	0	0	0	0	1	0	0	...	1	0	0	0	1	0	0	0
3	1	0	0	0	0	0	1	0	0	0	...	0	0	0	0	0	0	1	0
4	0	0	0	0	0	0	0	0	0	1	...	0	0	1	0	0	1	0	0
5	0	0	0	0	1	0	0	1	1	0	...	0	0	0	1	0	0	0	0
6	0	0	1	0	0	1	0	0	0	0	...	0	0	0	0	0	0	0	1
7	0	0	0	0	0	0	0	1	1	0	...	0	0	0	0	0	0	0	0

8 rows × 29 columns

图 4-3　使用 n-gram 词袋模型的基于 bi-gram 的特征向量

这为我们提供了文档的特征向量，其中每个特征都由一个表示两个单词序列的 bi-gram 组成，而值表示我们的文档中 bi-gram 存在的次数。我们鼓励你使用 `ngram_range` 参数。通过将 `ngram_range` 设置为（1，3）来尝试这些功能，然后查看输出！

4.4.3　TF-IDF 模型

当用于大型语料库时，词袋模型可能会出现一些潜在的问题。由于特征向量是基于绝对词频的，因此在所有文档中可能经常出现某些词项，并且这些词项可能会掩盖特征集中的其他词项，特别是那些不常出现的单词，其作为识别特定类别的特征可能会更有趣、更有效。这是 TF-IDF 的来源。TF-IDF 代表词频 – 逆文档频率，它是两个度量指标的组合：词频和逆文档频率（idf）。这项技术最初开发为一种基于用户查询对搜索引擎结果进行排名的度量指标，现在已成为信息检索和文本特征提取的一部分。

现在正式定义 TF-IDF，并在深入研究其实现之前先看一下数学表示形式。从数学上来说，TD-IDF 是两个度量指标的乘积，可以表示为：

$$tfidf = tf \times idf$$

其中词频（*tf*）和逆文档频率（*idf*）代表我们刚才谈到的两个度量指标。词频（用 *tf* 表示）是我们在 4.4.1 节的"词袋"模型中计算过的。任何文档向量中的词频由特定文档中该词项的原始频率值表示。从数学上讲，它可以表示为：

$$tf(w, D) = f_{w_D}$$

其中 f_{w_D} 表示文档 *D* 中单词 *w* 的频率，这就是词频（*tf*）。有时，你也可以使用对数或平均频率将绝对原始频率标准化。我们在计算中使用原始频率。

由 *idf* 表示的逆文档频率是每个词项的文档频率的逆，其计算方法是将我们的语料库中文档的总数除以每个词项的文档频率，然后对结果作对数计算。在我们的实现中，我们将为每个词项增加 1 的文档频率，以指示我们的语料库中还有一个文档，该文档包含词汇中的每个词项。这是为了防止被 0 误差除，并平滑 *idf*。我们还将 *idf* 计算的结果加 1，以避免忽略可能具有 0 值的 *idf*。从数学上讲，我们对 *idf* 的实现可以表示为：

$$idf(w, D) = 1 + \log \frac{N}{1 + df(w)}$$

其中 *idf(w, D)* 代表文档 *D* 中词项 / 单词 *w* 的 *idf*，*N* 代表语料库中文档的总数，而 *df(t)* 代表存在词项 *w* 的文档数。

因此，可以通过将这两个度量指标相乘来计算词频 – 逆文档频率。我们将使用的最终 TF-IDF 度量指标是从 *tf* 和 *idf* 的乘积获得的 *tfidf* 矩阵的规范化版本。我们将 *tfidf* 矩阵除以矩阵的 L2 范数（也称为欧几里得范数），从而对其进行规范化，该范数是每个词项 *tfidf* 权重的平方和的平方根。在数学上，我们可以表示最终的 *tfidf* 特征向量如下：

$$tfidf = \frac{tfidf}{\| tfidf \|}$$

其中 $\| tfidf \|$ 表示 *tfidf* 矩阵的欧几里得 L2 范数。此模型有多种变体，但最终都得到相似的结果。让我们现在将其应用于我们的语料库！

1. 使用 TfidfTransformer

考虑到我们已经获得了上一节中的词袋特征向量，以下代码显示了获取基于 *tfidf* 的特征向量的实现。请参见图 4-4。

```
from sklearn.feature_extraction.text import TfidfTransformer

tt = TfidfTransformer(norm='l2', use_idf=True)
tt_matrix = tt.fit_transform(cv_matrix)

tt_matrix = tt_matrix.toarray()
vocab = cv.get_feature_names()
pd.DataFrame(np.round(tt_matrix, 2), columns=vocab)
```

	bacon	beans	beautiful	blue	breakfast	brown	dog	eggs	fox	green	ham	jumps	kings	lazy	love	quick	sausages	sky	toast	today
0	0.00	0.00	0.60	0.53	0.00	0.00	0.00	0.00	0.00	0.00	0.00	0.00	0.00	0.00	0.00	0.00	0.00	0.60	0.00	0.0
1	0.00	0.00	0.49	0.43	0.00	0.00	0.00	0.00	0.00	0.00	0.00	0.00	0.00	0.00	0.57	0.00	0.00	0.49	0.00	0.0
2	0.00	0.00	0.00	0.00	0.00	0.38	0.38	0.00	0.38	0.00	0.00	0.53	0.00	0.38	0.00	0.38	0.00	0.00	0.00	0.0
3	0.32	0.38	0.00	0.00	0.38	0.00	0.00	0.32	0.00	0.00	0.32	0.00	0.38	0.00	0.00	0.00	0.32	0.00	0.38	0.0
4	0.39	0.00	0.00	0.00	0.00	0.00	0.00	0.39	0.00	0.47	0.39	0.00	0.00	0.00	0.39	0.00	0.39	0.00	0.00	0.0
5	0.00	0.00	0.00	0.37	0.00	0.42	0.42	0.00	0.42	0.00	0.00	0.00	0.00	0.42	0.00	0.42	0.00	0.00	0.00	0.0
6	0.00	0.00	0.36	0.32	0.00	0.00	0.00	0.00	0.00	0.00	0.00	0.00	0.00	0.00	0.00	0.00	0.00	0.72	0.00	0.5
7	0.00	0.00	0.00	0.00	0.00	0.45	0.45	0.00	0.45	0.00	0.00	0.00	0.00	0.45	0.00	0.45	0.00	0.00	0.00	0.0

图 4-4 基于 TF-IDF 模型的文档特征向量（使用 `TfidfTransformer`）

你可以看到我们在参数中使用了 L2 范数选项，并确保我们平滑了 *IDF*，以赋予 *IDF* 可能为零的项以权重，这样我们就不会忽略它们。

2. 使用 TfidfVectorizer

在设计 TF-IDF 特征之前，你不一定总是需要先使用词袋或基于计数的模型来生成特征。Scikit-Learn 的 `TfidfVectorizer` 使我们能够通过将原始文档作为输入直接计算 *tfidf* 向量，并内部计算词频以及逆文档频率。这消除了通过词袋模型使用 `CountVectorizer` 计算词频的需求，还具备将 n-gram 添加到特征向量的支持。我们可以在以下代码片段中看到该函数的作用。请参见图 4-5。

```
from sklearn.feature_extraction.text import TfidfVectorizer

tv = TfidfVectorizer(min_df=0., max_df=1., norm='l2',
                     use_idf=True, smooth_idf=True)
tv_matrix = tv.fit_transform(norm_corpus)
tv_matrix = tv_matrix.toarray()

vocab = tv.get_feature_names()
pd.DataFrame(np.round(tv_matrix, 2), columns=vocab)
```

	bacon	beans	beautiful	blue	breakfast	brown	dog	eggs	fox	green	ham	jumps	kings	lazy	love	quick	sausages	sky	toast	today
0	0.00	0.00	0.60	0.53	0.00	0.00	0.00	0.00	0.00	0.00	0.00	0.00	0.00	0.00	0.00	0.00	0.00	0.60	0.00	0.0
1	0.00	0.00	0.49	0.43	0.00	0.00	0.00	0.00	0.00	0.00	0.00	0.00	0.00	0.00	0.57	0.00	0.00	0.49	0.00	0.0
2	0.00	0.00	0.00	0.00	0.00	0.38	0.38	0.00	0.38	0.00	0.00	0.53	0.00	0.38	0.00	0.38	0.00	0.00	0.00	0.0
3	0.32	0.38	0.00	0.00	0.38	0.00	0.00	0.32	0.00	0.00	0.32	0.00	0.38	0.00	0.00	0.00	0.32	0.00	0.38	0.0
4	0.39	0.00	0.00	0.00	0.00	0.00	0.00	0.39	0.00	0.47	0.39	0.00	0.00	0.00	0.39	0.00	0.39	0.00	0.00	0.0
5	0.00	0.00	0.00	0.37	0.00	0.42	0.42	0.00	0.42	0.00	0.00	0.00	0.00	0.42	0.00	0.42	0.00	0.00	0.00	0.0
6	0.00	0.00	0.36	0.32	0.00	0.00	0.00	0.00	0.00	0.00	0.00	0.00	0.00	0.00	0.00	0.00	0.00	0.72	0.00	0.5
7	0.00	0.00	0.00	0.00	0.00	0.45	0.45	0.00	0.45	0.00	0.00	0.00	0.00	0.45	0.00	0.45	0.00	0.00	0.00	0.0

图 4-5 基于 TF-IDF 模型的文档特征向量（使用 `TfidfVectorizer`）

你可以看到，就像以前一样，我们在参数中使用了 L2 范数选项，并确保平滑了 *idf*。从输出中可以看到，*tfidf* 特征向量与我们先前获得的特征向量匹配。

3. 了解 TF-IDF 模型

本节专门针对机器学习专家和好奇的读者，他们通常对幕后的工作方式感兴趣。我们首先加载必要的依赖项，然后对样本语料库计算词频。请参见图 4-6。

```
# get unique words as feature names
unique_words = list(set([word for doc in [doc.split() for doc in norm_corpus]
```

```
                              for word in doc]))
def_feature_dict = {w: 0 for w in unique_words}
print('Feature Names:', unique_words)
print('Default Feature Dict:', def_feature_dict)

Feature Names: ['lazy', 'fox', 'love', 'jumps', 'sausages', 'blue', 'ham',
'beautiful', 'brown', 'kings', 'eggs', 'quick', 'bacon', 'breakfast',
'toast', 'beans', 'green', 'today', 'dog', 'sky']
Default Feature Dict: {'lazy': 0, 'fox': 0, 'kings': 0, 'love': 0, 'jumps':
0, 'sausages': 0, 'breakfast': 0, 'today': 0, 'brown': 0, 'ham': 0,
'beautiful': 0, 'green': 0, 'eggs': 0, 'blue': 0, 'bacon': 0, 'toast': 0,
'beans': 0, 'dog': 0, 'sky': 0, 'quick': 0}
from collections import Counter
# build bag of words features for each document - term frequencies
bow_features = []
for doc in norm_corpus:
    bow_feature_doc = Counter(doc.split())
    all_features = Counter(def_feature_dict)
    bow_feature_doc.update(all_features)
    bow_features.append(bow_feature_doc)

bow_features = pd.DataFrame(bow_features)
bow_features
```

	bacon	beans	beautiful	blue	breakfast	brown	dog	eggs	fox	green	ham	jumps	kings	lazy	love	quick	sausages	sky	toast	today
0	0	0	1	1	0	0	0	0	0	0	0	0	0	0	0	0	0	1	0	0
1	0	0	1	1	0	0	0	0	0	0	0	0	0	0	1	0	0	1	0	0
2	0	0	0	0	0	1	1	0	1	0	0	1	0	1	0	1	0	0	0	0
3	1	1	0	0	1	0	0	1	0	0	1	0	1	0	0	0	1	0	1	0
4	1	0	0	0	0	0	0	1	0	1	1	0	0	0	1	0	1	0	0	0
5	0	0	0	1	0	1	1	0	1	0	0	0	0	1	0	1	0	0	0	0
6	0	0	1	1	0	0	0	0	0	0	0	0	0	0	0	0	0	2	0	1
7	0	0	0	0	0	1	1	0	1	0	0	0	0	1	0	1	0	0	0	0

图 4-6   从语料库中构建基于计数的词袋特征

现在，我们根据出现该词项的文档数来计算每个词项的文档频率。以下代码段显示了如何从我们的词袋特征中获取它。请参见图 4-7。

```
import scipy.sparse as sp
feature_names = list(bow_features.columns)

# build the document frequency matrix
df = np.diff(sp.csc_matrix(bow_features, copy=True).indptr)
df = 1 + df # adding 1 to smoothen idf later

# show smoothened document frequencies
pd.DataFrame([df], columns=feature_names)
```

	bacon	beans	beautiful	blue	breakfast	brown	dog	eggs	fox	green	ham	jumps	kings	lazy	love	quick	sausages	sky	toast	today
0	3	2	4	5	2	4	4	3	4	2	3	2	2	4	3	4	3	4	2	2

图 4-7   语料库中每个特征的文档频率

这将告诉我们每个词项的文档频率，你可以使用样本语料库中的文档进行验证。请记住，我们在每个频率值上加了 1，稍后平滑 *idf* 值，并假设我们有一个包含所有词项的（虚构）文档，以防止被 0 误差除。因此，如果你检查语料库，将会看到 bacon 出现 2（+1）次，sky 出现 3（+1）次等，考虑到使用（+1）是因为我们要进行平滑处理。

现在有了文档频率，就可以使用前面定义的公式来计算逆文档频率。请记住在语料库的文档总数中加 1 以添加文档，我们之前假设该文档至少包含一次所有词项以平滑 *idf*。请参见图 4-8。

```
# compute inverse document frequencies
total_docs = 1 + len(norm_corpus)
idf = 1.0 + np.log(float(total_docs) / df)

# show smoothened idfs
pd.DataFrame([np.round(idf, 2)], columns=feature_names)
```

	bacon	beans	beautiful	blue	breakfast	brown	dog	eggs	fox	green	ham	jumps	kings	lazy	love	quick	sausages	sky	toast	today
0	2.1	2.5	1.81	1.59	2.5	1.81	1.81	2.1	1.81	2.5	2.1	2.5	2.5	1.81	2.1	1.81	2.1	1.81	2.5	2.5

图 4-8　语料库中每个特征的逆文档频率

我们可以看到图 4-8 描述了我们语料库中每个特征的逆文档频率（平滑的）。稍后计算整体 TF-IDF 分数时，我们将其转换为矩阵，以便于操作。请参图 4-9。

```
# compute idf diagonal matrix
total_features = bow_features.shape[1]
idf_diag = sp.spdiags(idf, diags=0, m=total_features, n=total_features)
idf_dense = idf_diag.todense()

# print the idf diagonal matrix
pd.DataFrame(np.round(idf_dense, 2))
```

	0	1	2	3	4	5	6	7	8	9	10	11	12	13	14	15	16	17	18	19
0	2.1	0.0	0.00	0.00	0.0	0.00	0.00	0.0	0.00	0.0	0.0	0.0	0.0	0.00	0.0	0.00	0.0	0.00	0.0	0.0
1	0.0	2.5	0.00	0.00	0.0	0.00	0.00	0.0	0.00	0.0	0.0	0.0	0.0	0.00	0.0	0.00	0.0	0.00	0.0	0.0
2	0.0	0.0	1.81	0.00	0.0	0.00	0.00	0.0	0.00	0.0	0.0	0.0	0.0	0.00	0.0	0.00	0.0	0.00	0.0	0.0
3	0.0	0.0	0.00	1.59	0.0	0.00	0.00	0.0	0.00	0.0	0.0	0.0	0.0	0.00	0.0	0.00	0.0	0.00	0.0	0.0
4	0.0	0.0	0.00	0.00	2.5	0.00	0.00	0.0	0.00	0.0	0.0	0.0	0.0	0.00	0.0	0.00	0.0	0.00	0.0	0.0
5	0.0	0.0	0.00	0.00	0.0	1.81	0.00	0.0	0.00	0.0	0.0	0.0	0.0	0.00	0.0	0.00	0.0	0.00	0.0	0.0
6	0.0	0.0	0.00	0.00	0.0	0.00	1.81	0.0	0.00	0.0	0.0	0.0	0.0	0.00	0.0	0.00	0.0	0.00	0.0	0.0
7	0.0	0.0	0.00	0.00	0.0	0.00	0.00	2.1	0.00	0.0	0.0	0.0	0.0	0.00	0.0	0.00	0.0	0.00	0.0	0.0
8	0.0	0.0	0.00	0.00	0.0	0.00	0.00	0.0	1.81	0.0	0.0	0.0	0.0	0.00	0.0	0.00	0.0	0.00	0.0	0.0
9	0.0	0.0	0.00	0.00	0.0	0.00	0.00	0.0	0.00	2.5	0.0	0.0	0.0	0.00	0.0	0.00	0.0	0.00	0.0	0.0
10	0.0	0.0	0.00	0.00	0.0	0.00	0.00	0.0	0.00	0.0	2.1	0.0	0.0	0.00	0.0	0.00	0.0	0.00	0.0	0.0
11	0.0	0.0	0.00	0.00	0.0	0.00	0.00	0.0	0.00	0.0	0.0	2.5	0.0	0.00	0.0	0.00	0.0	0.00	0.0	0.0
12	0.0	0.0	0.00	0.00	0.0	0.00	0.00	0.0	0.00	0.0	0.0	0.0	2.5	0.00	0.0	0.00	0.0	0.00	0.0	0.0
13	0.0	0.0	0.00	0.00	0.0	0.00	0.00	0.0	0.00	0.0	0.0	0.0	0.0	1.81	0.0	0.00	0.0	0.00	0.0	0.0
14	0.0	0.0	0.00	0.00	0.0	0.00	0.00	0.0	0.00	0.0	0.0	0.0	0.0	0.00	2.1	0.00	0.0	0.00	0.0	0.0
15	0.0	0.0	0.00	0.00	0.0	0.00	0.00	0.0	0.00	0.0	0.0	0.0	0.0	0.00	0.0	1.81	0.0	0.00	0.0	0.0
16	0.0	0.0	0.00	0.00	0.0	0.00	0.00	0.0	0.00	0.0	0.0	0.0	0.0	0.00	0.0	0.00	2.1	0.00	0.0	0.0
17	0.0	0.0	0.00	0.00	0.0	0.00	0.00	0.0	0.00	0.0	0.0	0.0	0.0	0.00	0.0	0.00	0.0	1.81	0.0	0.0
18	0.0	0.0	0.00	0.00	0.0	0.00	0.00	0.0	0.00	0.0	0.0	0.0	0.0	0.00	0.0	0.00	0.0	0.00	2.5	0.0
19	0.0	0.0	0.00	0.00	0.0	0.00	0.00	0.0	0.00	0.0	0.0	0.0	0.0	0.00	0.0	0.00	0.0	0.00	0.0	2.5

图 4-9　为语料库中的每个特征构造一个 n-verse 文档频率对角矩阵

现在，你可以看到基于数学方程式创建的 *idf* 矩阵。我们将其转换为对角矩阵，这在以后希望使用词频计算乘积时会有所帮助。现在有了 *tf* 和 *idf*，我们可以使用矩阵乘法计算原始 *tfidf* 特征矩阵，如以下代码片段所示。请参见图 4-10。

```
# compute tfidf feature matrix
tf = np.array(bow_features, dtype='float64')
tfidf = tf * idf
# view raw tfidf feature matrix
pd.DataFrame(np.round(tfidf, 2), columns=feature_names)
```

	bacon	beans	beautiful	blue	breakfast	brown	dog	eggs	fox	green	ham	jumps	kings	lazy	love	quick	sausages	sky	toast	today
0	0.0	0.0	1.81	1.59	0.0	0.00	0.00	0.0	0.00	0.0	0.0	0.0	0.0	0.00	0.0	0.00	0.0	1.81	0.0	0.0
1	0.0	0.0	1.81	1.59	0.0	0.00	0.00	0.0	0.00	0.0	0.0	0.0	0.0	0.00	2.1	0.00	0.0	1.81	0.0	0.0
2	0.0	0.0	0.00	0.00	0.0	1.81	1.81	0.0	1.81	0.0	0.0	2.5	0.0	1.81	0.0	1.81	0.0	0.00	0.0	0.0
3	2.1	2.5	0.00	0.00	2.5	0.00	0.00	2.1	0.00	0.0	2.1	0.0	2.5	0.00	0.0	0.00	2.1	0.00	2.5	0.0
4	2.1	0.0	0.00	0.00	0.0	0.00	0.00	2.1	0.00	2.5	2.1	0.0	0.0	0.00	2.1	0.00	2.1	0.00	0.0	0.0
5	0.0	0.0	0.00	1.59	0.0	1.81	1.81	0.0	1.81	0.0	0.0	0.0	0.0	1.81	0.0	1.81	0.0	0.00	0.0	0.0
6	0.0	0.0	1.81	1.59	0.0	0.00	0.00	0.0	0.00	0.0	0.0	0.0	0.0	0.00	0.0	0.00	0.0	3.62	0.0	2.5
7	0.0	0.0	0.00	0.00	0.0	1.81	1.81	0.0	1.81	0.0	0.0	0.0	0.0	1.81	0.0	1.81	0.0	0.00	0.0	0.0

图 4-10　从 *tf* 和 *idf* 组件构造原始 *tfidf* 矩阵

现在，我们有了 *tfidf* 特征矩阵，但请等待！如果你还记得我们先前描述的方程式，我们仍然必须将其除以 L2 范数。以下代码段为每个文档计算 *tfidf* 范数，然后将 *tfidf* 权重除以该范数，从而为我们提供最终所需的 *tfidf* 矩阵。请参见图 4-11。

```
from numpy.linalg import norm
# compute L2 norms
norms = norm(tfidf, axis=1)

# print norms for each document
print (np.round(norms, 3))

[ 3.013  3.672  4.761  6.534  5.319  4.35   5.019  4.049]

# compute normalized tfidf
norm_tfidf = tfidf / norms[:, None]

# show final tfidf feature matrix
pd.DataFrame(np.round(norm_tfidf, 2), columns=feature_names)
```

	bacon	beans	beautiful	blue	breakfast	brown	dog	eggs	fox	green	ham	jumps	kings	lazy	love	quick	sausages	sky	toast	today
0	0.00	0.00	0.60	0.53	0.00	0.00	0.00	0.00	0.00	0.00	0.00	0.00	0.00	0.00	0.00	0.00	0.00	0.60	0.00	0.0
1	0.00	0.00	0.49	0.43	0.00	0.00	0.00	0.00	0.00	0.00	0.00	0.00	0.00	0.00	0.57	0.00	0.00	0.49	0.00	0.0
2	0.00	0.00	0.00	0.00	0.00	0.38	0.38	0.00	0.38	0.00	0.00	0.53	0.00	0.38	0.00	0.38	0.00	0.00	0.00	0.0
3	0.32	0.38	0.00	0.00	0.38	0.00	0.00	0.32	0.00	0.00	0.32	0.00	0.38	0.00	0.00	0.00	0.32	0.00	0.38	0.0
4	0.39	0.00	0.00	0.00	0.00	0.00	0.00	0.39	0.00	0.47	0.39	0.00	0.00	0.00	0.39	0.00	0.39	0.00	0.00	0.0
5	0.00	0.00	0.00	0.37	0.00	0.42	0.42	0.00	0.42	0.00	0.00	0.00	0.00	0.42	0.00	0.42	0.00	0.00	0.00	0.0
6	0.00	0.00	0.36	0.32	0.00	0.00	0.00	0.00	0.00	0.00	0.00	0.00	0.00	0.00	0.00	0.00	0.00	0.72	0.00	0.5
7	0.00	0.00	0.00	0.00	0.00	0.45	0.45	0.00	0.45	0.00	0.00	0.00	0.00	0.45	0.00	0.45	0.00	0.00	0.00	0.0

图 4-11　构造最终规范化的 *tfidf* 矩阵

如果将图 4-11 中为语料库中的文档获取的 *tfidf* 特征矩阵与之前使用 `TfidfTransformer` 或 `TfidfVectorizer` 获得的特征矩阵进行比较，你会发现它们完全相同，从而验证了我们的数学实现是正确的。实际上，Scikit-Learn 在幕后使用了更多优化来采用同样的实现。

4.4.4　提取新文档的特征

假设你构建了一个机器学习模型来对新闻文章进行分类和归类，并且它正在进行中。如何为全新文档生成特征，以便将其输入机器学习模型中进行预测？Scikit-Learn 的 API 为我们之前讨论的向量化程序提供了 `transform(...)` 函数，我们可以利用它来获得语料库中不存在的全新文档的特征（当我们训练模型时）。请参见图 4-12。

```
new_doc = 'the sky is green today'
pd.DataFrame(np.round(tv.transform([new_doc]).toarray(), 2),
            columns=tv.get_feature_names())
```

	bacon	beans	beautiful	blue	breakfast	brown	dog	eggs	fox	green	ham	jumps	kings	lazy	love	quick	sausages	sky	toast	today
0	0.0	0.0	0.0	0.0	0.0	0.0	0.0	0.0	0.0	0.63	0.0	0.0	0.0	0.0	0.0	0.0	0.0	0.46	0.0	0.63

图 4-12　为一个全新的文档生成 TF-IDF 特征向量

因此，请始终利用 `fit_transform(...)` 函数在语料库中的所有文档上构建特征矩阵。这通常会成为训练特征集，你可以在其上构建和训练预测或其他机器学习模型。准备就绪后，利用 `transform(...)` 函数生成新文档的特征向量。然后可以将其输入训练过的模型中，以根据需要生成见解。

4.4.5　文档相似度

文档相似度是使用基于距离或相似度的度量指标的过程，可以根据从文档中提取的特征（例如词袋或 TF-IDF）识别文本文档与任何其他文档的相似程度。因此，你可以看到我们可以在上一节中设计的基于 TF-IDF 的特征的基础上构建并使用它们来生成新特征。这些基于相似度的特征可以用于诸如搜索引擎、文档聚类和信息检索之类的领域。

语料库中的成对文档相似度涉及语料库中每对文档的文档相似度的计算。因此，如果你在一个语料库中有 C 个文档，那么你将得到一个 $C \times C$ 矩阵，这样每一行和每一列都代表一对文档的相似度得分。这分别代表行和列的索引。有几种相似度和距离度量用于计算文档相似度，包括余弦距离 / 相似度、欧几里得距离、曼哈顿距离、BM25 相似度、杰长德（jaccard）距离等。在我们的分析中，我们使用可能是最流行和最广泛的相似度度量指标——余弦相似度，并基于 TF-IDF 特征向量比较成对文档相似度。请参见图 4-13。

```
from sklearn.metrics.pairwise import cosine_similarity

similarity_matrix = cosine_similarity(tv_matrix)
similarity_df = pd.DataFrame(similarity_matrix)
similarity_df
```

	0	1	2	3	4	5	6	7
0	1.000000	0.820599	0.000000	0.000000	0.000000	0.192353	0.817246	0.000000
1	0.820599	1.000000	0.000000	0.000000	0.225489	0.157845	0.670631	0.000000
2	0.000000	0.000000	1.000000	0.000000	0.000000	0.791821	0.000000	0.850516
3	0.000000	0.000000	0.000000	1.000000	0.506866	0.000000	0.000000	0.000000
4	0.000000	0.225489	0.000000	0.506866	1.000000	0.000000	0.000000	0.000000
5	0.192353	0.157845	0.791821	0.000000	0.000000	1.000000	0.115488	0.930989
6	0.817246	0.670631	0.000000	0.000000	0.000000	0.115488	1.000000	0.000000
7	0.000000	0.000000	0.850516	0.000000	0.000000	0.930989	0.000000	1.000000

图 4-13　成对文档相似度矩阵（余弦相似度）

余弦相似度为我们提供了一个度量指标，表示两个文本文档的特征向量表示之间的角度的余弦。文档之间的角度越小，它们越接近且越相似，如图 4-13 中的分数和图 4-14 中的一些示例文档向量所示。

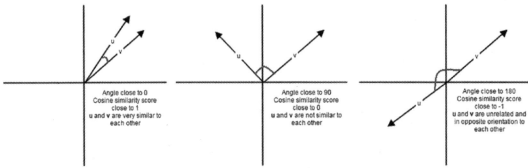

图 4-14　文本文档特征向量的余弦相似度描述

仔细观察图 4-13 中的相似度矩阵，你可以清楚地看到文档 0、1，和 6、2、5，以及 7 彼此非常相似，而文档 3 和 4 彼此略有相似。这表明这些相似的文档具有某些相似的特征。这是可以通过无监督学习来解决的分组或聚类的完美示例，尤其是当你处理包含数百万个文本文档的庞大语料库时。

具有相似特征的文档聚类

我们已经构建了很多特征，但是现在让我们使用其中一些特征解决现实世界中将相似文档分组的问题！聚类技术利用无监督学习将数据点（在这种情况下为文档）分组为组或簇。我们在这里利用一种无监督的层次聚类算法，试图通过先前生成的文档相似度特征，将小型语料库中的相似文档分组。

层次聚类算法有两种类型：凝聚算法和分裂算法。我们使用凝聚聚类算法，这是一种使用自下而上方法的层次聚类算法，即每个观察值或文档都从其自己的簇中开始，并且聚类使用距离度量进行连续合并，该距离度量用于测量数据点之间的距离和链接合并标准。示例如图 4-15 所示。

链接准则的选择决定了合并策略。链接准则的一些示例为 Ward、完全链接、平均链接等。对基于目标函数的最优值，此标准对于选择要在每一步合并的簇对（最低级别的单个文档和较高级别的簇）非常有用。我们选择 Ward 的最小方差方法作为我们的链接准则，以最大限度地减少簇内的总方差。因此，在每一步中，我们发现合并后导致簇内总方差最小增加的一对簇。由于我们已经具有相似度特征，因此让我们在示例文档中构建链接矩阵。请参见图 4-16。

图 4-15　凝聚层次聚类

```python
from scipy.cluster.hierarchy import dendrogram, linkage

Z = linkage(similarity_matrix, 'ward')
pd.DataFrame(Z, columns=['Document\Cluster 1', 'Document\Cluster 2',
                         'Distance', 'Cluster Size'], dtype='object')
```

	文档/簇1	文档/簇2	距离	簇大小
0	2	7	0.253098	2
1	0	6	0.308539	2
2	5	8	0.386952	3
3	1	9	0.489845	3
4	3	4	0.732945	2
5	11	12	2.69565	5
6	10	13	3.45108	8

图 4-16 语料库的链接矩阵

如果仔细查看图 4-16 中的链接矩阵，可以看到链接矩阵的每个步骤（行）都告诉我们合并了哪些数据点（或簇）。如果你有 n 个数据点，则链接矩阵 Z 的形状为（$n-1$）× 4，其中 $Z[i]$ 会告诉我们在步骤 i 中合并了哪些簇。每行有四个元素，前两个元素是数据点标识符或簇标签（多个数据点合并在矩阵的后面部分），第三个元素是前两个元素（数据点或簇）之间的聚类距离，最后一个元素是合并完成后簇中元素 / 数据点的总数。我们建议你参考 SciPy 文档，其中对此进行了详细说明。现在，让我们将此矩阵可视化为树状图，以更好地理解元素！请参见图 4-17。

```python
plt.figure(figsize=(8, 3))
plt.title('Hierarchical Clustering Dendrogram')
plt.xlabel('Data point')
plt.ylabel('Distance')
dendrogram(Z)
plt.axhline(y=1.0, c='k', ls='--', lw=0.5)
```

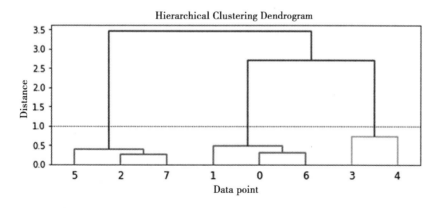

图 4-17 树状图对层次聚类过程进行可视化

我们可以看到每个数据点如何从一个单独的簇开始，然后慢慢地与其他数据点合并以形成簇。从颜色和树状图的高层次来看，如果你考虑大约 1.0 或更高（由虚线表示）的距离度量指标，则可以看到模型已正确识别了三个主要的簇。利用此距离，我们可以获得簇标签。请参见图 4-18。

```
from scipy.cluster.hierarchy import fcluster
max_dist = 1.0

cluster_labels = fcluster(Z, max_dist, criterion='distance')
cluster_labels = pd.DataFrame(cluster_labels, columns=['ClusterLabel'])
pd.concat([corpus_df, cluster_labels], axis=1)
```

	文档	类别	簇标签
0	The sky is blue and beautiful.	weather	2
1	Love this blue and beautiful sky!	weather	2
2	The quick brown fox jumps over the lazy dog.	animals	1
3	A king's breakfast has sausages, ham, bacon, eggs, toast and beans	food	3
4	I love green eggs, ham, sausages and bacon!	food	3
5	The brown fox is quick and the blue dog is lazy!	animals	1
6	The sky is very blue and the sky is very beautiful today	weather	2
7	The dog is lazy but the brown fox is quick!	animals	1

图 4-18　通过层次聚类将文档聚类

因此，你可以清楚地看到我们的算法基于分配给它们的簇标签正确地识别了文档中的三个不同类别。这应该对你如何利用我们的 TF-IDF 特征来构建相似度特征有帮助，这反过来又有助于对文档进行聚类。你将来可以使用此流水线来对自己的文档进行聚类。之后的章节中，我们将使用更多模型和示例进一步详细讨论文本聚类。

4.4.6　主题模型

在本书的单独一章中，我们将详细讨论主题建模，如果不讨论主题模型，关于特征工程的讨论是不完整的。我们可以使用一些摘要技术从文本文档中提取基于主题或概念的特征。主题模型的思想围绕着从作为主题表示的文档集中提取关键主题或概念的过程。每个主题都可以表示为文档语料库中的一袋单词/词项或单词/词项的集合。这些词项共同表示一个特定的主题、话题或概念，并且借助这些词项传达的语义，可以轻松地将每个主题与其他主题区分开。

但是，通常你最终会基于数据重叠主题。这些概念的范围可以从简单的事实和陈述到观点和见解。主题模型在总结大量文本文档来提取和描述关键概念时非常有用。它们在从文本数据中提取特征来捕获数据中的潜在模式时也很有用。请参见图 4-19。

主题建模有多种技术，其中大多数涉及某种形式的矩阵分解。诸如潜在语义索引（Latent Semantic Indexing，LSI）的某些技术使用矩阵分解操作，更具体地说是奇异值分解（Singular Valued Decomposition）。我们使用另一种称为潜在 Dirichlet 分布（Latent Dirichlet Allocation，LDA）的技术，该技术使用生成概率模型，其中每个文档都包含多个主题的组合，并且每个词项或单词都可以分配给特定主题。这类似于基于 pLSI（概率 LSI）的模型。在 LDA 的情况下，每个潜在主题都包含优先于它们的 Dirichlet 优先级。该技术背后的数学运算非常复杂，因此在这里我将尽量简化。我们还将在之后的章节中详细介绍主题建模！请参见图 4-20。

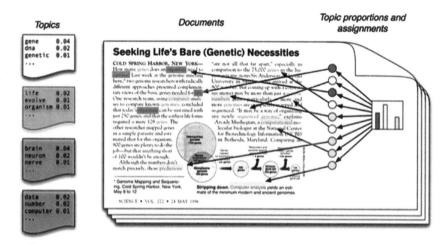

图来源: Blei, D. M. (2012). Probabilistic topic models. *Communications of the ACM, 55*(4), 77-84.

图 4-19 使用层次聚类将文档聚类成组

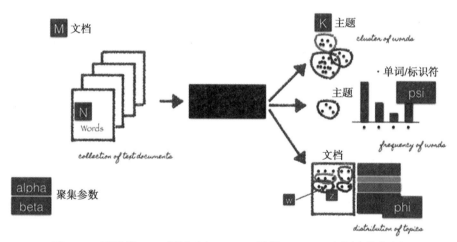

图 4-20 端到端 LDA 框架（由 C. Doig 提供，Python 主题建模简介）

图 4-20 中的黑框表示核心算法，该算法使用前面提到的参数从 M 个文档中提取 K 个主题。图 4-21 中概述的步骤对幕后发生的情况进行了简单说明。

1）初始化必要的参数。

2）对于每个文档，随机将每个单词初始化为 K 个主题之一。

3）按以下步骤开始迭代过程，并重复几次。

4）对于每个文档 D 执行以下步骤。

   ❑ 对于文档中的每个单词 W 执行以下步骤。

      ○ 对于每个主题 T 执行以下步骤。

        ■ 计算 $P(T|D)$，这是文档 D 中分配给主题 T 的单词比例。

        ■ 计算 $P(W|T)$，这是在所有带有单词 W 的文档中分配给主题 T 的比例。

      ○ 考虑到所有其他单词和它们的主题分配，以 $P(T|D) \times P(W|T)$ 的比例为主题 T 重新分配单词 W。

图 4-21 LDA 主题建模算法的主要步骤

一旦运行了几次迭代，我们应该为每个文档提供主题混合，然后从指向该主题的词项中生成每个主题的组成部分。Gensim 或 Scikit-Learn 之类的框架使我们能够利用 LDA 模型生成主题。出于特征工程的目的（这是本章的目的），你需要记住，将 LDA 应用于文档 – 词项矩阵（TF-IDF 或词袋特征矩阵）时，它分为两个主要部分。

❑ 文档 – 主题矩阵，这将是我们正在寻找的特征矩阵。

❑ 主题 – 词项矩阵，它可以帮助我们查看语料库中的潜在主题。

现在让我们利用 Scikit-Learn 来获取文档 – 主题矩阵，如下所示。可以将其用作任何后续建模要求的特征。请参见图 4-22。

```
from sklearn.decomposition import LatentDirichletAllocation

lda = LatentDirichletAllocation(n_topics=3, max_iter=10000, random_state=0)
dt_matrix = lda.fit_transform(cv_matrix)
features = pd.DataFrame(dt_matrix, columns=['T1', 'T2', 'T3'])
features
```

	T1	T2	T3
0	0.832191	0.083480	0.084329
1	0.863554	0.069100	0.067346
2	0.047794	0.047776	0.904430
3	0.037243	0.925559	0.037198
4	0.049121	0.903076	0.047802
5	0.054901	0.047778	0.897321
6	0.888287	0.055697	0.056016
7	0.055704	0.055689	0.888607

图 4-22　LDA 模型中的文档 – 主题特征矩阵

你可以清楚地看到输出的三个主题中哪个文档贡献最大。你可以按以下方式查看主题及其主要组成部分。

```
tt_matrix = lda.components_
for topic_weights in tt_matrix:
    topic = [(token, weight) for token, weight in zip(vocab, topic_weights)]
    topic = sorted(topic, key=lambda x: -x[1])
    topic = [item for item in topic if item[1] > 0.6]
    print(topic)
    print()

[('sky', 4.3324395825632624), ('blue', 3.373753174831771), ('beautiful',
3.3323652405224857), ('today', 1.3325579841038182), ('love',
1.3304224288080069)]
[('bacon', 2.332695948479998), ('eggs', 2.332695948479998), ('ham',
2.332695948479998), ('sausages', 2.332695948479998), ('love',
1.335454457601996), ('beans', 1.332773525378464), ('breakfast',
1.332773525378464), ('kings', 1.332773525378464), ('toast',
1.332773525378464), ('green', 1.3325433207547732)]
```

```
[('brown', 3.3323474595768783), ('dog', 3.3323474595768783), ('fox',
3.3323474595768783), ('lazy', 3.3323474595768783), ('quick',
3.3323474595768783), ('jumps', 1.3324193736202712), ('blue',
1.2919635624485213)]
```

因此，你可以清楚地看到这三个主题可以根据它们的构成词项完全区分开。第一个是关于天气，第二个是关于食物，最后一个是关于动物。为主题建模选择主题的数量是一项完整的技术，它既是一门艺术，也是一门科学。有多种方法和试探法可获取最佳主题数，但是由于涉及这些技术的详细内容，我们在此不进行讨论。

4.5 高级特征工程模型

传统的文本数据（基于计数）特征工程策略包括属于一个模型家族的模型，通常称为"词袋模型"。这包括词频、TF-IDF、n-gram 等。尽管它们是从文本中提取特征的有效方法，但由于该模型的内在性质只是一袋非结构化的单词，我们丢失了其他信息，例如每个文本文档中单词的语义、结构、顺序和上下文。这形成了足够的动机，促使我们探索可以获得此信息的更复杂的模型，并为我们提供以单词的向量为表示形式的特征，通常称为嵌入（embedding）。

尽管这样做确实有道理，但为什么我们应该有足够的动力去学习和构建这些词嵌入呢？关于语音或图像识别系统，所有信息都已经以丰富的稠密特征向量的形式存在，这些特征向量嵌入高频率数据集中，例如音频频谱图和图像像素强度。但是，当涉及原始文本数据时，尤其是基于计数的模型（如"词袋"），我们正在处理可能具有自己标识符的单个单词，但未能捕获单词之间的语义关系。这导致文本数据的词向量稀疏，因此，如果我们没有足够的数据，由于维数灾难，我们最终可能会得到较差的模型，甚至可能过度拟合数据。请参见图 4-23。

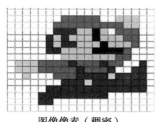 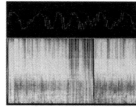 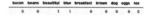

图像像素（稠密）　　　　音频频谱图（稠密）　　　　词向量（稀疏）

图 4-23　比较音频、图像和文本的特征表示

为了克服词袋模型的缺点，我们需要使用向量空间模型（VSM），以便可以基于语义和上下文相似度将词向量嵌入此连续向量空间中。实际上，分布语义学领域中的分布假设告诉我们，在相同的上下文中出现并使用的单词在语义上彼此相似，并且具有相似的含义。简而言之，"一个单词的特点是它所拥有的同伴"。

谈论这些语义词向量和各种类型的著名论文之一是，Baroni 等人写的"Don't count, predict! A systematic comparison of context-counting vs.context-predicting semantic vectors"。

我们不会深入探讨，但简而言之，上下文词向量有两种主要类型的方法。诸如潜在语义分析（LSA）之类的基于计数的方法可用于计算单词在语料库中与其相邻单词出现的频率的统计度量，然后根据这些度量指标为每个单词构建稠密的词向量。诸如基于神经网络的语言模型之类的预测方法试图通过查看语料库中的单词序列来从相邻单词预测单词。在此过程中，它学习分布式表示法，从而为我们提供稠密的词嵌入。在本节中，我们重点介绍这些预测方法。

4.5.1 加载圣经语料库

为了训练和展示这些基于高级深度学习的特征表示模型的某些功能，我们通常需要更大的语料库。尽管我们仍使用以前的语料库进行演示，但我们也会使用 NLTK 加载基于钦定版圣经的其他语料库。然后，我们对文本进行预处理以展示可能更相关的示例，具体取决于稍后实现的模型。

```
from nltk.corpus import gutenberg
from string import punctuation

bible = gutenberg.sents('bible-kjv.txt')
remove_terms = punctuation + '0123456789'

norm_bible = [[word.lower() for word in sent if word not in remove_terms]
              for sent in bible]
norm_bible = [' '.join(tok_sent) for tok_sent in norm_bible]
norm_bible = filter(None, normalize_corpus(norm_bible))
norm_bible = [tok_sent for tok_sent in norm_bible if len(tok_sent.split()) > 2]

print('Total lines:', len(bible))
print('\nSample line:', bible[10])
print('\nProcessed line:', norm_bible[10])
```

以下输出显示了语料库中的总行数以及在圣经语料库中的预处理工作方式。

```
Total lines: 30103

Sample line: ['1', ':', '6', 'And', 'God', 'said', ',', 'Let', 'there',
'be', 'a', 'firmament', 'in', 'the', 'midst', 'of', 'the', 'waters', ',',
'and', 'let', 'it', 'divide', 'the', 'waters', 'from', 'the', 'waters', '.']

Processed line: god said let firmament midst waters let divide waters
waters
```

现在，让我们看一些流行的词嵌入模型，并设计来自我们语料库的有意义的特征！

4.5.2 Word2Vec 模型

该模型由谷歌于 2013 年创建，是一种基于预测性深度学习的模型，用于计算和生成高质量、分布式和连续稠密向量表示的单词，以捕获上下文和语义相似度。本质上，这些是无监督模型，可以吸收大量文本语料库，创建可能单词的词汇表，并为代表该词汇表的向量空间中的每个单词生成稠密的词嵌入。通常，你可以指定词嵌入向量的大小，向量的总数本质上是词汇表的大小。这使得该稠密向量空间的维数比使用传统的词袋模型构建的高维稀疏向量空间的维数低得多。

Word2Vec 可以利用两种不同的模型架构来创建这些词嵌入表示，其中包括：

❑ 连续词袋（Continuous Bag of Word，CBOW）模型

❑ Skip-Gram 模型

我建议有兴趣的读者阅读有关这些模型的原始论文，其中包括 Mikolov 等人的"Distributed Representations of Words and Phrases and their Compositionality"和"Efficient Estimation of Word Representations in Vector Space"论文，来获得深入的见解。

1. CBOW 模型

CBOW 模型架构（参见图 4-24）尝试根据源上下文词（环绕词）来预测当前的目标词（中心词）。考虑一个简单的句子"the quick brown fox jumps over the lazy dog"，它可以是（context _ window, target _ word) 对，如果我们考虑大小为 2 的上下文窗口，我们有（[quick, fox], brown)、([the, brown], quick)、([the, dog], lazy) 等。因此，该模型尝试根据 context_window 的单词来预测 target_word。

因为 Word2Vec 系列模型是无监督的，所以你可以给它一个语料库，而无须附加标签或信息，它可以从语料库构建稠密的词嵌入。但是，一旦有了这些语料库，你仍然需要利用有监督的分类方法来进行嵌入。我们从语料库内部进行操作，它没有任何辅助信息。我们可以将此 CBOW 架构建模为深度学习分类模型，以便我们将上下文词作为输入 X，并尝试预测目标词 Y。实际上，构建此架构比 Skip-Gram 模型更简单，借此我们尝试从源目标词预测一堆上下文字单词。

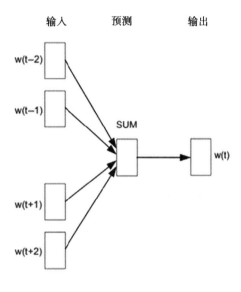

图 4-24 CBOW 模型架构（资料来源：https://arxiv.org/ pdf / 1301.3781. pdf, Mikolov 等著）

2. 实现 CBOW 模型

虽然最好使用诸如 Gensim 之类的具有 Word2Vec 模型的稳定框架，但让我们尝试从头开始实现这一点，以了解事物在幕后的运作方式。我们利用 `norm_bible` 变量中包含的圣经语料库来训练我们的模型。该实现将集中在五个部分：

❑ 构建语料库词汇表

❑ 构建一个 CBOW（context，target）生成器

❑ 构建 CBOW 模型架构

❑ 训练模型

❑ 获取词嵌入

不用再拖延了，让我们现在开始吧！

（1）构建语料库词汇表

首先，我们将构建语料库词汇表，从中提取词汇表中的每个唯一的单词并将其映射为

唯一的数字标识符（numeric identifier）。

```
from keras.preprocessing import text
from keras.utils import np_utils
from keras.preprocessing import sequence

tokenizer = text.Tokenizer()
tokenizer.fit_on_texts(norm_bible)
word2id = tokenizer.word_index

# build vocabulary of unique words
word2id['PAD'] = 0
id2word = {v:k for k, v in word2id.items()}
wids = [[word2id[w] for w in text.text_to_word_sequence(doc)] for doc in
norm_bible]

vocab_size = len(word2id)
embed_size = 100
window_size = 2 # context window size
print('Vocabulary Size:', vocab_size)
print('Vocabulary Sample:', list(word2id.items())[:10])

Vocabulary Size: 12425
Vocabulary Sample: [('base', 2338), ('feller', 10771), ('sanctuary', 455),
('plunge', 10322), ('azariah', 1120), ('enlightened', 4438), ('horns',
838), ('kareah', 2920), ('nursing', 5943), ('baken', 3492)]
```

因此，你可以看到我们在语料库中创建了唯一单词的词汇表，以及将单词映射到其唯一标识符的方法，反之亦然。如果需要，PAD 词项通常用于将上下文词填充到固定长度。

（2）构建 CBOW（context, target）生成器

我们需要由目标中心词和围绕上下文词的对，即（context, target）对。在我们的实现中，目标词的长度为 1，周围上下文的长度为 $2 \times window\_size$，我们在语料库中的目标词之前和之后取 $window\_size$ 个单词。通过以下示例，这一点会变得更加清楚。

```
def generate_context_word_pairs(corpus, window_size, vocab_size):
    context_length = window_size*2
    for words in corpus:
        sentence_length = len(words)
        for index, word in enumerate(words):
            context_words = []
            label_word   = []
            start = index - window_size
            end = index + window_size + 1

            context_words.append([words[i]
                                 for i in range(start, end)
                                 if 0 <= i < sentence_length
                                 and i != index])
            label_word.append(word)

            x = sequence.pad_sequences(context_words, maxlen=context_length)
```

```
                y = np_utils.to_categorical(label_word, vocab_size)
                yield (x, y)
# Test this out for some samples
i = 0
for x, y in generate_context_word_pairs(corpus=wids, window_size=window_
size, vocab_size=vocab_size):
    if 0 not in x[0]:
        print('Context (X):', [id2word[w] for w in x[0]], '-> Target (Y):',
                id2word[np.argwhere(y[0])[0][0]])
        if i == 10:
            break
        i += 1
Context (X): ['old','testament','james','bible'] -> Target (Y): king
Context (X): ['first','book','called','genesis'] -> Target(Y): moses
Context(X):['beginning','god','heaven','earth'] -> Target(Y):created
Context (X):['earth','without','void','darkness'] -> Target(Y): form
Context (X): ['without','form','darkness','upon'] -> Target(Y): void
Context (X): ['form', 'void', 'upon', 'face'] -> Target(Y): darkness
Context (X): ['void', 'darkness', 'face', 'deep'] -> Target(Y): upon
Context (X): ['spirit', 'god', 'upon', 'face'] -> Target (Y): moved
Context (X): ['god', 'moved', 'face', 'waters'] -> Target (Y): upon
Context (X): ['god', 'said', 'light', 'light'] -> Target (Y): let
Context (X): ['god', 'saw', 'good', 'god'] -> Target (Y): light
```

前面的输出应该让你了解了更多有关 *X* 如何形成上下文词，并且我们正在尝试根据此上下文预测目标中心词 *Y*。例如，原始文本是 "in the beginning god created heaven and earth"，经过预处理和删除停用词后，它变成了 "beginning god created heaven earth"。以 [beginning, god, heaven, earth] 为上下文的情况下 "created" 为目标中心词。

（3）构建 CBOW 模型架构

现在，我们在 TensorFlow 之上利用 Keras 来为 CBOW 模型构建深度学习架构。为此，我们的输入是上下文词，将其传递到嵌入层（使用随机权重初始化）。词嵌入会传播到 lambda 层，在这里我们对词嵌入进行平均（因此称为 CBOW，因为在求平均时，我们实际上并不考虑上下文词的顺序或序列）。然后，我们将此平均上下文嵌入稠密的 softmax 层中，该层预测我们的目标词。我们将其与实际目标词匹配，通过利用 `categorical_crossentropy` 损失来计算损失，并在每个周期执行反向传播以更新过程中的嵌入层。以下代码显示了模型架构。请参见图 4-25。

```
import keras.backend as K
from keras.models import Sequential
from keras.layers import Dense, Embedding, Lambda

# build CBOW architecture
cbow = Sequential()
cbow.add(Embedding(input_dim=vocab_size, output_dim=embed_size, input_
length=window_size*2))
cbow.add(Lambda(lambda x: K.mean(x, axis=1), output_shape=(embed_size,)))
cbow.add(Dense(vocab_size, activation='softmax'))
```

```
cbow.compile(loss='categorical_crossentropy', optimizer='rmsprop')

# view model summary
print(cbow.summary())

# visualize model structure
from IPython.display import SVG
from keras.utils.vis_utils import model_to_dot

SVG(model_to_dot(cbow, show_shapes=True, show_layer_names=False,
                 rankdir='TB').create(prog='dot', format='svg'))
```

```
Layer (type)                 Output Shape              Param #
=================================================================
embedding_1 (Embedding)      (None, 4, 100)            1242500

lambda_1 (Lambda)            (None, 100)               0

dense_1 (Dense)              (None, 12425)             1254925
=================================================================
Total params: 2,497,425
Trainable params: 2,497,425
Non-trainable params: 0
```

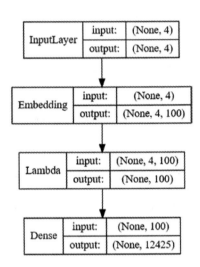

图 4-25　CBOW 模型摘要和架构

如果你仍然难以想象此深度学习模型，我建议你通读我之前提到的论文。我尝试用简单的词项总结该模型的核心概念。我们输入了大小为 $2 \times window\_size$ 的上下文词，并将它们传递给大小为 $vocab\_size \times embed\_size$ 的嵌入层，这将为每个上下文词提供稠密的词嵌入（每个单词为 $1 \times embed\_size$）。接下来，我们使用 lambda 层对这些嵌入进行平均，并获得平均稠密嵌入（$1 \times embed\_size$），然后将其发送到稠密 softmax 层，该层输出最可能的目标词。我们将其与实际目标词进行比较，并计算损失，然后反向传播误差以调整权重（在嵌入层中），并对所有（context, target) 对重复此过程多轮。图 4-26 试图解释这个过程。

现在，我们准备使用我们的数据生成器在语料库训练此模型，作为（context, target_word) 对的输入。

（4）训练模型

在完整的语料库上运行模型需要花费一些时间，因此我只运行了五轮。你可以利用以下代码，并在必要时增加其使用时间。

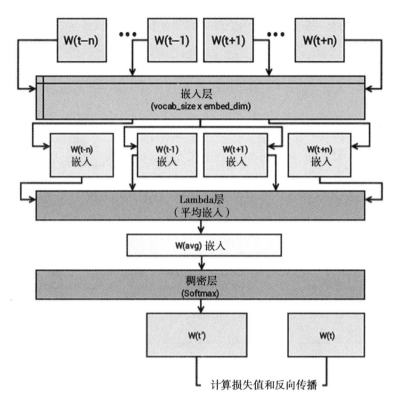

图 4-26 CBOW 深度学习模型的可视化描述

```
for epoch in range(1, 6):
    loss = 0.
    i = 0

    for x, y in generate_context_word_pairs(corpus=wids, window_
    size=window_size, vocab_size=vocab_size):

        i += 1
        loss += cbow.train_on_batch(x, y)
        if i % 100000 == 0:
            print('Processed {} (context, word) pairs'.format(i))

    print('Epoch:', epoch, '\tLoss:', loss)
    print()

Epoch: 1      Loss: 4257900.60084
Epoch: 2      Loss: 4256209.59646
Epoch: 3      Loss: 4247990.90456
Epoch: 4      Loss: 4225663.18927
Epoch: 5      Loss: 4104501.48929
```

请注意   运行此模型的计算量很大，如果使用 GPU 进行训练，效果会更好。我在带有 Tesla K80 GPU 的 AWS p2.x 实例上进行了训练，花了将近 1.5 个小时完成了 5 轮运算！

一旦训练了该模型，基于嵌入层相似的单词应具有相似的权重。

（5）获取词嵌入

要获得整个词汇表的词嵌入，可以利用以下代码从嵌入层中提取它们。我们不将嵌入放在位置 0，因为它属于填充（PAD）词项，这实际上并不是一个真正感兴趣的词。请参见图 4-27。

```
weights = cbow.get_weights()[0]
weights = weights[1:]
print(weights.shape)

pd.DataFrame(weights, index=list(id2word.values())[1:]).head()
```

```
(12424, 100)
         0         1         2         3         4         5         6         7         8         9    ...    90        91        92        93
shall -1.183386 -2.866214  1.046431  0.943265 -1.021784 -0.047069  2.108584 -0.458692 -1.698881  0.905800 ... 0.655786  0.703828  0.821803 -0.093732
unto  -1.725262 -1.765972  1.411971  0.917713  0.793832  0.310631  1.541964 -0.082523 -1.346811  0.095824 ... 1.682762 -0.872293  1.908597  0.977152
lord   1.694633 -0.650949 -0.095796  0.950002  0.813837  1.538206  1.125482 -1.655581 -1.352673  0.409504 ... 1.553925 -0.819261  1.086127 -1.545129
thou  -1.590623 -0.801968  1.659041  1.314925 -0.455822  1.733872 -0.233771 -0.638922  0.104744  0.490223 ... 0.652781 -0.362778 -0.190355  0.040719
thy    0.386488 -0.834605  0.585985  0.801969 -0.165132  0.999917  1.224083 -0.317555 -0.671106 -1.073181 ... 1.267184 -0.564660  0.089618 -0.979835

5 rows × 100 columns
```

图 4-27   基于 CBOW 模型的词汇表的词嵌入

因此，你可以清楚地看到每个单词都有大小为 1×100 的稠密嵌入，如图 4-27 的输出所示。让我们尝试根据这些嵌入为感兴趣的特定单词找到一些上下文相似的单词。为此，我们基于稠密的嵌入向量在词汇表中所有单词之间构建成对的距离矩阵，然后根据最短的（欧几里得）距离找到每个感兴趣单词的 *n* 个最近邻居。

```
from sklearn.metrics.pairwise import euclidean_distances

# compute pairwise distance matrix
distance_matrix = euclidean_distances(weights)
print(distance_matrix.shape)

# view contextually similar words
similar_words = {search_term: [id2word[idx]
                    for idx in distance_matrix[word2id[search_term]-1].
                    argsort()[1:6]+1]
                        for search_term in ['god', 'jesus', 'noah', 'egypt',
                        'john', 'gospel', 'moses','famine']}
similar_words

(12424, 12424)
{'egypt': ['destroy', 'none', 'whole', 'jacob', 'sea'],
 'famine': ['wickedness', 'sore', 'countries', 'cease', 'portion'],
 'god': ['therefore', 'heard', 'may', 'behold', 'heaven'],
 'gospel': ['church', 'fowls', 'churches', 'preached', 'doctrine'],
 'jesus': ['law', 'heard', 'world', 'many', 'dead'],
 'john': ['dream', 'bones', 'held', 'present', 'alive'],
 'moses': ['pharaoh', 'gate', 'jews', 'departed', 'lifted'],
 'noah': ['abram', 'plagues', 'hananiah', 'korah', 'sarah']}
```

你可以清楚地看到其中一些在 (god, heaven)、(gospel, church) 等上下文中有意义，而其他则没有意义。训练更多的轮数通常会带来更好的结果。现在，我们探索 Skip-Gram 架构，该架构通常比 CBOW 提供更好的结果。

3. Skip-Gram 模型

Skip-Gram 模型架构试图实现与 CBOW 模型相反的结果。它尝试在给定目标词（中心词）的情况下预测源上下文词（环绕词）。考虑一下前面的简单句子，"the quick brown fox jumps over the lazy dog"。如果我们使用 CBOW 模型，则会得到（context_window，target_word）对，其中，如果我们考虑大小为 2 的上下文窗口，则会有 ([quick, fox], brown)、([the, brown], quick)、([the, dog], lazy) 等。现在，考虑到 Skip-Gram 模型的目的是从目标词预测上下文，该模型通常会反转上下文和目标，并尝试从其目标词预测每个上下文词。因此，给定目标词"brown"预测上下文 [quick, fox]，或者给定目标词"quick"预测 [the, brown]，依此类推。因此，该模型尝试基于 `target_word` 来预测 `context_window` 单词。参见图 4-28。

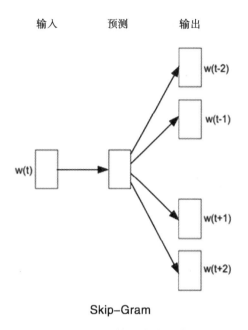

图 4-28 Skip-Gram 模型架构（资料来源：https://arxiv.org/pdf/1301.3781.pdf，Mikolov 等人著）

正如我们在 CBOW 模型中讨论的那样，我们需要将此 Skip-Gram 架构建模为深度学习分类模型，因此我们将目标词作为输入并尝试预测上下文词。由于我们在上下文中有多个单词，因此这变得有些复杂。通过将每个 (target, context_words) 对分解为 (target, context) 对，我们进一步简化了操作，因此上下文仅包含一个单词。因此，我们之前的数据集被转换为（brown, quick)、(brown, fox)、(quick, the)、(quick, brown) 等。但是，我们如何监督或训练模型以了解什么是上下文，什么不是上下文？

为此，我们输入了 (X, Y) 的 Skip-Gram 模型对，其中 X 是我们的输入，Y 是我们的标签。我们通过使用 [(target, context), 1] 对作为正输入样本来执行此操作，其中 target 是我们感兴趣的单词，而 context 是出现在目标词附近的上下文词。正标签 1 表示这是上下文相关的对。我们还以 [(target, random), 0] 对作为负输入样本，其中 target 是我们感兴趣的单词，而 random 只是从我们词汇表中随机选择的单词，与目标词没有上下文或关联。因此，负标签 0 表示这是上下文无关的对。我们这样做是为了使模型可以了解哪些单词对是上下文相关的，哪些不是，然后为语义相似的单词生成相似的嵌入。

4. 实现 Skip-Gram 模型

现在，让我们尝试从头开始实现此模型，以了解事物在幕后的工作方式，以便将其与 CBOW 模型的实现进行比较。我们像往常一样利用圣经语料库，该语料库包含在 `norm_bible` 变量中，用于训练模型。该实现将集中在五个部分：

❑ 构建语料库词汇表

❑ 构建 Skip-Gram[(target, context), relevancy] 生成器

❑ 构建 Skip-Gram 模型架构

❑ 训练模型

❑ 获取词嵌入

让我们开始构建 Skip-Gram Word2Vec 模型吧！

（1）构建语料库词汇表

首先，我们遵循构建语料库词汇表的标准过程，在该过程中，我们从词汇表中提取每个唯一的单词并分配一个唯一的标识符，这类似于在 CBOW 模型中所做的。我们还将维护转换单词到其唯一的标识符之间的映射，反之亦然。

```
from keras.preprocessing import text

tokenizer = text.Tokenizer()
tokenizer.fit_on_texts(norm_bible)

word2id = tokenizer.word_index
id2word = {v:k for k, v in word2id.items()}

vocab_size = len(word2id) + 1
embed_size = 100
wids = [[word2id[w] for w in text.text_to_word_sequence(doc)] for doc in
norm_bible]
print('Vocabulary Size:', vocab_size)
print('Vocabulary Sample:', list(word2id.items())[:10])

Vocabulary Size: 12425
Vocabulary Sample: [('base', 2338), ('feller', 10771), ('sanctuary', 455),
('plunge', 10322), ('azariah', 1120), ('enlightened', 4438), ('horns',
838), ('kareah', 2920), ('nursing', 5943), ('baken', 3492)]
```

现在，语料库中的每个唯一单词都已成为我们词汇表的一部分，并且具有唯一的数字标识符。

（2）构建 Skip-Gram [(target,context),relevancy] 生成器

现在是时候构建我们的 Skip-Gram 生成器了，正如我们前面所讨论的那样，它将为我们提供一对单词及其相关性。幸运的是，Keras 有一个极好的 Skip-Gram 实用程序可以使用，我们不必像在 CBOW 中那样手动实现此生成器。

函数 `skipgrams(...)` 存在于 `keras.preprocessing.sequence`，此函数将单词索引序列（整数列表）转换为以下形式的单词元组：

1）（单词，同一窗口中的单词），其标签为 1（正样本）。

2）（单词，词汇表中的随机单词），其标签为 0（负样本）。

```
from keras.preprocessing.sequence import skipgrams

# generate skip-grams
skip_grams = [skipgrams(wid, vocabulary_size=vocab_size, window_size=10)
for wid in wids]

# view sample skip-grams
pairs, labels = skip_grams[0][0], skip_grams[0][1]
for i in range(10):
```

```
print("({:s} ({:d}), {:s} ({:d})) -> {:d}".format(
        id2word[pairs[i][0]], pairs[i][0],
        id2word[pairs[i][1]], pairs[i][1],
        labels[i]))
```

```
(bible (5766), stank (5220)) -> 0
(james (1154), izri (9970)) -> 0
(king (13), bad (2285)) -> 0
(king (13), james (1154)) -> 1
(king (13), lucius (8272)) -> 0
(james (1154), king (13)) -> 1
(james (1154), bazluth (10091)) -> 0
(james (1154), bible (5766)) -> 1
(king (13), bible (5766)) -> 1
(bible (5766), james (1154)) -> 1
```

因此，你可以看到我们已经成功生成了所需的 Skip-Gram，并且基于前面输出中的示例 Skip-Gram，你可以清楚地看到基于标签（0 或 1）的相关性和不相关性。

（3）构建 Skip-Gram 模型架构

现在，我们在 TensorFlow 上利用 Keras 来为 Skip-Gram 模型构建深度学习架构。为此，我们的输入将是目标词和上下文词或随机词对。每一个都传递到其自身的嵌入层（使用随机权重初始化）。一旦获得了目标词和上下文词的词嵌入，便将其传递到合并层，在此我们将计算这两个向量的点积。然后，我们将此点积值传递到一个稠密的 sigmoid 层，该层根据这对单词是上下文相关词还是随机词（Y'）来预测 1 或 0。我们将其与实际的相关性标签（Y）匹配，通过利用 mean_squared_error 损失来计算损失，并在每轮执行反向传播以更新过程中的嵌入层。以下代码显示了我们的模型架构。请参见图 4-29。

```
from keras.layers import Dot
from keras.layers.core import Dense, Reshape
from keras.layers.embeddings import Embedding
from keras.models import Sequential
from keras.models import Model

# build skip-gram architecture
word_model = Sequential()
word_model.add(Embedding(vocab_size, embed_size, embeddings_initializer=
                         "glorot_uniform", input_length=1))
word_model.add(Reshape((embed_size, )))

context_model = Sequential()
context_model.add(Embedding(vocab_size, embed_size,
                    embeddings_initializer="glorot_uniform",
                    input_length=1))
context_model.add(Reshape((embed_size,)))
model_arch = Dot(axes=1)([word_model.output, context_model.output])
model_arch = Dense(1, kernel_initializer="glorot_uniform",
activation="sigmoid")(model_arch)
```

```
model = Model([word_model.input,context_model.input], model_arch)
model.compile(loss="mean_squared_error", optimizer="rmsprop")

# view model summary
print(model.summary())

# visualize model structure
from IPython.display import SVG
from keras.utils.vis_utils import model_to_dot

SVG(model_to_dot(model, show_shapes=True, show_layer_names=False,
                 rankdir='TB').create(prog='dot', format='svg'))
```

Layer (type)	Output Shape	Param #
embedding_12_input (InputLayer)	(None, 1)	0
embedding_13_input (InputLayer)	(None, 1)	0
embedding_12 (Embedding)	(None, 1, 100)	1242500
embedding_13 (Embedding)	(None, 1, 100)	1242500
reshape_11 (Reshape)	(None, 100)	0
reshape_12 (Reshape)	(None, 100)	0
dot_4 (Dot)	(None, 1)	0
dense_5 (Dense)	(None, 1)	2

```
Total params: 2,485,002
Trainable params: 2,485,002
Non-trainable params: 0
```

图 4-29　Skip-Gram 模型摘要和架构

　　了解深度学习模型非常简单。但是，为了便于理解，我将尝试用简单的词项总结该模型的核心概念。对于每个训练示例，我们有一对输入词，包括一个具有唯一数字标识符的输入目标词和一个具有唯一数字标识符的上下文词。如果它是一个正样本，则该词具有上下文含义，是上下文词，并且我们的标签 $Y = 1$。否则，如果它是一个负样本，则该词没有上下文意义，只是一个随机词，我们的标签 $Y = 0$。我们将把它们中的每一个传递给它们自己的嵌入层，并具有大小（*vocab_size×embed_size*），这将为这两个词中的每个词提供稠密的词嵌入（每个单词大小为 $1 \times embed\_size$）。接下来，我们使用合并层来计算这两个嵌入的点积并获得点积值。然后将其发送到稠密的 sigmoid 层，输出 1 或 0。我们将其与实际标签 Y（1 或 0）进行比较，并计算损失，然后反向传播误差以调整权重（在嵌入层中），并针对所有 (target, context) 对重复此过程多轮。图 4-30 试图解释此过程。

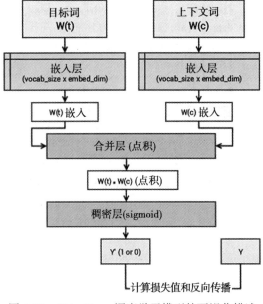

图 4-30　Skip-Gram 深度学习模型的可视化描述

现在让我们开始使用 Skip-Gram 训练模型。

（4）训练模型

在完整的语料库上运行模型需要花费一些时间，但是比 CBOW 模型要快。我运行了五轮。你可以利用以下代码并在必要时运行更多轮。

```
for epoch in range(1, 6):
    loss = 0
    for i, elem in enumerate(skip_grams):
        pair_first_elem = np.array(list(zip(*elem[0]))[0], dtype='int32')
        pair_second_elem = np.array(list(zip(*elem[0]))[1], dtype='int32')
        labels = np.array(elem[1], dtype='int32')
        X = [pair_first_elem, pair_second_elem]
        Y = labels
        if i % 10000 == 0:
            print('Processed {} (skip_first, skip_second, relevance)
            pairs'.format(i))
        loss += model.train_on_batch(X,Y)

    print('Epoch:', epoch, 'Loss:', loss)

Epoch: 1 Loss: 4474.41281086
Epoch: 2 Loss: 3750.71884749
Epoch: 3 Loss: 3752.47489296
Epoch: 4 Loss: 3793.9177565
Epoch: 5 Loss: 3718.15081862
```

一旦训练了该模型，相似的单词根据嵌入层，应具有相似的权重。

（5）获取词嵌入

要获得整个词汇表的词嵌入，可以利用以下代码从嵌入层中提取它们。请注意，我们只对目标词嵌入层感兴趣，因此我们从 `word_model` 嵌入层中提取嵌入。我们不会在位置 0 进行嵌入，因为词汇表中的所有单词都没有数字标识符 0。请参见图 4-31。

```
word_embed_layer = model.layers[2]
weights = word_embed_layer.get_weights()[0][1:]

print(weights.shape)
pd.DataFrame(weights, index=id2word.values()).head()
```

(12424, 100)	0	1	2	3	4	5	6	7	8	9	...	90	91	92	93
shall	0.043252	0.030233	-0.016057	-0.071856	0.005915	0.053170	0.013578	0.000201	0.037018	-0.151811	...	0.289811	0.014798	-0.022350	0.059966
unto	-0.072916	-0.014941	0.018243	-0.206662	-0.018253	0.071634	0.094720	0.008018	-0.003973	-0.076268	...	0.044276	0.097791	-0.120094	0.057171
lord	-0.024338	0.066582	-0.057416	-0.112375	0.034131	0.103507	-0.000733	0.071466	0.015607	-0.119505	...	0.115495	-0.027881	-0.215636	-0.028494
thou	0.084224	0.048217	0.008529	0.025198	0.019296	-0.005508	0.041746	-0.012590	-0.299545	-0.030134	...	0.079110	-0.037630	-0.016609	0.032280
thy	0.040458	0.054175	-0.033665	-0.031059	0.053622	0.157648	-0.009812	0.032927	-0.229837	0.002110	...	-0.033932	-0.079629	-0.070454	0.051992

5 rows × 100 columns

图 4-31　基于 Skip-Gram 模型的词汇表的词嵌入

因此，你可以清楚地看到每个单词都有大小为 1×100 的稠密嵌入，如前面的输出所示。

这类似于我们从 CBOW 模型获得的结果。现在，我们对词汇表中的每个单词，在这些稠密的嵌入向量上应用欧几里得距离度量指标，计算每对的距离。然后，我们可以根据最短的（欧几里得距离）来确定每个感兴趣单词的 *n* 个最近邻居，这与我们对 CBOW 模型的嵌入操作相似。

```
from sklearn.metrics.pairwise import euclidean_distances

distance_matrix = euclidean_distances(weights)
print(distance_matrix.shape)

similar_words = {search_term: [id2word[idx]
                    for idx in distance_matrix[word2id[search_term]-1].
                        argsort()[1:6]+1]
                    for search_term in ['god', 'jesus', 'noah',
                        'egypt', 'john', 'gospel', 'moses','famine']}
similar_words

(12424, 12424)
{'egypt': ['taken', 'pharaoh', 'wilderness', 'gods', 'became'],
 'famine': ['moved', 'awake', 'driven', 'howl', 'snare'],
 'god': ['strength', 'given', 'blessed', 'wherefore', 'lord'],
 'gospel': ['preached', 'must', 'preach', 'desire', 'grace'],
 'jesus': ['disciples', 'christ', 'dead', 'peter', 'jews'],
 'john': ['peter', 'hold', 'mountain', 'ghost', 'preached'],
 'moses': ['commanded', 'third', 'congregation', 'tabernacle', 'tribes'],
 'noah': ['ham', 'terah', 'amon', 'adin', 'zelophehad']}
```

你可以从结果中清楚地看到，每个感兴趣的单词都包含很多相似的单词，并且与 CBOW 模型相比，我们获得了更好的结果。让我们使用 t-SNE（t 分布领域嵌入）可视化这些词嵌入。这是一种流行的降维技术，用于在较低维度（例如 2D）中可视化较高纬度。请参见图 4-32。

```
from sklearn.manifold import TSNE

words = sum([[k] + v for k, v in similar_words.items()], [])
words_ids = [word2id[w] for w in words]
word_vectors = np.array([weights[idx] for idx in words_ids])
print('Total words:', len(words), '\tWord Embedding shapes:', word_vectors.
shape)

tsne = TSNE(n_components=2, random_state=0, n_iter=10000, perplexity=3)
np.set_printoptions(suppress=True)
T = tsne.fit_transform(word_vectors)
labels = words

plt.figure(figsize=(14, 8))
plt.scatter(T[:, 0], T[:, 1], c='steelblue', edgecolors='k')
for label, x, y in zip(labels, T[:, 0], T[:, 1]):
    plt.annotate(label, xy=(x+1, y+1), xytext=(0, 0), textcoords='offset
    points')
```

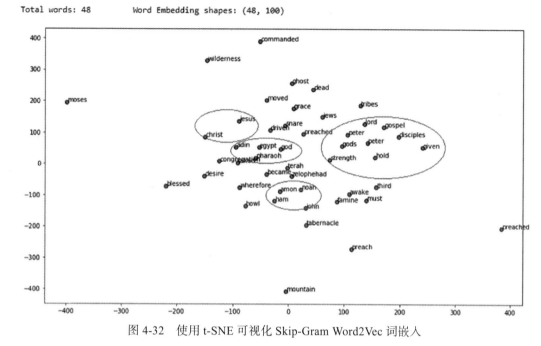

图 4-32　使用 t-SNE 可视化 Skip-Gram Word2Vec 词嵌入

图 4-32 中的圆圈显示了在向量空间中彼此靠近的上下文相似的不同单词。如果你发现其他有趣的图案，请随时告诉我！

4.5.3　基于 Gensim 的强大 Word2Vec 模型

尽管我们的实现足够不错，但是它们并未针对大型语料库进行优化。Radim Řehůřek 创建的 Gensim 框架由稳定、高效和可扩展实现的 Word2Vec 模型组成。我们将在我们的圣经语料库上利用它。在我们的工作流程中，我们将标记化我们的标准化语料库，然后集中精力在 Word2Vec 模型中的以下四个参数上进行构建。基本思想是提供一个文档语料库作为输入，并获取输出的特征向量。

在内部，它根据输入的文本文档构造一个词汇表，并根据我们前面提到的各种技术来学习单词的向量表示形式。一旦完成，它将构建一个模型，该模型可用于为文档中的每个单词提取词向量。基于平均加权或 TF-IDF 加权等各种技术，我们可以使用文档的词向量计算文档的平均向量表示。你可以在 http://radimrehurek.com/gensim/models/word2vec.html 上获取有关 Gensim 的 Word2Vec 实现接口的更多详细信息。从样本训练语料库构建模型时，我们将主要关注以下参数。

- ❏ size：此参数用于设置词向量的大小或尺寸，范围从数十到数千。你可以尝试各种尺寸，以查看哪种效果最佳。
- ❏ window：此参数用于设置上下文或窗口大小，该大小指定算法在训练时考虑作为上下文的单词窗口的长度。
- ❏ min_count：此参数指定整个语料库词汇表要考虑的单词所需的最小单词数。这有助于删除可能没有太大意义的特定单词，因为它们很少出现在文档中。
- ❏ sample：此参数是降低频繁出现的单词的影响。介于 0.01 和 0.0001 之间的值通常是理想的。

构建模型后，我们将使用感兴趣的单词为每个单词查看最相似的单词。

```python
from gensim.models import word2vec

# tokenize sentences in corpus
wpt = nltk.WordPunctTokenizer()
tokenized_corpus = [wpt.tokenize(document) for document in norm_bible]

# Set values for various parameters
feature_size = 100      # Word vector dimensionality
window_context = 30           # Context window size
min_word_count = 1    # Minimum word count
sample = 1e-3    # Downsample setting for frequent words

w2v_model = word2vec.Word2Vec(tokenized_corpus, size=feature_size,
                        window=window_context, min_count=min_word_count,
                        sample=sample, iter=50)

# view similar words based on gensim's model
similar_words = {search_term: [item[0]
                    for item in w2v_model.wv.most_similar([search_term],
                    topn=5)]
                        for search_term in ['god', 'jesus', 'noah',
                        'egypt', 'john', 'gospel', 'moses','famine']}

similar_words

{'egypt': ['pharaoh', 'egyptians', 'bondage', 'rod', 'flowing'],
 'famine': ['pestilence', 'peril', 'blasting', 'mildew', 'morever'],
 'god': ['lord', 'promised', 'worldly', 'glory', 'reasonable'],
 'gospel': ['faith', 'afflictions', 'christ', 'persecutions', 'godly'],
 'jesus': ['peter', 'messias', 'apostles', 'immediately', 'neverthless'],
 'john': ['baptist', 'james', 'peter', 'galilee', 'zebedee'],
 'moses': ['congregation', 'children', 'aaron', 'ordinance', 'doctor'],
 'noah': ['shem', 'japheth', 'ham', 'noe', 'henoch']}
```

相似的单词与我们感兴趣的单词更紧密相关，这是意料之中的，因为我们运行了该模型并进行更多的迭代，这必须产生更好、更多的上下文嵌入。你是否注意到任何有趣的关联？请参见图 4-33。

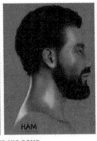

NOAH AND HIS SONS

图 4-33　在我们的模型中，Noah 的儿子们成为上下文最相似的实体!

在使用 t-SNE 将其大小缩小为 2D 空间后，我们还可以使用嵌入向量将感兴趣的单词及其相似单词进行可视化。请参见图 4-34。

```
from sklearn.manifold import TSNE

words = sum([[k] + v for k, v in similar_words.items()], [])
wvs = w2v_model.wv[words]

tsne = TSNE(n_components=2, random_state=0, n_iter=10000, perplexity=2)
np.set_printoptions(suppress=True)
T = tsne.fit_transform(wvs)
labels = words

plt.figure(figsize=(14, 8))
plt.scatter(T[:, 0], T[:, 1], c='orange', edgecolors='r')
for label, x, y in zip(labels, T[:, 0], T[:, 1]):
    plt.annotate(label, xy=(x+1, y+1), xytext=(0, 0), textcoords='offset
    points')
```

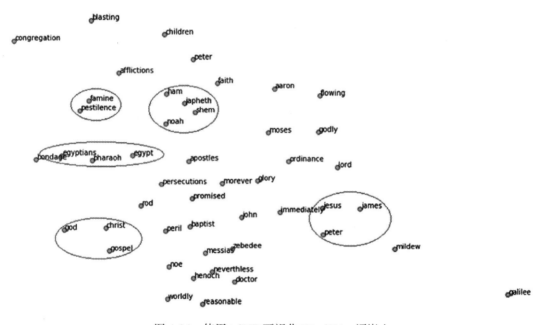

图 4-34　使用 t-SNE 可视化 Word2Vec 词嵌入

我画了圆圈，指出了一些有趣的联想。根据我之前的描述，我们可以清楚地看到，基于我们模型中的词嵌入，Noah 和他的儿子们彼此之间非常接近！

4.5.4　Word2Vec 特征用于机器学习任务

如果你还记得本章之前的小节，你可能已经看到我在一些实际的机器学习任务（例如聚类）中使用了特征。让我们利用其他语料库尝试实现这一结果。首先，我们在语料库上构建一个简单的 Word2Vec 模型并可视化嵌入。请参见图 4-35。

```
# build word2vec model
wpt = nltk.WordPunctTokenizer()
tokenized_corpus = [wpt.tokenize(document) for document in norm_corpus]
```

```
# Set values for various parameters
feature_size = 10    # Word vector dimensionality
window_context = 10         # Context window size
min_word_count = 1   # Minimum word count
sample = 1e-3   # Downsample setting for frequent words

w2v_model = word2vec.Word2Vec(tokenized_corpus, size=feature_size,
                              window=window_context, min_count = min_word_
                              count, sample=sample, iter=100)

# visualize embeddings
from sklearn.manifold import TSNE
words = w2v_model.wv.index2word
wvs = w2v_model.wv[words]
tsne = TSNE(n_components=2, random_state=0, n_iter=5000, perplexity=2)
np.set_printoptions(suppress=True)
T = tsne.fit_transform(wvs)
labels = words
plt.figure(figsize=(12, 6))
plt.scatter(T[:, 0], T[:, 1], c='orange', edgecolors='r')
for label, x, y in zip(labels, T[:, 0], T[:, 1]):
    plt.annotate(label, xy=(x+1, y+1), xytext=(0, 0), textcoords='offset
    points')
```

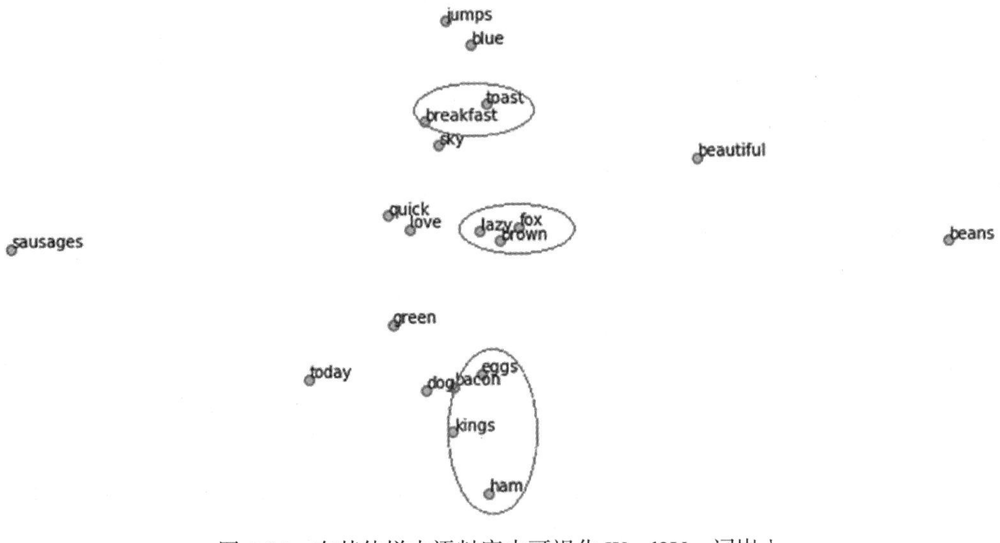

图 4-35   在其他样本语料库中可视化 Word2Vec 词嵌入

　　请记住，我们的语料库非常小，因此要获得有意义的词嵌入以及使模型获得更多上下文和语义，我们需要更多数据。现在，在这种情况下嵌入的单词是什么？它通常是每个单词的稠密向量，如以下示例中描述的单词"sky"所示。

```
w2v_model.wv['sky']

array([ 0.04576328,  0.02328374, -0.04483001,  0.0086611 ,  0.05173225,
        0.00953358, -0.04087641, -0.00427487, -0.0456274 ,  0.02155695],
        dtype=float32)
```

获取文档嵌入的策略

现在，假设我们要对小型语料库中的八个文档进行聚类。我们需要从每个文档出现的每个单词中获取文档级嵌入。一种策略是将文档中每个单词的词嵌入平均。这是一个非常有用的策略，你可以将其用于自己的问题。将其应用于我们的语料库以获取每个文档的特征。请参见图 4-36。

```python
def average_word_vectors(words, model, vocabulary, num_features):

    feature_vector = np.zeros((num_features,),dtype="float64")
    nwords = 0.

    for word in words:
        if word in vocabulary:
            nwords = nwords + 1.
            feature_vector = np.add(feature_vector, model[word])

    if nwords:
        feature_vector = np.divide(feature_vector, nwords)

    return feature_vector


def averaged_word_vectorizer(corpus, model, num_features):
    vocabulary = set(model.wv.index2word)
    features = [average_word_vectors(tokenized_sentence, model, vocabulary,
                num_features) for tokenized_sentence in corpus]
    return np.array(features)

# get document level embeddings
w2v_feature_array = averaged_word_vectorizer(corpus=tokenized_corpus,
model=w2v_model, num_features=feature_size)
pd.DataFrame(w2v_feature_array)
```

	0	1	2	3	4	5	6	7	8	9
0	0.004690	0.009370	-0.009667	0.026014	0.034989	0.010402	-0.033441	-0.011956	-0.000243	0.010552
1	0.005751	0.003210	-0.001964	0.016550	0.030962	0.004340	-0.019463	-0.009149	0.008256	0.019600
2	0.016712	0.004806	-0.001924	-0.027226	0.029162	-0.017201	-0.023197	-0.008610	-0.011976	0.020602
3	-0.009216	0.003900	-0.009232	-0.005232	0.042718	-0.032432	-0.006243	0.013524	0.008095	0.021227
4	-0.016321	-0.008715	-0.001633	-0.000501	0.027367	-0.037861	0.008515	0.021066	0.020373	0.016512
5	0.018538	0.007522	-0.009302	-0.025440	0.037199	-0.009890	-0.021419	-0.011769	-0.002221	0.018277
6	0.008532	0.008041	-0.016573	0.018653	0.036140	0.004038	-0.022891	0.000484	-0.005900	0.015766
7	0.024419	0.012915	-0.010596	-0.039350	0.037018	-0.013378	-0.020677	-0.004417	-0.011864	0.013540

图 4-36　文档级嵌入

现在我们有每个文档的特征，让我们使用近邻传播算法对这些文档进行聚类，该算法是基于数据点之间"消息传递"概念的聚类算法。它不需要将簇的数量作为显式输入，而基于划分的聚类算法通常需要使用簇的数量。第 7 章将对此进行详细讨论。请参见

图 4-37。

```
from sklearn.cluster import AffinityPropagation

ap = AffinityPropagation()
ap.fit(w2v_feature_array)
cluster_labels = ap.labels_
cluster_labels = pd.DataFrame(cluster_labels, columns=['ClusterLabel'])
pd.concat([corpus_df, cluster_labels], axis=1)
```

	文档	类别	簇标签
0	The sky is blue and beautiful.	weather	2
1	Love this blue and beautiful sky!	weather	2
2	The quick brown fox jumps over the lazy dog.	animals	1
3	A king's breakfast has sausages, ham, bacon, eggs, toast and beans	food	0
4	I love green eggs, ham, sausages and bacon!	food	0
5	The brown fox is quick and the blue dog is lazy!	animals	1
6	The sky is very blue and the sky is very beautiful today	weather	2
7	The dog is lazy but the brown fox is quick!	animals	1

图 4-37　根据 Word2Vec 中的文档特征分配的簇

我们可以看到，基于 Word2Vec 特征，我们的算法已将每个文档聚类为正确的组。它非常简约！我们还可以通过使用主成分分析（PCA）将特征大小缩小为 2D，然后将它们可视化（通过对每个簇进行颜色编码），从而可视化每个文档在每个簇中的放置方式。请参见图 4-38。

```
from sklearn.decomposition import PCA

pca = PCA(n_components=2, random_state=0)
pcs = pca.fit_transform(w2v_feature_array)
labels = ap.labels_
categories = list(corpus_df['Category'])
plt.figure(figsize=(8, 6))

for i in range(len(labels)):
    label = labels[i]
    color = 'orange' if label == 0 else 'blue' if label == 1 else 'green'
    annotation_label = categories[i]
    x, y = pcs[i]
    plt.scatter(x, y, c=color, edgecolors='k')
    plt.annotate(annotation_label, xy=(x+1e-4, y+1e-3), xytext=(0, 0),
                 textcoords='offset points')
```

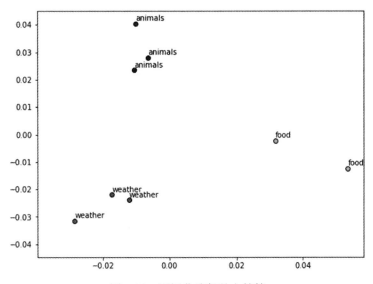

图 4-38 可视化我们的文档簇

一切看起来都井井有条，每个簇中的文档彼此之间更接近，并且与其他簇相距较远。

4.5.5 GloVe 模型

GloVe（全局向量）模型是一种无监督的学习模型，可用于获取类似于 Word2Vec 稠密词向量。但是，它的技术不同，并且对聚合的全局单词–单词共现矩阵进行训练，从而为我们提供具有意义的子结构的向量空间。Pennington 等人在斯坦福大学发明了这种方法，并且我建议你阅读 Pennington 等人关于 GloVe 的原始论文，题为"GloVe: Global Vectors for Word Representation"，这是一本很好的读物，可以使你对这种模型的工作原理有一些了解。

我们不会从头开始详细介绍该模型的实现，但是，如果你对实际代码感兴趣，可以在 https://nlp.stanford.edu/projects/glove/ 上查看 GloVe 官方页面。我们在本书保持简单，并尝试了解 GloVe 模型背后的基本概念。

我们讨论了基于计数的矩阵分解方法（如 LSA）和预测方法（如 Word2Vec）。该论文声称，目前这两个类别都有重大弊端。像 LSA 这样的方法可以有效地利用统计信息，但是它们在词类比任务上的表现相对较差，例如我们如何发现语义上相似的词。诸如 Skip-Gram 之类的方法在类比任务上可能会做得更好，但它们在全局范围内利用语料库的统计数据的效率很低。

GloVe 模型的基本方法是首先创建一个庞大的单词–上下文共现矩阵，该矩阵由（word，context）对组成，这样该矩阵中的每个元素都代表一个单词在上下文中出现的频率（可以是一个序列的单词）。然后是应用矩阵分解来近似该矩阵，如图 4-39 所示。

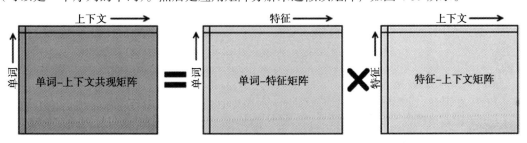

图 4-39 GloVe 模型实现的概念模型

考虑到单词 – 上下文（*WC*）矩阵、单词 – 特征（*WF*）矩阵和特征 – 上下文（*FC*）矩阵，我们尝试分解。

$$WC = WF \times FC$$

因此，我们的目标是通过将 *WF* 和 *FC* 相乘来重建 *WC*。为此，我们通常使用一些随机权重来初始化 *WF* 和 *FC*，并尝试将它们相乘以获得 *WC'*（*WC* 的近似值），并测量其与 *WC* 的接近程度。我们使用随机梯度下降（SGD）多次执行此操作以最大限度地减少误差。

最后，*WF* 为我们提供了每个单词的词嵌入，其中 *F* 可以预设为特定数量的维。要记住的非常重要的一点是，Word2Vec 和 GloVe 模型在工作方式上非常相似。两者的目的都是构建一个向量空间，每个单词的位置都会根据其上下文和语义受到其相邻词的影响。Word2Vec 从单词共现对的本地单个示例开始，而 GloVe 从整个语料库中所有单词的全局汇总共现统计开始。

4.5.6　GloVe 特征用于机器学习任务

让我们尝试将基于 GloVe 的嵌入用于我们的文档聚类任务。非常流行的 spaCy 框架具有根据不同语言模型利用 GloVe 嵌入的功能。你还可以从 Stanford NLP 的网站（https://nlp.stanford.edu/projects/glove/）获取经过预训练的词向量，并根据需要使用 Gensim 或 spaCy 加载它们。我们将安装 spaCy 并使用 **en_vectors_ web_1g** 模型（https://spacy.io/models/en#en_vectors_web_lg），该模型包括了用 GloVe 在 Common Crawl（http://commoncrawl.org/）上稠密训练的 300 维词向量。

```
# Use the following command to install spaCy
> pip install -U spacy
OR
> conda install -c conda-forge spacy
# Download the following language model and store it in disk
https://github.com/explosion/spacy-models/releases/tag/en_vectors_web_lg-2.0.0
# Link the same to spacy
> python -m spacy link ./spacymodels/en_vectors_web_lg-2.0.0/en_vectors_
web_lg en_vecs
Linking successful
    ./spacymodels/en_vectors_web_lg-2.0.0/en_vectors_web_lg -->
    ./Anaconda3/lib/site-packages/spacy/data/en_vecs
You can now load the model via spacy.load('en_vecs')
```

spaCy 中也有自动安装模型的方法，如果需要，你可以查看 https://spacy.io/usage/models 的 "模型和语言" 页面，以获取更多信息。我遇到了一些问题，因此必须手动加载它们。现在，我们使用 spaCy 加载语言模型。

```
import spacy

nlp = spacy.load('en_vecs')
total_vectors = len(nlp.vocab.vectors)
print('Total word vectors:', total_vectors)

Total word vectors: 1070971
```

这验证了一切均正常进行。现在，让我们在小型语料库中获取每个单词的 GloVe 嵌入。请参见图 4-40。

```
unique_words = list(set([word for sublist in [doc.split() for doc in norm_
corpus] for word in sublist]))
word_glove_vectors = np.array([nlp(word).vector for word in unique_words])
pd.DataFrame(word_glove_vectors, index=unique_words)
```

	0	1	2	3	4	5	6	7	8	9	...	290	291	292	
fox	-0.348680	-0.077720	0.177750	-0.094953	-0.452890	0.237790	0.209440	0.037886	0.035064	0.899010	...	-0.283050	0.270240	-0.654800	0.105
ham	-0.773320	-0.282540	0.580760	0.841480	0.258540	0.585210	-0.021890	-0.463680	0.139070	0.658720	...	0.464470	0.481400	-0.829200	0.354
brown	-0.374120	-0.076264	0.109260	0.186620	0.029943	0.182700	-0.631980	0.133060	-0.128980	0.603430	...	-0.015404	0.392890	-0.034826	-0.720
beautiful	0.171200	0.534390	-0.348540	-0.097234	0.101800	-0.170860	0.295650	-0.041816	-0.516550	2.117200	...	-0.285540	0.104670	0.126310	0.126
jumps	-0.334840	0.215990	-0.350440	-0.260020	0.411070	0.154010	-0.386110	0.206380	0.386700	1.460500	...	-0.107030	-0.279480	-0.186200	-0.543
eggs	-0.417810	-0.035192	-0.126150	-0.215930	-0.669740	0.513250	-0.797090	-0.068611	0.634660	1.256300	...	-0.232860	-0.139740	-0.681080	-0.370
beans	-0.423290	-0.264500	0.200870	0.082187	0.066944	1.027600	-0.989140	-0.259950	0.145960	0.766450	...	0.048760	0.351680	-0.786260	-0.368
sky	0.312550	-0.303080	0.019587	-0.354940	0.100180	-0.141530	-0.514270	0.886110	-0.530540	1.556600	...	-0.667050	0.279110	0.500970	-0.277
bacon	-0.430730	-0.016025	0.484620	0.101390	-0.299200	0.761820	-0.353130	-0.325290	0.156730	0.873210	...	0.304240	0.413440	-0.540730	-0.035
breakfast	0.073378	0.227670	0.208420	-0.456790	-0.078219	0.601960	-0.024494	-0.467980	0.054627	2.283700	...	0.647710	0.373820	0.019931	-0.033
toast	0.130740	-0.193730	0.253270	0.090102	-0.272580	-0.030571	0.096945	-0.115060	0.484000	0.848380	...	0.142080	0.481910	0.045167	0.057
today	-0.156570	0.594890	-0.031445	-0.077586	0.278630	-0.509210	-0.066350	-0.081890	-0.047986	2.803600	...	-0.326580	-0.413380	0.367910	-0.262
blue	0.129450	0.036518	0.032298	-0.060034	0.399840	-0.103020	-0.507880	0.076630	-0.422920	0.815730	...	-0.501280	0.169010	0.548250	-0.319
green	-0.072368	0.233200	0.137260	-0.156630	0.248440	0.349870	-0.241700	-0.091426	-0.530150	1.341300	...	-0.405170	0.243570	0.437300	-0.461
kings	0.259230	-0.854690	0.360010	-0.642000	0.568530	-0.321420	0.173250	0.133030	-0.089720	1.528600	...	-0.470090	0.063743	-0.545210	-0.192
dog	-0.057120	0.052685	0.003026	-0.048517	0.007043	0.041856	-0.024704	-0.039783	0.009614	0.308416	...	0.003257	-0.036864	-0.043878	0.000
sausages	-0.174290	-0.064869	-0.046976	0.287420	-0.128150	0.647630	0.056315	-0.240440	-0.025094	0.502220	...	0.302240	0.195470	-0.653980	-0.291
lazy	-0.353320	-0.299710	-0.176230	-0.321940	-0.385640	0.586110	0.411160	-0.418680	0.073093	1.486500	...	0.402310	-0.038554	-0.288670	-0.244
love	0.139490	0.534530	-0.252470	-0.125650	0.048748	0.152440	0.199060	-0.065970	0.128830	2.055900	...	-0.124380	0.178440	-0.099469	0.008
quick	-0.445630	0.191510	-0.249210	0.465900	0.161950	0.212780	-0.046480	0.021170	0.417660	1.686900	...	-0.329460	0.421860	-0.039543	0.150

20 rows × 300 columns

图 4-40　样本语料库中单词的 GloVe 嵌入

现在，我们可以使用 t-SNE 可视化这些嵌入，类似于我们使用 Word2Vec 嵌入所做的操作。请参见图 4-41。

```
from sklearn.manifold import TSNE

tsne = TSNE(n_components=2, random_state=0, n_iter=5000, perplexity=3)
np.set_printoptions(suppress=True)
T = tsne.fit_transform(word_glove_vectors)
labels = unique_words

plt.figure(figsize=(12, 6))
plt.scatter(T[:, 0], T[:, 1], c='orange', edgecolors='r')
for label, x, y in zip(labels, T[:, 0], T[:, 1]):
    plt.annotate(label, xy=(x+1, y+1), xytext=(0, 0), textcoords='offset
    points')
```

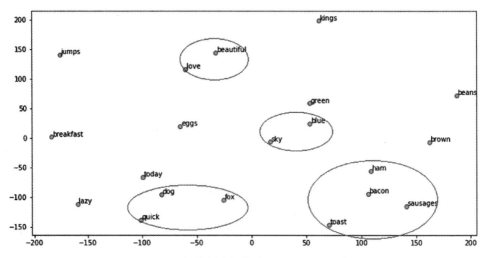

图 4-41   可视化样本语料库上的 GloVe 词嵌入

spaCy 的优点在于，它自动为每个文档中的单词提供平均嵌入，而无须应用像 Word2Vec 中的函数。现在，我们将利用 spaCy 获取语料库的文档特征，并使用 k- 均值聚类算法对文档进行聚类。请参见图 4-42。

```
doc_glove_vectors = np.array([nlp(str(doc)).vector for doc in norm_corpus])

km = KMeans(n_clusters=3, random_state=0)
km.fit_transform(doc_glove_vectors)
cluster_labels = km.labels_
cluster_labels = pd.DataFrame(cluster_labels, columns=['ClusterLabel'])
pd.concat([corpus_df, cluster_labels], axis=1)
```

	文档	类别	簇标签
0	The sky is blue and beautiful.	weather	2
1	Love this blue and beautiful sky!	weather	2
2	The quick brown fox jumps over the lazy dog.	animals	1
3	A king's breakfast has sausages, ham, bacon, eggs, toast and beans	food	0
4	I love green eggs, ham, sausages and bacon!	food	0
5	The brown fox is quick and the blue dog is lazy!	animals	1
6	The sky is very blue and the sky is very beautiful today	weather	2
7	The dog is lazy but the brown fox is quick!	animals	1

图 4-42   根据 GloVe 的文档特征分配的簇

我们看到了与从 Word2Vec 模型获得的相似的簇，这很好！ GloVe 模型声称在许多情况下都比 Word2Vec 模型具有更好的性能，如图 4-43 所示，该模型来自 Pennington 等人的原始论文。

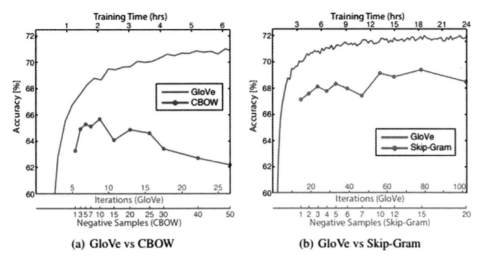

图 4-43　GloVe 与 Word2Vec 的 性 能（来 源：Pennington 等 人 的 https://nlp.stanford.edu/pubs/glove.pdf）

这些实验是通过在相同的 6B 标识符语料库（Wikipedia 2014 + Gigaword 5）上训练 300 维向量来完成的，该语料库具有相同的 400 000 个单词词汇表和大小为 10 的对称上下文窗口（如果你对细节感兴趣）。

4.5.7　FastText 模型

FastText 模型是 Facebook 在 2016 年引入的，作为对 vanilla Word2Vec 模型的扩展和改进。它基于 Mikolov 等人题为"Enriching Word Vectors with Subword Information"的原始论文，这是一篇很好的读物，有助于深入了解该模型的工作原理。总体而言，FastText 是一个用于学习单词表征，并具有稳定、快速和准确的执行特点的文本分类框架。该框架由 Facebook 在 GitHub 上开源，并声称具有以下特点。

❑ 最新的英文词向量

❑ 在 Wikipedia 和 Crawl 上受过训练的 157 种语言的词向量

❑ 语言识别和各种有监督任务的模型

尽管我还没有从头开始实现此模型，但根据研究的论文，以下是我了解到的该模型的工作原理。通常，诸如 Word2Vec 之类的预测模型会将每个单词视为一个不同的实体（例如，where）并生成这个单词的稠密嵌入。但是，这对于具有大量词汇和许多稀有单词的语言是一个严重的限制。Word2Vec 模型通常忽略每个单词的形态结构，并将一个单词视为单个实体。FastText 模型将每个单词视为一个 n-gram 的字符袋。在论文中，这也称为子词模型（subword model）。

我们在单词的开头和结尾添加特殊的边界符号 < 和 >。这使我们能够区分其他字符序列的前缀和后缀。我们还将字母 w 包含在其 n-gram 的集合中，以学习每个单词的表示形式（除了它的 n-gram 字符）。以单词"where"和 n = 3（tri-gram）为例，它将由 n-gram 字符表示：<wh，whe，her，ere，re> 和特殊序列 <where>，它们代表整个词。请注意，对应于单词 <her> 的顺序不同于 tri-gram"her"和单词"where"。

实际上，本文建议提取 $n \geq 3$ 和 $n \leq 6$ 的所有 n-gram。这是一种非常简单的方法，可以考虑使用不同的 n-gram 集，例如采用所有前缀和后缀。我们通常将向量表示形式（嵌入）与一个单词的每个 n-gram 关联。因此，我们可以通过一个单词的 n-gram 的向量表示之和或嵌入这些 n-gram 的平均值来表示一个单词。因此，由于这种基于单个单词字符使用 n-gram 的效果，稀有单词获得良好表示的机会更大，因为基于字符的 n-gram 应该出现在语料库的其他单词中。

4.5.8 FastText 特征用于机器学习任务

Gensim 程序包含有装饰器，这些装饰器提供接口以利用 `gensim.models.fasttext` 模块下可用的 FastText 模型。让我们再次将其应用到圣经语料库中，看看感兴趣的单词和它们最相似的单词。

```python
from gensim.models.fasttext import FastText

wpt = nltk.WordPunctTokenizer()
tokenized_corpus = [wpt.tokenize(document) for document in norm_bible]

# Set values for various parameters
feature_size = 100     # Word vector dimensionality
window_context = 50        # Context window size
min_word_count = 5    # Minimum word count
sample = 1e-3   # Downsample setting for frequent words

# sg decides whether to use the skip-gram model (1) or CBOW (0)
ft_model = FastText(tokenized_corpus, size=feature_size, window=window_
context, min_count=min_word_count,sample=sample, sg=1, iter=50)

# view similar words based on gensim's FastText model
similar_words = {search_term: [item[0]
                   for item in ft_model.wv.most_similar([search_term],
                topn=5)]
                       for search_term in ['god', 'jesus', 'noah',
                       'egypt', 'john', 'gospel', 'moses','famine']}
similar_words

{'egypt': ['land', 'pharaoh', 'egyptians', 'pathros', 'assyrian'],
 'famine': ['pestilence', 'sword', 'egypt', 'dearth', 'blasted'],
 'god': ['lord', 'therefore', 'jesus', 'christ', 'truth'],
 'gospel': ['preached', 'preach', 'christ', 'preaching', 'gentiles'],
 'jesus': ['christ', 'god', 'disciples', 'paul', 'grace'],
 'john': ['baptist', 'baptize', 'peter', 'philip', 'baptized'],
 'moses': ['aaron', 'commanded', 'congregation', 'spake', 'tabernacle'],
 'noah': ['shem', 'methuselah', 'creepeth', 'adam', 'milcah']}
```

你可以在结果中看到很多相似之处（见图 4-44）。你是否注意到任何有趣的关联和相似之处？

Moses & Aaron   Moses会幕

图 4-44 Moses、他的兄弟 Aaron，以及 Moses 会幕都来自我们模型中的相似实体

有了这些嵌入，我们可以执行一些有趣的自然语言任务。其中之一是确定不同单词（实体）之间的相似度。

```
print(ft_model.wv.similarity(w1='god', w2='satan'))
print(ft_model.wv.similarity(w1='god', w2='jesus'))

0.333260876685
0.698824900473

st1 = "god jesus satan john"
print('Odd one out for [',st1, ']:', ft_model.wv.doesnt_match(st1.split()))
st2 = "john peter james judas"
print('Odd one out for [',st2, ']:', ft_model.wv.doesnt_match(st2.split()))

Odd one out for [ god jesus satan john ]: satan
Odd one out for [ john peter james judas ]: judas
```

根据圣经语料库中的文字，我们可以看到"god"与"jesus"的关系比"god"与"satan"的关系更紧密。在两种情况下，其他单词中出现的奇数实体也可以看到相似的结果。

4.6 本章小结

本章我们介绍了各种特征工程技术和模型。我们介绍了传统的、高级的、更新的文本表示模型。请记住，传统策略基于数学、信息检索和自然语言处理的概念。因此，随着时间的推移，这些久经考验的方法已被证明在各种数据集和问题中都是成功的。我们介绍了许多传统的特征工程模型，包括词袋、n-gram、TF-IDF、相似度和主题模型。我们还从头开始实现了一些模型，以通过动手实践示例更好地理解概念。

对于稀疏表示，传统模型有一些局限性，从而导致特征激增。这导致了维数灾难，并丢失了文本数据中相关单词的上下文、顺序和相关序列。这是我们介绍高级特征工程模型的地方，该模型利用深度学习和神经网络模型为任何语料库中的每个单词生成稠密的嵌入。

我们深入研究了 Word2Vec，甚至从头开始训练深度学习模型，以展示 CBOW 和 Skip-Gram 模型的工作方式。理解如何在现实世界中使用特征工程模型也很重要，并且我们演示了如何提取和构建文档级特征并将其用于文本聚类。最后，我们介绍了其他两个高级特征工程模型（GloVe 和 FastText）的基本概念和详细示例。我们鼓励你尝试在自己的问题中利用这些模型。在第 5 章的文本分类中，我们还将使用这些模型！

第 5 章
文 本 分 类

学会处理和理解文本是从文本数据中获取有意义见解的第一步，也是最重要的一步。尽管了解语言的语法、结构和语义很重要，但仅靠其本身不足以得出有用的模式和见解，并最大限度地利用大量文本数据。语言处理的知识与来自人工智能、机器学习和深度学习的概念相结合，有助于构建智能系统，该系统可以利用文本数据帮助解决实际问题，给企业带来商业利益。

机器学习包括有监督学习、无监督学习、强化学习和最新的深度学习。这些领域中的每一个都有几种技术和算法，可以在文本数据的基础上加以利用，从而构建不需要过多人工监督的自学习系统。机器学习模型是数据和算法的结合，我们在第 3 章中构建自己的解析器和标注器时对它们进行了介绍。机器学习的好处是，一旦训练了模型，我们就可以在新的以前看不见的数据上直接使用该模型，从而开始看到有用的见解和期望的结果，这是预测和规范分析的关键！

在自然语言处理（NLP）领域中，最相关和最具挑战性的问题之一是文本分类或归类，通常也称为文档分类。此任务涉及基于每个文本文档的内在属性或特征将文本文档分类或归类为各种（预定义）类别。该技术在各种领域和企业中都有应用程序，包括垃圾电子邮件识别和新闻分类。这个概念可能看起来很简单，如果你的文档数量很少，则可以查看每个文档，并对它要指出的内容有所了解。基于这些知识，你可以将相似的文档分组为类（或类别）。一旦要分类的文本文档数量增加到数十万或数百万，它就会变得更具挑战性。诸如特征提取、有监督或无监督机器学习之类的技术都能派上用场。文档分类是一个普遍的问题，不仅限于文本，还可以扩展到音乐、图像、视频和其他媒体等项目。

为了更清楚地格式化此问题，我们将提供一组给定的类和几个文本文档。请记住，文档基本上是句子或文本段落。这形成一个语料库。我们的任务是确定每个文档所属的一个或多个类。整个过程涉及几个步骤，我们将在稍后详细讨论。简要地说，对于有监督分类问题，我们需要一些可用于训练文本分类模型的标签数据。这个数据本质上是已经预先分配给某些特定类（或类别）的精选文档。使用此方法，我们可以从每个文档中提取特征和属性，并使我们的模型学习与每个特定文档及其类（或类别）相对应的属性。这是通过将其馈送到有监督的机器学习算法来完成的。

当然，在构建模型之前，需要对数据进行预处理和规范化。完成后，我们将遵循相同的规范化和特征提取过程，然后将其馈送到模型以预测新文档的类（或类别）。但是，对于无监督分类问题，我们基本上没有带标签的训练文档，而是使用诸如聚类和文档相似度指标之类的技术根据文档的内在属性对文档进行聚类，并为其分配标签。

在本章将讨论文本文档分类的概念，并学习如何将其表达为有监督的机器学习问题。我们还将讨论分类的各种形式及其含义。此外还提供了完成文本分类工作流程中必需的基本步骤的清晰描述，并且我们涵盖了同一工作流程中的基本步骤。我们在第 3 章和第 4 章中介绍了其中的一些内容，包括文本整理和特征工程以及较新的方面（包括有监督的机器学习分类器、模型评估和调整）。最后，我们将所有这些组件放在一起以构建端到端的文本分类系统。本书的官方 GitHub 存储库中提供了本章中展示的所有代码示例，你可以在 https://github.com/dipanjanS/text-analytics-with-python/tree/master/New-Second-Edition 中 进行访问。

5.1　什么是文本分类

在定义文本分类之前，我们需要了解文本数据的范围以及分类的含义。这里涉及的文本数据可以是短语、句子或带有段落的完整文档的任何内容，可以从语料库、博客、网络上的任何地方，甚至企业数据仓库中获取。文本分类通常也称为文档分类，它涵盖"文档"下所有形式的文本内容。虽然"文档"可以定义为思想或事件的某种具体表示形式（它可以是书面、录音、插图或演示文稿的形式），但我们使用"文档"来表示文本数据（例如句子）或属于英语的段落（只要你能够分析和处理该语言，就可以将其扩展到其他语言！）。

文本分类通常也称为文本归类（text categorization）。但是，出于两个原因，我们明确使用"分类"一词。第一个原因是它表示与文本分类相同的本质，在文本分类中我们要对文档进行分类。第二个原因是描述我们正在使用分类或有监督的机器学习方法对文本进行分类或归类。文本分类可以通过多种方式进行。我们专注于通过有监督的方法进行分类。分类的过程不仅限于文字，还在科学、医疗保健、天气和技术等其他领域也经常使用。

5.1.1　正式定义

现在我们已经明白了所有背景假设，可以正式定义文本分类的任务及其整体范围。假设我们有一组预定义的类，则把文本或文档分类定义为将文本文档分配到一个或多个类（或类别）的过程。这里的文档是文本文档，每个文档可以包含一个句子甚至一个单词段落。文本分类系统可以根据文档的内在属性将每个文档成功分类为正确的类。

从数学上讲，我们可以将其定义为：给定文档 D 的一些描述和属性 d，其中 $d \in D$，并给定一组预定义的类（或类别）$C = \{c_1, c_2, c_3, \cdots , c_n\}$。实际文档 D 可以具有许多内在的属性和特征，从而使其成为高维空间中的实体。使用该空间的子集，它是包含一组有限的描述和特征的集合，表示为 d，我们可以使用文本分类系统 T 将原始文档 D 成功地分配给其正确的类 C_x。这可以表示为 $T : D \rightarrow C_x$。在后面的部分中，我们将详细讨论文本分类系统。图 5-1 显示了文本分类过程高层次的概念表示。

在图 5-1 中，我们可以看到有几个文档可以分配给各种食物、手机和电影。最初，这些文档都一起出现，就像文本语料库中包含各种文档一样。通过文本分类系统（用黑框表示）后，我们可以看到每个文档都被分配到我们先前定义的一个特定类（或类别）。这些文档仅以其实际数据中的名称表示。文档可以包含每个产品的描述、电影流派、产品规格、成分等特定属性，这些基本上是可以用作文本分类系统中的特征的属性，使文档识别和分类更加容易。

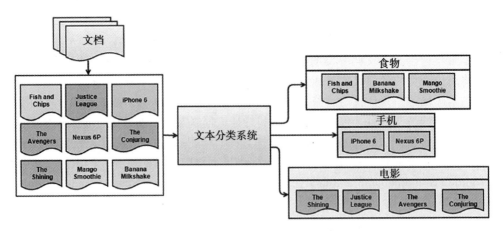

图 5-1　文本分类的概念图

5.1.2　主要的文本分类类型

文本分类有多种类型。我们提到了两种主要类型，它们基于文档内容类型进行分类。

❑ 基于内容的分类

❑ 基于请求的分类

这两类的差异在于文本文档分类方法背后的不同理念，而不在于特定的技术算法或过程。基于内容的分类是根据文本内容主题或题目的属性或权重来进行文档分类的。举个概念性的例子，有本书，其中有关食物准备的内容超过 30%，这本书可以分类为烹饪 / 食谱。基于请求的分类是根据用户请求而受到影响，并且针对特定的用户组和受众。这种类型的分类由基于用户行为和决策的特定策略和思想控制。

5.2　自动文本分类

我们对文本分类的定义和范围有所了解。我们还从概念和数学上正式定义了文本分类，其中我们讨论了一种"文本分类系统"，该系统能够将文本文档分类为各自的类（或类别）。假设几个人仔细阅读每个文档并将其分类，它们是我们正在讨论的文本分类系统的一部分。但是，一旦我们在短时间内对数百万个文本文档进行分类，人工方法将无法很好地扩展。为了使过程更高效、更快捷，我们可以让文本分类任务自动化，从而实现自动化文本分类。为了实现自动文本分类，我们使用了几种机器学习技术和概念。与解决这个问题有关的机器学习技术主要有两种类型如下所示。

❑ 有监督的机器学习

❑ 无监督的机器学习

除了这两种技术之外，还有其他学习算法家族，例如强化学习和半监督学习。我们将更详细地研究有监督和无监督的学习算法，从机器学习的角度了解如何利用这些算法进行文本文档分类。

无监督学习指不需要任何预先标记的训练数据样本即可构建模型的特定机器学习技术或算法。重点在于模式挖掘和在数据中查找潜在的子结构，而不是预测性分析。通常，我们有一组数据点集合，它可以是文本或数字，这具体取决于我们要解决的问题。我们使用称为特征工程的过程从每个数据点集合中提取特征，然后将每个数据点的特征集输入算法中，并尝试从数据中提取有意义的模式，例如尝试使用聚类或基于主题模型的文档摘要技术将相似的数据点组合在一起。

这在文本文档分类中非常有用，也称为文档聚类，其中我们根据文档的特征、相似度和属性将文档聚类为组，而无须在先前标记的数据上训练任何模型。我们将在以后的章节中讨论无监督学习，同时会讨论主题模型、文档摘要、相似度分析和聚类。

有监督的学习指在预先标记的数据样本（也称为训练数据）和相应的训练标签/类上进行训练的特定机器学习技术或算法。使用特征工程从该数据中提取特征，每个数据点都有自己的特征集和相应的标签/类。该算法从训练数据中学习每个类的不同模式。完成此过程后，我们将获得训练有素的模型。一旦我们将未来要测试的数据样本特征提供给模型，就可以使用该模型来预测这些测试数据样本的类别。因此，该机器实际上已经根据先前的训练数据样本学习了如何预测新的看不见的数据样本的类。有监督的学习算法有两种主要类型，如下所述。

- ❑ 分类：当要预测的结果是不同的类别时（即离散类型时），有监督的学习算法称为分类，因此，在这种情况下，结果变量是类别变量。例如新闻类别和电影类型。
- ❑ 回归：当我们要预测的结果是连续的数值变量时，有监督的学习算法称为回归算法。例如房价和天气温度。

正如本章标题所述，我们特别关注分类问题。我们正在尝试将文本文档分为不同的类。我们在实现中遵循使用不同分类模型的有监督的学习方法。

5.2.1　正式定义

现在，我们可以用数学方法定义基于文本的自动或机器学习的过程了。考虑一下，我们现在有了一组训练有素的文档，上面标有它们的相应类（或类别）。这可以用 TS 表示，TS 是一组成对的文档和标签，$TS = \{(d_1, c_1), (d_2, c_2), \cdots, (d_n, c_n)\}$，其中 $d_1, d_2, \cdots, d_n$ 是文本文档的列表。它们对应的标签是 $c_1, c_2, \cdots, c_n$，使得 $c_x \in C = \{c_1, c_2, \cdots, c_n\}$，其中 c_x 表示文档 x 的类标签，C 表示所有可能离散分类的集合，其中任何一个都可以是文档的类。假设我们有训练集，我们可以定义一个有监督的学习算法 F，以便在训练数据集 TS 上对它进行训练时，我们构建分类模型或分类器 γ，可以表示为 $F(TS) = \gamma$。因此，有监督的学习算法 F 接收 TS 的输入集 (document, class) 对，并为我们提供训练好的分类器 γ，这就是我们的模型。此过程称为训练过程。然后，该模型可以采用一个新的、以前未见过的文档 ND，并预测其类 c_{ND}，使得 $c_{ND} \in C$。该过程称为预测过程，可以表示为 $\gamma: TD \rightarrow c_{ND}$。因此，我们可以看到有监督的文本分类过程有两个主要阶段：

- ❑ 训练
- ❑ 预测

要记住的重要一点是，对于有监督的文本分类，一些手动标记的训练数据是必需的，因此，即使我们正在谈论自动文本分类，要启动该过程我们也需要一些人工。当然，这样做的好处是多方面的，因为一旦我们拥有训练有素的分类器，我们就可以使用它以最小的努力和人工监督来预测和分类新文档。我们将在以后的部分中讨论各种学习方法或算法。这些学习算法不仅特定于文本数据，而且是通用的机器学习算法，可以在经过适当的预处理和特征工程后应用于各种类型的数据。我们介绍了几种有监督的机器学习算法，并将其用于解决现实世界中的文本分类问题。

这些算法通常在训练数据集上进行训练，并且通常是在可选的验证集上进行训练，以避免模型在训练数据上过拟合，过拟合基本上意味着该模型将无法很好地概括并正确预测文本文档的新实例。该模型通常基于学习算法，并根据其内部参数中的几个参数（也称为超参数）进行调整，并通过评估各种性能度量指标（如验证集上的准确率）或使用交叉验证来进行调整，在此我们通过随机抽样将训练数据集分为训练集和验证集。由此构成了训练过程，其结果是经过充分训练的模型，可以进行预测。在预测阶段，通常会从测试数据集中获得新的数据点。将它们规范化和进行特征工程后输入模型，并通过评估其预测性能来查看模型的性能如何。

5.2.2   文本分类任务类型

根据要预测的类数和预测的性质，文本分类任务有如下几种类型：

❏ 二元分类
❏ 多类分类
❏ 多标签分类

这些类型的分类基于数据集、与该数据集有关的类 / 类别的数量和可以在任何数据点上预测的类的数量。二元分类是指不同类（或类别）的总数为 2，并且任何预测都可以是二者之一。多类别分类也称为多项式分类，它指类的总数超过 2，并且每个预测给出一个类（或类别）的问题，该类可以属于这些类的任意一个。这是二元分类问题的扩展，即在二元分类问题中，类的总数大于 2。多标签分类指对于任何数据点，每个预测都可以产生一个以上的结果 / 预测类别。

5.3   文本分类蓝图

既然我们知道了自动文本分类的基本范围，本节中将介绍构建自动文本分类系统的完整工作流程的蓝图。这包括在训练和测试阶段必须遵循的一系列步骤。要构建文本分类系统，我们需要确保拥有数据源并检索该数据，以便可以开始将其提供给系统。以下主要步骤概述了文本分类系统的典型工作流程，假设我们已经下载了数据集并准备使用。

❏ 准备训练和测试数据集（验证数据集是可选项）
❏ 预处理和规范化文本文档
❏ 特征提取和工程
❏ 模型训练
❏ 模型预测和评估
❏ 模型部署

为构建文本分类器，需要按照此顺序执行这些步骤。图 5-2 显示了文本分类系统的详细工作流程，其主要组成部分在训练和预测中突出显示。

从图 5-2 中，我们注意到有两个主要的框，分别称为训练和预测，这是构建文本分类器的两个主要阶段。通常，我们拥有的数据集通常分为两个或三个部分，分别称为训练、验证（可选）和测试数据集。请注意，对于这两个过程，图 5-2 中的"文本规范化"模块和"特征提取"模块重叠。这表明无论我们要分类和预测哪个文档，都必须在训练和预测过程中进行相同的一系列转换。首先对每个文档进行预处理和规范化,然后提取与该文档有关的特定特征。这些过程在"训练"和"预测"过程中始终是统一的,以确保我们的分类模型在其预测中始终保持一致。

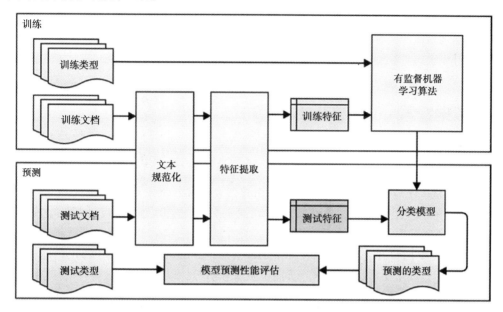

图 5-2　构建自动文本分类系统的蓝图

　　在"训练"过程中,每个文档都有其自己对应的类(或类别),这些类(或类别)是事先手动标记或策划的。这些训练文本文档在"文本规范化"模块中进行了预处理和规范化,从而为我们提供了干净且标准化的训练文本文档。然后将它们传递到"特征提取"模块,在其中使用不同的特征提取或工程技术从已处理的文本文档中提取有意义的特征。流行的特征提取技术在第 4 章中进行了广泛讨论,本章将使用其中一些!这些功能通常是数组或向量,原因是标准的机器学习算法仅适用于数字向量,而不适用于原始的非结构化数据(如文本)。一旦获得特征,就可以选择一种或多种有监督的机器学习算法并训练我们的模型。

　　训练模型涉及从文档和相应的标签中获取特征向量,使算法可以学习与每个类(或类别)相对应的各种模式,并可以重用此知识来预测将来新文档的类别。通常,使用可选的验证数据集来评估分类算法的性能,以确保其在训练过程中能很好地概括数据。这些特征与机器学习算法的结合产生了分类模型,该分类模型是最终成品或"训练"过程的输出。通常,使用称为超参数调整的流程,调节各种模型参数,从而构建性能更好的最佳模型。我们将在实际操作示例中对此进行探讨。

　　"预测"过程涉及尝试预测新文档的类或评估预测如何处理以前从未见过的新测试数据。测试数据集文档将经历相同的规范化、特征提取和工程过程。然后,将测试文档特征向量传递到经过训练的"分类模型",该模型基于先前学习的模式来预测每个文档的可能的类(此处不进行任何训练,如果你有一个可以从反馈中学习的模型,则可能会在以后进行)。如果你拥有手动标记的文档的真实类标签,则可以通过使用各种度量指标(例如准确率、精度、召回率和 F1 分数等)比较真实标签和预测标签来评估模型的预测性能。根据模型对新文档的预测将使你了解模型的性能。

　　一旦有了一个稳定且有效的模型，最后一步就是部署模型，这通常涉及保存模型及其必要的依赖关系，并将其部署为服务、API 或可执行的程序。它可以将新文档的类型预测为批处理作业，或者作为 Web 服务进行访问时，根据用户的请求进行预测。部署机器学习模型的方式有很多种，这通常取决于你以后想要访问它的方式。现在，我们讨论该蓝图中的每个主要模块和组件，并实现 / 重用这些模块，以便我们可以将它们集成并构建实际的自动化文本分类器。

5.4　数据检索

　　显然，任何数据科学或机器学习流水线中的第一步都是访问和检索分析构建机器学习模型所需的数据。为此，我们使用了非常受欢迎但不平凡的 20 个新闻组数据集，可使用 Scikit-Learn 直接下载该数据集。20 个新闻组数据集包含分布在 20 个不同类别或主题中的大约 18 000 个新闻组帖子，因此使其成为 20 类的分类问题，与预测电子邮件中的垃圾邮件相比，这绝对不是一件容易的事。请记住，类数越多，构建准确的分类器就越复杂。

　　有关数据集的详细信息可以在 http://scikit-learn.org/0.19/datasets/twenty_newsgroups.html 上找到，建议从文本文档中删除页眉、页脚和引号，以防止模型过度拟合或由于某些特定的标题或电子邮件地址而导致无法一概而论。值得庆幸的是，Scikit-Learn 意识到了这个问题，加载 20 个新闻组数据集的函数提供了一个名为 remove 的参数，告诉它要从每个文件中删除哪些信息。remove 参数应该是一个包含 ('headers', 'footers', 'quotes') 的任何子集的元组，告诉它分别删除页眉、签名块和引号块。

　　在数据预处理阶段删除这三个项目之后，我们还将删除空的或不包含任何内容的文档，因为尝试从空文档中提取特征将毫无意义。首先，加载必需的数据集并定义用于构建训练和测试数据集的特征。我们加载常用的依赖项，包括我们在第 3 章中构建的文本预处理和规范化模块，称为 text_normalizer。

```
from sklearn.datasets import fetch_20newsgroups
import numpy as np
import text_normalizer as tn
import matplotlib.pyplot as plt
import pandas as pd
import warnings
warnings.filterwarnings('ignore')

%matplotlib inline
```

　　现在，我们利用 Scikit-Learn 的帮助程序功能来获取所需的数据。一旦获得数据，我们便将该数据转换为易于使用的数据框（dataframe）。请参见图 5-3。

```
data = fetch_20newsgroups(subset='all', shuffle=True,
                          remove=('headers', 'footers', 'quotes'))
data_labels_map = dict(enumerate(data.target_names))

Downloading 20news dataset. This may take a few minutes.
Downloading dataset from https://ndownloader.figshare.com/files/5975967 (14 MB)
```

```
# building the dataframe
corpus, target_labels, target_names = (data.data, data.target,
                                        [data_labels_map[label] for label in
data.target])
data_df = pd.DataFrame({'Article': corpus, 'Target Label': target_labels,
'Target Name': target_names})
print(data_df.shape)
data_df.head(10)

(18846, 3)
```

	Article	Target Label	Target Name
0	\n\nI am sure some bashers of Pens fans are pr...	10	rec.sport.hockey
1	My brother is in the market for a high-perform...	3	comp.sys.ibm.pc.hardware
2	\n\n\n\tFinally you said what you dream abou...	17	talk.politics.mideast
3	\nThink!\n\nIt's the SCSI card doing the DMA t...	3	comp.sys.ibm.pc.hardware
4	1) I have an old Jasmine drive which I cann...	4	comp.sys.mac.hardware
5	\n\nBack in high school I worked as a lab assi...	12	sci.electronics
6	\n\nAE is in Dallas...try 214/241-6060 or 214/...	4	comp.sys.mac.hardware
7	\n[stuff deleted]\n\nOk, here's the solution t...	10	rec.sport.hockey
8	\n\n\nYeah, it's the second one. And I believ...	10	rec.sport.hockey
9	\nIf a Christian means someone who believes in...	19	talk.religion.misc

图 5-3 20 个新闻组数据集

从该数据集中，我们可以看到每个文档都有一些文本内容，并且标签可以由一个特定的数字表示，该数字映射到新闻组类别名称。图 5-3 描述了一些数据样本。

5.5 数据预处理和规范化

在这之前我们要对文档进行预处理和规范化，让我们看一下数据集中潜在的空文档并将其删除。

```
total_nulls = data_df[data_df.Article.str.strip() == ''].shape[0]
print("Empty documents:", total_nulls)

Empty documents: 515
```

现在，我们可以使用简单的 pandas 过滤器操作，并删除文章中所有没有文本内容的记录，如下所示。

```
data_df = data_df[~(data_df.Article.str.strip() == '')]
data_df.shape

(18331, 3)
```

这很整齐！现在，我们需要考虑一般的文本预处理或整理阶段。这涉及清理、预处理和规范化文本，以使诸如句子、短语和单词之类的文本组件变为某种标准格式。这可以实现我们文档语料库的标准化，这有助于构建有意义的功能并帮助减少噪声，因为不相关的符号、特殊字符、XML 和 HTML 标签等许多因素可能会引入噪声。我们已经在第 3 章中对此进行了详细讨论。但是这里仅作简要回顾，我们的文本规范化流水线中的主要组件描述如下。请记住，它们都可以作为 `text_normalizer.py` 文件中存在的 `text_normalizer` 模块的一部分使用。

❑ **清理文本**：我们的文本通常包含不必要的内容，例如 HTML 标签，这些内容在分析情感时不会增加太多价值。因此，我们需要确保在提取特征之前将其删除。BeautifulSoup 库在为此提供必要的功能方面做得很好。`strip_html_tags(...)` 函数可以清除并剥离 HTML 代码。

❑ **删除重音字符**：在数据集中，我们正在处理英语评论，因此我们需要确保将任何其他格式的字符（尤其是重音字符）转换并标准化为 ASCII 字符。一个简单的示例是将 é 转换为 e。`remove_accented_chars(...)` 函数在这方面有所帮助。

❑ **扩展缩写**：在英语中，缩写基本上是单词或音节的缩短版本。它们通过删除特定的字母和音调来创建的。通常，从单词中删除元音。例子包括 do not 缩写成 don't、I would 缩写成 I'd。缩写在文本规范化中带来了一个问题，因为我们必须处理诸如撇号的特殊字符，并且还必须将每个缩写转换为其扩展的原始形式。`expand_contractions(...)` 函数可以使用正则表达式和 `contractions.py` 模块中映射的各种缩写来扩展文本语料库中的所有缩写。

❑ **删除特殊字符**：清除和规范化文本的另一项重要任务是删除特殊字符和符号，这些字符和符号通常会增加非结构化文本的额外噪声。简单的正则表达式可用于实现此目的。`remove_special_ characters(...)` 函数可以帮助删除特殊字符。在我们的代码中，我们保留了数字，但是如果你不想在规范化语料库中使用数字，也可以删除数字。

❑ **词干提取和词形还原**：词干是可能的单词基本形式，可以通过在词干上附加前缀和后缀等词缀来创建新单词，这称为词形变化。获得单词基本形式的逆过程称为词干提取。一个简单的例子是 watches、watching 和 watched。它们以词干 watch 为基本形式。NLTK 软件包提供了广泛的词干解析器，例如 PorterStemmer 和 LancasterStemmer。词形还原与词干提取非常相似，在词形还原中，我们删除词缀以得到单词的基本形式。然而，在这种情况下，基本形式称为词根，而不是词干。区别在于，词根始终是词典上正确的单词（在词典中存在），但词干可能并不总是正确的单词。我们仅在标准化流水线中使用词形还原来保留字典上正确的单词。`lemmatize_text(...)` 函数在这方面可以帮助我们。

❑ **删除停用词**：意义不大或没有意义的单词，尤其是从文本构造有意义的特征时，这种单词称为停用词。如果你在文档语料库中使用简单的词项或单词频率，则这些单词通常以最高频率出现。诸如"a""an""the"等词都是停用词。没有通用停用词列表，但我们使用 NLTK 中的标准英语停用词列表。如果需要，你可以添加自己的特定域的停用词。函数 `remove_stopwords(...)` 有助于删除停用词并保留语料库中具有最重要意义和上下文的单词。

我们使用所有这些组件，并在称为 `normalize_corpus(...)` 的函数中将它们绑定在一起，该函数可将文档语料库作为输入，并返回包含已清理和规范化的文本文档的相同语料库。这在我们的文本规范化模块中可用。让我们现在对此进行测试！请参见图 5-4。

```
import nltk
stopword_list = nltk.corpus.stopwords.words('english')
# just to keep negation if any in bi-grams
stopword_list.remove('no')
stopword_list.remove('not')

# normalize our corpus
norm_corpus = tn.normalize_corpus(corpus=data_df['Article'], html_stripping=True,
                                  contraction_expansion=True, accented_char_removal=True,
                                  text_lower_case=True, text_lemmatization=True,
                                  text_stemming=False, special_char_removal=True,
                                  remove_digits=True, stopword_removal=True,
                                  stopwords=stopword_list)
data_df['Clean Article'] = norm_corpus

# view sample data
data_df = data_df[['Article', 'Clean Article', 'Target Label', 'Target Name']]
data_df.head(10)
```

	Article	Clean Article	Target Label	Target Name
0	\n\nI am sure some bashers of Pens fans are pr...	sure basher pen fan pretty confused lack kind ...	10	rec.sport.hockey
1	My brother is in the market for a high-perform...	brother market high performance video card sup...	3	comp.sys.ibm.pc.hardware
2	\n\n\n\n\tFinally you said what you dream abou...	finally say dream mediterranean new area great...	17	talk.politics.mideast
3	\nThink!\n\nIt's the SCSI card doing the DMA t...	think scsi card dma transfer not disk scsi car...	3	comp.sys.ibm.pc.hardware
4	1) I have an old Jasmine drive which I cann...	old jasmine drive not use new system understan...	4	comp.sys.mac.hardware
5	\n\nBack in high school I worked as a lab assi...	back high school work lab assistant bunch expe...	12	sci.electronics
6	\n\nAE is in Dallas...try 214/241-6060 or 214/...	ae dallas try tech support may line one get start	4	comp.sys.mac.hardware
7	\n[stuff deleted]\n\nOk, here's the solution t...	stuff delete ok solution problem move canada y...	10	rec.sport.hockey
8	\n\n\nYeah, it's the second one. And I believ...	yeah second one believe price try get good loo...	10	rec.sport.hockey
9	\nIf a Christian means someone who believes in...	christian mean someone believe divinity jesus ...	19	talk.religion.misc

图 5-4 文本预处理后的 20 个新闻组数据集

现在，我们有了一个很好的预处理和规范化的文章语料库。但是，等等，还没有结束！在预处理之后，可能有些文档最终可能为空或失效。我们使用以下代码测试此假设，并从语料库中删除这些文档。

```
data_df = data_df.replace(r'^(\s?)+$', np.nan, regex=True)
data_df.info()

<class 'pandas.core.frame.DataFrame'>
Int64Index: 18331 entries, 0 to 18845
Data columns (total 4 columns):
Article          18331 non-null object
Clean Article    18304 non-null object
Target Label     18331 non-null int64
Target Name      18331 non-null object
dtypes: int64(1), object(3)
memory usage: 1.3+ MB
```

在预处理操作之后，我们肯定有一些失效文章。我们可以使用以下代码安全地删除这些失效文档。

```
data_df = data_df.dropna().reset_index(drop=True)
data_df.info()

<class 'pandas.core.frame.DataFrame'>
RangeIndex: 18304 entries, 0 to 18303
Data columns (total 4 columns):
Article          18304 non-null object
Clean Article    18304 non-null object
Target Label     18304 non-null int64
Target Name      18304 non-null object
dtypes: int64(1), object(3)
memory usage: 572.1+ KB
```

现在，我们可以使用该数据集来构建文本分类系统。如果需要，请使用以下代码随意存储数据集，这样你就无须每次都运行预处理步骤。

```
data_df.to_csv('clean_newsgroups.csv', index=False)
```

5.6 构建训练和测试数据集

要构建机器学习系统，我们需要在训练数据上构建模型，然后在测试数据上测试和评估其性能。因此，我们将数据集分为训练和测试数据集。我们将训练数据集和测试数据集拆分为总数据的 67% 和 33%。

```
from sklearn.model_selection import train_test_split

train_corpus, test_corpus, train_label_nums, test_label_nums, train_label_
names, test_label_names = train_test_split(np.array(data_df['Clean Article']),
                                           np.array(data_df['Target Label']),
                                           np.array(data_df['Target Name']),
                                           test_size=0.33, random_state=42)

train_corpus.shape, test_corpus.shape

((12263,), (6041,))
```

你还可以使用以下代码观察不同新闻组类别的各种文章的分布。然后，我们可以了解使用多少文档来训练模型，以及使用多少文档来测试模型。请参见图 5-5。

```
from collections import Counter

trd = dict(Counter(train_label_names))
tsd = dict(Counter(test_label_names))

(pd.DataFrame([[key, trd[key], tsd[key]] for key in trd],
             columns=['Target Label', 'Train Count', 'Test Count'])
.sort_values(by=['Train Count', 'Test Count'],
             ascending=False))
```

	Target Label	Train Count	Test Count
19	comp.windows.x	693	287
0	rec.sport.hockey	666	308
1	comp.graphics	664	289
6	sci.crypt	660	302
5	soc.religion.christian	653	321
9	sci.electronics	649	307
13	misc.forsale	645	314
2	comp.sys.ibm.pc.hardware	639	324
10	sci.med	638	322
17	comp.sys.mac.hardware	632	295
15	comp.os.ms-windows.misc	631	315
7	sci.space	629	324
18	rec.motorcycles	618	351
14	rec.sport.baseball	615	336
16	rec.autos	606	328
8	talk.politics.guns	604	281
4	talk.politics.mideast	592	326
11	talk.politics.misc	512	244
3	alt.atheism	511	268
12	talk.religion.misc	406	199

图 5-5　20 个新闻组分配的培训和测试文章

现在，我们简要介绍各种特征工程技术，本章将使用这些技术来构建文本分类模型。

5.7　特征工程技术

可以将各种特征提取或特征工程技术应用于文本数据，但是在深入学习之前，让我们简要回顾特征的含义，为什么需要它们以及它们如何发挥作用。在数据集中，通常有许多数据点，其中数据集的行和列是数据集的各种特征或属性，每行或每个观测值都有特定的值。

在机器学习术语中，特征是数据集中每个观察点或数据点的唯一可测量的内在属性。特征通常本质上是数字，它可以是绝对数值或分类特征，可以使用称为独热（one-hot）编码的过程将其编码为列表中每个类别的二进制特征。可以使用称为标签编码（label-encoding）的过程将它们表示为不同的数字实体。提取和选择特征的过程既是一门艺术，也是一门科学，这一过程称为特征提取或特征工程。

特征工程非常重要，通常称为创建卓越和性能更好的机器学习模型的秘诀。提取的特征被输入机器学习算法中，并用于学习模式，这些模式可以应用于将来的新数据点以获取见解。这些算法通常期望数值向量形式的特征，因为每种算法在尝试从数据点和观测值学习模式时，本质上都是一种优化数学运算并将损失和误差最小化。因此，文本数据带来了额外的挑战，即确定如何从文本数据中转换和提取数字特征。

在第 4 章中，我们详细介绍了文本数据的最新特征工程技术。在以下各节中，我们简要回顾第 4 章中使用的方法。但是，如果要深入探讨，我建议读者阅读第 4 章。

5.7.1　传统特征工程模型

文本数据的传统（基于计数）特征工程策略涉及属于一个模型家族的模型，通常称为"词袋模型"。尽管它们是从文本中提取特征的有效方法，但由于该模型的内在性质只是一袋非结构化的单词，我们丢失了其他信息，例如每个文本文档中单词的语义、结构、顺序和上下文。

- ❏ 词袋（词频）模型：词袋模型将每个文本文档表示为数字向量，其中每个维度是语料库中的特定单词，值可以是其在文档中出现的频率（出现与否用 1 或 0 表示），也可以是加权值。该模型的名称之所以如此，是因为每个文档实际上都是用自己的词袋表示的，而无须考虑单词顺序、序列和语法。

- ❏ n-gram 词袋模型：n-gram 基本上是文本文档中单词标识符的集合，因此这些标识符是连续的并按顺序出现。bi-gram 表示二元的 n-gram（即两个单词），tri-gram 表示三元的 n-gram（即三个单词），依此类推。n-gram 词袋模型只是一种利用基于 n-gram 特征的词袋模型的扩展。

- ❏ TF-IDF 模型：TF-IDF 代表词频 – 逆文档频率，它是两个度量指标（词频（TF）和逆文档频率（IDF））的组合。该技术最初被开发为一种度量指标，基于用户查询显示搜索引擎结果，并已成为信息检索和文本特征提取的一部分。

5.7.2　高级特征工程模型

传统的文本数据（基于计数）特征工程策略包括属于一个模型家族的模型，这些模型通常称为词袋模型。这包括词频、TF-IDF、n-gram 等。尽管它们是从文本中提取特征的有效方法，但存在严重的局限性，我们会丢失其他信息，例如每个文本文档中单词的语义、结构、序列和上下文。这形成了足够的动机，促使我们探索可以捕获此信息的更复杂的模型，并为我们提供以单词的向量为表示形式（通常称为嵌入）的特征。我们使用如基于神经网络的语言模型之类的预测方法，该方法通过查看语料库中的单词序列来尝试从其相邻单词中预测单词。在此过程中，它学习分布式表示法，从而为我们提供稠密的词嵌入。这些模型通常也称为词嵌入模型。

- ❏ Word2Vec 模型：此模型由谷歌于 2013 年创建，是一种基于预测性深度学习的模型，用于计算和生成高质量、分布式和连续稠密向量表示的单词，以捕获上下文和语义相似度。通常，你可以指定词嵌入向量的大小，向量的总数本质上是词汇表的大小。这使得该稠密向量空间的维数比使用传统的词袋模型构建的高维稀疏向量空间的维数低得多。Word2Vec 可以利用两种不同的模型架构来创建这些词嵌入表示，其中包括连续词袋（CBOW）模型和 Skip-Gram 模型。

- ❏ GloVe 模型：GloVe（Global Vector）模型，这是一种无监督的学习模型，可用于获取稠密的词向量，类似于 Word2Vec。然而，该技术是不同的，并且对聚合在一起的

全局单词 – 单词共现矩阵进行训练，从而为我们提供具有意义的子结构向量空间。

❑ FastText 模型：FastText 模型是 Facebook 在 2016 年引入的，是对 vanilla Word2Vec 模型的扩展和改进。它基于 Mikolov 等人的题为 "Enriching Word Vectors with Subword Information" 的原始论文，这篇论文是深入了解该模型的工作原理的极好阅读。总体而言，FastText 是一个用于学习单词表示并执行健壮、快速和准确的文本分类的框架。Word2Vec 模型通常忽略每个单词的形态结构，并将一个单词视为单个实体。FastText 模型将每个单词视为一个 n-gram 的字符袋。在论文中，这也称为子词模型。

这应该使我们对在文章中使用的特征工程技术的类型有足够的了解，以便从非结构化文本数据中以结构化数字向量的形式获得有效的特征表示。在 5.8 节中，我们将快速浏览一些常见的有监督的学习 / 分类模型，这些模型稍后将用于构建文本分类系统。

5.8 分类模型

分类模型是有监督的机器学习算法，用于根据过去观察到的数据对数据点进行分类、归类或标注。每个分类算法都是有监督的学习算法，因此需要训练数据。该训练数据由一组训练观测值组成，其中每个观测值都是一对，由输入数据点（通常是我们先前观测到的特征向量）和该输入观测值的相应输出结果组成。在建模时，分类算法经历三个阶段：

❑ 训练
❑ 评估
❑ 调试

训练是有监督的学习算法尝试从训练数据中推断模式的过程，以便它可以识别导致特定结果的模式。这些结果通常称为类标签 / 类变量 / 响应变量。我们通常会进行特征提取或特征工程处理，以在训练之前从原始数据中得出有意义的特征。这些特征集被提供给我们选择的算法，然后尝试从这些特征及其相应的结果中识别出模式。其结果是称为模型或分类模型的推断功能。该模型被认为可以从训练集的学习模式中获得足够的概括，以便将来可以预测新数据点的类别或结果。

评估包括尝试测试模型的预测性能，以查看模型在训练数据集上的训练和学习情况。为此，我们使用一个验证数据集，通过对该数据集进行预测并针对实际的类标签（也称为真实值）测试我们的预测，以此评估模型的性能。我们还经常使用交叉验证，将数据分为多份，并将其中的一部分用于训练，其余用于验证训练后的模型。

需要记住的一点是，我们还根据验证结果对模型进行了调整，以达到最佳配置，从而产生了最大的准确率和最小的误差。我们还根据保留数据集或测试数据集来评估模型，但我们从未针对该数据集调整模型，因为这会导致模型与测试数据集的具体特征产生偏差或过度拟合。保留或测试数据集某种程度上代表了新的真实数据样本的外观，模型将为其生成预测，以及模型如何执行这些新数据样本。我们研究了各种度量指标，这些度量指标通常在之后的章节中用于评估和衡量模型的性能。

调试也称为超参数调试或优化，在此我们专注于尝试优化模型，以最大化其预测能力并减少误差。每个模型的核心都是带着几个参数的数学函数，这些参数可以确定模型复杂性、学习能力等。这些参数也称为超参数，因为它们无法直接从数据中学习，必须在运行和训练模型之前进行设置。因此，选择最佳的一组模型超参数使模型的性能产生良好的预测精度的过程称为模型调优，我们可以通过多种方式执行该过程，例如随机搜索和网格搜索。我们将在动手实现过程中研究一些模型调优。

通常，存在各种分类算法，但是由于本章的范围与文本分类有关，因此我们将不对每种算法进行详细介绍，这也不是一本仅着眼于机器学习的书。但是，我们将介绍一些算法，这些算法将在构建分类模型时使用。

- ❑ 多项式朴素贝叶斯
- ❑ 逻辑回归
- ❑ 支持向量机
- ❑ 随机森林
- ❑ 梯度提升机

还有其他几种分类算法。但是，上述算法是一些最常用和最受欢迎的文本数据算法。此列表中提到的最后两个模型是集成技术，它们使用模型的集合或集成来学习和预测结果，包括随机森林和梯度提升。除此之外，基于深度学习的技术最近也变得很流行，该技术使用多个隐藏层并结合了多个神经网络模型来构建复杂的分类模型。在将这些算法用于分类问题之前，我们简要介绍这些算法的一些基本概念。

5.8.1 多项式朴素贝叶斯

该算法专门用于预测和分类任务，当我们有两个以上的类时，该算法是流行的朴素多项式算法的特例。在研究多项式朴素贝叶斯之前，我们先来看一下朴素贝叶斯算法的定义和公式。朴素贝叶斯算法是一种有监督的学习算法，将非常流行的贝叶斯定理付诸实践。但是，这里有一个"朴素"的假设，即每个特征都完全独立于其他特征。在数学上，我们可以将其表示为：给定一个响应类变量 y 和一组由 n 个特征组成的特征向量 $\{x_1, x_2, \cdots, x_n\}$，并使用贝叶斯定理，在给定这些特征的情况下，$y$ 发生的概率如下所示：

$$P(y\,|\,x_1, x_2, \cdots, x_n) = \frac{P(y) \times P(x_1, x_2, \cdots, x_n\,|\,y)}{P(x_1, x_2, \cdots, x_n)}$$

假设

$$P(x_i\,|\,y, x_1, x_2, \cdots, x_{i-1}, x_{i+1}, \cdots, x_n) = P(x_i\,|\,y)$$

对于所有 i，我们可以如下表示：

$$P(y\,|\,x_1, x_2, \cdots, x_n) = \frac{P(y) \times \prod_{i=1}^{n} P(x_i\,|\,y)}{P(x_1, x_2, \cdots, x_n)}$$

其中 i 的范围是 1 到 n。简单来说，可以表示为：

$$posterior = \frac{prior \times likelihood}{evidence}$$

由于 $P(x_1, x_2, \cdots, x_n)$ 是常数，因此模型可以表示为：

$$P(y\,|\,x_1, x_2, \cdots, x_n) \alpha P(y) \times \prod_{i=1}^{n} P(x_i\,|\,y)$$

这意味着，在先前特征之间具有独立性的假设（每个特征在条件上彼此独立）中，可以使用以下数学方程式来表示要预测的类变量 y 的条件分布：

$$P(y \mid x_1, x_2, \cdots, x_n) = \frac{1}{Z} P(y) \times \prod_{i=1}^{n} P(x_i \mid y)$$

其中的证据度量指标 $Z = p(x)$ 是一个取决于特征变量的常数比例因子。从这个方程，我们通过将其与 MAP（Maximum A Posteriori）决策规则组合来构建朴素贝叶斯分类器，该规则代表最大后验。在当前范围内不可能进入统计细节，但是通过使用它，分类器可以表示为数学函数，该函数分配预测的类标签 $\hat{y} = C_k$，对于 k 使用下面的表示：

$$\hat{y} = \underset{k \in \{1, 2, \cdots, K\}}{\arg\max} \, P(C_k) \times \prod_{i=1}^{n} P(x_i \mid C_k)$$

该分类器通常被认为是简单的，从名称上可以很明显地看出来，也因为我们对数据和特征所做的一些假设，然而在现实世界中可能并非如此。但是，该算法在与分类有关的许多用例（包括多类文档分类、垃圾邮件过滤等）中仍然可以非常有效地工作。与其他分类器相比，它们可以训练得非常快，并且即使我们没有足够的训练数据，也可以很好地工作。当模型具有许多特征时，模型通常不会表现良好，这种现象被称为维数灾难。朴素贝叶斯通过解耦与类变量相关的条件特征分布来解决此问题，从而导致将每个分布独立地估计为单一维度的分布。

多项式朴素贝叶斯算法是对数据点进行预测和分类的算法的扩展，其中不同类或输出的数量大于两个。在这种情况下，通常将特征向量假定为词袋模型中的单词计数，但是也可以使用基于 TF-IDF 的权重。一个局限性是不能将基于负权重的特征引入该算法。每个类标签 y 的分布可以表示为 $p_y = \{p_{y1}, p_{y2}, \cdots, p_{yn}\}$，特征总数为 n，这可以表示为文本分析中不同单词或词项的总词汇量。根据上面的公式，$p_{yi} = P(x_i|y)$ 表示输出结果或类型为 y 的任何观察样本中特征 i 的概率。可以使用最大似然估计的平滑版本（使用相对频率）来估计参数 p_y，其表示如下：

$$\hat{p}_{yi} = \frac{F_{yi} + \alpha}{F_y + \alpha n}$$

其中 $F_{yi} = \sum_{x \in TD} x_i$ 是训练数据集 TD 中类别标签 y 的样本中特征 i 的出现频率，而 $F_y = \sum_{i=1}^{|TD|} F_{yi}$ 是类别标签 y 的所有特征的总频率。先验 $\alpha \geqslant 0$ 可以进行一定程度的平滑，这可以解释学习数据点中不存在的特征，并有助于消除零概率相关问题。此参数有一些常用的特定设置。$\alpha = 1$ 称为 Laplace 平滑，而 $\alpha < 1$ 称为 Lidstone 平滑。Scikit-Learn 库在 `MultinomialNB` 类中为多项式朴素贝叶斯提供了出色的实现，稍后在构建文本分类器时使用。切记不要将 α 值盲目地设置得过高，因为这可能会导致模型错误地假设某些不存在的特征是预测特定类的重要特征（由于其过度平滑）。

5.8.2 逻辑回归

逻辑回归模型实际上是统计学家 David Cox 在 1958 年开发的统计模型。由于逻辑回归模型使用逻辑（通常也称为 sigmoid）数学函数来估计参数值，因此也称为 logit 或 logistic 模型。这些是我们所有特征的系数，因此，在预测结果时（在本例中为新闻组类别），可以将总损失降到最低。但是，我们不关注误差，而是更多地使用最大似然估计（MLE）将预测值与观察值的可能性最大化。

考虑到在逻辑模型中预测两个类（0 或 1）的二元分类问题，标签为 1 的类（或类别）的对数奇数（奇数的对数）基本上是线性回归模型的方程（一个或多个独立特征的线性组合，可以是离散的或连续的）。但是，我们需要预测离散的类（或类别）。因此，标签为 1 的类的相应概率可以在 0 到 1 之间变化，它描述了预测的置信度。帮助我们把对数转换为概率的函数是逻辑函数。可以通过以下公式在数学上描述标准的 sigmoid 或逻辑函数：

$$\frac{1}{1+e^{-x}}$$

其中 e 是指数（即欧拉数），x 表示典型方程，可以从线性回归方程中导出，我们尝试估算特征系数。该函数通常看起来像 S 形曲线，如图 5-6 所示。

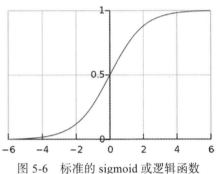

图 5-6　标准的 sigmoid 或逻辑函数

对数奇数标度的标准度量单位来自对数单位，称为 logit，因此我们有此模型的替代名称。要了解此模型的工作原理，你需要深入研究数学，而本书的目的不是开设机器学习课程。但是，我们将为注重数学的人简要介绍一下！考虑一个标准的多元线性回归模型，如下所示：

$$y = \beta_0 + \beta_1 x_1 + \beta_2 x_2 + \cdots + \beta_n x_n$$

$\{x_1, x_2, \cdots, x_n\}$ 是我们的特征，我们正在尝试估计系数 $\{\beta_1, \beta_2, \cdots, \beta_n\}$。考虑到我们需要预测分类类别，我们可以将其表示为对数奇数，如下所示，使用概率 p 的 logit。

$$logodds = logit(p) = \beta_0 + \beta_1 x_1 + \beta_2 x_2 + \cdots + \beta_n x_n$$

这意味着，如果 p 是预测特定类别的概率，那么 $\frac{p}{1-p}$ 是有利结果与不利结果的比例。同样，p 的 logit 基本上是对数。因此，我们可以从数学上推导如下：

$$logit(p) = \log\left(\frac{p}{1-p}\right) = \beta_0 + \beta_1 x_1 + \beta_2 x_2 + \cdots + \beta_n x_n$$

如果要获得逻辑回归模型输出的类概率值，我们可以导出以下方程，这是逻辑回归模型的核心：

$$p = \frac{1}{1+e^{-(\beta_0 + \beta_1 x_1 + \beta_2 x_2 + \cdots + \beta_n x_n)}}$$

最后，我们可以使用 MLE 来优化和估计每个特征的最佳系数，这有助于最大化似然函数。在 Scikit-Learn 中，可以利用 `LogisticRegression` 模型将逻辑回归模型用于分类。在 `LogisticRegression` 类中实现的求解器为"liblinear""newton-cg""lbfgs""sag"和"saga"。它们每个都有自己独特的实现。在多类别分类的情况下（就像在我们的问题中一样），如果将 `multi_class` 选项设置为 `ovr`，则训练算法将使用 one-vs-rest（OvR）方案；如果将 `multi_class` 选项设置为 `multinomial`，则训练将使用交叉熵损失（cross-entropy loss）。

5.8.3 支持向量机

在机器学习中，支持向量机（通常称为 SVM）是有监督的学习算法。它们用于分类、回归，以及异常值或离群点检测。考虑到二元分类问题，如果我们拥有训练数据，使每个数据点或观察值都属于一个特定的类，则可以基于该数据训练 SVM 算法，从而将未来的数据点分配给这两个类之一。该算法将训练数据样本表示为空间中的点，使属于这两个类的点之间可以被一个较大的间隙（超平面）分隔开，并且要预测的新数据点属于哪个类取决于其落在超平面的哪一侧。这个过程适用于典型的线性分类过程。但是，SVM 还可以通过一种称为内核技巧的有趣方法执行非线性分类，该方法使用内核函数对可非线性分离的高维特征空间进行操作。通常，特征空间中数据点之间的内积可以帮助实现这一目标。

SVM 算法采用一组训练数据点，并为高维特征空间构造一个或一组超平面。超平面的间距越大，分隔效果越好。这导致分类器的泛化误差较低。让我们用数学上的形式来表示。考虑包含 n 个数据点 $(\vec{x}_1, y_1), \cdots, (\vec{x}_n, y_n)$ 的训练数据集，类变量 $y \in \{-1, 1\}$ 表示数据点 $\vec{x}_i$ 对应的类）。每个数据点 $\vec{x}_i$ 是一个特征向量。SVM 算法的目标是找到最大间隔的超平面，该超平面将具有 $y_i = 1$ 的类标签的数据点集合与具有 $y_i = -1$ 的类标签数据点集合分隔，从而使超平面和与超平面最近的样本数据点的距离最大化。这些样本数据点称为支持向量。图 5-7 显示了带有超平面的向量空间的情况。

从图 5-7 中，你可以清楚地看到超平面和支持向量。该超平面可以定义为满足 $\vec{w} \cdot \vec{x} + b = 0$ 的点 $\vec{x}$ 的集合，其中 $\vec{w}$ 是到超平面的法线向量，并且 $\dfrac{b}{\|\vec{w}\|}$ 为我们提供了超平面从原点到支持向量的偏移量，如图 5-7 所示。有两种主要的间隔类型，可以帮助分隔属于不同类的数据点。

当数据是线性可分隔的时候（如图 5-7 所示），我们有由两个平行超平面表示的一个硬间隔边界，由图中虚线表示。这有助于将属于两个不同类的数据点分隔。分隔数据点时，要考虑使它们之间的距离尽可能大。

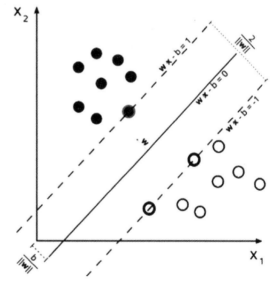

图 5-7 两类分类 SVM 超平面和支持向量

由两个超平面作为边界的区域形成了位于中间的最大间隔平面。这些超平面方程为 $\vec{w} \cdot \vec{x} + b = 1$ 和 $\vec{w} \cdot \vec{x} + b = -1$。

通常，数据点是线性不可分的，为此我们可以使用铰链损失（hinge loss）函数，该函数可以表示为 $\max(0, 1 - y_i(\vec{w} \cdot \vec{x}_i + b))$。实际上，SVM 的 Scikit-Learn 实现可以在 SVC、LinearSVC 或 SGDClassifier 中找到，在这里我们使用铰链损失函数（默认设置）来优化和构建模型。此损失函数有助于我们获得软间隔，通常称为软间隔 SVM。你还可以使用不同的内核函数将现有特征空间转换为更高维度的特征空间，在该空间中可以线性地分离数据。这在 SVM 中普遍称为内核技巧！但是，对于文本数据问题，我们不建议这样做，因为你从一开始就已经处理了大量的维度。

对于多类分类问题，如果我们有 *n* 个类，则可以把每个类作为二元分类器进行训练和学习，该分类器有助于每个类与其他 *n*–1 个类进行分隔。在预测期间，计算每个分类器的分数（到超平面的距离），并将最大分数的分类器选为类标签的过程。随机梯度下降法通常用于使 SVM 算法中的损失函数最小化。图 5-8 显示了如何针对非常受欢迎的 iris 数据集为三类 SVM 问题训练三个分类器。该图使用 Scikit-Learn 模型构建生成，可以从 http://scikit-learn.org/ 的官方文档中获得。

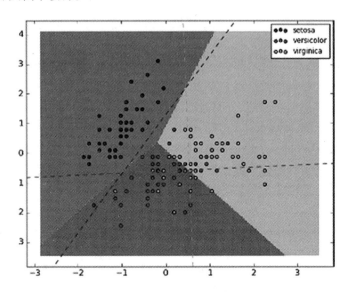

图 5-8　用于三类分类的多类 SVM 分类器（源自：scikit-learn.org）

从图 5-8 可以清楚地看到，针对三个类的每个类，总共训练了三个 SVM 分类器。将它们组合以进行最终预测，以便可以正确地标记属于每个类的数据点。因此，类似于"逻辑回归"模型，根据"一对多"方案处理多类支持。

5.8.4　集成模型

集成模型本质上是由其他模型或估计器组成的模型或元估计器。这些子模型是简单的估计器，当你把几个估计器组合起来时，可能无法做出准确的预测。在随机森林的情况下，子模型是决策树。通常，随机森林训练许多决策树并将其组合以生成单个预测。有各种各样的集成模型。我们简短地提到两个类别，因为稍后我们将涵盖每个类别的示例。

❑ 套袋法（bagging）：一种非常流行的集成建模技术。在套袋中，你将获取数据的子集（通常是引导程序样本），并在每个子集上并行训练模型。然后，允许子集同时对结果进行投票，最终结果通常是平均汇总。随机森林模型可能是套袋模型的最流行示例。

❑ 提升法（boosting）：另一种集成技术，你可以使用顺序建模，而不是像套袋那样并行构建多个模型，并尝试从先前模型的错误中改进一个模型！通常以顺序处理的形式助推，将一个模型的输出用作下一个模型的输入。梯度提升机是最受欢迎的增强模型之一。

5.8.5 随机森林

决策树是一系列有监督的机器学习算法，可以从基础数据中自动表示和解释规则。它们使用信息增益和基尼系数（gini-index）等度量指标来构建树。但是，决策树的主要缺点是，由于决策树是非参数的，因此数据越多，决策树的深度就越深。我们最终可能会得到非常庞大且较深的树，这些树容易过度拟合。该模型在训练数据上可能真的很好用，但它不是学习，而是仅存储所有训练样本并为其构建非常特定的规则。因此，它在测试数据上的表现确实很差。随机森林试图解决这个问题。

随机森林是一种元估计器或集成模型，它将多个决策树分类器拟合到数据集的各个子样本上，并使用平均值来提高预测准确率和控制过度拟合。子样本大小始终与原始输入样本大小相同，但是这些样本是通过替换绘制的（引导样本）。在随机森林中，所有树都是并行训练的（套袋模型／引导汇总）。除此之外，集合中的每棵树都是根据训练集中的替换样本（即引导样本）构建的。同样，在树的构造过程中拆分节点时，选择的拆分不再是所有要素中的最佳拆分。取而代之的是，选择的拆分是特征的随机子集之间的最佳拆分。因此，在随机森林中引入的随机性既是由于对数据的随机采样，也是因为在拆分每棵树中的节点时对特征的随机选择。因此，由于这种随机性，森林的偏差通常会略有增加（相对于单个非随机决策树的偏差）。但是，由于平均，与偏差的增加相比，模型的整体方差显著降低，因此它给我们提供了整体上更好的模型。

构建随机森林时，可以为基本决策树和整体森林设置特定的模型参数。对于树，通常具有与普通决策树模型相同的参数，例如树的深度、叶子数、每个拆分中的特征数量、每个叶子的样本、节点拆分的标准、信息增益和基尼不纯度。对于森林，你可以调整所需的树总数、每棵树要使用的功能数，等等。

5.8.6 梯度提升机

梯度提升机（俗称 GBM）可用于回归和分类。通常，GBM 以向前阶段的顺序方式构建加性模型。它们允许优化任意微分损失函数。GBM 通常可以在模型（弱分类器）和损失函数的任何组合上工作。Scikit-Learn 使用 GBRT（梯度提升回归树），它们是可以应用于任意微分损失函数的通用提升模型。该模型的优点是准确，并且可用于回归和分类问题。GBRT 认为可以用以下数学方式表示加性模型：

$$F(x) = \sum_{m=1}^{M} \gamma_m h_m(x)$$

可以将 $h_m(x)$ 定义为基本模型或弱分类器（在这里是决策树）。与其他增强算法相似，GBRT 以向前阶段的顺序方式构建加性模型。从数学上讲，这可以表示为：

$$F_m(x) = F_{m-1}(x) + \gamma_m h_m(x)$$

在每个阶段，给定先前的决策树模型 F_{m-1} 及其拟合 $F_{m-1}(x_i)$，选择下一个决策树 $h_m(x)$ 以便最小化损失函数 L。可以表示如下：

$$F_m(x) = F_{m-1}(x) + \arg\min_h \sum_{i=1}^{n} L(y_i, F_{m-1}(x_i) + h(x))$$

通常，决策树被用作基础模型，最终我们使残差（回归树）或负对数可能性（分类树）最小化。有很多资源和书籍完全致力于有监督的机器学习和分类。我们鼓励读者阅读，以深入了解这些技术如何工作，以及怎么将其应用于分析中的各种问题。我们还建议读者查看最新的集成模型，例如 XGBoost、CatBoost 和 LightGBM。

5.9 评估分类模型

训练、调试和构建模型是整个分析生命周期的重要组成部分，但了解这些模型的性能表现尤为重要。分类模型的性能通常基于它们对新数据点的结果预测的良好程度。通常，使用测试数据集或保留数据集对性能进行测量，数据集中的任何数据点不会以任何方式影响或训练分类器。该测试数据集具有多个观测值及其对应的标签。我们使用与训练模型时相同的方式提取特征。这些特征被馈送到已经训练好的模型中，我们获得每个数据点的预测。然后，将这些预测与实际标签进行匹配，以查看模型预测的程度或准确率。有多种度量指标可以确定模型的预测效果。我们主要关注以下度量指标。

- ❏ 准确率
- ❏ 精度
- ❏ 召回率
- ❏ F1 分数

让我们以非常受欢迎的威斯康星州诊断性乳腺癌（Wisconsin Diagnostic Breast Cancer）数据集为例。该数据集具有 30 个属性或特征，并为每个数据点（乳房肿块）提供相应的标签，以描述其是否患有癌症（恶性：标签值 1）或没有癌症（良性：标签值 0）。假设我们已经有了这些数据，并且构建基本的逻辑回归模型对其进行评估。我们假设在训练数据集中有 398 个观测值，在测试数据集中有 171 个观测值。我们将利用为模型评估而创建的漂亮模块。它名为 `model_evaluation_utils`，你可以在本章的代码文件和 notebook 中找到它。我们建议你查看代码，该代码利用 Scikit-Learn 的 `metrics` 模块来计算大多数评估度量指标和统计图。

混淆矩阵

混淆矩阵是评估分类模型的最流行的方法之一。尽管矩阵本身不是度量指标，但是矩阵表示形式可用于定义各种度量指标，所有这些度量指标在某些特定情况下或场景下都非常重要。可以为二元分类和多分类模型创建混淆矩阵。

通过将数据点的预测类标签与其实际类标签进行比较来创建混淆矩阵。对整个数据集重复此比较，并将比较的结果编译为矩阵或表格格式。这个结果矩阵就是我们的混淆矩阵。在继续进行之前，让我们在乳腺癌数据集上构建逻辑回归模型，并查看混淆矩阵以在测试数据集上进行模型预测。

```
from sklearn import linear_model
# train and build the model
logistic = linear_model.LogisticRegression()
logistic.fit(X_train,y_train)

# predict on test data and view confusion matrix
import model_evaluation_utils as meu
```

```
y_pred = logistic.predict(X_test)
meu.display_confusion_matrix(true_labels=y_test, predicted_labels=y_pred,
classes=[0, 1])

          Predicted:
                    0     1
Actual: 0          59     4
        1           2   106
```

前面的输出描述了带有必要注释的混淆矩阵。我们可以看到，在 63 个标签为 0（良性）的观测值中，我们的模型已正确预测了 59 个观测值。类似地，在带有标签为 1（恶性）的 108 个观测值中，我们的模型已正确预测了 106 个观测值。下面将进行更详细的分析！

了解混淆矩阵

虽然名称本身听起来似乎很让人难以接受，但是一旦你掌握了基本知识，了解混淆矩阵就不会感到困惑！重申我们在上一节中学到的内容，混淆矩阵是一个表格结构，可跟踪正确的分类以及错误分类。这对于评估知道实际数据标签并可以与预测数据标签进行比较的分类模型的性能很有用。混淆矩阵中的每一列代表基于模型预测的分类实例计数，矩阵的每一行代表基于实际 / 真实类标签的实例计数。这种结构也可以颠倒，即以行表示预测，以列表示实际标签。在典型的二元分类问题中，我们通常将一个类标签定义为正类，这基本上是我们感兴趣的类。例如，在乳腺癌数据集中，我们有兴趣检测乳腺癌，因此标签 1 是我们的阳性分类。图 5-9 显示了用于二元分类问题的典型混淆矩阵，其中 p 表示正类，n 表示负类。

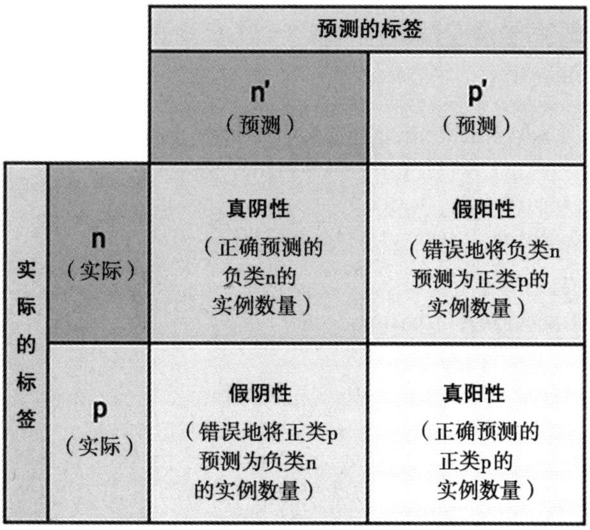

		预测的标签	
		n' （预测）	**p'** （预测）
实际的标签	**n** （实际）	**真阴性** （正确预测的 负类n的 实例数量）	**假阳性** （错误地将负类n 预测为正类p的 实例数量）
	p （实际）	**假阴性** （错误地将正类p 预测为负类n 的实例数量）	**真阳性** （正确预测的 正类p的 实例数量）

图 5-9　混淆矩阵的典型结构

图 5-9 使混淆矩阵的结构更加清晰。如我们前面所讨论的，我们通常有一个正类，另一个类是负类。基于此结构，我们可以清楚地看到四个重要术语。

❑ **真阳性（TP）**：这是实际类标签等于预测类标签的正类实例总数，即我们使用模型正确预测正类标签的实例总数。

❑ **假阳性 (FP)**：这是我们的模型错误地将负类预测为正类的实例总数。因此，名称为"假"阳性。

❑ **真阴性 (TN)**：这是负类的实例总数，其中实际类标签等于预测类标签，即我们使用的模型正确预测负类标签的实例总数。

❑ **假阴性 (FN)**：这是错误地将正类预测为负类的实例总数。因此，名称为"假"阴性。

基于此信息，你是否可以根据对乳腺癌测试数据的模型预测为我们的混淆矩阵计算这些度量指标？

```
positive_class = 1
TP = 106
FP = 4
TN = 59
FN = 2
```

性能度量指标

混淆矩阵本身并不是分类模型的性能度量指标。但是它可以用于计算几个度量指标，这些度量指标对于不同情况是有用的。我们描述了如何从混淆矩阵中计算主要度量指标，以及如何使用必要的公式手动计算它们，将结果与 Scikit-Learn 提供的函数进行比较，并给出了可以使用这些度量指标的情景的直觉。

准确率是分类器性能最流行的衡量标准之一。它定义为模型正确预测的整体比例。根据混淆矩阵计算准确率的公式如下：

$$准确率 = \frac{TP + TN}{TP + FP + TN + FN}$$

当我们的类几乎达到平衡并且正确预测这些类也很重要时，通常会使用准确率。以下代码计算模型预测的准确率。

```
fw_acc = round(meu.metrics.accuracy_score(y_true=y_test, y_pred=y_pred), 5)
mc_acc = round((TP + TN) / (TP + TN + FP + FN), 5)
print('Framework Accuracy:', fw_acc)
print('Manually Computed Accuracy:', mc_acc)

Framework Accuracy: 0.96491
Manually Computed Accuracy: 0.96491
```

精度也称为正预测值，是可以从混淆矩阵中得出的另一项度量指标。它定义为正类正确预测的数量除以正类的所有预测量（包括预测为假阳性的数量）。精度公式如下：

$$精度 = \frac{TP}{TP + FP}$$

与精度较低的模型相比，精度较高的模型将识别出较高的正类。当我们更关注寻找最大正类数的情况时，精度就变得很重要了（即使整体准确率降低）。以下代码计算模型预测的精度。

```
fw_prec = round(meu.metrics.precision_score(y_true=y_test, y_pred=y_pred), 5)
mc_prec = round((TP) / (TP + FP), 5)
print('Framework Precision:', fw_prec)
```

```
print('Manually Computed Precision:', mc_prec)
```

```
Framework Precision: 0.96364
Manually Computed Precision: 0.96364
```

召回率是模型的一种度量指标，用于识别相关数据点的百分比。它定义为正类中正确预测的数量除以正确与错误预测的数量之和。这也称为命中率、覆盖率或灵敏度。召回率公式如下：

$$召回率 = \frac{TP}{TP + FN}$$

当我们想要捕获特定类的最多实例时，召回率也会成为衡量分类器性能的重要度量指标，即使它增加了假阳性。例如，考虑银行欺诈的情况，具有较高召回率的模型将为我们提供更多潜在的欺诈案件。但这也将帮助我们对大多数可疑案件发出警报。以下代码计算模型预测的召回率。

```
fw_rec = round(meu.metrics.recall_score(y_true=y_test, y_pred=y_pred), 5)
mc_rec = round((TP) / (TP + FN), 5)
print('Framework Recall:', fw_rec)
print('Manually Computed Recall:', mc_rec)
```

```
Framework Recall: 0.98148
Manually Computed Recall: 0.98148
```

在某些情况下，我们需要平衡精度和召回率。F1 分数是精度和召回率的谐波平均值，可帮助我们优化分类器来实现平衡精度和召回率。

F1 分数的公式如下：

$$F1分数 = \frac{2 \times 精度 \times 召回率}{精度 + 召回率}$$

让我们使用以下代码，根据模型做出的预测来计算 F1 分数。

```
fw_f1 = round(meu.metrics.f1_score(y_true=y_test, y_pred=y_pred), 5)
mc_f1 = round((2*mc_prec*mc_rec) / (mc_prec+mc_rec), 5)
print('Framework F1-Score:', fw_f1)
print('Manually Computed F1-Score:', mc_f1)
```

```
Framework F1-Score: 0.97248
Manually Computed F1-Score: 0.97248
```

因此，你可以看到我们手动计算的度量指标如何与从 Scikit-Learn 函数获得的结果相匹配。这应该会让你对如何使用这些度量指标评估分类模型有一个好主意。

5.10　构建和评估文本分类器

我们已经完成了构建分类系统所需的所有步骤，包括数据检索、整理、文本预处理和规范化、特征提取和工程、分类模型以及模型性能评估。在本节中，我们将所有内容放在一起以构建和评估我们的文本分类系统！我们的训练数据集和测试数据集已清理完毕，随时可以使用。我们将使用以下工作流程来构建我们的文本分类器。

- ❏ 传统特征表示（BOW、TF-IDF）和分类模型
- ❏ 高级功能表示（Word2Vec、GloVe、FastText）和分类模型

我们还使用诸如交叉验证和网格搜索之类的技术来评估和优化我们的最佳模型。

5.10.1 分类模型的词袋特征

让我们从使用基本的词袋（基于频率的特征工程模型）开始，从训练数据集和测试数据集中提取特征。

```
from sklearn.feature_extraction.text import CountVectorizer
from sklearn.model_selection import cross_val_score

# build BOW features on train articles
cv = CountVectorizer(binary=False, min_df=0.0, max_df=1.0)
cv_train_features = cv.fit_transform(train_corpus)

# transform test articles into features
cv_test_features = cv.transform(test_corpus)

print('BOW model:> Train features shape:', cv_train_features.shape,
      ' Test features shape:', cv_test_features.shape)

BOW model:> Train features shape: (12263, 66865)  Test features shape:
(6041, 66865)
```

现在，我们使用训练数据在这些特征上构建几个分类器，并使用我们之前讨论的所有分类模型在测试数据集上测试其性能。我们还使用五重交叉验证来检查模型的准确率，查看模型在数据的验证折叠中是否表现一致（稍后我们将使用相同的策略来调整模型）。

```
# Naïve Bayes Classifier
from sklearn.naive_bayes import MultinomialNB

mnb = MultinomialNB(alpha=1)
mnb.fit(cv_train_features, train_label_names)
mnb_bow_cv_scores = cross_val_score(mnb, cv_train_features, train_label_
names, cv=5)
mnb_bow_cv_mean_score = np.mean(mnb_bow_cv_scores)
print('CV Accuracy (5-fold):', mnb_bow_cv_scores)
print('Mean CV Accuracy:', mnb_bow_cv_mean_score)
mnb_bow_test_score = mnb.score(cv_test_features, test_label_names)
print('Test Accuracy:', mnb_bow_test_score)

CV Accuracy (5-fold): [ 0.68468102  0.68241042  0.67835304  0.67741935
0.6792144 ]
Mean CV Accuracy: 0.680415648396
Test Accuracy: 0.680185399768

# Logistic Regression
from sklearn.linear_model import LogisticRegression
```

```
lr = LogisticRegression(penalty='l2', max_iter=100, C=1, random_state=42)
lr.fit(cv_train_features, train_label_names)
lr_bow_cv_scores = cross_val_score(lr, cv_train_features, train_label_
names, cv=5)
lr_bow_cv_mean_score = np.mean(lr_bow_cv_scores)
print('CV Accuracy (5-fold):', lr_bow_cv_scores)
print('Mean CV Accuracy:', lr_bow_cv_mean_score)
lr_bow_test_score = lr.score(cv_test_features, test_label_names)
print('Test Accuracy:', lr_bow_test_score)
```

```
CV Accuracy (5-fold): [ 0.70418529  0.69788274  0.69384427  0.6998775
0.69599018]
Mean CV Accuracy: 0.698355996012
Test Accuracy: 0.703856977322
```

```
# Support Vector Machines
from sklearn.svm import LinearSVC
```

```
svm = LinearSVC(penalty='l2', C=1, random_state=42)
svm.fit(cv_train_features, train_label_names)
svm_bow_cv_scores = cross_val_score(svm, cv_train_features, train_label_
names, cv=5)
svm_bow_cv_mean_score = np.mean(svm_bow_cv_scores)
print('CV Accuracy (5-fold):', svm_bow_cv_scores)
print('Mean CV Accuracy:', svm_bow_cv_mean_score)
svm_bow_test_score = svm.score(cv_test_features, test_label_names)
print('Test Accuracy:', svm_bow_test_score)
```

```
CV Accuracy (5-fold): [ 0.64120276  0.64169381  0.64900122  0.64107799
0.63993453]
Mean CV Accuracy: 0.642582064348
Test Accuracy: 0.656679357722
```

```
# SVM with Stochastic Gradient Descent
from sklearn.linear_model import SGDClassifier
```

```
svm_sgd = SGDClassifier(loss='hinge', penalty='l2', max_iter=5, random_
state=42)
svm_sgd.fit(cv_train_features, train_label_names)
svmsgd_bow_cv_scores = cross_val_score(svm_sgd, cv_train_features, train_
label_names, cv=5)
svmsgd_bow_cv_mean_score = np.mean(svmsgd_bow_cv_scores)
print('CV Accuracy (5-fold):', svmsgd_bow_cv_scores)
print('Mean CV Accuracy:', svmsgd_bow_cv_mean_score)
svmsgd_bow_test_score = svm_sgd.score(cv_test_features, test_label_names)
print('Test Accuracy:', svmsgd_bow_test_score)
```

```
CV Accuracy (5-fold): [ 0.66030069  0.62459283  0.65185487  0.63209473
0.64157119]
Mean CV Accuracy: 0.642082864709
Test Accuracy: 0.633007780169
```

```
# Random Forest
from sklearn.ensemble import RandomForestClassifier

rfc = RandomForestClassifier(n_estimators=10, random_state=42)
rfc.fit(cv_train_features, train_label_names)
rfc_bow_cv_scores = cross_val_score(rfc, cv_train_features, train_label_
names, cv=5)
rfc_bow_cv_mean_score = np.mean(rfc_bow_cv_scores)
print('CV Accuracy (5-fold):', rfc_bow_cv_scores)
print('Mean CV Accuracy:', rfc_bow_cv_mean_score)
rfc_bow_test_score = rfc.score(cv_test_features, test_label_names)
print('Test Accuracy:', rfc_bow_test_score)

CV Accuracy (5-fold): [ 0.52052011  0.51669381  0.53485528  0.51327072
0.5212766 ]
Mean CV Accuracy: 0.521323304518
Test Accuracy: 0.52987915908

# Gradient Boosting Machines
from sklearn.ensemble import GradientBoostingClassifier

gbc = GradientBoostingClassifier(n_estimators=10, random_state=42)
gbc.fit(cv_train_features, train_label_names)
gbc_bow_cv_scores = cross_val_score(gbc, cv_train_features, train_label_
names, cv=5)
gbc_bow_cv_mean_score = np.mean(gbc_bow_cv_scores)
print('CV Accuracy (5-fold):', gbc_bow_cv_scores)
print('Mean CV Accuracy:', gbc_bow_cv_mean_score)
gbc_bow_test_score = gbc.score(cv_test_features, test_label_names)
print('Test Accuracy:', gbc_bow_test_score)

CV Accuracy (5-fold): [ 0.55424624  0.53827362  0.54219323  0.55206207
0.55441899]
Mean CV Accuracy: 0.548238828239
Test Accuracy: 0.547922529383
```

有趣的是，像贝叶斯和逻辑回归这样的简单模型的性能要比集成模型好得多。现在让我们来看下一个模型流水线。

5.10.2　分类模型的 TF-IDF 特征

我们使用 TF-IDF 特征来训练我们的分类模型。假设 TF-IDF 权衡了不重要的特征，则我们可能会获得性能更好的模型。让我们测试一下我们的假设！

```
from sklearn.feature_extraction.text import TfidfVectorizer

# build BOW features on train articles
tv = TfidfVectorizer(use_idf=True, min_df=0.0, max_df=1.0)
tv_train_features = tv.fit_transform(train_corpus)

# transform test articles into features
```

```
tv_test_features = tv.transform(test_corpus)
```

```
print('TFIDF model:> Train features shape:', tv_train_features.shape,
      ' Test features shape:', tv_test_features.shape)
TFIDF model:> Train features shape: (12263, 66865)  Test features shape:
(6041, 66865)
```

现在，我们使用训练数据在这些特征上构建几个分类器，并使用所有分类模型在测试数据集上测试其性能。就像我们之前所做的那样，我们还使用五重交叉验证来检查模型的准确率。

```
# Naïve Bayes
mnb = MultinomialNB(alpha=1)
mnb.fit(tv_train_features, train_label_names)
mnb_tfidf_cv_scores = cross_val_score(mnb, tv_train_features, train_label_
names, cv=5)
mnb_tfidf_cv_mean_score = np.mean(mnb_tfidf_cv_scores)

print('CV Accuracy (5-fold):', mnb_tfidf_cv_scores)
print('Mean CV Accuracy:', mnb_tfidf_cv_mean_score)
mnb_tfidf_test_score = mnb.score(tv_test_features, test_label_names)
print('Test Accuracy:', mnb_tfidf_test_score)

CV Accuracy (5-fold): [ 0.71759447  0.70969055  0.71585813  0.7121274
0.7111293 ]
Mean CV Accuracy: 0.713279971122
Test Accuracy: 0.713954643271

# Logistic Regression
lr = LogisticRegression(penalty='l2', max_iter=100, C=1, random_state=42)
lr.fit(tv_train_features, train_label_names)
lr_tfidf_cv_scores = cross_val_score(lr, tv_train_features, train_label_
names, cv=5)
lr_tfidf_cv_mean_score = np.mean(lr_tfidf_cv_scores)
print('CV Accuracy (5-fold):', lr_tfidf_cv_scores)
print('Mean CV Accuracy:', lr_tfidf_cv_mean_score)
lr_tfidf_test_score = lr.score(tv_test_features, test_label_names)
print('Test Accuracy:', lr_tfidf_test_score)

CV Accuracy (5-fold): [ 0.74725721  0.73493485  0.73257236  0.74520212
0.73076923]
Mean CV Accuracy: 0.738147156079
Test Accuracy: 0.745240854163
# Support Vector Machines
svm = LinearSVC(penalty='l2', C=1, random_state=42)
svm.fit(tv_train_features, train_label_names)
svm_tfidf_cv_scores = cross_val_score(svm, tv_train_features, train_label_
names, cv=5)
svm_tfidf_cv_mean_score = np.mean(svm_tfidf_cv_scores)
print('CV Accuracy (5-fold):', svm_tfidf_cv_scores)
```

```
print('Mean CV Accuracy:', svm_tfidf_cv_mean_score)
svm_tfidf_test_score = svm.score(tv_test_features, test_label_names)
print('Test Accuracy:', svm_tfidf_test_score)
```

```
CV Accuracy (5-fold): [ 0.76635514  0.7536645
0.75743987  0.76439363  0.75695581]
Mean CV Accuracy: 0.75976178901
Test Accuracy: 0.762456546929
```

```
# SVM with Stochastic Gradient Descent
svm_sgd = SGDClassifier(loss='hinge', penalty='l2', max_iter=5, random_
state=42)
svm_sgd.fit(tv_train_features, train_label_names)
svmsgd_tfidf_cv_scores = cross_val_score(svm_sgd, tv_train_features, train_
label_names, cv=5)
svmsgd_tfidf_cv_mean_score = np.mean(svmsgd_tfidf_cv_scores)
print('CV Accuracy (5-fold):', svmsgd_tfidf_cv_scores)
print('Mean CV Accuracy:', svmsgd_tfidf_cv_mean_score)
svmsgd_tfidf_test_score = svm_sgd.score(tv_test_features, test_label_names)
print('Test Accuracy:', svmsgd_tfidf_test_score)
```

```
CV Accuracy (5-fold): [ 0.76513612  0.75570033  0.75377089  0.76112699
0.75695581]
Mean CV Accuracy: 0.75853802856
Test Accuracy: 0.765767257077
```

```
# Random Forest
rfc = RandomForestClassifier(n_estimators=10, random_state=42)
rfc.fit(tv_train_features, train_label_names)
rfc_tfidf_cv_scores = cross_val_score(rfc, tv_train_features, train_label_
names, cv=5)
rfc_tfidf_cv_mean_score = np.mean(rfc_tfidf_cv_scores)
print('CV Accuracy (5-fold):', rfc_tfidf_cv_scores)
print('Mean CV Accuracy:', rfc_tfidf_cv_mean_score)
rfc_tfidf_test_score = rfc.score(tv_test_features, test_label_names)
print('Test Accuracy:', rfc_tfidf_test_score)
```

```
CV Accuracy (5-fold): [ 0.53596099  0.5252443
0.53852426  0.51204573  0.54296236]
Mean CV Accuracy: 0.53094752738
Test Accuracy: 0.545936103294
```

```
# Gradient Boosting
gbc = GradientBoostingClassifier(n_estimators=10, random_state=42)
gbc.fit(tv_train_features, train_label_names)
gbc_tfidf_cv_scores = cross_val_score(gbc, tv_train_features, train_label_
names, cv=5)
gbc_tfidf_cv_mean_score = np.mean(gbc_tfidf_cv_scores)
print('CV Accuracy (5-fold):', gbc_tfidf_cv_scores)
print('Mean CV Accuracy:', gbc_tfidf_cv_mean_score)
gbc_tfidf_test_score = gbc.score(tv_test_features, test_label_names)
print('Test Accuracy:', gbc_tfidf_test_score)
```

```
CV Accuracy (5-fold): [ 0.55790329  0.53827362  0.55768447  0.55859535  0.54541735]
Mean CV Accuracy: 0.551574813725
Test Accuracy: 0.548584671412
```

有趣的是，很多模型（包括逻辑回归、贝叶斯和 SVM 在内的多个模型）的整体准确率都有了相当大的提高。有趣的是，集成模型的效果不佳。使用更多的估计器可能会改善它们，但仍不如其他模型那么好，而且需要大量的训练时间。

5.10.3　比较模型性能评估

现在，我们可以使用两种不同的特征工程技术对到目前为止我们尝试过的所有模型进行很好的比较。我们将根据建模结果构建一个数据框，并比较结果。请参见图 5-10。

```
pd.DataFrame([['Naive Bayes', mnb_bow_cv_mean_score, mnb_bow_test_score,
              mnb_tfidf_cv_mean_score, mnb_tfidf_test_score],
             ['Logistic Regression', lr_bow_cv_mean_score, lr_bow_test_
             score, lr_tfidf_cv_mean_score, lr_tfidf_test_score],
             ['Linear SVM', svm_bow_cv_mean_score, svm_bow_test_score,
              svm_tfidf_cv_mean_score, svm_tfidf_test_score],
             ['Linear SVM (SGD)', svmsgd_bow_cv_mean_score, svmsgd_bow_test_
             score, svmsgd_tfidf_cv_mean_score, svmsgd_tfidf_test_score],
             ['Random Forest', rfc_bow_cv_mean_score, rfc_bow_test_score,
              rfc_tfidf_cv_mean_score, rfc_tfidf_test_score],
             ['Gradient Boosted Machines', gbc_bow_cv_mean_score, gbc_bow_
             test_score, gbc_tfidf_cv_mean_score, gbc_tfidf_test_score]],
             columns=['Model', 'CV Score (TF)', 'Test Score (TF)',
                     'CV Score (TF-IDF)', 'Test Score (TF-IDF)'],
             ).T
```

	0	1	2	3	4	5
Model	Naive Bayes	Logistic Regression	Linear SVM	Linear SVM (SGD)	Random Forest	Gradient Boosted Machines
CV Score (TF)	0.680416	0.698356	0.642582	0.642083	0.521323	0.548239
Test Score (TF)	0.680185	0.703857	0.656679	0.633008	0.529879	0.547923
CV Score (TF-IDF)	0.71328	0.738147	0.759762	0.758538	0.530948	0.551575
Test Score (TF-IDF)	0.713955	0.745241	0.762457	0.765767	0.545936	0.548585

图 5-10　比较模型性能评估

图 5-10 清楚地表明性能最佳的模型是 SVM，其次是逻辑回归和朴素贝叶斯。集成模型在此数据集上的效果不佳。

5.10.4　分类模型的 Word2Vec 嵌入

让我们尝试将新的高级特征工程技术与我们的分类模型一起使用。我们首先生成 Word2Vec 嵌入。这里要注意的重要一点是，词嵌入模型会为每个单词生成固定长度的稠密嵌入向量。因此，我们需要一些方案来为每个文档生成固定的嵌入。一种方法是对文档中所有单词的词嵌入进行平均（甚至取 TF-IDF 加权平均值！）。让我们构建一个方案，从平均词嵌入中生成文档嵌入。

```
def document_vectorizer(corpus, model, num_features):
    vocabulary = set(model.wv.index2word)

    def average_word_vectors(words, model, vocabulary, num_features):
        feature_vector = np.zeros((num_features,), dtype="float64")
        nwords = 0.
        for word in words:
            if word in vocabulary:
                nwords = nwords + 1.
                feature_vector = np.add(feature_vector, model.wv[word])
        if nwords:
            feature_vector = np.divide(feature_vector, nwords)

        return feature_vector

    features = [average_word_vectors(tokenized_sentence, model, vocabulary,
                num_features) for tokenized_sentence in corpus]
    return np.array(features)
```

我们使用 Gensim（一个出色的 Python 框架）为语料库中的所有单词生成 Word2Vec 嵌入。

```
# tokenize corpus
tokenized_train = [tn.tokenizer.tokenize(text)
                    for text in train_corpus]
tokenized_test = [tn.tokenizer.tokenize(text)
                    for text in test_corpus]

# generate word2vec word embeddings
import gensim
# build word2vec model
w2v_num_features = 1000
w2v_model = gensim.models.Word2Vec(tokenized_train, size=w2v_num_features,
window=100, min_count=2, sample=1e-3, sg=1, iter=5, workers=10)

# generate document level embeddings
# remember we only use train dataset vocabulary embeddings
# so that test dataset truly remains an unseen dataset
# generate averaged word vector features from word2vec model
avg_wv_train_features = document_vectorizer(corpus=tokenized_train,
model=w2v_model, num_features=w2v_num_features)
avg_wv_test_features = document_vectorizer(corpus=tokenized_test,
model=w2v_model, num_features=w2v_num_features)

print('Word2Vec model:> Train features shape:', avg_wv_train_features.
shape,' Test features shape:', avg_wv_test_features.shape)

Word2Vec model:> Train features shape: (12263, 1000)  Test features shape:
(6041, 1000)
```

让我们尝试使用我们最好的模型之一，即带有 SGD 的 SVM，以检查测试数据上的模型性能。

```
from sklearn.svm import LinearSVC
from sklearn.model_selection import cross_val_score
from sklearn.linear_model import SGDClassifier

svm = SGDClassifier(loss='hinge', penalty='l2', random_state=42, max_
iter=500)
svm.fit(avg_wv_train_features, train_label_names)
svm_w2v_cv_scores = cross_val_score(svm, avg_wv_train_features, train_
label_names, cv=5)
svm_w2v_cv_mean_score = np.mean(svm_w2v_cv_scores)
print('CV Accuracy (5-fold):', svm_w2v_cv_scores)
print('Mean CV Accuracy:', svm_w2v_cv_mean_score)
svm_w2v_test_score = svm.score(avg_wv_test_features, test_label_names)
print('Test Accuracy:', svm_w2v_test_score)

CV Accuracy (5-fold): [0.76026006 0.74796417 0.73746433 0.73989383 0.74386252]
Mean CV Accuracy: 0.7458889820674891
Test Accuracy: 0.7381228273464658
```

这绝对是一个具有良好的性能的模型，但不比基于 TF-IDF 的模型更好，后者提供了更好的测试准确率。

5.10.5 分类模型的 GloVe 嵌入

现在，我们为每个单词生成基于 GloVe 的词嵌入，生成文档级嵌入，并使用我们的 SVM 模型来测试模型性能。我们使用从普通抓取语料库生成的 spaCy 默认词嵌入。

```
# feature engineering with GloVe model
train_nlp = [tn.nlp(item) for item in train_corpus]
train_glove_features = np.array([item.vector for item in train_nlp])

test_nlp = [tn.nlp(item) for item in test_corpus]
test_glove_features = np.array([item.vector for item in test_nlp])

print('GloVe model:> Train features shape:', train_glove_features.shape,
      ' Test features shape:', test_glove_features.shape)

GloVe model:> Train features shape: (12263, 300)  Test features shape:
(6041, 300)

# Building our SVM model
svm = SGDClassifier(loss='hinge', penalty='l2', random_state=42, max_
iter=500)
svm.fit(train_glove_features, train_label_names)
svm_glove_cv_scores = cross_val_score(svm, train_glove_features, train_
label_names, cv=5)
svm_glove_cv_mean_score = np.mean(svm_glove_cv_scores)
print('CV Accuracy (5-fold):', svm_glove_cv_scores)
print('Mean CV Accuracy:', svm_glove_cv_mean_score)
svm_glove_test_score = svm.score(test_glove_features, test_label_names)
print('Test Accuracy:', svm_glove_test_score)
```

```
CV Accuracy (5-fold): [ 0.68996343  0.67711726  0.67101508  0.67006942
0.66448445]
Mean CV Accuracy: 0.674529928944
Test Accuracy: 0.666777023672
```

这看起来效果不佳，可能是因为我们使用的是预先生成的词嵌入。现在让我们看看FastText！

5.10.6 分类模型的 FastText 嵌入

现在，我们再次利用 Gensim，但使用 Facebook 的 FastText 模型来生成词嵌入，以此来构建文档嵌入。

```
from gensim.models.fasttext import FastText

ft_num_features = 1000
# sg decides whether to use the skip-gram model (1) or CBOW (0)
ft_model = FastText(tokenized_train, size=ft_num_features, window=100,
                    min_count=2, sample=1e-3, sg=1, iter=5, workers=10)

# generate averaged word vector features from word2vec model
avg_ft_train_features = document_vectorizer(corpus=tokenized_train,
model=ft_model, num_features=ft_num_features)
avg_ft_test_features = document_vectorizer(corpus=tokenized_test,
model=ft_model, num_features=ft_num_features)
print('FastText model:> Train features shape:', avg_ft_train_features.shape,
      ' Test features shape:', avg_ft_test_features.shape)

FastText model:> Train features shape: (12263, 1000)  Test features shape:
(6041, 1000)
```

就像前面的流水线一样，我们在这些特征上训练和评估我们的 SVM 模型。

```
svm = SGDClassifier(loss='hinge', penalty='l2', random_state=42, max_iter=500)
svm.fit(avg_ft_train_features, train_label_names)
svm_ft_cv_scores = cross_val_score(svm, avg_ft_train_features, train_label_
names, cv=5)
svm_ft_cv_mean_score = np.mean(svm_ft_cv_scores)
print('CV Accuracy (5-fold):', svm_ft_cv_scores)
print('Mean CV Accuracy:', svm_ft_cv_mean_score)
svm_ft_test_score = svm.score(avg_ft_test_features, test_label_names)
print('Test Accuracy:', svm_ft_test_score)

CV Accuracy (5-fold): [0.76391711 0.74307818 0.74194863 0.74724377
0.74795417]
Mean CV Accuracy: 0.7488283727085712
Test Accuracy: 0.7434199635821884
```

在所有基于词嵌入的模型中，这绝对是性能最好的模型，但仍不比基于 TF-IDF 的模型更好。让我们快速构建一个双隐层的神经网络，看看是否可以获得更好的模型性能。

```
from sklearn.neural_network import MLPClassifier

mlp = MLPClassifier(solver='adam', alpha=1e-5, learning_rate='adaptive',
early_stopping=True, activation = 'relu', hidden_layer_sizes=(512, 512),
random_state=42)
mlp.fit(avg_ft_train_features, train_label_names)

svm_ft_test_score = mlp.score(avg_ft_test_features, test_label_names)
print('Test Accuracy:', svm_ft_test_score)

Test Accuracy: 0.7328256911107432
```

这告诉我们什么？词嵌入模型或深度学习模型可能很好，但这并不意味着它们是解决所有问题的灵丹妙药。根据问题和上下文的不同，传统模型通常可能会表现不佳！

5.10.7　模型调优

模型调优可能是机器学习过程中的关键阶段之一，并且可以生成性能更好的模型。任何机器学习模型通常都具有超参数，它们是高级概念，非常像配置设置，你可以像调节设备中的旋钮一样进行调试！需要记住的非常重要的一点是，超参数是模型参数，不能直接在估计器中学习，并且不依赖于基础数据（与模型参数或逻辑回归系数之类的系数相对，模型参数或逻辑参数可以根据基础训练而改变）。

在超参数空间中搜索最佳交叉验证分数是可行并值得推荐的，为此我们使用五重交叉验证方案以及网格搜索来找到最佳超参数值。在调试过程中，典型的最佳超参数值搜索包括以下主要部分：

❑ 一种像来自 Scikit-Learn 的逻辑回归模型或估计器。

❑ 可以根据值和范围定义的一个超参数空间。

❑ 一种用于搜索或采样候选对象的方法，例如网格搜索。

❑ 一种交叉验证方案，例如五重交叉验证。

❑ 一个用于分类模型的评分功能，如准确率。

Scikit-Learn 还提供了两种非常常见的方法来对搜索候选进行采样。我们拥有 GridSearchCV，它详尽地考虑了用户设置的所有参数组合。但是 RandomizedSearchCV 通常以指定的分布从参数空间中采样给定数量的候选对象，而不是采用所有组合。我们将网格搜索用于我们的调试实验。

为了调试实验，我们还使用了一个 Scikit-Learn 的 Pipeline 对象，这是将多个组件链接在一起的绝佳方法，在该对象中，我们依次应用了一系列转换，例如数据预处理器、特征工程方法和模型估计器来进行预测。流水线的中间步骤必须是某种形式的"转换器"，也就是说，它们必须实现拟合和变换方法。

我们使用流水线的目的是我们可以组装多个组件，例如特征工程和建模，以便在为网格搜索设置不同的超参数值时可以对它们进行交叉验证。让我们开始调整朴素贝叶斯模型！

```
# Tuning our Multinomial Naïve Bayes model
from sklearn.pipeline import Pipeline
from sklearn.model_selection import GridSearchCV
```

```python
from sklearn.naive_bayes import MultinomialNB
from sklearn.feature_extraction.text import TfidfVectorizer

mnb_pipeline = Pipeline([('tfidf', TfidfVectorizer()),
                         ('mnb', MultinomialNB())
                         ])
param_grid = {'tfidf__ngram_range': [(1, 1), (1, 2)],
              'mnb__alpha': [1e-5, 1e-4, 1e-2, 1e-1, 1]
}

gs_mnb = GridSearchCV(mnb_pipeline, param_grid, cv=5, verbose=2)
gs_mnb = gs_mnb.fit(train_corpus, train_label_names)

Fitting 5 folds for each of 10 candidates, totalling 50 fits
[CV] mnb__alpha=1e-05, tfidf__ngram_range=(1, 1) ....................
[Parallel(n_jobs=1)]: Using backend SequentialBackend with 1 concurrent
workers.
[CV] ...... mnb__alpha=1e-05, tfidf__ngram_range=(1, 1), total=    1.5s
[CV] mnb__alpha=1e-05, tfidf__ngram_range=(1, 1) ....................
...
...
[CV] mnb__alpha=1, tfidf__ngram_range=(1, 2) ........................
[CV] ......... mnb__alpha=1, tfidf__ngram_range=(1, 2), total=    6.2s
[Parallel(n_jobs=1)]: Done   50 out of   50 | elapsed:  4.7min finished
```

现在，我们可以使用以下代码检查为最佳估计器 / 模型选择的超参数值。

```python
gs_mnb.best_estimator_.get_params()

{'memory': None,
 'steps': [('tfidf',
   TfidfVectorizer(analyzer='word', max_df=1.0, min_df=1, ngram_range=(1, 2),
                 norm='l2', ...,  use_idf=True),
  ('mnb', MultinomialNB(alpha=0.01, class_prior=None, fit_prior=True))],
 'tfidf': TfidfVectorizer(analyzer='word', max_df=1.0, min_df=1, ngram_
 range=(1, 2),
                           norm='l2', ...,  use_idf=True),
 'mnb': MultinomialNB(alpha=0.01, class_prior=None, fit_prior=True),
 'tfidf__analyzer': 'word', 'tfidf__binary': False, 'tfidf__decode_error':
 'strict',
 'tfidf__dtype': numpy.float64, 'tfidf__encoding': 'utf-8', 'tfidf__input':
 'content',
 'tfidf__lowercase': True, 'tfidf__max_df': 1.0, 'tfidf__max_features': None,
 'tfidf__min_df': 1, 'tfidf__ngram_range': (1, 2), 'tfidf__norm': 'l2',
 'tfidf__preprocessor': None, 'tfidf__smooth_idf': True, 'tfidf__stop_
 words': None,
 'tfidf__strip_accents': None, 'tfidf__sublinear_tf': False,
 'tfidf__token_pattern': '(?u)\\b\\w\\w+\\b', 'tfidf__tokenizer': None,
 'tfidf__use_idf': True,
 'tfidf__vocabulary': None, 'mnb__alpha': 0.01, 'mnb__class_prior': None,
 'mnb__fit_prior': True}
```

现在，你可能想知道如何特意将这些超参数选择为最佳估计器。好吧，它是基于模型性能来决定的，在交叉验证期间，那些超参数根据五重验证数据估值。请参见图 5-11。

```
cv_results = gs_mnb.cv_results_
results_df = pd.DataFrame({'rank': cv_results['rank_test_score'],
                           'params': cv_results['params'],
                           'cv score (mean)': cv_results['mean_test_score'],
                           'cv score (std)': cv_results['std_test_score']}
                          )
results_df = results_df.sort_values(by=['rank'], ascending=True)
pd.set_option('display.max_colwidth', 100)
results_df
```

	cv score (mean)	cv score (std)	params	rank
5	0.773710	0.007229	{'mnb__alpha': 0.01, 'tfidf__ngram_range': (1, 2)}	1
4	0.768654	0.003437	{'mnb__alpha': 0.01, 'tfidf__ngram_range': (1, 1)}	2
6	0.762945	0.003709	{'mnb__alpha': 0.1, 'tfidf__ngram_range': (1, 1)}	3
3	0.757400	0.006856	{'mnb__alpha': 0.0001, 'tfidf__ngram_range': (1, 2)}	4
7	0.754383	0.006655	{'mnb__alpha': 0.1, 'tfidf__ngram_range': (1, 2)}	5
1	0.749246	0.006356	{'mnb__alpha': 1e-05, 'tfidf__ngram_range': (1, 2)}	6
2	0.742233	0.006627	{'mnb__alpha': 0.0001, 'tfidf__ngram_range': (1, 1)}	7
0	0.730816	0.007727	{'mnb__alpha': 1e-05, 'tfidf__ngram_range': (1, 1)}	8
8	0.714996	0.002637	{'mnb__alpha': 1, 'tfidf__ngram_range': (1, 1)}	9
9	0.704314	0.003039	{'mnb__alpha': 1, 'tfidf__ngram_range': (1, 2)}	10

图 5-11 在超参数空间中跨不同超参数值的模型性能

从图 5-11 中的表中，你可以看到包括 bi-gram TF-IDF 特征在内的超参数如何提供最佳的交叉验证准确率。请注意，我们绝不会根据测试数据得分来调整模型，因为这最终会使我们的模型偏向测试数据集。现在，我们可以在测试数据上检查调试后的模型性能。

```
best_mnb_test_score = gs_mnb.score(test_corpus, test_label_names)
print('Test Accuracy :', best_mnb_test_score)
```

Test Accuracy : 0.7735474259228604

看起来我们已经达到了 77.3% 的模型准确率，比基本模型提高了 6%！让我们看看它现在如何进行逻辑回归。

```
# Tuning our Logistic Regression model
lr_pipeline = Pipeline([('tfidf', TfidfVectorizer()),
                        ('lr', LogisticRegression(penalty='l2', max_
                         iter=100, random_state=42))
                        ])
param_grid = {'tfidf__ngram_range': [(1, 1), (1, 2)],
              'lr__C': [1, 5, 10]
}
```

```
gs_lr = GridSearchCV(lr_pipeline, param_grid, cv=5, verbose=2)
gs_lr = gs_lr.fit(train_corpus, train_label_names)

Fitting 5 folds for each of 6 candidates, totalling 30 fits
[CV] lr__C=1, tfidf__ngram_range=(1, 1) ...........................
[CV] .............. lr__C=1, tfidf__ngram_range=(1, 1), total=   5.9s
[Parallel(n_jobs=1)]: Done    1 out of    1 | elapsed:    7.1s remaining:    0.0s
[CV] lr__C=1, tfidf__ngram_range=(1, 1) ...........................
[CV] .............. lr__C=1, tfidf__ngram_range=(1, 1), total=   6.5s
...
...
[CV] lr__C=10, tfidf__ngram_range=(1, 2) ...........................
[CV] ............. lr__C=10, tfidf__ngram_range=(1, 2), total=  47.8s
[Parallel(n_jobs=1)]: Done   30 out of   30 | elapsed: 13.0min finished

# evaluate best tuned model on the test dataset
best_lr_test_score = gs_lr.score(test_corpus, test_label_names)
print('Test Accuracy :', best_lr_test_score)

Test Accuracy : 0.766926005628
```

我们获得的整体测试准确率约为 77%，与基本逻辑回归模型相比几乎提高了 2.5%。最后，让我们调整一下前两个 SVM 模型：常规的线性 SVM 模型和具有 SGD 的 SVM。

```
# Tuning the Linear SVM model
svm_pipeline = Pipeline([('tfidf', TfidfVectorizer()),
                         ('svm', LinearSVC(random_state=42))
                        ])

param_grid = {'tfidf__ngram_range': [(1, 1), (1, 2)],
              'svm__C': [0.01, 0.1, 1, 5]
}
gs_svm = GridSearchCV(svm_pipeline, param_grid, cv=5, verbose=2)
gs_svm = gs_svm.fit(train_corpus, train_label_names)

# evaluating best tuned model on the test dataset
best_svm_test_score = gs_svm.score(test_corpus, test_label_names)
print('Test Accuracy :', best_svm_test_score)

Test Accuracy : 0.77685813607
```

这绝对是迄今为止我们获得的最高的整体准确率！但是，与默认线性 SVM 模型性能相比，并没有太大的改进。带有 SGD 的 SVM 使我们的模型准确率达到 76.8%。

5.10.8　模型性能评估

选择最佳的部署模型取决于许多因素，例如模型速度、准确率、易用性、理解性等。基于我们已经构建的所有模型，朴素贝叶斯模型是训练最快的模型，尽管就准确率而言，SVM 模型在测试数据集上可能会稍好一些，但众所周知，SVM 速度很慢，而且通常难以扩展。让我们对测试数据集上经过调整的最佳朴素贝叶斯模型进行详细的性能评估。我们

使用漂亮的 `model_evaluation_utils` 模块进行模型评估。

```
import model_evaluation_utils as meu

mnb_predictions = gs_mnb.predict(test_corpus)
unique_classes = list(set(test_label_names))
meu.get_metrics(true_labels=test_label_names, predicted_labels=mnb_
predictions)

Accuracy: 0.7735
Precision: 0.7825
Recall: 0.7735
F1 Score: 0.7696
```

很高兴看到它与分类度量指标保持良好的一致性。除了查看模型性能度量指标的整体视图之外，通常对每个类模型性能度量指标更精细的视图也有帮助。

```
meu.display_classification_report(true_labels=test_label_names,
                    predicted_labels=mnb_predictions,
                    classes=unique_classes)
```

	precision	recall	f1-score	support
comp.os.ms-windows.misc	0.76	0.72	0.74	315
talk.politics.misc	0.72	0.68	0.70	244
comp.graphics	0.64	0.75	0.69	289
comp.windows.x	0.79	0.84	0.81	287
talk.religion.misc	0.67	0.21	0.32	199
comp.sys.ibm.pc.hardware	0.69	0.76	0.72	324
comp.sys.mac.hardware	0.78	0.77	0.77	295
sci.crypt	0.79	0.85	0.82	302
talk.politics.mideast	0.85	0.87	0.86	326
misc.forsale	0.83	0.77	0.80	314
sci.med	0.88	0.88	0.88	322
rec.motorcycles	0.88	0.74	0.80	351
sci.electronics	0.80	0.72	0.76	307
rec.sport.hockey	0.88	0.92	0.90	308
talk.politics.guns	0.65	0.81	0.72	281
sci.space	0.84	0.81	0.83	324
rec.sport.baseball	0.94	0.88	0.91	336
alt.atheism	0.80	0.57	0.67	268
rec.autos	0.82	0.74	0.78	328
soc.religion.christian	0.57	0.92	0.70	321
micro avg	0.77	0.77	0.77	6041
macro avg	0.78	0.76	0.76	6041
weighted avg	0.78	0.77	0.77	6041

这让我们可以很好地了解每个新闻组类的模型性能，有趣的是，宗教、基督教和无神

论等某些类的性能稍低。有可能是该模型将其中一些混淆了吗？混淆矩阵是检验此假设的好方法。首先让我们看一下新闻组名称到数值的映射。请参见图 5-12。

```
label_data_map = {v:k for k, v in data_labels_map.items()}
label_map_df = pd.DataFrame(list(label_data_map.items()),
                            columns=['Label Name', 'Label Number'])
label_map_df
```

	Label Name	Label Number
0	alt.atheism	0
1	comp.graphics	1
2	comp.os.ms-windows.misc	2
3	comp.sys.ibm.pc.hardware	3
4	comp.sys.mac.hardware	4
5	comp.windows.x	5
6	misc.forsale	6
7	rec.autos	7
8	rec.motorcycles	8
9	rec.sport.baseball	9
10	rec.sport.hockey	10
11	sci.crypt	11
12	sci.electronics	12
13	sci.med	13
14	sci.space	14
15	soc.religion.christian	15
16	talk.politics.guns	16
17	talk.politics.mideast	17
18	talk.politics.misc	18
19	talk.religion.misc	19

图 5-12　类标签名称和数值之间的映射

现在，我们可以构建一个混淆矩阵来显示每个类标签的正确和错误分类的实例，由于名称太长，出于显示目的我们用数字表示。请参见图 5-13。

```
unique_class_nums = label_map_df['Label Number'].values
mnb_prediction_class_nums = [label_data_map[item] for item in mnb_predictions]
meu.display_confusion_matrix_pretty(true_labels=test_label_nums,
                            predicted_labels=mnb_prediction_class_
                            nums, classes=unique_class_nums)
```

实际值 \ 预测值	0	1	2	3	4	5	6	7	8	9	10	11	12	13	14	15	16	17	18	19
0	153	1	0	0	0	2	0	3	2	1	3	1	0	1	4	57	10	15	5	10
1	2	218	10	11	5	16	4	0	2	0	4	2	0	9	2	1	0	1	0	
2	1	22	226	24	6	15	3	0	1	1	3	4	3	3	1	1	0	0	0	
3	1	15	22	245	20	2	9	3	0	0	0	1	5	0	0	0	1	0	0	
4	0	7	10	22	227	5	5	1	0	0	1	9	4	0	2	0	0	1	1	
5	1	26	10	4	0	241	1	0	0	0	0	1	0	1	1	1	0	0	0	
6	0	2	4	17	13	0	242	7	1	0	1	3	8	1	5	4	3	2	1	
7	2	3	3	3	3	2	9	242	16	1	0	4	9	5	3	4	12	3	3	1
8	0	3	1	0	2	3	6	25	260	2	7	2	0	6	4	8	10	1	8	0
9	0	3	0	2	2	4	0	0	1	297	12	6	0	1	3	3	1	0	0	
10	2	0	0	0	0	3	2	1	1	5	282	1	1	2	1	1	2	3	0	
11	0	5	4	0	4	1	0	1	2	3	256	3	0	1	2	13	2	4	0	
12	0	14	3	22	5	2	7	5	0	0	1	9	222	5	4	3	2	1	2	0
13	1	8	0	0	0	0	0	0	6	284	5	7	2	2	3	0				
14	2	11	2	1	2	2	2	2	2	0	4	5	5	264	4	8	2	2	2	
15	4	2	1	0	2	1	0	0	1	0	0	0	3	1	295	4	3	2	2	
16	3	0	0	1	1	1	0	0	4	1	2	9	3	0	2	6	227	6	12	3
17	2	1	1	1	0	0	0	0	4	1	4	0	1	0	1	9	5	284	11	1
18	0	0	1	1	0	0	1	0	2	1	5	5	0	2	5	14	31	6	166	3
19	18	0	0	0	0	4	1	1	0	1	2	4	2	4	1	93	15	4	6	42

图 5-13　用于测试数据的朴素贝叶斯模型预测的混淆矩阵

混淆矩阵的对角线具有数字的含义，这表明我们的大多数预测都与实际的类标签匹配！有趣的是，类标签 0、15 和 19 似乎有很多错误分类。让我们仔细观察这些类标签，看看它们的新闻组名称是什么。请参见图 5-14。

```
label_map_df[label_map_df['Label Number'].isin([0, 15, 19])]
```

	Label Name	Label Number
0	alt.atheism	0
15	soc.religion.christian	15
19	talk.religion.misc	19

图 5-14　分类标签号和分类错误的新闻组的名称

就像我们怀疑的那样，与宗教不同方面的所有新闻组都有更多的错误分类，这表明该模型一定对这些类之一的实例进行了错误分类。让我们更深入地研究这个问题，并探索一些具体实例。

```
# Extract test document row numbers
train_idx, test_idx = train_test_split(np.array(range(len(data_df
['Article']))), test_size=0.33, random_state=42)
test_idx

array([ 4105, 12650,  7039, ...,  4772,  7803,  9616])
```

现在，我们在测试数据集中的数据框中添加两列。第一列是来自朴素贝叶斯模型的预测标签，第二列是进行预测时模型的置信度，这基本上是模型预测的概率。请参见图 5-15。

```
predict_probas = gs_mnb.predict_proba(test_corpus).max(axis=1)
test_df = data_df.iloc[test_idx]
test_df['Predicted Name'] = mnb_predictions
test_df['Predicted Confidence'] = predict_probas
test_df.head()
```

	Article	Clean Article	Target Label	Target Name	Predicted Name	Predicted Confidence
4105	Just a little nitpicking. Wasn't it the government that required\v\na standard railway gauge ? D...	little nitpicking not government require standard railway gauge not improve thing please not mis...	11	sci.crypt	sci.crypt	0.975658
12650	\v\nIt means that the EFF's public stance is complicated with issues irrelevant\v\nto the encryp...	mean eff public stance complicate issue irrelevant encryption issue per se may well people care ...	11	sci.crypt	sci.crypt	0.988600
7039	\v\n\v\n\v\n\v\n\v\nSo after I've flashed my lights at the chap in front and he doesn't\v\n\v\npass...	flash light chap front not pass next major highway lane direction keep extreme right block folk ...	7	rec.autos	rec.motorcycles	0.729504
3310	: I think most of the problems mainly arose from Manager Gene Mauch's\v\n: ineptitude in managin...	think problem mainly arise manager gene mauchs ineptitude manage pitching staff stretch abuse ji...	9	rec.sport.baseball	rec.sport.baseball	0.999942
16360	OK... quick scenario... you're at home, not bothering anybody... next thing you\v\nknow, somebod...	ok quick scenario home not bother anybody next thing know somebody come crash upstairs window he...	16	talk.politics.guns	talk.politics.guns	0.998837

图 5-15　使用模型预测和置信度得分将其他元数据添加到测试数据集中

根据图 5-15 中所示的数据，看起来一切都与测试数据集文章、实际标签、预测标签和置信度得分一致。现在，让我们看一下 talk.religion.misc 新闻组中的一些文章，我们的模型预测 soc.religion.christian 具有最高的置信度。请参见图 5-16。

```
pd.set_option('display.max_colwidth', 200)
res_df = (test_df[(test_df['Target Name'] == 'talk.religion.misc')
                & (test_df['Predicted Name'] == 'soc.religion.christian')]
        .sort_values(by=['Predicted Confidence'], ascending=False).head(4))
res_df
```

	Article	Clean Article	Target Label	Target Name	Predicted Name	Predicted Confidence
8968	\v\nZoroaster is far older than Daniel. If anything, one could claim that,\v\nin a sense, Daniel is a descendant of Zoroaster; as Daniel, though being\v\nHebrew, has assimilated into Zoroastrianis...	zoroaster far old daniel anything one could claim sense daniel descendant zoroaster daniel though hebrew assimilate zoroastrianism successfully introduce religion tanakh judaism however majority b...	19	talk.religion.misc	soc.religion.christian	0.999557
3299	There were some recent developments in the dispute about Masonry among\v\nSouthern Baptists. I posted a summary over in bit.listserv.christia, and\v\nI suppose that it might be useful here. Note...	recent development dispute masonry among southern baptists post summary bit listserv christia suppose may useful note not necessarily agree disagree follow present information short summary southe...	19	talk.religion.misc	soc.religion.christian	0.999384
4367	:\v\n (lots of stuff about the Nicene Creed deleted which can be read in the\v\n original basenote. I will also leave it up to other LDS netters to\v\n take Mr. Weiss to task on using Mormon Do...	lot stuff nicene creed delete read original basenote also leave lds netter take mr weiss task use mormon doctrine declare difinitive word lds church teach doctrine hopefully lds netter amiable exp...	19	talk.religion.misc	soc.religion.christian	0.999254
12608	: >: >> Gilligan = Sloth\v\n: >: >> Skipper = Anger\v\n: >: >> Thurston Howell III = Greed\v\n: >: >> Lovey Howell = Gluttony\v\n: >: >> Ginger = Lust\v\n: >: >> Professor = Pride\v\n: >: >> Mary	gilligan sloth skipper anger thurston howell iii greed lovey howell gluttony ginger lust professor pride mary ann envy assorted monkeys secular humanism assorted headhunters godless heathen savage...	19	talk.religion.misc	soc.religion.christian	0.998755

图 5-16　查看 talk.religion.misc 和 soc.religion.christian 的模式错误分类实例

这应该使你能够深入了解哪些实例可能被错误分类以及其原因。这些文章中肯定也提到了基督教的某些方面，这使该模型可以预测 soc.religion.christian 类别。现在，让我们看一下新闻组 `talk.religion.misc` 上的一些文章，但我们的模型预测的 `alt.atheism` 具有最高的置信度。请参见图 5-17。

```
pd.set_option('display.max_colwidth', 200)
res_df = (test_df[(test_df['Target Name'] == 'talk.religion.misc')
               & (test_df['Predicted Name'] == 'alt.atheism')]
          .sort_values(by=['Predicted Confidence'], ascending=False).
          head(5))

res_df
```

	Article	Clean Article	Target Label	Target Name	Predicted Name	Predicted Confidence
914	\r\n\r\nAtoms are not objective. They aren't even real. What scientists call\r\nan atom is nothing more than a mathematical model that describes physical, observable properties of ou...	atom not objective not even real scientist call atom nothing mathematical model describe certain physical observable property surrounding subjective objective though approach scientist take discus...	19	talk.religion.misc	alt.atheism	0.996075
2334	In <1ren9a$94q@morrow.stanford.edu> salem@pangea.Stanford.EDU (Bruce Salem) \r\n\r\n\r\n\r\nThis brings up another something I have never understood. I asked this once\r\nbefore and got a few int...	renaqmorrow stanford edu salempangea stanford edu bruce salem bring another something never understand ask get interesting response somehow not seem satisfied would nt not consider good source may...	19	talk.religion.misc	alt.atheism	0.996051
11117	\r\n\r\n\tUnless God admits that he didn't do it...\r\n\r\n\t=)\r\n\r\n--- \r\n\r\n " I'd Cheat on Hillary Too."	unless god admit not would cheat hillary	19	talk.religion.misc	alt.atheism	0.965725
12386	\r\n\rAh, you taking everything as literal quotation. No wonder you're confused.\r\n\r\nFirst, can I ask that we decide on a definition of "objective"?\r\n\r\n\r\nAnd?\r\n\r\n\r\nI'd guess that it ...	ah take everything literal quotation no wonder confused first ask decide definition objective would guess may may case people unable evaluate complex moral issue rather leave behave immorally may ...	19	talk.religion.misc	alt.atheism	0.772658
9360	\r\n\rYes, as a philosophy weak atheism is worthless. This is true in\r\nexactly the same sense that a philosophy Christians' disbelief in\r\n Zeus is worthless. Atheists construct their persona...	yes philosophy weak atheism worthless true exactly sense philosophy christian disbelief zeus worthless atheists construct personal philosophy many different source build non god base idea way chri...	19	talk.religion.misc	alt.atheism	0.757788

图 5-17　查看 religion.misc 和 alt.atheism 的模式错误分类实例

这应该是理所当然的，人们谈论无神论和宗教的时候，尤其是在在线论坛上，其谈论内容在几个方面是相关的。你还注意到其他有趣的模式吗？继续并进一步探索数据！至此结束了我们对文本分类系统的讨论和实现。你可以使用其他创新的特征提取技术或有监督的学习算法尽情地实现更多模型，并比较其性能。

5.11　应用

文本分类和归类用于几种实际场景和应用程序中。其中一些如下所示：
- ❑ 新闻分类
- ❑ 垃圾邮件过滤
- ❑ 音乐或电影流派分类
- ❑ 情感分析
- ❑ 语言检测

文本数据的可能性确实是无穷无尽的，你可以应用分类来解决各种问题，并通过一点点的努力使费时的操作和场景自动化。

5.12　本章小结

文本分类确实是一个强大的工具，本章几乎涵盖了与文本分类有关的所有方面。我们从文本分类的定义和范围开始。接下来，我们将自动文本分类定义为有监督的学习问题，并研究了各种类型的文本分类。我们还简要介绍了一些与各种算法有关的机器学习概念，还定义了典型的文本分类系统蓝图，以描述构建端到端文本分类器时涉及的各种模块和步骤。然后扩展了蓝图中的每个模块。

第 4 章详细介绍了文本预处理和规范化，我们构建了一个专门用于文本分类的规范化模块。我们从第 4 章中简要地回顾了文本数据的各种特征提取和工程技术，包括词袋、TF-IDF 和高级词嵌入技术。现在，你不仅应该清楚数学表示形式和概念，还应该知道实现它们的方式。

我们讨论了各种有监督的学习方法，重点关注最新分类器，如多项式朴素贝叶斯、逻辑回归、支持向量机以及集成模型（如随机森林和梯度提升）。我们甚至提到了神经网络模型！我们还研究了如何评估分类模型性能，以及实现这些度量指标的方法。最后，我们将学到的所有知识整合到一个基于实际数据的健壮的 20 类文本分类系统中，并评估了各种模型，然后详细分析了模型性能。通过总结一些经常使用文本分类的领域，我们结束了我们的讨论。我们刚刚触及文本分析和 NLP 的表面，在之后的章节中，我们将探讨更多方法来分析文本数据并从中获取见解。

第 6 章
文本摘要和主题模型

在文本分析和自然语言处理（NLP）领域，我们走过了很长一段路。你已经了解了如何为各种应用程序处理和标注文本数据。我们还通过特征工程了解了最新的文本表示方法。我们还涉足机器学习领域，并利用各种特征提取技术和有监督的机器学习算法构建了自己的多类文本分类系统。本章将讨论文本分析领域中一个略微不同的问题——信息摘要（information summarization）。

在技术、贸易、商业和媒体方面，世界正在迅速发展。等待报纸到家的日子已经一去不复返，我们已经能及时了解世界各地的各种事件。随着互联网和社交媒体的出现，我们迎来了所谓的信息时代（Information Age）。现在，我们拥有各种形式的社交媒体，可以通过它们来及时了解日常事件动态，并与外界以及朋友和家人保持联系。通过非常短的消息或者状态信息，Facebook 和 Twitter 等社交媒体创造了一个完全不同的维度来分享和使用信息。人类的注意力往往比较短暂，这导致我们在阅读大型文本文档和文章时会感到厌倦无聊。

这将我们转至文本摘要（text summarization）技术，这是文本分析中极其重要的一个概念。企业和分析公司都使用它来缩短和总结大型文档，从而保留大型文档的关键主题。通常，我们将摘要信息呈现给消费者和客户，以便他们可以在几秒钟内理解这些信息。这类似于电梯推销（elevator pitch），你需要提供描述流程、产品、服务或业务的快速摘要，并确保其保留核心的重要主题和价值。它源于这样的理念：推销只应该花费通常乘坐电梯所需的时间，从几秒到几分钟不等。

假设你拥有一整套文本文档语料库，并想从中获得有意义的见解。乍一看这似乎很困难，因为你甚至都不知道如何处理这些文档，更不用说如何将 NLP 或数据科学技术应用于它们了。由于它更多的是模式挖掘而不是预测性分析，因此一个好的开始方法是使用专门用于文本摘要和信息提取的无监督学习方法。一般来说，可以对文本文档执行以下几种操作：

❑ 关键短语提取（key-phrase extraction）：从文档中重点提取具有关键影响力的短语。

❑ 主题建模（topic modeling）：提取文档中存在的各种不同概念或主题，并保留这些文档中的主要主题。

❑ 文档摘要（document summarization）：汇总整个文本文档，以提供保留整个语料库重要部分的要点。

我们将介绍以上三大技术的基本概念、技术和实际实现。

本章将首先对各种类型的摘要和信息提取技术进行详细讨论，并介绍一些基本概念，这些概念对于以后理解实战示例至关重要。本书中展示的所有代码示例都可以在本书的官方 GitHub 存储库中找到，你可以在 https://github.com/dipanjanS/text-analytics-with-python/tree/master/New-Second-Edition 上访问该存储库。

6.1 文本摘要和信息提取

文本摘要和信息提取是指尝试从庞大的文本语料库中提取关键概念和主题，在此过程中从本质上对其进行缩减。在深入探讨概念和技术之前，我们应该首先了解文本摘要的必要性。信息过载（information overload）的概念是文本摘要需求背后的主要原因之一。自印刷媒介和口头媒介问世以来，已经有了大量的书籍、文章、音频和视频。

文艺复兴时期，西方活字印刷术促使了书籍、手稿、文章和小册子得以大量生产。这再而引发信息过载，学者们抱怨信息过多，变得越来越难以使用、处理和管理。

随着计算机和技术的进步，我们在 20 世纪迎来了数字时代，赋予了我们互联网。互联网开启了各种可能性的窗口，社交媒体、新闻网站、电子邮件和即时消息功能都会生成和使用信息。这导致了信息量增加，垃圾信息、无用的状态、推文甚至发布有害内容的自动机器人充斥整个网络。

现在，我们知道了正在生产和使用的信息的当前状态，我们可以将信息过载定义为存在过多的数据或信息，从而导致消费者难以处理该信息并做出明智的决策。当输入系统的信息量开始超过系统的处理能力时，便会发生这种过载。人类的认知处理能力有限，而且我们的思维会时不时地徘徊游离，以至于我们无法花很长时间阅读单一的信息或数据。因此，当我们获得大量信息时，它会导致决策质量的降低。

企业通过做出明智的决策而蓬勃发展，它们通常拥有大量的数据和信息。但是从这些信息中获取见解并非易事，并且将其自动化也很难，因为你需要知道如何处理数据。管理人员很少有时间听长篇大论，或浏览有关重要信息的页面。摘要和信息提取的目的是了解关键的重要主题和思想，并将大量的信息文档概括归纳为便于阅读、理解和解释的简短内容。其最终目标是能够在更短的时间内做出明智的决策。我们需要高效且可扩展的流程和技术，并且可以对文本数据执行。最受欢迎的技术如下：

❏ 关键短语提取
❏ 主题建模
❏ 自动文档摘要

前两种技术涉及从文档中提取概念、主题和思想形式的关键信息，从而可以缩略文档。自动文档摘要是指将大文本文档汇总为可以解释文档试图传递的信息的数行内容。我们将在后续的章节中详细介绍每种技术以及实际示例。首先，我们简要讨论每种技术所含的内容及其范围。

6.1.1 关键短语提取

关键短语提取也许是三种技术之中最简单的一种。它涉及从文本文档或语料库中提取关键字或短语的过程，这些关键字或短语体现了文档或语料库的主要概念或主题。可以说，关键短语提取是主题建模的一种简化形式。你可能已经在研究论文中看到过关键词或短语，或者甚至在线上商店看到某些产品用几个单词或短语来描述该对象，这些单词或短语反映了该产品对象的主要思想或概念。

6.1.2 主题建模

主题建模通常涉及使用统计和数学建模技术从文档语料库中提取核心主题、思想或概念。请注意，在这里我们强调文档语料库，因为你拥有的文档集越多样化，可以生成的主题或概念就越多。这与单个文档不同，在单个文档中，如果谈论单个概念，则不会有太多主题或概念。主题模型通常也称为概率统计模型（probabilistic statistical model），其使用包括奇异值分解（Singular Value Decomposition，SVD）和潜在狄利克雷分布（Latent Dirichlet Allocation，LDA）在内的特定统计技术来发现文本数据中连接的潜在语义结构，从而生成主题和概念。它们广泛用于文本分析以及生物信息学（bioinformatics）等不同领域。

6.1.3 自动文档摘要

自动文档摘要是使用基于统计和机器学习技术的计算机程序或算法对文档或文档语料库进行摘要，以便获得能够体现其基本概念和主题的简短摘要的过程。存在多种用于构建自动文档摘要器的技术，包括各种基于提取和抽象的技术。所有这些算法背后的关键概念是找到原始数据集的代表性子集，以便从语义和概念的角度将该数据集的核心本质都包含在该子集中。文档摘要通常涉及从单个文档中提取和构建执行摘要，而且相同的算法可以扩展到多个文档。然而，这种思想不是将多个不同的文档组合在一起，因为那样会破坏算法的目的。同样的概念也适用于图像和视频摘要。

在深入探讨每种技术之前，我们将讨论一些有关数学和机器学习的重要基础概念。

6.2 重要概念

在本节中，我们讨论几个重要的数学和机器学习基础概念，这些概念稍后将有用。可能你会熟悉其中的一些，但为了完整起见，我们将重复介绍它们，以便你回顾相关内容。我们还将在本节中介绍 NLP 中的一些概念。

文档是包含整个文本数据的实体，其中可以包含标题和其他元数据信息。语料库通常由一系列文档组成。这些文档可以是简单的句子，也可以是文本信息的完整段落。标记化的语料库是指该语料库中的每个文档都已经进行标记解析或分解为了标识符，其中标识符通常是单词。

文本整理或预处理是指清理、规范化和标准化文本数据的过程，使用的技术包括删除特殊符号和字符、删除无关的 HTML 标签、删除停用词、校正拼写、词干提取和词形还原等。

特征工程是指我们从原始文本数据中提取有意义的特征或属性，并将其输入统计或机器学习算法中的过程。这个过程也称为向量化，因为此过程的最终转换结果是来自原始文本标识符的数值向量。其原因是常规算法只能处理数值向量，而不能直接处理原始文本数据。有很多种特征提取方法，包括基于词袋的二进制特征，它告诉我们文档中一个单词或一组单词是否存在；基于词袋的频率特征，它告诉我们文档中一个单词或一组单词的出现频率；TF-IDF 加权特征，它在计算每一个词项权重时考虑了词频和逆文档频率。有关特征提取的更多详细信息，请参阅第 4 章。

特征矩阵通常是指从文档集合到特征的映射，其中每一行表示一个文档，每一列表示一个具体的特征（通常是一个单词或一组单词）。在特征提取之后，我们通过特征矩阵来表示文档或句子的集合，并且经常在实际示例中将统计和机器学习技术应用于这些矩阵。我们也可以转置特征矩阵，以词项 – 文档矩阵来代替传统的文档 – 词项矩阵。我们还可以将其他特征表示为特征矩阵，例如文档相似度、主题 – 词项和主题 – 文档等特征。

奇异值分解（SVD）是线性代数的一种技术，它在摘要算法中频繁使用。SVD 是对实矩阵或复矩阵进行分解的过程。形式上，我们可以如下定义 SVD。考虑维度为 $m \times n$ 的矩阵 M，其中 m 表示行数，n 表示列数。在数学上，矩阵 M 可以使用 SVD 因式分解为

$$M_{m \times n} = U_{m \times m} S_{m \times n} V_{n \times n}^{T}$$

其中，我们有以下分解：

❑ U 是 $m \times m$ 酉矩阵，使得 $U^{T}U = I_{m \times m}$，其中 I 是单位矩阵。U 中的列表示左奇异向量。

❑ S 是对角 $m \times n$ 矩阵，在矩阵对角线上具有正实数。它通常也表示为 m 个值的向量，这些向量表示奇异值。

❑ V^{T} 是 $n \times n$ 酉矩阵，使得 $V^{T}V = I_{n \times n}$，其中 I 是单位矩阵。V 中的行表示右奇异向量。这表明矩阵 U 和 V 是正交的。S 的奇异值在摘要算法中特别重要。

我们将 SVD 用于低秩矩阵近似（low rank matrix approximation），其中我们用矩阵 $\hat{M}$ 近似原始矩阵 M，使得这个新矩阵是秩为 k 的原始矩阵 M 的截断版本，并且可以用 SVD 表示为 $\hat{M} = U\hat{S}V^{T}$，其中，$\hat{S}$ 是原始矩阵 S 的截断版本，现在仅由前 k 个最大的奇异值组成，其他奇异值表示为零。我们使用 SciPy 中的一个很好的实现来提取前 k 个奇异值，并返回相应的矩阵 U、S 和 V。我们使用的代码段在 `utils.py` 文件中，如下所示：

```python
from scipy.sparse.linalg import svds

def low_rank_svd(matrix, singular_count=2):

    u, s, vt = svds(matrix, k=singular_count)
    return u, s, vt
```

我们将在主题建模以及有关文本摘要的章节中使用此实现。图 6-1 给出了上述过程的良好描述，该过程从原始 SVD 分解中生成 k 个奇异向量，并显示了如何确定低秩矩阵近似。

从图 6-1 中你可以清楚地看到，低秩矩阵近似中保留了 k 个奇异值，以及如何使用 SVD 将原始矩阵 M 分解为 U、S 和 V^{T}。

❑ M 通常称为词项 – 文档矩阵，一般是在对经过预处理的文本数据进行特征工程之后获得，其中矩阵的每一行代表一个词项，每一列代表一个文本文档。

❑ U 称为词项 – 主题矩阵，其中矩阵的每一行代表一个词项，每一列代表一个主题。当我们将主题乘以奇异值时，U 有利于获取每个主题的有影响力词项。

❑ S 是由低秩 SVD 之后获得的奇异值列表组成的矩阵或数组，它通常等于在此操作

之前所确定的主题数。

❑ V^T 是主题 – 文档（topic-document）矩阵，如果将其进行转置，将获得文档 – 主题矩阵，这有助于了解每个主题对每个文档有多大的影响。

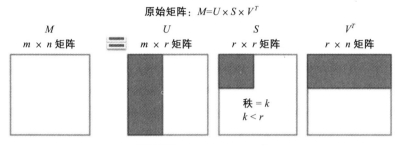

图 6-1　低秩矩阵近似的奇异值分解

在本章的其余部分中，我们尽量将数学相关内容保持在最低限度，除非了解算法的工作原理是绝对必要的。但是我们鼓励读者更深入地研究这些技术，以便更好地了解它们在后台的工作机制。

6.3　关键短语提取

关键短语提取是从非结构化文本文档中提取重要信息的最简单但功能最强大的技术之一。关键短语提取也称为词项提取（terminology extraction），是从大量非结构化文本中提取关键的词项或短语以便获得核心主题的过程。这种技术属于信息检索和提取的广泛领域。关键短语提取在许多领域都很有用，以下是其中的一些领域：

❑ 语义网
❑ 基于查询的搜索引擎和爬虫
❑ 推荐系统
❑ 标注系统
❑ 文档相似度
❑ 翻译

在文本分析或 NLP 中，关键短语提取通常是执行更复杂任务的起点，并且其输出可以作为更复杂系统的特征。关键短语提取有多种方法，我们介绍以下两种主要方法：

❑ 搭配
❑ 基于权重标签的短语提取

要记住的重要一点是，我们将要提取短语，这些短语通常是单词的集合，有时可以只是单个单词。如果要提取关键词，这也称为关键词提取（keyword extraction），它是关键短语提取的子集。

6.3.1　搭配

词项搭配（collocation）是从语料库分析和语言学中借鉴而来的一个概念。搭配可以定义为一个单词序列或一组单词，这些单词往往频繁出现，并且该频率往往会超过所谓随机发生或偶然出现的频率。可以根据名词、动词等词性来形成各种类型的搭配。提取搭配的方法有很多种,最好的方法之一是使用 n-gram 分组或分割方法。在这里,我们从语料库中构造出 n-gram,然后计算每个 n-gram 的频率,并根据它们的出现频率对其进行排序,以获得最频繁的 n-gram 搭配。

其思想是有一个文档语料库(段落或句子),将它们进行标记解析以形成句子,再将句子列表扁平化以构建为一个大的句子或字符串,然后根据 n-gram 范围滑动一个大小为 *n* 的窗口,并计算整个字符串的 n-gram。计算 n-gram 完成后,我们可以根据每个 n-gram 的出现频率对其进行计数,然后再对其进行排序。这样就能根据频率得到最频繁的搭配。我们将从头开始实现此方法,以便你可以更好地理解算法,然后使用一些 NLTK 内置的功能对其进行描述。

首先,我们加载一些必要的依赖项和一个将要计算搭配的语料库。我们使用 NLTK Gutenberg 语料库中的书——Lewis Carroll 的 *Alice in Wonderland* 作为我们的语料库。我们还利用好用的 `text_normalizer` 模块对语料库进行规范化来实现文本内容标准化,该模块已在前面的章节中构建和使用。

```python
from nltk.corpus import gutenberg
import text_normalizer as tn
import nltk
from operator import itemgetter

# load corpus
alice = gutenberg.sents(fileids='carroll-alice.txt')
alice = [' '.join(ts) for ts in alice]
norm_alice = list(filter(None,
                         tn.normalize_corpus(alice, text_lemmatization=False)))

# print and compare first line
print(alice[0], '\n', norm_alice[0])

[ Alice ' s Adventures in Wonderland by Lewis Carroll 1865 ]
 alice adventures wonderland lewis carroll
```

现在,我们定义一个函数,根据一些标识符输入列表和参数 n 来计算 n-gram,参数 n 确定 n-gram 的模型范围,如 uni-gram、bi-gram 等。以下代码段是对一个输入序列计算 n-gram。

```python
def compute_ngrams(sequence, n):
    return list(
            zip(*(sequence[index:]
                    for index in range(n))))
```

该函数基本上接收标识符序列,并计算具有序列的表中表,其中每个列表包含前一个列表中的所有项,除了从前一个列表中删除的第一项。它构造 *n* 个这样的列表,然后将它们全部压缩在一起以提供必要的 n-gram。从 Python 3 开始,我们将最终结果装在一个列表中,`zip` 提供了生成器对象,而不是原始列表。在下面的代码段中,我们可以看到该函数在样本序列上的操作。

```
In [7]: compute_ngrams([1,2,3,4], 2)
Out[7]: [(1, 2), (2, 3), (3, 4)]

In [8]: compute_ngrams([1,2,3,4], 3)
Out[8]: [(1, 2, 3), (2, 3, 4)]
```

上面的输出显示了输入序列的 bi-gram 和 tri-gram。现在，我们利用此函数，并在其基础上基于 n-gram 的出现频率来生成最大的 n-gram。为此，我们需要定义一个函数来将语料库扁平化为一个大的文本字符串。以下函数可帮助我们对文档语料库进行此操作。

```
def flatten_corpus(corpus):
    return ' '.join([document.strip()
                        for document in corpus])
```

现在，我们可以构建一个函数，该函数将帮助我们从文本语料库中获取最大的 n-gram。

```
def get_top_ngrams(corpus, ngram_val=1, limit=5):

    corpus = flatten_corpus(corpus)
    tokens = nltk.word_tokenize(corpus)

    ngrams = compute_ngrams(tokens, ngram_val)
    ngrams_freq_dist = nltk.FreqDist(ngrams)
    sorted_ngrams_fd = sorted(ngrams_freq_dist.items(),
                                key=itemgetter(1), reverse=True)
    sorted_ngrams = sorted_ngrams_fd[0:limit]
    sorted_ngrams = [(' '.join(text), freq)
                        for text, freq in sorted_ngrams]

    return sorted_ngrams
```

我们使用 NLTK 的 `FreqDist` 类基于频率创建一个所有 n-gram 的计数器，然后根据其频率对它们进行排序，并根据用户指定的限制返回最大的 n-gram。现在，我们使用以下代码段来计算语料库中最大的 bi-gram 和 tri-gram。

```
# top 10 bigrams
In [11]: get_top_ngrams(corpus=norm_alice, ngram_val=2,
    ...:                     limit=10)
Out[11]:
[('said alice', 123),
 ('mock turtle', 56),
 ('march hare', 31),
 ('said king', 29),
 ('thought alice', 26),
 ('white rabbit', 22),
 ('said hatter', 22),
 ('said mock', 20),
 ('said caterpillar', 18),
 ('said gryphon', 18)]
```

```
# top 10 trigrams
In [12]: get_top_ngrams(corpus=norm_alice, ngram_val=3,
    ...:                   limit=10)
Out[12]:
[('said mock turtle', 20),
 ('said march hare', 10),
 ('poor little thing', 6),
 ('little golden key', 5),
 ('certainly said alice', 5),
 ('white kid gloves', 5),
 ('march hare said', 5),
 ('mock turtle said', 5),
 ('know said alice', 4),
 ('might well say', 4)]
```

上面的输出显示了由 n-gram 生成的两个单词和三个单词的序列，以及它们在整个语料库中出现的次数。我们可以看到，大多数搭配都指向那些正在说话的人，形式如"said `<person>`"。我们还会看到在 *Alice in Wonderland* 中受欢迎的角色人物，例如在搭配中描述出的假乌龟、国王、兔子、帽匠和爱丽丝。

现在，我们看一下 NLTK 的搭配查找器，这些查找器使我们能够使用各种度量方法来查找搭配，例如原始频率、逐点互信息（Pointwise Mutual Information，PMI）等。简单地解释一下，假设两个事件或词项彼此独立，则可以计算两个事件或词项的逐点互信息，即它们共同出现的概率与它们各自概率乘积之比的对数。数学上，我们可以如下表示：

$$pmi(x, y) = \log \frac{p(x, y)}{p(x)p(y)}$$

该度量是对称的。以下代码段展示了如何使用这些度量方法来计算这些搭配。

```
# bigrams
from nltk.collocations import BigramCollocationFinder
from nltk.collocations import BigramAssocMeasures

finder = BigramCollocationFinder.from_documents([item.split()
                                        for item
                                        in norm_alice])

finder

<nltk.collocations.BigramCollocationFinder at 0x1c2c2c4f358>

# raw frequencies
In [14]: finder.nbest(bigram_measures.raw_freq, 10)
Out[14]:
[(u'said', u'alice'),
 (u'mock', u'turtle'),
 (u'march', u'hare'),
 (u'said', u'king'),
 (u'thought', u'alice'),
 (u'said', u'hatter'),
 (u'white', u'rabbit'),
```

```
 (u'said', u'mock'),
 (u'said', u'caterpillar'),
 (u'said', u'gryphon')]

# pointwise mutual information
In [15]: finder.nbest(bigram_measures.pmi, 10)
Out[15]:
[(u'abide', u'figures'),
 (u'acceptance', u'elegant'),
 (u'accounting', u'tastes'),
 (u'accustomed', u'usurpation'),
 (u'act', u'crawling'),
 (u'adjourn', u'immediate'),
 (u'adoption', u'energetic'),
 (u'affair', u'trusts'),
 (u'agony', u'terror'),
 (u'alarmed', u'proposal')]

# trigrams
from nltk.collocations import TrigramCollocationFinder
from nltk.collocations import TrigramAssocMeasures

finder = TrigramCollocationFinder.from_documents([item.split()
                                       for item
                                       in norm_alice])
trigram_measures = TrigramAssocMeasures()

# raw frequencies
In [17]: finder.nbest(trigram_measures.raw_freq, 10)
Out[17]:
[(u'said', u'mock', u'turtle'),
 (u'said', u'march', u'hare'),
 (u'poor', u'little', u'thing'),
 (u'little', u'golden', u'key'),
 (u'march', u'hare', u'said'),
 (u'mock', u'turtle', u'said'),
 (u'white', u'kid', u'gloves'),
 (u'beau', u'ootiful', u'soo'),
 (u'certainly', u'said', u'alice'),
 (u'might', u'well', u'say')]

# pointwise mutual information
In [18]: finder.nbest(trigram_measures.pmi, 10)
Out[18]:
[(u'accustomed', u'usurpation', u'conquest'),
 (u'adjourn', u'immediate', u'adoption'),
 (u'adoption', u'energetic', u'remedies'),
 (u'ancient', u'modern', u'seaography'),
 (u'apple', u'roast', u'turkey'),
 (u'arithmetic', u'ambition', u'distraction'),
 (u'brother', u'latin', u'grammar'),
```

```
(u'canvas', u'bag', u'tied'),
(u'cherry', u'tart', u'custard'),
(u'circle', u'exact', u'shape')]
```

现在，你知道了如何使用 n-gram 生成方法来计算语料库的搭配。在下一节中，我们将介绍一种基于词性（POS）标注和词项权重来生成关键短语的更好方法。

6.3.2　基于权重标签的短语提取

现在，我们来看看略有不同的提取关键短语的方法。这种方法借鉴了几篇论文中的概念，即 K.Barker 和 N.Cornachia 的 "Using Noun Phrase Heads to Extract Document Keyphrases" 和 Ian Witten 等人的 "KEA: Practical Automatic Keyphrase Extraction"，如果你有兴趣进一步了解他们的实验和方法可以阅读参考他们的论文。在算法中我们遵循以下两步的过程。

1）使用浅层解析（shallow parsing）提取所有的名词短语语块。

2）计算每个语块的 TF-IDF 权重，并返回权重最大的短语。

对于第一步，我们使用基于 POS 标签的简单模式来提取名词短语语块。你将从第 3 章中熟悉这部分内容，其中我们探讨了语块分析和浅层解析。在讨论算法之前，让我们加载测试其实现的语料库。我们使用从 Wikipedia 获取对大象的示例描述，可在 `elephants.txt` 文件中找到该文件，你可以从本书的 GitHub 存储库中获取该文件，网址为 https://github.com/dipanjanS/text-analytics-with-python。

```
data = open('elephants.txt', 'r+').readlines()
sentences = nltk.sent_tokenize(data[0])
len(sentences)

29

# viewing the first three lines
sentences[:3]

['Elephants are large mammals of the family Elephantidae and the order
Proboscidea.', 'Three species are currently recognised: the African bush
elephant (Loxodonta africana), the African forest elephant (L. cyclotis),
and the Asian elephant (Elephas maximus).', 'Elephants are scattered
throughout sub-Saharan Africa, South Asia, and Southeast Asia.']
```

现在，让我们使用实用的 `text_normalizer` 模块对语料库进行一些非常基本的文本预处理。

```
norm_sentences = tn.normalize_corpus(sentences, text_lower_case=False,
                                     text_stemming=False, text_
                                     lemmatization=False,
                                     stopword_removal=False)
norm_sentences[:3]

['Elephants are large mammals of the family Elephantidae and the order
Proboscidea', 'Three species are currently recognised the African bush
elephant Loxodonta africana the African forest elephant L cyclotis and
the Asian elephant Elephas maximus', 'Elephants are scattered throughout
subSaharan Africa South Asia and Southeast Asia']
```

现在我们已经准备好了语料库，我们将使用模式"NP：{<DT>？<JJ> * <NN.*> +}"从文档/句子的语料库中提取所有可能的名词短语。你之后可以随时尝试使用更复杂的模式，包括动词、形容词或副词短语。但是，我们在这里要保持简明扼要，以专注于核心逻辑。有了模式后，我们将使用以下代码段来定义一个函数，从而解析和提取这些短语。在此，我们还加载了其他必要的依赖项。

```
import itertools
stopwords = nltk.corpus.stopwords.words('english')

def get_chunks(sentences, grammar=r'NP: {<DT>? <JJ>* <NN.*>+}',
               stopword_list=stopwords):

    all_chunks = []
    chunker = nltk.chunk.regexp.RegexpParser(grammar)

    for sentence in sentences:

        tagged_sents = [nltk.pos_tag(nltk.word_tokenize(sentence))]

        chunks = [chunker.parse(tagged_sent)
                    for tagged_sent in tagged_sents]

        wtc_sents = [nltk.chunk.tree2conlltags(chunk)
                       for chunk in chunks]

        flattened_chunks = list(
                            itertools.chain.from_iterable(
                                wtc_sent for wtc_sent in wtc_sents)
                            )

        valid_chunks_tagged = [(status, [wtc for wtc in chunk])
                                 for status, chunk
                                   in itertools.groupby(flattened_chunks,
                                   lambda word_pos_chunk: word_pos_
                                   chunk[2] != 'O')]

        valid_chunks = [' '.join(word.lower()
                           for word, tag, chunk in wtc_group
                             if word.lower() not in stopword_list)
                               for status, wtc_group in valid_
                               chunks_tagged
                                   if status]

        all_chunks.append(valid_chunks)

    return all_chunks
```

在此函数中，我们定义了一个用于分块或提取名词短语的语法模式。我们在相同的模式上定义了一个分块器，对于文档中的每个句子，首先我们使用它的 POS 标签对其进行注释，然后构建一个浅层解析树，其中以名词短语作为语块，而所有其他基于 POS 标签的单词作为缝隙，缝隙不属于任何语块的一部分。完成此操作后，我们将使用 tree2conlltags 函数生成 (w, t, c) 三元组，即单词、POS 标签和 IOB 格式化的语块标签（第 3 章中已讨论）。我们删除了所有带有 'O' 语块标签的标签，因为它们基本上是不属于任何语块的单词或词项。最后，从这些有效的语块中，组合分块的词项来生成短语。在下面的代码段中，我们可以看到该函数对语料库的操作。

```
chunks = get_chunks(norm_sentences)
chunks

[['elephants', 'large mammals', 'family elephantidae', 'order
proboscidea'],
 ['species', 'african bush elephant loxodonta', 'african forest elephant l
  cyclotis', 'asian elephant elephas maximus'],
 ['elephants', 'subsaharan africa south asia', 'southeast asia'],
 ...,
 ...,
 ['incisors', 'tusks', 'weapons', 'tools', 'objects'],
 ['elephants', 'flaps', 'body temperature'],
 ['pillarlike legs', 'great weight'],
 ...,
 ...,
 ['threats', 'populations', 'ivory trade', 'animals', 'ivory tusks'],
 ['threats', 'elephants', 'habitat destruction', 'conflicts', 'local people'],
 ['elephants', 'animals', 'asia'],
 ['past', 'war today', 'display', 'zoos', 'entertainment', 'circuses'],
 ['elephants', 'art folklore religion literature', 'popular culture']]
```

上面的输出显示了文档中每个句子的所有有效关键短语。你已经可以看到，由于我们以名词短语为目标，因此所有短语都是基于名词的实体。现在，我们通过实现第 2 步的必要逻辑来构建 `get_chunks()` 函数，其中我们将使用 Gensim 在关键短语上构建基于 TF-IDF 的模型，然后根据每个关键短语在语料库中的出现频率计算基于 TF-IDF 的权重。最后，我们根据这些关键短语的 TF-IDF 权重对它们进行排序，并显示前 n 个关键短语，其中 `top_n` 由用户指定。

```
from gensim import corpora, models

def get_tfidf_weighted_keyphrases(sentences,
                                  grammar=r'NP: {<DT>? <JJ>* <NN.*>+}',
                                  top_n=10):

    valid_chunks = get_chunks(sentences, grammar=grammar)

    dictionary = corpora.Dictionary(valid_chunks)
    corpus = [dictionary.doc2bow(chunk) for chunk in valid_chunks]

    tfidf = models.TfidfModel(corpus)
    corpus_tfidf = tfidf[corpus]

    weighted_phrases = {dictionary.get(idx): value
                            for doc in corpus_tfidf
                                for idx, value in doc}

    weighted_phrases = sorted(weighted_phrases.items(),
```

```
                    key=itemgetter(1), reverse=True)
    weighted_phrases = [(term, round(wt, 3)) for term, wt in weighted_phrases]

    return weighted_phrases[:top_n]
```

现在，我们可以通过使用以下代码段生成前 30 个关键短语，在小型语料库上测试此函数。

```
# top 30 tf-idf weighted keyphrases
get_tfidf_weighted_keyphrases(sentences=norm_sentences, top_n=30)
```

```
[('water', 1.0), ('asia', 0.807), ('wild', 0.764), ('great weight', 0.707),
 ('pillarlike legs', 0.707), ('southeast asia', 0.693), ('subsaharan africa
 south asia', 0.693), ('body temperature', 0.693), ('flaps', 0.693),
 ('fissionfusion society', 0.693), ('multiple family groups', 0.693),
 ('art folklore religion literature', 0.693), ('popular culture', 0.693),
 ('ears', 0.681), ('males', 0.653), ('males bulls', 0.653), ('family
 elephantidae', 0.607), ('large mammals', 0.607), ('years', 0.607),
 ('environments', 0.577), ('impact', 0.577), ('keystone species', 0.577),
 ('cetaceans', 0.577), ('elephant intelligence', 0.577), ('primates',
 0.577), ('dead individuals', 0.577), ('kind', 0.577), ('selfawareness',
 0.577), ('different habitats', 0.57), ('marshes', 0.57)]
```

有趣的是，我们在关键短语中看到了所描述的各种类型的大象，例如亚洲和非洲大象，以及大象的典型属性，如"great weight""fission fusion society"和"pillar like legs"。

我们还可以利用 Gensim 的摘要模块，该模块有关键词函数，可从文本中提取关键词。它使用了 TextRank 算法的一种变体，我们将在文档摘要部分中进行探讨。

```
from gensim.summarization import keywords
```

```
key_words = keywords(data[0], ratio=1.0, scores=True, lemmatize=True)
[(item, round(score, 3)) for item, score in key_words][:25]
```

```
[('african bush elephant', 0.261), ('including', 0.141), ('family', 0.137),
 ('cow', 0.124), ('forests', 0.108), ('female', 0.103), ('asia', 0.102),
 ('objects', 0.098), ('tigers', 0.098), ('sight', 0.098), ('ivory', 0.098),
 ('males', 0.088), ('folklore', 0.087), ('known', 0.087), ('religion', 0.087),
 ('larger ears', 0.085), ('water', 0.075), ('highly recognisable', 0.075),
 ('breathing lifting', 0.074), ('flaps', 0.073), ('africa', 0.072),
 ('gomphotheres', 0.072), ('animals tend', 0.071), ('success', 0.071),
 ('south', 0.07)]
```

至此，你可以了解到关键短语提取如何从文本文档中提取关键的重要概念并进行摘要总结。你可以在其他语料库上尝试这些函数，看看有趣的结果！

6.4 主题建模

我们已经看过如何使用两种技术来提取关键短语。尽管这些短语指出了文档或语料库中的关键核心点，但该技术过于简单，通常无法准确地描述出语料库中的各种主题或概念，尤其是在文档语料库中具有明显不同的主题或概念时。

主题模型专门设计用于从包含各种类型文档的大型语料库中提取各种不同概念或主题，其中每个文档讨论一个或多个概念。这些概念可以是任何思想、观点、事实、见解、陈述，等等。主题建模的主要目的是使用数学和统计技术来发现语料库中隐藏和潜在的语义结构。

主题建模涉及从文档词项中提取特征，并使用数学结构和框架（例如矩阵分解和 SVD）来生成可相互区分的词簇或词组，并且这些词簇构成主题或概念。这些概念可用于解释语料库的主要主题，并在各种文档中频繁同现的单词之间构建语义连接。构建主题模型有各种框架和算法。我们介绍以下三种方法：

❏ 潜在语义索引（LSI）

❏ 潜在 Dirichlet 分布（LDA）

❏ 非负矩阵分解（NMF）

上面前两种方法非常流行，而且存在已久。最后一种方法——非负矩阵分解，是一种新的但非常有效的方法并给出了优异的结果。我们利用 Gensim 和 Scikit-Learn 进行实际实现，并研究如何基于潜在语义索引来构建我们自己的主题模型。

与上一版相比，我们在本书中的做法有所不同。我们不是处理小数据集，而是像在其他章节中所做的那样处理复杂的现实世界数据集。在接下来的几节中，我们将演示如何使用前面提到的三种方法执行主题建模。为了演示，我们使用了两个最流行的框架——Gensim 和 Scikit-Learn。这里的目的是了解如何轻松利用这些框架来构建主题模型，并理解幕后的一些基本概念。

6.5   研究论文的主题建模

我们将在这里做一个有趣的练习——在非常流行的 NIPS 会议（现在称为 NeurIPS 会议）的过去研究论文上构建主题模型。已故教授 Sam Roweis 汇编了 NIPS 会议论文第 1~12 卷的收藏集，你可在 https://cs.nyu.edu/~roweis/data.html 上找到。一个有趣的事实是，他是通过对 NIPS 1~12 的 OCR 数据进行融入处理而获得这个结果的，而这实际上是电子提交之前的时代。Yann LeCun 提供了数据。在 http://ai.stanford.edu/~gal/data.html 上，甚至可以获得更新到 NIPS 17 为止的数据集。但是，该数据集采用了 MAT 文件的形式，因此在使用 Python 处理它之前，你可能需要做一些额外的预处理。

6.5.1   主要目标

考虑到目前为止的讨论，我们的主要目标非常简单。给定一大堆会议研究论文，我们能否利用无监督学习从这些论文中找出一些关键主题或主题思想？我们没有标注类别的权利，无法告诉我们每篇研究论文的主题是什么。除此之外，我们还在对使用 OCR（光学字符识别）提取的文本数据进行处理。因此，你会想到拼写错误的单词、缺少字符的单词等，这使得我们的问题更具挑战性。主题建模练习的主要目标是展示以下内容：

❏ 使用 Gensim 和 Scikit-Learn 进行主题建模

❏ 使用 LDA、LSI 和 NMF 实现主题模型

❑ 如何利用第三方建模框架（如 MALLET）来构建主题模型

❑ 评估主题建模性能

❑ 调优主题模型以获得最佳主题

❑ 解释主题建模结果

❑ 预测新研究论文的主题

最重要的是，我们可以使用主题建模从 NIPS 研究论文中识别出一些主要主题，解释这些主题，甚至预测新研究论文的主题！

6.5.2 数据检索

我们需要检索网络上可用的数据集。你甚至可以使用以下命令直接从 Jupyter notebook 下载该文件（或通过删除该命令开头的感叹号从终端下载）。

```
!wget https://cs.nyu.edu/~roweis/data/nips12raw_str602.tgz
```

```
--2018-11-07 18:59:33--  https://cs.nyu.edu/~roweis/data/nips12raw_str602.tgz
Resolving cs.nyu.edu (cs.nyu.edu)... 128.122.49.30
Connecting to cs.nyu.edu (cs.nyu.edu)|128.122.49.30|:443... connected.
HTTP request sent, awaiting response... 200 OK
Length: 12851423 (12M) [application/x-gzip]
Saving to: 'nips12raw_str602.tgz'
```

```
nips12raw_str602.tg 100%[===================>]  12.26M  1.75MB/s    in 7.4s
```

```
2018-11-07 18:59:41 (1.65 MB/s) - 'nips12raw_str602.tgz' saved
[12851423/12851423]
```

下载文件后，可以直接从 notebook 中使用以下命令来自动提取内容。

```
!tar -xzf nips12raw_str602.tgz
```

如果你使用的是 Windows 操作系统，则这些命令可能不起作用，你可以通过访问 https://cs.nyu.edu/~roweis/data/nips12raw_str602.tgz 手动获取研究论文，并下载文件。下载后，你可以使用任何文件提取工具提取 nipstxt 文件夹。提取内容后，我们可以通过核查文件夹结构来验证它们。

```
import os
import numpy as np
import pandas as pd

DATA_PATH = 'nipstxt/'
print(os.listdir(DATA_PATH))
['nips01', 'nips04', 'MATLAB_NOTES', 'nips10', 'nips02', 'idx', 'nips11',
 'nips03', 'nips07', 'README_yann', 'nips05', 'nips12', 'nips06', 'RAW_DATA_
NOTES', 'orig', 'nips00', 'nips08', 'nips09']
```

6.5.3 加载和查看数据集

现在，我们可以使用以下代码加载所有的研究论文。每篇论文都在自己的文本文件中，因此我们需要使用 Python 中的文件读取函数。

```
folders = ["nips{0:02}".format(i) for i in range(0,13)]
# Read all texts into a list.
papers = []
for folder in folders:
    file_names = os.listdir(DATA_PATH + folder)
    for file_name in file_names:
        with open(DATA_PATH + folder + '/' + file_name, encoding='utf-8',
                errors='ignore', mode='r+') as f:
            data = f.read()
        papers.append(data)
len(papers)
```

```
1740
```

总共有 1740 篇研究论文, 这不是一个小数目! 让我们来看看其中一篇研究论文中的一段文字, 以便得到一个想法。

```
print(papers[0][:1000])
```

```
652
Scaling Properties of Coarse-Coded Symbol Memories
Ronald Rosenfeld
David S. Touretzky
Computer Science Department
Carnegie Mellon University
Pittsburgh, Pennsylvania 15213
Abstract
Coarse-coded symbol memories have appeared in several neural network
symbol processing models. In order to determine how these models would
scale, one must first have some understanding of the mathematics of coarse-
coded representations. We define the general structure of coarse-coded
symbol memories and derive mathematical relationships among their essential
parameters: memory t size, sylmbol-set size and capacitor. The computed
capacity of one of the schemes agrees well with actual measurements of
the coarse-coded working memory of DCPS, Touretzky and Hinton's distributed
connectionist production system.
1 Introduction
A distributed representation is a memory scheme in which each entity
(concept, symbol) is represented by a pattern of activity over many units
[3]. If each unit partic
```

看上面! 它基本上是你经常在浏览器中查看的研究论文在 PDF 中的样子。但是, 看起来 OCR 并没有完美工作, 到处都有一些丢失的字符。这是预料之中的, 但也使该任务更具挑战性!

6.5.4 基本文本整理

在进行主题建模之前, 我们会进行一些基本的文本整理或预处理。在这里我们要使事情保持简单, 并执行标记解析、名词化、删除停用词和任何具有单个字符的词项。

```
%%time
import nltk

stop_words = nltk.corpus.stopwords.words('english')
wtk = nltk.tokenize.RegexpTokenizer(r'\w+')
wnl = nltk.stem.wordnet.WordNetLemmatizer()

def normalize_corpus(papers):
    norm_papers = []
    for paper in papers:
        paper = paper.lower()
        paper_tokens = [token.strip() for token in wtk.tokenize(paper)]
        paper_tokens = [wnl.lemmatize(token) for token in paper_tokens if
        not token.isnumeric()]
        paper_tokens = [token for token in paper_tokens if len(token) > 1]
        paper_tokens = [token for token in paper_tokens if token not in
        stop_words]
        paper_tokens = list(filter(None, paper_tokens))
        if paper_tokens:
            norm_papers.append(paper_tokens)

    return norm_papers

norm_papers = normalize_corpus(papers)
print(len(norm_papers))

1740
CPU times: user 38.6 s, sys: 92 ms, total: 38.7 s
Wall time: 38.7 s

# viewing a processed paper
print(norm_papers[0][:50])

['scaling', 'property', 'coarse', 'coded', 'symbol', 'memory', 'ronald',
'rosenfeld', 'david', 'touretzky', 'computer', 'science', 'department',
'carnegie', 'mellon', 'university', 'pittsburgh', 'pennsylvania',
'abstract', 'coarse', 'coded', 'symbol', 'memory', 'appeared', 'several',
'neural', 'network', 'symbol', 'processing', 'model', 'order', 'determine',
'model', 'would', 'scale', 'one', 'must', 'first', 'understanding',
'mathematics', 'coarse', 'coded', 'representa', 'tions', 'define',
'general', 'structure', 'coarse', 'coded', 'symbol']
```

如前所述，现在我们准备开始构建主题模型，并将在 Gensim 和 Scikit-Learn 中展示相关方法。

6.6　Gensim 的主题模型

Gensim 框架的关键口号是为人类进行主题建模，这很清楚地表明，该框架是为主题建模而构建的。我们可以使用此框架完成许多令人惊奇的工作，包括文本相似度、语义分析、主题模型和文本摘要。除此之外，与 Scikit-Learn 相比，Gensim 还提供了许多功能和更大的灵活性来构建、评估和调优主题模型。在本节中，我们使用以下方法来构建主题模型。

❏ 潜在语义索引

❏ 潜在 Dirichlet 分布

事不宜迟，让我们开始研究生成具有影响力的二元语法（bi-gram）短语的方法，并删除一些在特征工程之前可能无用的词项。

6.6.1 特征工程的文本表示

在进行特征工程和向量化之前，我们想要从研究论文中提取一些有用的基于二元语法的短语，并删除一些不必要的词项。为此，我们使用非常有用的 `gensim.models.Phrases` 类。此功能可帮助我们从句子流中自动检测常见短语，这些短语通常是多词表达式或 n-gram 单词。这个实现从 Mikolov 等人的著名论文"Distributed Representations of Words and Phrases and their Compositionality"中汲取了灵感，你可以在 https://arxiv.org/abs/1310.4546 上进行查看。我们首先为每个标记化的研究论文提取并生成单词和二元语法作为短语。我们可以使用以下代码轻松构建此短语生成模型，并在样本论文上进行测试。

```
import gensim

bigram = gensim.models.Phrases(norm_papers, min_count=20, threshold=20,
delimiter=b'_') # higher threshold fewer phrases.
bigram_model = gensim.models.phrases.Phraser(bigram)

# sample demonstration
print(bigram_model[norm_papers[0]][:50])

['scaling', 'property', 'coarse_coded', 'symbol', 'memory', 'ronald',
'rosenfeld', 'david_touretzky', 'computer_science', 'department',
'carnegie_mellon', 'university_pittsburgh', 'pennsylvania', 'abstract',
'coarse_coded', 'symbol', 'memory', 'appeared', 'several', 'neural_
network', 'symbol', 'processing', 'model', 'order', 'determine', 'model',
'would', 'scale', 'one', 'must', 'first', 'understanding', 'mathematics',
'coarse_coded', 'representa_tions', 'define', 'general', 'structure',
'coarse_coded', 'symbol', 'memory', 'derive', 'mathematical',
'relationship', 'among', 'essential', 'parameter', 'memor', 'size', 'lmbol']
```

我们可以清楚地看到我们既有单词又有二元语法（两个单词之间用下划线隔开），这告诉我们模型有效。我们利用 `min_count` 参数，该参数告诉我们模型将忽略所有语料库（输入论文作为标记化句子的列表）中总收集计数低于 20 的所有单词和二元语法。我们还使用 20 的阈值，这告诉我们该模型接受基于该阈值的特定短语，因此如果短语的分数大于阈值 20，则接受单词 *a* 后跟 *b* 的短语。此阈值取决于评分参数，这有助于我们理解如何对这些短语进行评分以了解其影响。

通常使用默认的计分器，它很容易理解。你可以在 https://radimrehurek.com/gensim/models/phrases.html#gensim.models.phrases.original_scorer 的文档中以及之前提到的研究论文中查看更多详细信息。

让我们为所有标记化的研究论文生成短语并构建词汇表，以帮助我们获得独特的词项 / 短语到数字的映射（因为机器或深度学习仅适用于数值张量）。

```
norm_corpus_bigrams = [bigram_model[doc] for doc in norm_papers]

# Create a dictionary representation of the documents.
dictionary = gensim.corpora.Dictionary(norm_corpus_bigrams)
print('Sample word to number mappings:', list(dictionary.items())[:15])
print('Total Vocabulary Size:', len(dictionary))

Sample word to number mappings: [(0, '8a'), (1, 'abandon'), (2, 'able'),
(3, 'abo'), (4, 'abstract'), (5, 'accommodate'), (6, 'accuracy'),
(7, 'achieved'), (8, 'acknowledgment_thank'), (9, 'across'), (10, 'active'),
(11, 'activity'), (12, 'actual'), (13, 'adjusted'), (14, 'adjusting')]
Total Vocabulary Size: 78892
```

哇！基于前面的输出，在我们的研究论文集中似乎有很多独特的短语。这些词项中有几个不是很有用，因为它们是针对一篇论文，甚至是一篇研究论文的一个段落。因此，是时候删减我们的词汇表并开始删除词项了。实现此目标的一种好方法是利用文档频率。到目前为止，你可能已经意识到，词项的文档频率基本上是该词项在语料库中所有文档中出现的总次数。

```
# Filter out words that occur less than 20 documents, or more than 50% of
the documents.
dictionary.filter_extremes(no_below=20, no_above=0.6)
print('Total Vocabulary Size:', len(dictionary))

Total Vocabulary Size: 7756
```

我们删除了所有文档中出现次数少于 20 次的所有词项，以及所有文档中出现次数超过 60% 以上的所有词项。我们有兴趣发现不同的主题和主题思想，而不是重复的主题。因此，这非常适合我们的场景。现在，我们可以利用简单的词袋模型来执行特征工程。

```
# Transforming corpus into bag of words vectors
bow_corpus = [dictionary.doc2bow(text) for text in norm_corpus_bigrams]
print(bow_corpus[1][:50])

[(4, 1), (14, 2), (20, 1), (28, 1), (33, 1), (43, 1), (50, 1), (60, 2),
(61, 1), (62, 2), (63, 1), (72, 1), (84, 1), ..., (286, 39), (296, 6),
(306, 1), (307, 2), (316, 1)]

# viewing actual terms and their counts
print([[(dictionary[idx] , freq) for idx, freq in bow_corpus[1][:50]])

[('achieved', 1), ('allow', 2), ('american_institute', 1), ('another', 1),
('appeared', 1), ('argument', 1), ('assume', 1), ('become', 2),
('becomes', 1), ('behavior', 2), ('behavioral', 1), ('bounded', 1),
('cause', 1), ..., ('group', 39), ('hence', 6), ('implementation', 1),
('implemented', 2), ('independent', 1)]

# total papers in the corpus
print('Total number of papers:', len(bow_corpus))

Total number of papers: 1740
```

现在，我们的文档已经处理完毕，并且具有足够好词袋模型的表示，可以开始建模了。

6.6.2 潜在语义索引

我们的第一个技术是潜在语义索引（LSI），它是在 20 世纪 70 年代开发的一种统计技术，用于关联语料库中的语义链接词项。LSI 不仅用于文本摘要，而且还用于信息检索和搜索。LSI 使用非常流行的奇异值分解（SVD）技术，我们在 6.2 节详细讨论了该技术。LSI 背后的主要原理是相似的词项往往在相同的上下文中使用，因此相似的词项通常会同时出现。术语 LSI 来自以下事实，即该技术具有发现潜在的隐藏词项的能力，这些词项在语义上相互关联从而形成主题。

现在，我们通过利用 Gensim 来实现 LSI 并从 NIPS 研究论文的语料库中提取主题。借助 Gensim 简洁的 API，构建该模型非常简单。

```
%%time

TOTAL_TOPICS = 10
lsi_bow = gensim.models.LsiModel(bow_corpus, id2word=dictionary,
num_topics=TOTAL_TOPICS, onepass=True, chunksize=1740, power_iters=1000)

CPU times: user 54min 30s, sys: 3min 21s, total: 57min 51s
Wall time: 3min 51s
```

构建模型后，我们可以使用以下代码来查看语料库中主要的主题或主题思想。请记住，在这种情况下，我们已经将主题数明确设置为 10。

```
for topic_id, topic in lsi_bow.print_topics(num_topics=10, num_words=20):
    print('Topic #'+str(topic_id+1)+':')
    print(topic)
    print()

Topic #1:
0.215*"unit" + 0.212*"state" + 0.187*"training" + 0.177*"neuron" +
0.162*"pattern" + 0.145*"image" + 0.140*"vector" + 0.125*"feature"
+ 0.122*"cell" + 0.110*"layer" + 0.101*"task" + 0.097*"class" +
0.091*"probability" + 0.089*"signal" + 0.087*"step" + 0.086*"response"
+ 0.085*"representation" + 0.083*"noise" + 0.082*"rule" +
0.081*"distribution"

Topic #2:
-0.487*"neuron" + -0.396*"cell" + 0.257*"state" + -0.191*"response" +
0.187*"training" + -0.170*"stimulus" + -0.117*"activity" + 0.109*"class" +
-0.099*"spike" + -0.097*"pattern" + -0.096*"circuit" + -0.096*"synaptic"
+ 0.095*"vector" + -0.090*"signal" + -0.090*"firing" + -0.088*"visual" +
0.084*"classifier" + 0.083*"action" + 0.078*"word" + -0.078*"cortical"

Topic #3:
-0.627*"state" + 0.395*"image" + -0.219*"neuron" + 0.209*"feature" +
-0.188*"action" + 0.137*"unit" + 0.131*"object" + -0.130*"control" +
0.129*"training" + -0.109*"policy" + 0.103*"classifier" + 0.090*"class"
+ -0.081*"step" + -0.081*"dynamic" + 0.080*"classification" +
0.078*"layer" + 0.076*"recognition" + -0.074*"reinforcement_learning" +
```

0.069*"representation" + 0.068*"pattern"

Topic #4:
-0.686*"unit" + 0.433*"image" + -0.182*"pattern" + -0.131*"layer" +
-0.123*"hidden_unit" + -0.121*"net" + -0.114*"training" + 0.112*"feature"
+ -0.109*"activation" + -0.107*"rule" + 0.097*"neuron" + -0.078*"word"
+ 0.070*"pixel" + -0.070*"connection" + 0.067*"object" + 0.065*"state"
+ 0.060*"distribution" + 0.059*"face" + -0.057*"architecture" +
0.055*"estimate"

Topic #5:
-0.428*"image" + -0.348*"state" + 0.266*"neuron" + -0.264*"unit" +
0.181*"training" + 0.174*"class" + -0.168*"object" + 0.167*"classifier"
+ -0.147*"action" + -0.122*"visual" + 0.117*"vector" + 0.115*"node"
+ 0.105*"distribution" + -0.103*"motion" + -0.099*"feature" +
0.097*"classification" + -0.097*"control" + -0.095*"task" + -0.087*"cell" +
-0.083*"representation"

Topic #6:
0.660*"cell" + -0.508*"neuron" + -0.213*"image" + -0.103*"chip" +
-0.097*"unit" + 0.093*"response" + -0.090*"object" + 0.083*"rat"
+ 0.076*"distribution" + -0.070*"circuit" + 0.069*"probability" +
0.064*"stimulus" + -0.061*"memory" + -0.058*"analog" + -0.058*"activation"
+ 0.055*"class" + -0.053*"bit" + -0.052*"net" + 0.051*"cortical" +
0.050*"firing"

Topic #7:
-0.353*"word" + 0.281*"unit" + -0.272*"training" + -0.257*"classifier"
+ -0.177*"recognition" + 0.159*"distribution" + -0.152*"feature" +
-0.144*"state" + -0.142*"pattern" + 0.141*"vector" + -0.128*"cell" +
-0.128*"task" + 0.122*"approximation" + 0.121*"variable" + 0.110*"equation"
+ -0.107*"classification" + 0.106*"noise" + -0.103*"class" + 0.101*"matrix"
+ -0.098*"neuron"

Topic #8:
-0.303*"pattern" + 0.243*"signal" + 0.236*"control" + 0.202*"training"
+ -0.181*"rule" + -0.178*"state" + 0.167*"noise" + -0.166*"class"
+ 0.162*"word" + -0.155*"cell" + -0.154*"feature" + 0.147*"motion"
+ 0.140*"task" + -0.127*"node" + -0.124*"neuron" + 0.116*"target"
+ 0.114*"circuit" + -0.114*"probability" + -0.110*"classifier" +
-0.109*"image"

Topic #9:
-0.472*"node" + -0.254*"circuit" + 0.214*"word" + -0.201*"chip" +
0.190*"neuron" + 0.172*"stimulus" + -0.160*"classifier" + -0.152*"current" +
0.147*"feature" + -0.146*"voltage" + 0.145*"distribution" + -0.141*"control"
+ -0.124*"rule" + -0.110*"layer" + -0.105*"analog" + -0.091*"tree" +
0.084*"response" + 0.080*"state" + 0.079*"probability" + 0.079*"estimate"

Topic #10:
0.518*"word" + -0.254*"training" + 0.236*"vector" + -0.222*"task" +

```
-0.194*"pattern" + -0.156*"classifier" + 0.149*"node" + 0.146*"recognition"
+ -0.139*"control" + 0.138*"sequence" + -0.126*"rule" + 0.125*"circuit"
+ 0.123*"cell" + -0.113*"action" + -0.105*"neuron" + 0.094*"hmm" +
0.093*"character" + 0.088*"chip" + 0.088*"matrix" + 0.085*"structure"
```

让我们花一点时间来理解这些结果。对 LSI 模型的简要回顾，它基于以下原则：在相同上下文中使用的单词往往具有相似的含义。你可以在此输出中观察到，每个主题都是词项（基本上往往传递主题的整体含义）和权重的组合。现在的问题是，我们同时拥有正的和负的权重。这意味着什么？

根据现有研究和解释，考虑到我们正在根据主题数将空间维数缩减为 10，每个词项的符号表示特定主题在向量空间中的方向或倾向。权重越高，贡献越大。因此，相似的相关词项具有相同的符号或方向。由此，一个主题完全有可能基于词项的符号或倾向具有两个不同的子主题。让我们分开这些词项，然后尝试再次解释主题。

```
for n in range(TOTAL_TOPICS):
    print('Topic #'+str(n+1)+':')
    print('='*50)
    d1 = []
    d2 = []
    for term, wt in lsi_bow.show_topic(n, topn=20):
        if wt >= 0:
            d1.append((term, round(wt, 3)))
        else:
            d2.append((term, round(wt, 3)))
    print('Direction 1:', d1)
    print('-'*50)
    print('Direction 2:', d2)
    print('-'*50)
    print()
```

```
Topic #1:
==================================================
Direction 1: [('unit', 0.215), ('state', 0.212), ('training', 0.187),
('neuron', 0.177), ('pattern', 0.162), ('image', 0.145), ('vector', 0.14),
('feature', 0.125), ('cell', 0.122), ('layer', 0.11), ('task', 0.101),
('class', 0.097), ('probability', 0.091), ('signal', 0.089), ('step',
0.087), ('response', 0.086), ('representation', 0.085), ('noise', 0.083),
('rule', 0.082), ('distribution', 0.081)]
--------------------------------------------------
Direction 2: []
--------------------------------------------------

Topic #2:
==================================================
Direction 1: [('state', 0.257), ('training', 0.187), ('class', 0.109),
('vector', 0.095), ('classifier', 0.084), ('action', 0.083), ('word',
0.078)]
--------------------------------------------------
```

Direction 2: [('neuron', -0.487), ('cell', -0.396), ('response', -0.191), ('stimulus', -0.17), ('activity', -0.117), ('spike', -0.099), ('pattern', -0.097), ('circuit', -0.096), ('synaptic', -0.096), ('signal', -0.09), ('firing', -0.09), ('visual', -0.088), ('cortical', -0.078)]

Topic #3:

===

Direction 1: [('image', 0.395), ('feature', 0.209), ('unit', 0.137), ('object', 0.131), ('training', 0.129), ('classifier', 0.103), ('class', 0.09), ('classification', 0.08), ('layer', 0.078), ('recognition', 0.076), ('representation', 0.069), ('pattern', 0.068)]

Direction 2: [('state', -0.627), ('neuron', -0.219), ('action', -0.188), ('control', -0.13), ('policy', -0.109), ('step', -0.081), ('dynamic', -0.081), ('reinforcement_learning', -0.074)]

Topic #4:

===

Direction 1: [('image', 0.433), ('feature', 0.112), ('neuron', 0.097), ('pixel', 0.07), ('object', 0.067), ('state', 0.065), ('distribution', 0.06), ('face', 0.059), ('estimate', 0.055)]

Direction 2: [('unit', -0.686), ('pattern', -0.182), ('layer', -0.131), ('hidden_unit', -0.123), ('net', -0.121), ('training', -0.114), ('activation', -0.109), ('rule', -0.107), ('word', -0.078), ('connection', -0.07), ('architecture', -0.057)]

Topic #5:

===

Direction 1: [('neuron', 0.266), ('training', 0.181), ('class', 0.174), ('classifier', 0.167), ('vector', 0.117), ('node', 0.115), ('distribution', 0.105), ('classification', 0.097)]

Direction 2: [('image', -0.428), ('state', -0.348), ('unit', -0.264), ('object', -0.168), ('action', -0.147), ('visual', -0.122), ('motion', -0.103), ('feature', -0.099), ('control', -0.097), ('task', -0.095), ('cell', -0.087), ('representation', -0.083)]

Topic #6:

===

Direction 1: [('cell', 0.66), ('response', 0.093), ('rat', 0.083), ('distribution', 0.076), ('probability', 0.069), ('stimulus', 0.064), ('class', 0.055), ('cortical', 0.051), ('firing', 0.05)]

Direction 2: [('neuron', -0.508), ('image', -0.213), ('chip', -0.103),

('unit', -0.097), ('object', -0.09), ('circuit', -0.07), ('memory', -0.061), ('analog', -0.058), ('activation', -0.058), ('bit', -0.053), ('net', -0.052)]

Topic #7:
==
Direction 1: [('unit', 0.281), ('distribution', 0.159), ('vector', 0.141), ('approximation', 0.122), ('variable', 0.121), ('equation', 0.11), ('noise', 0.106), ('matrix', 0.101)]

Direction 2: [('word', -0.353), ('training', -0.272), ('classifier', -0.257), ('recognition', -0.177), ('feature', -0.152), ('state', -0.144), ('pattern', -0.142), ('cell', -0.128), ('task', -0.128), ('classification', -0.107), ('class', -0.103), ('neuron', -0.098)]

Topic #8:
==
Direction 1: [('signal', 0.243), ('control', 0.236), ('training', 0.202), ('noise', 0.167), ('word', 0.162), ('motion', 0.147), ('task', 0.14), ('target', 0.116), ('circuit', 0.114)]

Direction 2: [('pattern', -0.303), ('rule', -0.181), ('state', -0.178), ('class', -0.166), ('cell', -0.155), ('feature', -0.154), ('node', -0.127), ('neuron', -0.124), ('probability', -0.114), ('classifier', -0.11), ('image', -0.109)]

Topic #9:
==
Direction 1: [('word', 0.214), ('neuron', 0.19), ('stimulus', 0.172), ('feature', 0.147), ('distribution', 0.145), ('response', 0.084), ('state', 0.08), ('probability', 0.079), ('estimate', 0.079)]

Direction 2: [('node', -0.472), ('circuit', -0.254), ('chip', -0.201), ('classifier', -0.16), ('current', -0.152), ('voltage', -0.146), ('control', -0.141), ('rule', -0.124), ('layer', -0.11), ('analog', -0.105), ('tree', -0.091)]

Topic #10:
==
Direction 1: [('word', 0.518), ('vector', 0.236), ('node', 0.149), ('recognition', 0.146), ('sequence', 0.138), ('circuit', 0.125), ('cell', 0.123), ('hmm', 0.094), ('character', 0.093), ('chip', 0.088), ('matrix', 0.088), ('structure', 0.085)]

Direction 2: [('training', -0.254), ('task', -0.222), ('pattern', -0.194), ('classifier', -0.156), ('control', -0.139), ('rule', -0.126), ('action',

```
-0.113), ('neuron', -0.105)]
--------------------------------------------------
```

这会使事情变得更好吗？嗯，它肯定比以前的解释好很多。在这里，我们可以看到清晰的主题建模正在应用于芯片和电子设备、分类和识别模型、人脑组成（如细胞、刺激物、神经元、皮质成分）的神经模型，甚至是围绕强化学习的主题！稍后我们将以更结构化的方式详细探讨这些内容。

让我们尝试从主题模型中得到三个主要矩阵（U、S 和 V^T），它们使用 SVD（基于前面提到的基础概念）。

```
term_topic = lsi_bow.projection.u
singular_values = lsi_bow.projection.s
topic_document = (gensim.matutils.corpus2dense(lsi_bow[bow_corpus],
len(singular_values)).T / singular_values).T
term_topic.shape, singular_values.shape, topic_document.shape

((7756, 10), (10,), (10, 1740))
```

就像前面的输出所示，我们有一个词项－主题矩阵、奇异值和一个主题－文档矩阵。我们可以将主题－文档矩阵转置为一个文档－主题矩阵，这有助于我们了解每个文档中每个主题的比例（比例越大，表示该主题在文档中越占主导地位）。请参见图 6-2。

```
document_topics = pd.DataFrame(np.round(topic_document.T, 3),
                              columns=['T'+str(i) for i in range(1, TOTAL_
                              TOPICS+1)])
document_topics.head(5)
```

	T1	T2	T3	T4	T5	T6	T7	T8	T9	T10
0	0.038	0.002	0.009	-0.077	-0.010	-0.018	0.030	-0.072	0.000	0.005
1	0.022	0.000	-0.022	0.008	0.011	-0.016	0.013	-0.017	0.001	0.007
2	0.021	-0.028	-0.004	0.003	-0.003	0.000	-0.008	0.009	0.008	-0.014
3	0.024	-0.048	0.011	0.003	-0.023	0.044	-0.002	-0.011	-0.003	0.016
4	0.032	-0.020	-0.013	0.013	-0.003	0.058	-0.006	-0.050	-0.061	0.036
5	0.085	-0.183	-0.003	-0.022	-0.019	0.307	-0.087	-0.137	-0.040	0.020

图 6-2　LSI 模型中的文档－主题矩阵

忽略符号，我们可以尝试找出一些样本论文中的最重要的主题，并查看它们是否有意义。

```
document_numbers = [13, 250, 500]

for document_number in document_numbers:
    top_topics = list(document_topics.columns[np.argsort(-
                                        np.absolute(
                                        document_topics.iloc[document_
                                        number].values))[:3]])
    print('Document #'+str(document_number)+':')
    print('Dominant Topics (top 3):', top_topics)
```

```
    print('Paper Summary:')
    print(papers[document_number][:500])
    print()
```

Document #13:
Dominant Topics (top 3): ['T6', 'T1', 'T2']
Paper Summary:
9
Stochastic Learning Networks and their Electronic Implementation
Joshua Alspector*, Robert B. Allen, Victor Hut, and Srinagesh Satyanarayana
Bell Communications Research, Morristown, NJ 07960
ABSTRACT
We describe a family of learning algorithms that operate on a recurrent,
symmetrically connected, neuromorphic network that, like the Boltzmann
machine, settles in the presence of noise. These networks learn by
modifying synaptic connection strengths on the basis of correlations
seen loca

Document #250:
Dominant Topics (top 3): ['T3', 'T5', 'T8']
Paper Summary:
266 Zemel, Mozer and Hinton
TRAFFIC: Recognizing Objects Using
Hierarchical Reference Frame Transformations
Richard S. Zemel
Computer Science Dept.
University of Toronto
...
ABSTRACT
We describe a model that can recognize two-dimensional shapes in
an unsegmented image, independent of their orie

Document #500:
Dominant Topics (top 3): ['T9', 'T8', 'T10']
Paper Summary:
Constrained Optimization Applied to the
Parameter Setting Problem for Analog Circuits
David Kirk, Kurt Fleischer, Lloyd Watts, Alan Bart
Computer Graphics 350-74
California Institute of Technology
Abstract
We use constrained optimization to select operating parameters for two
circuits: a simple 3-transistor square root circuit, and an analog VLSI
artificial cochlea. This automated method uses computer controlled mea-
surement and test equipment to choose chip paramet

如果你在前面的输出中查看每个选定主题中词项的描述，那它们很有意义。

❑ 论文 #13 在主题 6、1 和 2 中占主导地位，它们几乎都是关于神经元、细胞、大脑
皮层、刺激物等（围绕神经形态网络的各个方面）。

❑ 论文 #250 在主题 3、5 和 8 中占主导地位，它们讨论了目标识别、图像分类和神经网络的视觉表示。这与该论文的主题相匹配，即目标识别。

❑ 论文 #500 在主题 9、8 和 10 中占主导地位，它们讨论了信号、电压、芯片、电路等。这与该论文围绕模拟电路参数设置的主题是一致的。

这表明，LSI 模型是非常有效的，尽管根据正负权重有点难解释，并且常常会使事情变得混乱。

6.6.3　从头开始实现 LSI 主题模型

基于我们前面提到的内容，LSI 模型的核心是 SVD。在这里，我们尝试使用低阶 SVD 从头开始实现 LSI 主题模型。SVD 的第一步是得到源矩阵，该矩阵一般是词项 – 文档矩阵。我们可以通过将稀疏的词袋表示转换为稠密矩阵来从 Gensim 中获得它。

```
td_matrix = gensim.matutils.corpus2dense(corpus=bow_corpus,
num_terms=len(dictionary))
print(td_matrix.shape)
td_matrix

(7756, 1740)
array([[1., 0., 1., ..., 0., 2., 1.],
       [1., 0., 1., ..., 1., 1., 0.],
       [1., 0., 0., ..., 0., 0., 0.],
       ...,
       [0., 0., 0., ..., 0., 0., 0.],
       [0., 0., 0., ..., 0., 0., 0.],
       [0., 0., 0., ..., 0., 0., 0.]], dtype=float32)
```

一切似乎都井然有序，因此我们可以使用以下代码来验证词汇量，以确保一切都是正确的。

```
vocabulary = np.array(list(dictionary.values()))
print('Total vocabulary size:', len(vocabulary))
vocabulary

Total vocabulary size: 7756
array(['able', 'abstract', 'accommodate', ..., 'support_vector',
       'mozer_jordan', 'kearns_solla'], dtype='<U28')
```

现在，我们利用以下代码段对词项 – 文档矩阵执行低阶 SVD。

```
from scipy.sparse.linalg import svds

u, s, vt = svds(td_matrix, k=TOTAL_TOPICS, maxiter=10000)
term_topic = u
singular_values = s
topic_document = vt
term_topic.shape, singular_values.shape, topic_document.shape

((7756, 10), (10,), (10, 1740))
```

获得每个主题中每个词项的权重（方向和重要性）也非常简单。以下代码可帮助我们计算它。

```
tt_weights = term_topic.transpose() * singular_values[:, None]
tt_weights.shape
```

```
(10, 7756)
```

现在，通过使用以下代码，我们可以轻松查看 10 个主题以及对它们最有影响力的词项。

```
top_terms = 20
topic_key_term_idxs = np.argsort(-np.absolute(tt_weights), axis=1)[:, :top_
terms]
topic_keyterm_weights = np.array([tt_weights[row, columns]
                              for row, columns in list(zip(np.arange(TOTAL_
                                 TOPICS), topic_key_term_idxs))])
topic_keyterms = vocabulary[topic_key_term_idxs]
topic_keyterms_weights = list(zip(topic_keyterms, topic_keyterm_weights))
for n in range(TOTAL_TOPICS):
    print('Topic #'+str(n+1)+':')
    print('='*50)
    d1 = []
    d2 = []
    terms, weights = topic_keyterms_weights[n]
    term_weights = sorted([(t, w) for t, w in zip(terms, weights)],
                          key=lambda row: -abs(row[1]))
    for term, wt in term_weights:
        if wt >= 0:
            d1.append((term, round(wt, 3)))
        else:
            d2.append((term, round(wt, 3)))
    print('Direction 1:', d1)
    print('-'*50)
    print('Direction 2:', d2)
    print('-'*50)
    print()

Topic #1:
==================================================
Direction 1: [('training', 92.618), ('task', 80.732), ('pattern', 70.619),
('classifier', 56.989), ('control', 50.677), ('rule', 45.926), ('action',
41.202), ('neuron', 38.193)]
--------------------------------------------------
Direction 2: [('word', -188.488), ('vector', -85.973), ('node', -54.376),
('recognition', -53.232), ('sequence', -50.351), ('circuit', -45.394),
('cell', -44.811), ('hmm', -34.086), ('character', -34.022), ('chip',
-32.16), ('matrix', -32.093), ('structure', -30.993)]
--------------------------------------------------
```

Topic #2:
==
Direction 1: [('word', 78.347), ('neuron', 69.793), ('stimulus', 63.234),
('feature', 53.819), ('distribution', 53.119), ('response', 30.954),
('state', 29.343), ('probability', 29.099), ('estimate', 28.908)]

Direction 2: [('node', -173.277), ('circuit', -93.0), ('chip', -73.593),
('classifier', -58.717), ('current', -55.844), ('voltage', -53.489),
('control', -51.708), ('rule', -45.293), ('layer', -40.265), ('analog',
-38.344), ('tree', -33.483)]

Topic #3:
==
Direction 1: [('pattern', 116.971), ('rule', 69.783), ('state', 68.605),
('class', 64.259), ('cell', 59.979), ('feature', 59.606), ('node', 49.175),
('neuron', 47.998), ('probability', 43.812), ('classifier', 42.612),
('image', 42.061)]

Direction 2: [('signal', -93.805), ('control', -91.041), ('training',
-77.88), ('noise', -64.397), ('word', -62.392), ('motion', -56.699),
('task', -53.883), ('target', -44.765), ('circuit', -44.129)]

Topic #4:
==
Direction 1: [('unit', 117.727), ('distribution', 66.719), ('vector',
58.881), ('approximation', 50.931), ('variable', 50.83), ('equation',
46.229), ('noise', 44.247), ('matrix', 42.214)]

Direction 2: [('word', -147.792), ('training', -113.693), ('classifier',
-107.386), ('recognition', -73.948), ('feature', -63.454), ('state',
-60.126), ('pattern', -59.562), ('cell', -53.768), ('task', -53.693),
('classification', -44.936), ('class', -43.161), ('neuron', -41.092)]

Topic #5:
==
Direction 1: [('neuron', 220.116), ('image', 92.39), ('chip', 44.422),
('unit', 41.922), ('object', 39.001), ('circuit', 30.444), ('memory',
26.475), ('analog', 25.207), ('activation', 24.953), ('bit', 22.997),
('net', 22.699)]

Direction 2: [('cell', -285.803), ('response', -40.216), ('rat', -35.975),
('distribution', -33.085), ('probability', -29.79), ('stimulus', -27.789),
('class', -24.02), ('cortical', -22.185), ('firing', -21.66)]

Topic #6:
==
Direction 1: [('image', 209.793), ('state', 170.207), ('unit', 129.108),

```
('object', 82.185), ('action', 72.136), ('visual', 59.502), ('motion',
50.605), ('feature', 48.665), ('control', 47.427), ('task', 46.496),
('cell', 42.366), ('representation', 40.564)]
-------------------------------------------------
Direction 2: [('neuron', -130.053), ('training', -88.668), ('class',
-85.213), ('classifier', -81.921), ('vector', -57.532), ('node', -56.341),
('distribution', -51.622), ('classification', -47.645)]
-------------------------------------------------

Topic #7:
=================================================
Direction 1: [('image', 215.858), ('feature', 55.647), ('neuron', 48.494),
('pixel', 35.095), ('object', 33.585), ('state', 32.544), ('distribution',
29.977), ('face', 29.256), ('estimate', 27.555)]
-------------------------------------------------
Direction 2: [('unit', -341.829), ('pattern', -90.771), ('layer',
-65.337), ('hidden_unit', -61.12), ('net', -60.035), ('training',
-56.742), ('activation', -54.268), ('rule', -53.377), ('word', -38.903),
('connection', -34.618), ('architecture', -28.439)]
-------------------------------------------------

Topic #8:
=================================================
Direction 1: [('image', 229.287), ('feature', 121.397), ('unit', 79.44),
('object', 76.204), ('training', 75.152), ('classifier', 59.872), ('class',
52.527), ('classification', 46.696), ('layer', 45.149), ('recognition',
44.192), ('representation', 40.179), ('pattern', 39.252)]
-------------------------------------------------
Direction 2: [('state', -364.388), ('neuron', -127.022), ('action',
-109.245), ('control', -75.369), ('policy', -63.103), ('step', -47.226),
('dynamic', -46.907), ('reinforcement_learning', -42.747)]
-------------------------------------------------

Topic #9:
=================================================
Direction 1: [('neuron', 306.151), ('cell', 249.243), ('response',
119.758), ('stimulus', 106.762), ('activity', 73.499), ('spike', 62.039),
('pattern', 60.957), ('circuit', 60.602), ('synaptic', 60.282), ('signal',
56.665), ('firing', 56.597), ('visual', 55.571), ('cortical', 48.867)]
-------------------------------------------------
Direction 2: [('state', -161.465), ('training', -117.32), ('class',
-68.732), ('vector', -59.558), ('classifier', -52.589), ('action',
-52.113), ('word', -49.239)]
-------------------------------------------------

Topic #10:
=================================================
Direction 1: []
-------------------------------------------------
Direction 2: [('unit', -260.793), ('state', -258.146), ('training',
```

```
-227.312), ('neuron', -215.681), ('pattern', -197.232), ('image',
-175.735), ('vector', -170.154), ('feature', -151.547), ('cell',
-148.138), ('layer', -133.593), ('task', -122.389), ('class', -117.849),
('probability', -110.526), ('signal', -108.232), ('step', -105.202),
('response', -104.465), ('representation', -103.255), ('noise', -100.573),
('rule', -99.611), ('distribution', -98.973)]
--------------------------------------------------
```

请注意，即使主题的编号以乱序排列，它们也与 Gensim 中前一个主题模型的输出非常接近！你也可以使用以下代码，尝试从样本论文中提取有影响力的主题。

```python
document_topics = pd.DataFrame(np.round(topic_document.T, 3),
                               columns=['T'+str(i) for i in range(1, TOTAL_
                               TOPICS+1)])
document_numbers = [13, 250, 500]

for document_number in document_numbers:
    top_topics = list(document_topics.columns[np.argsort(-
                                              np.absolute(
                                 document_topics.iloc[document_
                                 number].values))[:3]])
    print('Document #'+str(document_number)+':')
    print('Dominant Topics (top 3):', top_topics)
    print('Paper Summary:')
    print(papers[document_number][:500])
    print()
```

```
Document #13:
Dominant Topics (top 3): ['T5', 'T10', 'T9']
Paper Summary:
9
Stochastic Learning Networks and their Electronic Implementation
Joshua Alspector*, Robert B. Allen, Victor Hut, and Srinagesh Satyanarayana
Bell Communications Research, Morristown, NJ 07960
ABSTRACT
We describe a family of learning algorithms that operate on a recurrent,
symmetrically connected, neuromorphic network that, like the Boltzmann machine

Document #250:
Dominant Topics (top 3): ['T6', 'T8', 'T3']
Paper Summary:
266 Zemel, Mozer and Hinton
TRAFFIC: Recognizing Objects Using
Hierarchical Reference Frame Transformations
Richard S. Zemel
Computer Science Dept.
University of Toronto
...
ABSTRACT
We describe a model that can recognize two-dimensional shapes in
```

an unsegmented image, independent of their orie

Document #500:
Dominant Topics (top 3): ['T2', 'T3', 'T1']
Paper Summary:
Constrained Optimization Applied to the
Parameter Setting Problem for Analog Circuits
David Kirk, Kurt Fleischer, Lloyd Watts, Alan Bart
...
Abstract
We use constrained optimization to select operating parameters for two
circuits: a simple 3-transistor square root circuit, and an analog VLSI
artificial cochlea.

我们可以清楚地观察到，即使主题编号发生了变化（由于它们已经根据我们的新模型进行了随机排列），与每个主题相关的核心主题思想也与我们之前获得的结果非常匹配。显然，SVD 是一种非常强大的数学运算，我们将在文档摘要中看到更多这方面的内容。

6.6.4 LDA

潜在 Dirichlet 分布（Latent Dirichlet Allocation，LDA）技术是一种概率生成模型，在该模型中，假定每个文档都具有与概率潜在语义索引模型相似的主题组合。在这种情况下，潜在主题包含它们的 Dirichlet 先验分布。这项技术背后的数学知识相当复杂，所以我们将尝试对其进行总结，因为它的具体细节超出了当前范围。建议读者查阅 Christine Doig 发布在 http://chdoig.github.io/pygotham-topicmodeling/#/ 上的精彩演讲，从中我们将借鉴一些出色的图形化表示。LDA 模型的盘子表示法（plate notation）如图 6-3 所示。

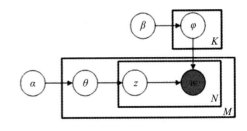

- K 是主题数量
- N 是文档中的单词数量
- M 是待分析的文档数量
- α 是每个文档主题分布的 Dirichlet 先验分布的集中参数
- β 是每个主题词分布的同样的参数
- φ(k) 是对于主题 k 的词分布
- θ(i) 是对于文档 i 的主题分布
- z(i, j) 是对于 w(i, j) 的主题分配
- w(i, j) 是第 i 个文档中的第 j 个词
- φ 和 θ 是 Dirichlet 分布，z 和 w 是多项式

你可以在 https://en.wikipedia.org/wiki/Latent_Dirichlet_allocation 上的官方 Wikipedia 文章中找到有关图 6-3 中的更多详细信息，其中详细讨论了参数。图 6-3 为我们很好地表示了每个参数如何连接到文本文档和词项。假设我们有 M 个文档，文档中有 N 个单词，并且要生成的主题总数为 K。

图 6-4 中的黑框表示核心算法，该算法使用前面提到的参数从文档中提取 K 个主题。为了让大家明白，以下步骤就算法中所发生的一切给出了一个非常简明的解释。

图 6-3 LDA 的盘子表示法（由 C. Doig 提供，Python 中的主题建模介绍）

1）初始化必要的参数。

2）对于每个文档，将每个单词随机初始化为 K 个主题之一。

3）按以下步骤开始一个迭代过程，并重复几次。对于每个文档 D，针对文档中的每个单词 W 和每个主题 T：

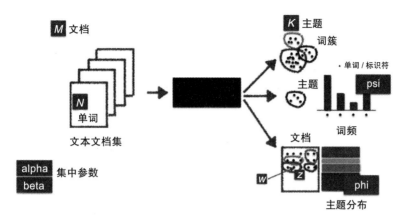

图 6-4 端到端的 LDA 框架（由 C. Doig 提供，Python 中的主题建模介绍）

❑ 计算 $P(T \mid D)$，其是分配给主题 T 的 D 中单词所占的比例。

❑ 计算 $P(W \mid T)$，其是对于含有单词 W 的所有文档分配给主题 T 的比例。

❑ 考虑所有其他单词及其主题分配，以概率 $P(T \mid D) \times P(W \mid T)$ 重新分配主题为 T 的单词 W。

运行几次迭代后，我们应该为每个文档提供主题混合模型，然后我们可以从指向该主题的词项中生成每个主题的组成部分。通常，这里使用的方法称为折叠吉布斯采样（Collapsed Gibbs Sampling）。在以下实现中，我们使用 Gensim 对研究论文的语料库构建基于 LDA 的主题模型。

```
%%time
lda_model = gensim.models.LdaModel(corpus=bow_corpus, id2word=dictionary,
                                   chunksize=1740, alpha='auto',
                                   eta='auto', random_state=42,
                                   iterations=500, num_topics=TOTAL_TOPICS,
                                   passes=20, eval_every=None)

CPU times: user 5min 32s, sys: 10.7 s, total: 5min 43s
Wall time: 2min 31s
```

在我们训练好的主题模型中查看主题非常容易，我们可以使用以下代码生成它们。

```
for topic_id, topic in lda_model.print_topics(num_topics=10, num_words=20):
    print('Topic #'+str(topic_id+1)+':')
    print(topic)
    print()

Topic #1:
0.016*"training" + 0.012*"classifier" + 0.007*"pattern" +
0.007*"classification" + 0.006*"class" + 0.006*"task" + 0.006*"vector" +
0.005*"training_set" + 0.005*"feature" + 0.004*"control" + 0.004*"size"
+ 0.003*"trained" + 0.003*"teacher" + 0.003*"rate" + 0.003*"student"
+ 0.003*"average" + 0.003*"robot" + 0.003*"random" + 0.003*"rule" +
0.003*"search"
```

Topic #2:
0.008*"vector" + 0.006*"equation" + 0.006*"matrix" + 0.006*"neuron"
+ 0.005*"state" + 0.005*"dynamic" + 0.005*"solution" + 0.005*"unit"
+ 0.004*"node" + 0.004*"pattern" + 0.004*"linear" + 0.004*"let" +
0.003*"layer" + 0.003*"convergence" + 0.003*"rule" + 0.003*"size" +
0.003*"theorem" + 0.003*"threshold" + 0.003*"memory" + 0.003*"theory"

Topic #3:
0.017*"training" + 0.011*"word" + 0.008*"recognition" + 0.007*"trained"
+ 0.006*"net" + 0.006*"unit" + 0.006*"feature" + 0.006*"speech" +
0.006*"task" + 0.005*"architecture" + 0.005*"class" + 0.005*"character" +
0.004*"layer" + 0.004*"classification" + 0.004*"context" + 0.004*"test"
+ 0.004*"sequence" + 0.004*"hidden_unit" + 0.004*"experiment" +
0.004*"vector"

Topic #4:
0.017*"motion" + 0.009*"rule" + 0.008*"direction" + 0.007*"stimulus"
+ 0.006*"velocity" + 0.006*"task" + 0.006*"human" + 0.006*"unit" +
0.005*"location" + 0.005*"target" + 0.005*"subject" + 0.005*"memory" +
0.005*"prediction" + 0.005*"position" + 0.004*"concept" + 0.004*"field" +
0.004*"response" + 0.004*"cue" + 0.004*"layer" + 0.004*"hand"

Topic #5:
0.008*"distribution" + 0.005*"estimate" + 0.005*"sample" + 0.005*"training"
+ 0.005*"class" + 0.005*"probability" + 0.005*"approximation" +
0.004*"variable" + 0.004*"gaussian" + 0.004*"linear" + 0.004*"vector"
+ 0.004*"prior" + 0.004*"noise" + 0.004*"density" + 0.004*"prediction"
+ 0.003*"kernel" + 0.003*"variance" + 0.003*"mixture" + 0.003*"bound" +
0.003*"regression"

Topic #6:
0.037*"state" + 0.011*"action" + 0.008*"step" + 0.008*"control" +
0.007*"policy" + 0.006*"sequence" + 0.006*"reinforcement_learning" +
0.005*"probability" + 0.005*"optimal" + 0.004*"task" + 0.004*"transition"
+ 0.004*"environment" + 0.003*"variable" + 0.003*"reward" +
0.003*"stochastic" + 0.003*"goal" + 0.003*"machine" + 0.003*"current" +
0.003*"controller" + 0.003*"agent"

Topic #7:
0.012*"circuit" + 0.011*"signal" + 0.011*"chip" + 0.009*"neuron" +
0.008*"current" + 0.007*"voltage" + 0.006*"analog" + 0.006*"control" +
0.005*"channel" + 0.004*"noise" + 0.004*"neural" + 0.004*"bit" +
0.004*"implementation" + 0.004*"source" + 0.003*"design" + 0.003*"gain" +
0.003*"processor" + 0.003*"synapse" + 0.003*"device" + 0.003*"array"

Topic #8:
0.021*"neuron" + 0.019*"cell" + 0.009*"response" + 0.007*"activity" +
0.007*"stimulus" + 0.007*"pattern" + 0.006*"spike" + 0.005*"synaptic" +
0.004*"cortical" + 0.004*"neural" + 0.004*"signal" + 0.004*"firing" +
0.004*"connection" + 0.004*"effect" + 0.004*"layer" + 0.004*"et_al" +
0.004*"cortex" + 0.003*"visual" + 0.003*"simulation" + 0.003*"synapsis"

```
Topic #9:
0.032*"image" + 0.012*"object" + 0.012*"feature" + 0.006*"pixel" +
0.006*"visual" + 0.005*"representation" + 0.005*"face" + 0.005*"vector" +
0.004*"view" + 0.004*"recognition" + 0.004*"transformation" + 0.004*"local"
+ 0.003*"map" + 0.003*"structure" + 0.003*"region" + 0.003*"filter" +
0.003*"position" + 0.003*"distance" + 0.003*"part" + 0.003*"location"

Topic #10:
0.030*"unit" + 0.009*"pattern" + 0.007*"representation" + 0.007*"activation"
+ 0.006*"hidden_unit" + 0.006*"node" + 0.006*"structure" + 0.006*"layer" +
0.005*"activity" + 0.004*"connection" + 0.004*"task" + 0.004*"component"
+ 0.004*"map" + 0.004*"rule" + 0.004*"architecture" + 0.004*"signal" +
0.004*"level" + 0.003*"response" + 0.003*"connectionist" + 0.003*"training"
```

这些主题绝对比 LSI 模型更容易理解和解释，因为所有权重都是相同的符号，并告诉我们该主题中每个词项的重要程度。我们还可以查看模型的整体平均一致性分数。

```
topics_coherences = lda_model.top_topics(bow_corpus, topn=20)
avg_coherence_score = np.mean([item[1] for item in topics_coherences])
print('Avg. Coherence Score:', avg_coherence_score)
```

Avg. Coherence Score: -1.0433305600965899

主题一致性（topic coherence）本身就是一个复杂的主题，它可以用来在一定程度上衡量主题模型的质量。一般来说，如果一组语句彼此支持，则认为它们是一致的。主题模型是基于无监督学习的模型，该模型在非结构化文本数据上进行训练，因此很难衡量输出的质量。Michael Röder 等人的论文 "Exploring the Space of Topic Coherence Measures" 是有关主题一致性框架的绝佳资源，你可以从 http://svn.aksw.org/papers/2015/WSDM_Topic_Evaluation/public.pdf 获得。在 Gensim 框架中使用 Python 可以实现相同的框架，Devashish 在 Gensim 中实现了这种整洁的功能，他在 https://rare-technologies.com/what-is-topic-coherence 上提供了详细的文章！

本书作者使用与他同样易于理解的类比来简要地解释了主题一致性框架：在这里，我们有一个水源，而水分配给了不同的人。为了测量水质，我们必须依靠个体客户的评论。现在，假设我们有四个主要的供水枢纽，并且在四个供水管道中安装了一些设备，用于在每个枢纽中分配水。这些设备帮助我们使用定量指标来测量水质，从而节省了我们依靠主观评价的时间。现在以此作类比，即认为水是我们从主题模型获得的主题，而主题一致性框架则是我们安装的设备，用于对主题质量进行定量评价。正如我们前面提到的研究论文所定义的那样，一致性框架是一个四阶段的流水线（pipeline）过程，如图 6-5 所示。

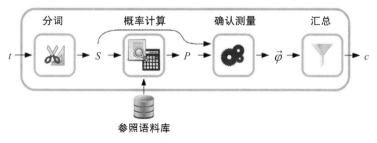

图 6-5　主题模型的统一一致性框架

图 6-5 所示的主题一致性框架流水线中的四个主要阶段描述如下。

1）分词（segmentation）：这个阶段类似于将我们的水分割至几个玻璃杯时，假设每个玻璃杯中水的质量不同。在这里，主题中的单词被放入子集中，并创建单词对。

2）概率计算（probability calculation）：测量每个玻璃杯中的水量。概率计算或估计方法定义了从基础数据中导出概率的方式。布尔型文档将单个单词的概率估计为单词出现的文档数量乘以文档总数。同样地，两个单词的联合概率是由包含两个单词的文档数和文档总数来估算的。布尔滑动窗口使用滑动窗口来确定单词计数。

3）确认测量（confirmation measure）：测量每个玻璃杯中的水质（基于特定的度量标准），并根据其数量为每个玻璃杯分配一个数字。对于主题模型，确认测量采用一对单词或单词子集以及相应的概率，并计算条件词集对于单词对中另一个单词的支持强度。通常，有两种类型的测量方式——外部测量和内部测量。

- ❑ 直接或外部测量（direct or extrinsic measure）：最流行的测量方式之一是 UCI 测量。它使用逐点互信息作为成对评分函数。在研究论文中，他们提出了直接度量指标 C_p，从而为他们提供了最佳性能（该论文中提到的细节）。
- ❑ 间接或内部测量（indirect or intrinsic measure）：间接确认测量声称获得了直接测量可能会丢失的语义支持。UMass 测量是最受欢迎的测量方式之一，它使用以下评分函数。

$$S_{\text{UMass}}(w_i, w_j) = \log \frac{D(w_i, w_j) + 1}{D(w_i)}$$

其中，$D(w)$ 是词项 w 的文档频率。评分基本上是经验条件对数概率：

$$\log p(w_j \mid w_i) = \log \frac{p(w_i, w_j)}{p(w_j)}$$

其中，通过在分子中的文档频率上加 1 可以使其平滑。该研究论文声称发现了一个新的度量 C_v，它是间接余弦度量的组合，并且与 NPMI 和布尔滑动窗口相结合，从而给出了最好的结果。Gensim 也提供了此功能。

4）汇总（aggregation）：这是一种设备，它将这些质量数值以某种方式（例如算术平均值）组合起来以得出一个定量指标。对每个主题的每个子集词对的所有确认测量进行汇总，以得出单个的一致性分数。就像我们在先前的输出（UMass 测量）中，将获得的 −1.04 作为平均相一致性分数一样。

这应该可以为你提供足够的上下文来评估和调优主题模型。现在，让我们以更易于理解的格式来查看 LDA 主题模型的输出。一种方法是将主题可视化为词项和权重的元组。

```python
topics_with_wts = [item[0] for item in topics_coherences]
print('LDA Topics with Weights')
print('='*50)
for idx, topic in enumerate(topics_with_wts):
    print('Topic #'+str(idx+1)+':')
    print([(term, round(wt, 3)) for wt, term in topic])
    print()

LDA Topics with Weights
```

```
=================================================
Topic #1:
[('training', 0.017), ('word', 0.011), ('recognition', 0.008), ('trained',
0.007), ('net', 0.006), ('unit', 0.006), ('feature', 0.006), ('speech',
0.006), ('task', 0.006), ('architecture', 0.005), ('class', 0.005),
('character', 0.005), ('layer', 0.004), ('classification', 0.004),
('context', 0.004), ('test', 0.004), ('sequence', 0.004), ('hidden_unit',
0.004), ('experiment', 0.004), ('vector', 0.004)]

Topic #2:
[('unit', 0.03), ('pattern', 0.009), ('representation', 0.007),
('activation', 0.007), ('hidden_unit', 0.006), ('node', 0.006),
('structure', 0.006), ('layer', 0.006), ('activity', 0.005), ('connection',
0.004), ('task', 0.004), ('component', 0.004), ('map', 0.004), ('rule',
0.004), ('architecture', 0.004), ('signal', 0.004), ('level', 0.004),
('response', 0.003), ('connectionist', 0.003), ('training', 0.003)]

...,

...,

Topic #8:
[('state', 0.037), ('action', 0.011), ('step', 0.008), ('control', 0.008),
('policy', 0.007), ('sequence', 0.006), ('reinforcement_learning', 0.006),
('probability', 0.005), ('optimal', 0.005), ('task', 0.004), ('transition',
0.004), ('environment', 0.004), ('variable', 0.003), ('reward', 0.003),
('stochastic', 0.003), ('goal', 0.003), ('machine', 0.003), ('current',
0.003), ('controller', 0.003), ('agent', 0.003)]

Topic #9:
[('motion', 0.017), ('rule', 0.009), ('direction', 0.008), ('stimulus',
0.007), ('velocity', 0.006), ('task', 0.006), ('human', 0.006), ('unit',
0.006), ('location', 0.005), ('target', 0.005), ('subject', 0.005),
('memory', 0.005), ('prediction', 0.005), ('position', 0.005), ('concept',
0.004), ('field', 0.004), ('response', 0.004), ('cue', 0.004), ('layer',
0.004), ('hand', 0.004)]

Topic #10:
[('circuit', 0.012), ('signal', 0.011), ('chip', 0.011), ('neuron', 0.009),
('current', 0.008), ('voltage', 0.007), ('analog', 0.006), ('control',
0.006), ('channel', 0.005), ('noise', 0.004), ('neural', 0.004), ('bit',
0.004), ('implementation', 0.004), ('source', 0.004), ('design', 0.003),
('gain', 0.003), ('processor', 0.003), ('synapse', 0.003), ('device',
0.003), ('array', 0.003)]
```

当我们想要理解每个主题传递的上下文或主题思想时，我们也可以将主题视为不带权重的词项列表。

```
print('LDA Topics without Weights')
print('='*50)
for idx, topic in enumerate(topics_with_wts):
    print('Topic #'+str(idx+1)+':')
    print([term for wt, term in topic])
    print()
```

```
LDA Topics without Weights
==================================================
Topic #1:
['training', 'word', 'recognition', 'trained', 'net', 'unit', 'feature',
'speech', 'task', 'architecture', 'class', 'character', 'layer',
'classification', 'context', 'test', 'sequence', 'hidden_unit',
'experiment', 'vector']

Topic #2:
['unit', 'pattern', 'representation', 'activation', 'hidden_unit', 'node',
'structure', 'layer', 'activity', 'connection', 'task', 'component', 'map',
'rule', 'architecture', 'signal', 'level', 'response', 'connectionist',
'training']

...,
...,

Topic #8:
['state', 'action', 'step', 'control', 'policy', 'sequence',
'reinforcement_learning', 'probability', 'optimal', 'task', 'transition',
'environment', 'variable', 'reward', 'stochastic', 'goal', 'machine',
'current', 'controller', 'agent']

Topic #9:
['motion', 'rule', 'direction', 'stimulus', 'velocity', 'task', 'human',
'unit', 'location', 'target', 'subject', 'memory', 'prediction',
'position', 'concept', 'field', 'response', 'cue', 'layer', 'hand']

Topic #10:
['circuit', 'signal', 'chip', 'neuron', 'current', 'voltage', 'analog',
'control', 'channel', 'noise', 'neural', 'bit', 'implementation', 'source',
'design', 'gain', 'processor', 'synapse', 'device', 'array']
```

我们可以使用困惑度（perplexity）和一致性分数作为评价主题模型的测量方法。通常，困惑度越低，模型越好。同样地，UMass 分数越低，一致性中的 C_v 分数越高，模型越好。

```
cv_coherence_model_lda = gensim.models.CoherenceModel(model=lda_model,
                                                      corpus=bow_corpus,
                                                      texts=norm_corpus_bigrams,
                                                      dictionary=dictionary,
                                                      coherence='c_v')
avg_coherence_cv = cv_coherence_model_lda.get_coherence()

umass_coherence_model_lda = gensim.models.CoherenceModel(model=lda_model,
                                                         corpus=bow_corpus,
                                                         texts=norm_corpus_bigrams,
                                                         dictionary=dictionary,
                                                         coherence='u_mass')
```

```
avg_coherence_umass = umass_coherence_model_lda.get_coherence()

perplexity = lda_model.log_perplexity(bow_corpus)

print('Avg. Coherence Score (Cv):', avg_coherence_cv)
print('Avg. Coherence Score (UMass):', avg_coherence_umass)
print('Model Perplexity:', perplexity)

Avg. Coherence Score (Cv): 0.47028476052247825
Avg. Coherence Score (UMass): -1.0433305600965896
Model Perplexity: -7.792233498252204
```

这不错，但是我们没有什么可与之相比的。让我们尝试基于一个名为 MALLET 的独立软件包构建另一个 LDA 主题模型，该软件包具有 Gensim 装饰器（wrapper），可从 Python 轻松使用！

6.6.5　MALLET 的 LDA 模型

MALLET 框架是一个基于 Java 的包，用于统计 NLP、文档分类、聚类、主题建模、信息提取以及其他面向文本的机器学习应用程序。MALLET 代表语言学习工具包的机器学习（MAchine Learning for LanguagE Toolkit）。它是由 Andrew McCallum 和阿默斯特大学的几个人共同开发的。MALLET 主题建模工具包包含基于采样的潜在 Dirichlet 分布的高效实现、Pachinko 分布（Pachinko Allocation）和分层 LDA。要使用 MALLET 的功能，我们需要下载它的框架。

```
!wget http://mallet.cs.umass.edu/dist/mallet-2.0.8.zip

--2018-11-08 20:06:13--  http://mallet.cs.umass.edu/dist/mallet-2.0.8.zip
Resolving mallet.cs.umass.edu (mallet.cs.umass.edu)... 128.119.246.70
Connecting to mallet.cs.umass.edu (mallet.cs.umass.
edu)|128.119.246.70|:80... connected.
HTTP request sent, awaiting response... 200 OK
Length: 16184794 (15M) [application/zip]
Saving to: 'mallet-2.0.8.zip'

mallet-2.0.8.zip    100%[===================>]  15.43M  1.35MB/s    in 12s

2018-11-08 20:06:25 (1.28 MB/s) - 'mallet-2.0.8.zip' saved
[16184794/16184794]
```

Windows 用户可以使用前面代码中提到的相同 URL 直接从浏览器下载软件包。下载后，我们需要从存档中提取内容。

```
!unzip -q mallet-2.0.8.zip
```

现在，我们准备使用 MALLET 来构建 LDA 模型。如果你有多个 CPU，Gensim 也可以使用它们进行并行处理以及更快的训练。

```
MALLET_PATH = 'mallet-2.0.8/bin/mallet'
lda_mallet = gensim.models.wrappers.LdaMallet(mallet_path=MALLET_PATH,
                                               corpus=bow_corpus,
                                               num_topics=TOTAL_TOPICS,
```

```
                                        id2word=dictionary,
                                        iterations=500, workers=16)
```

现在，我们可以利用以下代码段来查看生成的主题。

```
topics = [[(term, round(wt, 3))
              for term, wt in lda_mallet.show_topic(n, topn=20)]
                for n in range(0, TOTAL_TOPICS)]

for idx, topic in enumerate(topics):
    print('Topic #'+str(idx+1)+':')
    print([term for term, wt in topic])
    print()
```

Topic #1:
['neuron', 'cell', 'response', 'stimulus', 'activity', 'pattern', 'signal',
'spike', 'effect', 'synaptic', 'frequency', 'neural', 'unit', 'connection',
'layer', 'cortical', 'firing', 'et_al', 'brain', 'temporal']

Topic #2:
['prediction', 'control', 'trajectory', 'target', 'task', 'expert',
'training', 'nonlinear', 'dynamic', 'linear', 'local', 'change',
'adaptive', 'mapping', 'hand', 'movement', 'controller', 'position',
'motor', 'architecture']

...,

...,

Topic #9:
['training', 'unit', 'pattern', 'hidden_unit', 'layer', 'net',
'classifier', 'class', 'training_set', 'classification', 'trained', 'Lest',
'task', 'back_propagation', 'hidden_layer', 'table', 'generalization',
'feature', 'size', 'architecture']

Topic #10:
['word', 'recognition', 'speech', 'sequence', 'feature', 'context',
'training', 'character', 'hmm', 'module', 'signal', 'letter', 'frame',
'trained', 'experiment', 'classification', 'architecture', 'speaker',
'window', 'class']

我们也可以像以前那样，使用困惑度和一致性指标来评估模型。

```
cv_coherence_model_lda_mallet = gensim.models.CoherenceModel
                                        (model=lda_mallet,
                                        corpus=bow_corpus,
                                        texts=norm_corpus_bigrams,
                                        dictionary=dictionary,
                                        coherence='c_v')
avg_coherence_cv = cv_coherence_model_lda_mallet.get_coherence()
umass_coherence_model_lda_mallet = gensim.models.CoherenceModel
                                        (model=lda_mallet,
                                        corpus=bow_corpus,
                                        texts=norm_corpus_bigrams,
```

```
                                    dictionary=dictionary,
                                    coherence='u_mass')
avg_coherence_umass = umass_coherence_model_lda_mallet.get_coherence()

# from STDOUT: <500> LL/token: -8.53533
perplexity = -8.53533
print('Avg. Coherence Score (Cv):', avg_coherence_cv)
print('Avg. Coherence Score (UMass):', avg_coherence_umass)
print('Model Perplexity:', perplexity)

Avg. Coherence Score (Cv): 0.5008326905758488
Avg. Coherence Score (UMass): -1.0635635291342118
Model Perplexity: -8.53533
```

你可以清楚地看到，与 Gensim 的默认 LDA 模型相比，基于这些指标，MALLET 的模型效果要好得多。我们能否找到使一致性最大化的最佳主题数？这是一个棘手的问题，但是我们可以尝试迭代地进行。

6.6.6 LDA 调优：查找最佳主题数

在主题模型中查找最佳主题数是很困难的，因为它就像一个模型的超参数，在训练模型之前你必须总是设置它。我们可以使用一种迭代方法，构建具有不同主题数量的多个模型，然后选择具有最高一致性分数的模型。为实现此方法，我们构建了以下函数。

```
from tqdm import tqdm

def topic_model_coherence_generator(corpus, texts, dictionary,
                        start_topic_count=2, end_topic_count=10, step=1,
                                cpus=1):
    models = []
    coherence_scores = []
    for topic_nums in tqdm(range(start_topic_count, end_topic_count+1, step)):
        mallet_lda_model = gensim.models.wrappers.LdaMallet
                                        (mallet_path=MALLET_PATH,
                                    corpus=corpus,
                                    num_topics=topic_nums,
                                    id2word=dictionary,
                                    iterations=500, workers=cpus)
        cv_coherence_model_mallet_lda = gensim.models.CoherenceModel
                                        (model=mallet_lda_model,
                                            corpus=corpus,
                                            texts=texts,
                                            dictionary=dictionary,
                                            coherence='c_v')
        coherence_score = cv_coherence_model_mallet_lda.get_coherence()
        coherence_scores.append(coherence_score)
        models.append(mallet_lda_model)

    return models, coherence_scores
```

现在，让这个函数生效，并构建几个主题模型，主题的数量从 2 到 30。

```
lda_models, coherence_scores = topic_model_coherence_generator(corpus=bow_corpus,
                                    texts=norm_corpus_bigrams,
                                    dictionary=dictionary,
                                    start_topic_count=2,
                                    end_topic_count=30, step=1,
                                    cpus=16)
```

100%|████████████████████| 29/29 [37:48<00:00, 92.53s/it]

请注意，此步骤可能需要花费一些时间进行训练，这取决于你的基础架构，因为我们将训练几个主题模型。检查输出的一种方法是根据一致性分数对结果进行排序，然后查看主题的数量。请参见图 6-6。

```
coherence_df = pd.DataFrame({'Number of Topics': range(2, 31, 1),
                             'Coherence Score': np.round(coherence_scores, 4)})
coherence_df.sort_values(by=['Coherence Score'], ascending=False).head(10)
```

让我们绘制一个图表，从而可以显示每个模型的主题数及其相应的一致性分数。

```
import matplotlib.pyplot as plt
plt.style.use('fivethirtyeight')
%matplotlib inline

x_ax = range(2, 31, 1)
y_ax = coherence_scores
plt.figure(figsize=(12, 6))
plt.plot(x_ax, y_ax, c='r')
plt.axhline(y=0.535, c='k', linestyle='--', linewidth=2)
plt.rcParams['figure.facecolor'] = 'white'
xl = plt.xlabel('Number of Topics')
yl = plt.ylabel('Coherence Score')
```

	Number of Topics	Coherence Score
24	26	0.5461
23	25	0.5427
17	19	0.5419
16	18	0.5412
22	24	0.5405
18	20	0.5401
21	23	0.5375
20	22	0.5369
19	21	0.5369
27	29	0.5363

图 6-6　基于一致性分数对主题模型进行排序

从图 6-7 可以看出，当主题数为 5 时，分数开始迅速增加，并在 19 或 20 处逐渐趋于平稳。根据直觉，我们选择最佳主题数为 20。现在，我们可以检索最佳模型：

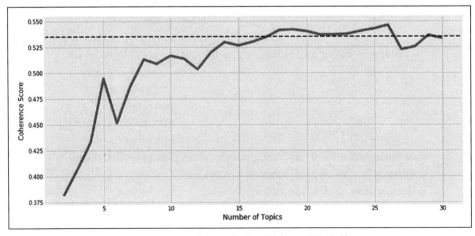

图 6-7　主题模型调优主题数与一致性分数

```
best_model_idx = coherence_df[coherence_df['Number of Topics'] == 20].index[0]
best_lda_model = lda_models[best_model_idx]
best_lda_model.num_topics
```

20

查看由我们选择的最佳模型所生成的所有 20 个主题，它与我们之前的模型相似。

```
topics = [[(term, round(wt, 3))
               for term, wt in best_lda_model.show_topic(n, topn=20)]
                   for n in range(0, best_lda_model.num_topics)]

for idx, topic in enumerate(topics):
    print('Topic #'+str(idx+1)+':')
    print([term for term, wt in topic])
    print()
```

Topic #1:
['class', 'classification', 'classifier', 'training', 'pattern', 'feature',
'kernel', 'machine', 'training_set', 'test', 'sample', 'vector',
'database', 'error_rate', 'margin', 'experiment', 'support_vector',
'nearest_neighbor', 'decision', 'size']

...,

Topic #8:
['distribution', 'probability', 'prior', 'gaussian', 'variable', 'mixture',
'density', 'bayesian', 'estimate', 'approximation', 'log', 'likelihood',
'sample', 'component', 'expert', 'em', 'posterior', 'probabilistic',
'estimation', 'entropy']

Topic #9:
['visual', 'motion', 'cell', 'response', 'stimulus', 'direction', 'receptive_
field', 'map', 'spatial', 'orientation', 'unit', 'eye', 'field', 'activity',
'location', 'velocity', 'center', 'contrast', 'cortical', 'pattern']

...,

Topic #13:
['image', 'object', 'feature', 'pixel', 'face', 'view', 'recognition',
'representation', 'shape', 'scale', 'part', 'visual', 'region', 'position',
'scene', 'surface', 'vision', 'frame', 'texture', 'location']

Topic #14:
['control', 'action', 'state', 'policy', 'environment', 'controller',
'reinforcement_learning', 'task', 'optimal', 'robot', 'goal', 'step', 'reward',
'td', 'agent', 'adaptive', 'cost', 'reinforcement', 'trial', 'exploration']

...,

Topic #16:
['circuit', 'chip', 'current', 'analog', 'voltage', 'implementation',
'processor', 'bit', 'design', 'device', 'computation', 'parallel', 'digital',
'operation', 'array', 'neural', 'synapse', 'element', 'hardware', 'transistor']

```
Topic #17:
['rule', 'representation', 'module', 'structure', 'human', 'movement',
'motor', 'target', 'language', 'subject', 'connectionist', 'position', 'task',
'context', 'trajectory', 'hand', 'role', 'symbol', 'learned', 'theory']

Topic #18:
['vector', 'map', 'distance', 'cluster', 'local', 'dimension',
'clustering', 'mapping', 'dimensional', 'region', 'structure', 'center',
'rbf', 'pca', 'basis_function', 'linear', 'representation', 'global',
'principal_component', 'projection']

Topic #19:
['signal', 'filter', 'frequency', 'source', 'channel', 'noise', 'component',
'response', 'temporal', 'sound', 'auditory', 'detection', 'phase', 'ica',
'adaptation', 'amplitude', 'subject', 'eeg', 'change', 'correlation']

Topic #20:
['prediction', 'training', 'estimate', 'regression', 'test', 'noise',
'selection', 'variance', 'training_set', 'sample', 'ensemble',
'estimation', 'average', 'nonlinear', 'linear', 'estimator', 'cross_
validation', 'pruning', 'bias', 'risk']
```

可视化主题的更好方法是构建词项 – 主题数据框，如图 6-8 所示。

```
topics_df = pd.DataFrame([[term for term, wt in topic]
                          for topic in topics],
                   columns = ['Term'+str(i) for i in range(1, 21)],
                   index=['Topic '+str(t) for t in range(1, best_lda_
                   model.num_topics+1)]).T

topics_df
```

	Topic 1	Topic 2	Topic 3	Topic 4	Topic 5	Topic 6	Topic 7	Topic 8	Topic 9	Top
Term1	class	neuron	word	noise	bound	vector	search	distribution	visual	n
Term2	classification	memory	recognition	rate	theorem	matrix	task	probability	motion	
Term3	classifier	pattern	training	equation	class	linear	experiment	prior	cell	
Term4	training	dynamic	speech	curve	probability	equation	table	gaussian	response	syn
Term5	pattern	connection	character	average	size	solution	instance	variable	stimulus	a
Term6	feature	phase	context	correlation	threshold	gradient	test	mixture	direction	resp
Term7	kernel	attractor	hmm	rule	proof	constraint	domain	density	receptive_field	sti
Term8	machine	capacity	letter	distribution	polynomial	convergence	target	bayesian	map	
Term9	training_set	state	mlp	theory	theory	optimization	query	estimate	spatial	syn
Term10	test	hopfield	speaker	limit	complexity	nonlinear	feature	approximation	orientation	
Term11	sample	neural	feature	solution	loss	optimal	user	log	unit	
Term12	vector	fixed_point	frame	optimal	approximation	eq	random	likelihood	eye	
Term13	database	oscillator	trained	eq	linear	minimum	technique	sample	field	net
Term14	error_rate	delay	speech_recognition	teacher	assume	operator	run	component	activity	c
Term15	margin	stable	phoneme	effect	definition	gradient_descent	accuracy	expert	location	p
Term16	experiment	fig	experiment	size	defined	condition	block	em	velocity	inhi
Term17	support_vector	oscillation	hybrid	temperature	hypothesis	constant	application	posterior	center	conn
Term18	nearest_neighbor	associative_memory	segmentation	student	constant	derivative	evaluation	probabilistic	contrast	
Term19	decision	behavior	vowel	line	define	quadratic	strategy	estimation	cortical	simu
Term20	size	stored	level	random	bounded	energy	important	entropy	pattern	firin

图 6-8   从 LDA 主题模型生成的主题

查看主题的另一种简单方法是创建一个主题 – 词项数据框，其中，每个主题以一行表示，主题的词项表示为以逗号分隔的字符串。

```
pd.set_option('display.max_colwidth', -1)
topics_df = pd.DataFrame([', '.join([term for term, wt in topic])
                             for topic in topics],
                         columns = ['Terms per Topic'],
                         index=['Topic'+str(t) for t in range(1, best_lda_
                         model.num_topics+1)]
                        )
topics_df
```

图 6-9 中描述的数据框为我们提供了一种简单的方式来可视化和理解我们研究论文语料库中的主要主题思想。你注意到了任何有趣的模式吗？我观察到了一些非常有趣的主题思想，它们围绕神经网络、信号处理、降维、强化学习、芯片中的神经模型、图像和视觉识别！

图 6-9　查看 LDA 主题模型的所有主题

6.6.7　解释主题模型结果

让我们来看看一些有趣的方法，以便更深入地研究和解释主题模型的结果。需要记住的有趣一点是，给定一个文档语料库（以特征的形式，例如"词袋"）和经过训练的主题模型，你可以使用以下代码来预测每个文档（在本例中是研究论文）中的主题分布。

```
tm_results = best_lda_model[bow_corpus]
```

现在，我们可以使用以下代码，通过一些智能的排序和索引来获得每篇研究论文中最主要的主题。

```
corpus_topics = [sorted(topics, key=lambda record: -record[1])[0]
                    for topics in tm_results]
corpus_topics[:5]

[(16, 0.2115988756613756),
 (5, 0.29989652050187554),
 (9, 0.3307915758896151),
 (8, 0.5447463768115942),
 (9, 0.18093823158652983)]
```

这提供了大量的选择，可以利用它们从我们的研究论文语料库中提取有用的见解。为了实现这一点，我们构建了一个主数据框来保存基本统计信息，很快我们将使用它来描述不同的有用见解。

```
corpus_topic_df = pd.DataFrame()
corpus_topic_df['Document'] = range(0, len(papers))
corpus_topic_df['Dominant Topic'] = [item[0]+1 for item in corpus_topics]
corpus_topic_df['Contribution %'] = [round(item[1]*100, 2) for item in
corpus_topics]
corpus_topic_df['Topic Desc'] = [topics_df.iloc[t[0]]['Terms per Topic']
for t in corpus_topics]
corpus_topic_df['Paper'] = papers
```

现在，让我们看一下可以转换这些结果的各种方法，并从我们的研究论文及其主题中提取有意义的见解。

1. 整个语料库的优势主题分布

我们要做的第一件事是查看在研究论文语料库中每个主题的整体分布。主要是我们要确定论文总数和论文总数的百分比，其中这 20 个主题中每个主题都是最占优势的。

```
pd.set_option('display.max_colwidth', 200)
topic_stats_df = corpus_topic_df.groupby('Dominant Topic').agg({
                                    'Dominant Topic': {
                                        'Doc Count': np.size,
                                        '% Total Docs': np.size }
                                })
topic_stats_df = topic_stats_df['Dominant Topic'].reset_index()
topic_stats_df['% Total Docs'] = topic_stats_df['% Total Docs'].
apply(lambda row: round((row*100) / len(papers), 2))
topic_stats_df['Topic Desc'] = [topics_df.iloc[t]['Terms per Topic'] for t in
range(len(topic_stats_df))]
topic_stats_df
```

图 6-10 中的结果表明，大多数论文涵盖了概率模型和贝叶斯建模（主题 #8）的主题，其次是涵盖建模和模拟大脑如何与神经元、细胞、刺激物和连接（主题 #10）一起工作的论文。甚至是主题 #14，它涵盖强化学习和机器人技术，也几乎占论文总数的 6.32%。这告诉我们这个主题并不是新事物，人们已经研究了数十年！

	Dominant Topic	Doc Count	% Total Docs	Topic Desc
0	1	75	4.31	class, classification, classifier, training, pattern, feature, kernel, machine, training_set, test, sample, vector, database, error_rate, margin, experiment, support_vector, nearest_neighbor, deci...
1	2	69	3.97	neuron, memory, pattern, dynamic, connection, phase, attractor, capacity, state, hopfield, neural, fixed_point, oscillator, delay, stable, fig, oscillation, associative_memory, behavior, stored
2	3	78	4.48	word, recognition, training, speech, character, context, hmm, letter, mlp, speaker, feature, frame, trained, speech_recognition, phoneme, experiment, hybrid, segmentation, vowel, level
3	4	68	3.91	noise, rate, equation, curve, average, correlation, rule, distribution, theory, limit, solution, optimal, eq, teacher, effect, size, temperature, student, line, random
4	5	105	6.03	bound, theorem, class, probability, size, threshold, proof, polynomial, theory, complexity, loss, approximation, linear, assume, definition, defined, hypothesis, constant, define, bounded
5	6	80	4.60	vector, matrix, linear, equation, solution, gradient, constraint, convergence, optimization, nonlinear, optimal, eq, minimum, operator, gradient_descent, condition, constant, derivative, quadratic...
6	7	66	3.79	search, task, experiment, table, instance, test, domain, target, query, feature, user, random, technique, run, accuracy, block, application, evaluation, strategy, important
7	8	148	8.51	distribution, probability, prior, gaussian, variable, mixture, density, bayesian, estimate, approximation, log, likelihood, sample, component, expert, em, posterior, probabilistic, estimation, ent...
8	9	117	6.72	visual, motion, cell, response, stimulus, direction, receptive_field, map, spatial, orientation, unit, eye, field, activity, location, velocity, center, contrast, cortical, pattern
9	10	141	8.10	neuron, cell, spike, synaptic, activity, response, stimulus, firing, synapsis, et_al, effect, neural, neuronal, current, pattern, inhibitory, connection, brain, simulation, firing_rate
10	11	41	2.36	state, sequence, step, recurrent, transition, stochastic, iteration, update, dynamic, probability, convergence, trajectory, xt, length, observation, continuous, rate, machine, current, string
11	12	41	2.36	node, tree, structure, graph, code, level, bit, path, local, size, variable, stage, length, solution, edge, link, component, match, binary, coding
12	13	113	6.49	image, object, feature, pixel, face, view, recognition, representation, shape, scale, part, visual, region, position, scene, surface, vision, frame, texture, location
13	14	110	6.32	control, action, state, policy, environment, controller, reinforcement_learning, task, optimal, robot, goal, step, reward, td, agent, adaptive, cost, reinforcement, trial, exploration
14	15	84	4.83	unit, layer, training, hidden_unit, net, architecture, pattern, activation, trained, task, back_propagation, hidden_layer, connection, hidden, backpropagation, learn, training_set, epoch, simulati...
15	16	104	5.98	circuit, chip, current, analog, voltage, implementation, processor, bit, design, device, computation, parallel, digital, operation, array, neural, synapse, element, hardware, transistor
16	17	76	4.37	rule, representation, module, structure, human, movement, motor, target, language, connectionist, position, task, context, trajectory, hand, role, symbol, learned, theory
17	18	63	3.62	vector, map, distance, cluster, local, dimension, clustering, mapping, dimensional, region, structure, center, rbf, pca, basis_function, linear, representation, global, principal_component, projec...
18	19	69	3.97	signal, filter, frequency, source, channel, noise, component, response, temporal, sound, auditory, detection, phase, ica, adaptation, amplitude, subject, eeg, change, correlation
19	20	92	5.29	prediction, training, estimate, regression, test, noise, selection, variance, training_set, sample, ensemble, estimation, average, nonlinear, linear, estimator, cross_validation, pruning, bias, risk

图 6-10 查看优势主题的分布

2. 特定研究论文的优势主题

另一个有趣的视角是选择特定的论文，查看这些论文中每篇论文中最占优势的主题，然后看它是否有意义。

```
pd.set_option('display.max_colwidth', 200)
(corpus_topic_df[corpus_topic_df['Document']
            .isin([681, 9, 392, 1622, 17,
                906, 996, 503, 13, 733])])
```

根据图 6-11 中的结果，我们可以看到它们非常合理！有关强化学习、信号处理、高斯混合模型、处理器模拟、单词识别等论文，都有相应的相关主题作为最具优势的主题。这表明我们的主题模型运行良好。

3. 基于优势度的每个主题的相关研究论文

一种更好的表示方法是尝试去检索对应于 20 个主题中每个主题具有最高表示的研究论文。

```
corpus_topic_df.groupby('Dominant Topic').apply(lambda topic_set:
                        (topic_set.sort_
                        values(by=['Contribution %'],
                        ascending=False).iloc[0]))
```

	Document	Dominant Topic	Contribution %	Topic Desc	Paper
9	9	13	29.10	image, object, feature, pixel, face, view, recognition, representation, shape, scale, part, visual, region, position, scene, surface, vision, frame, texture, location	622 \nLEARNING A COLOR ALGORITHM FROM EXAMPLES \nAnya C. Hurlbert and Tomaso A. Poggio \nArtificial Intelligence Laboratory and Department of Brain and Cognitive Sciences, \nMassachusetts Institut...
13	13	16	27.12	circuit, chip, current, analog, voltage, implementation, processor, bit, design, device, computation, parallel, digital, operation, array, neural, synapse, element, hardware, transistor	9 \nStochastic Learning Networks and their Electronic Implementation \nJoshua Alspector*, Robert B. Allen, Victor Hut, and Srinagesh Satyanarayana \nBell Communications Research, Morristown, NJ 0...
17	17	5	23.00	bound, theorem, class, probability, size, threshold, proof, polynomial, theory, complexity, loss, approximation, linear, assume, definition, defined, hypothesis, constant, define, bounded	338 \nThe Connectivity Analysis of Simple Association \nHow Many Connections Do You Need? \nDan Hammerstrom * \nOregon Graduate Center, Beaverton, OR 97006 \nABSTRACT \nThe efficient realization, ...
392	392	14	67.03	control, action, state, policy, environment, controller, reinforcement_learning, task, optimal, robot, goal, step, reward, td, agent, adaptive, cost, reinforcement, trial, exploration	Integrated Modeling and Control \nBased on Reinforcement Learning \nand Dynamic Programming \nRichard S. Sutton \nGTE Laboratories Incorporated \nWaltham, MA 02254 \nAbstract \nThis is a summary o...
503	503	3	60.76	word, recognition, training, speech, character, context, hmm, letter, mlp, speaker, feature, frame, trained, speech_recognition, phoneme, experiment, hybrid, segmentation, vowel, level	Multi-State Time Delay Neural Networks \nfor Continuous Speech Recognition \nPatrick Haffner \nCNET Lannion A TSS/RCP \n22301 LANNION, FRANCE \nhaffner lannion.cnet. fr \nAlex Waibel \nCarnegie Me...
681	681	3	67.58	word, recognition, training, speech, character, context, hmm, letter, mlp, speaker, feature, frame, trained, speech_recognition, phoneme, experiment, hybrid, segmentation, vowel, level	Connected Letter Recognition with a \nMulti-State Time Delay Neural Network \nHermann Hild and Alex Waibel \nSchool of Computer Science \nCarnegie Mellon University \nPittsburgh, PA 15213-3891, US...
733	733	16	45.55	circuit, chip, current, analog, voltage, implementation, processor, bit, design, device, computation, parallel, digital, operation, array, neural, synapse, element, hardware, transistor	High Performance Neural Net Simulation \non a Multiprocessor System with \"Intelligent\" Communication \nPatrick Haffner \nMichael Kocheisen, and Anton Gunzinger \nElectronics Laboratory, Swiss Fede...
906	906	10	56.44	neuron, cell, spike, synaptic, activity, response, stimulus, firing, synapsis, et_al, effect, neural, neuronal, current, pattern, inhibitory, connection, brain, simulation, firing_rate	A model of the hippocampus combining self- \norganization and associative memory function. \nMichael E. Hasselmo, Eric Schnell \nJoshua Berke and Edi Barkai \nDept. of Psychology, Harvard Universi...
996	996	19	65.69	signal, filter, frequency, source, channel, noise, component, response, temporal, sound, auditory, detection, phase, ica, adaptation, amplitude, subject, eeg, change, correlation	Using Feedforward Neural Networks to \nMonitor Alertness from Changes in EEG \nCorrelation and Coherence \nScott Makeig \nNaval Health Research Center, P.O. Box 85122 \nSan Diego, CA 92186-5122 \n...
1622	1622	8	56.70	distribution, probability, prior, gaussian, variable, mixture, density, bayesian, estimate, approximation, log, likelihood, sample, component, expert, em, posterior, probabilistic, estimation, ent...	The Infinite Gaussian Mixture Model \nCarl Edward Rasmussen \nDepartment of Mathematical Modelling \nTechnical University of Denmark \nBuilding 321, DK-2800 Kongens Lyngby, Denmark \ncarl@imm.dtu...

图 6-11　查看研究论文中的优势主题

　　由于篇幅所限，我们没有在图 6-12 中显示所有主题，但是你应该明白可以在 Jupyter notebook 中查看整个输出。甚至你可以根据该索引打开每篇研究论文，并阅读全部内容来查看是否有意义！从图 6-12 中所描述的论文标题和相应主题来看，它们确实有意义。看来，我们的模型已经获得了语料库中的相关潜在模式和主题思想。

6.6.8　预测新研究论文的主题

　　即使主题模型是无监督模型，我们也可以基于之前在所谓的"训练"语料库上学到的知识，来估计或预测新文档的潜在主题。为了测试我们的模型，本书作者从 NIPS 16 会议记录中手动下载了一些最新论文。在这些论文上来测试我们的模型将是一个有趣的练习。

```python
import glob
# papers manually downloaded from NIPS 16
# https://papers.nips.cc/book/advances-in-neural-information-processing-
systems-29-2016

new_paper_files = glob.glob('nips16*.txt')
new_papers = []
for fn in new_paper_files:
    with open(fn, encoding='utf-8', errors='ignore', mode='r+') as f:
        data = f.read()
        new_papers.append(data)

print('Total New Papers:', len(new_papers))
```

Total New Papers: 4

Dominant Topic	Document	Dominant Topic	Contribution %	Topic Desc	Paper
1	1138	1	61.01	class, classification, classifier, training, pattern, feature, kernel, machine, training_set, test, sample, vector, database, error_rate, margin, experiment, support_vector, nearest_neighbor, deci...	Improving the Accuracy and Speed of \nSupport Vector Machines \nChris J.C. Burges \nBell Laboratories \nLucent Technologies, Room 3G429 \n101 Crawford's Corner Road \nHolmdel, NJ 07733-3030 \nburg...
2	131	2	56.71	neuron, memory, pattern, dynamic, connection, phase, attractor, capacity, state, hopfield, neural, fixed_point, oscillator, delay, stable, fig, oscillation, associative_memory, behavior, stored	568 \nDYNAMICS OF ANALOG NEURAL \nNETWORKS WITH TIME DELAY \nC.M. Marcus and R.M. Westervelt \nDivision of Applied Sciences and Department of Physics \nHarvard University, Cambridge Massachusetts ...
3	681	3	67.58	word, recognition, training, speech, character, context, hmm, letter, mlp, speaker, feature, frame, trained, speech_recognition, phoneme, experiment, hybrid, segmentation, vowel, level	Connected Letter Recognition with a \nMulti-State Time Delay Neural Network \nHermann Hild and Alex Waibel \nSchool of Computer Science \nCarnegie Mellon University \nPittsburgh, PA 15213-3891, US...
				● ● ●	
8	1375	8	61.11	distribution, probability, prior, gaussian, variable, mixture, density, bayesian, estimate, approximation, log, likelihood, sample, component, expert, em, posterior, probabilistic, estimation, ent...	Approximating Posterior Distributions \nin Belief Networks using Mixtures \nChristopher M. Bishop \nNeil Lawrence \nNeural Computing Research Group \nDept. Computer Science & Applied Mathematics \...
9	808	9	66.59	visual, motion, cell, response, stimulus, direction, receptive_field, map, spatial, orientation, unit, eye, field, activity, location, velocity, center, contrast, cortical, pattern	Development of Orientation and Ocular \nDominance Columns in Infant Macaques \nKlaus Obermayer \nHoward Hughes Medical Institute \nSMk-Institute \nLa Jolla, CA 92037 \nLynne Kiorpes \nCenter for N...
10	28	10	74.86	neuron, cell, spike, synaptic, activity, response, stimulus, firing, synapsis, et_al, effect, neural, neuronal, current, pattern, inhibitory, connection, brain, simulation, firing_rate	82 \nSIMULATIONS SUGGEST \nINFORMATION PROCESSING ROLES \nFOR THE DIVERSE CURRENTS IN \nHIPPOCAMPAL NEURONS \nLyle J. Borg-Graham \nHarvard-MIT Division of Health Sciences and Technology and \nCen...
				● ● ●	
13	250	13	56.75	image, object, feature, pixel, face, view, recognition, representation, shape, scale, part, visual, region, position, scene, surface, vision, frame, texture, location	266 Zemel, Mozer and Hinton \nTRAFFIC: Recognizing Objects Using \nHierarchical Reference Frame Transformations \nRichard S. Zemel \nComputer Science Dept. \nUniversity of Toronto \nToronto, ONT M...
14	392	14	67.03	control, action, state, policy, environment, controller, reinforcement_learning, task, optimal, robot, goal, step, reward, td, agent, adaptive, cost, reinforcement, trial, exploration	Integrated Modeling and Control \nBased on Reinforcement Learning \nand Dynamic Programming \nRichard S. Sutton \nGTE Laboratories Incorporated \nWaltham, MA 02254 \nAbstract \nThis is a summary o...
15	277	15	62.31	unit, layer, training, hidden_unit, net, architecture, pattern, activation, trained, task, back_propagation, hidden_layer, connection, hidden, backpropagation, learn, training_set, epoch, simulati...	524 Fahlman and Lebiere \nThe Cascade-Correlation Learning Architecture \nScott E. Fahlman and Christian Lebiere \nSchool of Computer Science \nCarnegie-Mellon University \nPittsburgh, PA 15213 \n...
16	895	16	70.96	circuit, chip, current, analog, voltage, implementation, processor, bit, design, device, computation, parallel, digital, operation, array, neural, synapse, element, hardware, transistor	Single Transistor Learning Synapses \nPaul Hasler, Chris Diorio, Bradley A. Minch, Carver Mead \nCalifornia Institute of Technology \nPasadena, CA 91125 \n(SIS) 95- 2S12 \npaul@hobiecat.pcmp.calt...
17	518	17	58.33	rule, representation, module, structure, human, movement, motor, target, language, subject, connectionist, position, task, context, trajectory, hand, role, symbol, learned, theory	A Connectionist Learning Approach to Analyzing \nLinguistic Stress \nPrahlad Gupta \nDepartment of Psychology \nCarnegie Mellon University \nPittsburgh, PA 15213 \nDavid S. Touretzky \nSchool of C...
18	1362	18	55.02	vector, map, distance, cluster, local, dimension, clustering, mapping, dimensional, region, structure, center, rbf, pca, basis_function, linear, representation, global, principal_component, projec...	Mapping a manifold of perceptual observations \nJoshua B. Tenenbaum \nDepartment of Brain and Cognitive Sciences \nMassachusetts Institute of Technology, Cambridge, MA 02139 \njl bt @psyche. mi t ...
19	996	19	65.69	signal, filter, frequency, source, channel, noise, component, response, temporal, sound, auditory, detection, phase, ica, adaptation, amplitude, subject, eeg, change, correlation	Using Feedforward Neural Networks to \nMonitor Alertness from Changes in EEG \nCorrelation and Coherence \nScott Makeig \nNaval Health Research Center, P.O. Box 85122 \nSan Diego, CA 92186-5122 \n...
20	1249	20	64.87	prediction, training, estimate, regression, test, noise, selection, variance, training_set, sample, ensemble, estimation, average, nonlinear, linear, estimator, cross_validation, pruning, bias, risk	Balancing between bagging and bumping \nTom Heskes \nRWCP Novel Functions SNN Laboratory," University of Nijmegen \nGeert Grooteplein 21, 6525 EZ Nijmegen, The Netherlands \ntom@mbfys.kun.nl \nAbs...

图 6-12　查看每个主题以及对其有最大贡献度的相应论文

你可以在 https://github.com/dipanjanS/text-analytics-with-python 的 GitHub 存储库中的本章相应文件夹里找到下载的论文。

我们需要构建文本整理和特征工程的流水线，它应与我们在训练主题模型时所遵循的步骤相匹配。

```
def text_preprocessing_pipeline(documents, normalizer_fn, bigram_model):
    norm_docs = normalizer_fn(documents)
    norm_docs_bigrams = bigram_model[norm_docs]
    return norm_docs_bigrams

def bow_features_pipeline(tokenized_docs, dictionary):
    paper_bow_features = [dictionary.doc2bow(text)
```

```
                              for text in tokenized_docs]
    return paper_bow_features
norm_new_papers = text_preprocessing_pipeline(documents=new_papers,
                                      normalizer_fn=normalize_corpus,
                                      bigram_model=bigram_model)
norm_bow_features = bow_features_pipeline(tokenized_docs=norm_new_papers,
                                      dictionary=dictionary)
```

现在，我们可以使用以下代码来验证转换是否运行有效。

```
print(norm_new_papers[0][:30])
```

```
['cooperative', 'graphical_model', 'josip', 'djolonga', 'dept_
computer', 'science', 'eth', 'zurich', 'josipd', 'inf', 'ethz', 'ch',
'stefanie', 'jegelka', 'csail', 'mit', 'stefje', 'mit_edu', 'sebastian',
'tschiatschek', 'dept_computer', 'science', 'eth', 'zurich', 'stschia',
'inf', 'ethz', 'ch', 'andreas', 'krause']
```

```
print(norm_bow_features[0][:30])
```

```
[(0, 1), (1, 1), (6, 1), (17, 1), (18, 1), (19, 1), (25, 1), (31, 2), (36,
2), (38, 1), (39, 17), (41, 3), (43, 1), (45, 1), (49, 2), (50, 4), (51,
1), (52, 2), (54, 1), (60, 1), (65, 1), (66, 3), (68, 7), (71, 8), (76, 4),
(77, 2), (87, 1), (88, 3), (105, 1), (106, 1)]
```

现在，让我们构建一个通用函数，该函数可以使用我们训练好的模型从任意研究论文中提取前 N 个主题。

```
def get_topic_predictions(topic_model, corpus, topn=3):
    topic_predictions = topic_model[corpus]
    best_topics = [[(topic, round(wt, 3))
                        for topic, wt in sorted(topic_predictions[i],
                                            key=lambda row: -row[1])
                                            [:topn]]
                        for i in range(len(topic_predictions))]
    return best_topics
# putting the function in action
topic_preds = get_topic_predictions(topic_model=best_lda_model,
                                corpus=norm_bow_features, topn=2)
topic_preds
```

```
[[(7, 0.241), (4, 0.199)],
 [(13, 0.293), (4, 0.248)],
 [(12, 0.238), (9, 0.113)],
 [(2, 0.263), (12, 0.145)]]
```

我们得到每篇研究论文的前两个主题，因为一篇论文或文档始终可以是多个主题的集合体。让我们以一种易于理解的格式来查看每篇论文的结果。

```
results_df = pd.DataFrame()
results_df['Papers'] = range(1, len(new_papers)+1)
results_df['Dominant Topics'] = [[topic_num+1 for topic_num, wt in item]
```

```
                                         for item in topic_preds]
res = results_df.set_index(['Papers'])['Dominant Topics'].apply(pd.Series).
stack().reset_index(level=1, drop=True)
results_df = pd.DataFrame({'Dominant Topics': res.values}, index=res.index)
results_df['Contribution %'] = [topic_wt for topic_list in
                                    [[round(wt*100, 2)
                                          for topic_num, wt in item]
                                             for item in topic_preds]
                                 for topic_wt in topic_list]

results_df['Topic Desc'] = [topics_df.iloc[t-1]['Terms per Topic']
                              for t in results_df['Dominant Topics'].values]
results_df['Paper Desc'] = [new_papers[i-1][:200] for i in results_
df.index.values]
pd.set_option('display.max_colwidth', 300)
results_df
```

在图 6-13 中，我们看到为新的、以前未看到的论文所生成的主题，可以说我们的模型做得非常好！

Papers	Dominant Topics	Contribution %	Topic Desc	Paper Desc
1	8	24.1	distribution, probability, prior, gaussian, variable, mixture, density, bayesian, estimate, approximation, log, likelihood, sample, component, expert, em, posterior, probabilistic, estimation, entropy	Cooperative Graphical Models\nJosip Djolonga\nDept. of Computer Science, ETH Zurich `\njosipd@inf.ethz.ch\nStefanie Jegelka\nCSAIL, MIT\nstefje@mit.edu\nSebastian Tschiatschek\nDept. of Computer Science, ETH
1	5	19.9	bound, theorem, class, probability, size, threshold, proof, polynomial, theory, complexity, loss, approximation, linear, assume, definition, defined, hypothesis, constant, define, bounded	Cooperative Graphical Models\nJosip Djolonga\nDept. of Computer Science, ETH Zurich `\njosipd@inf.ethz.ch\nStefanie Jegelka\nCSAIL, MIT\nstefje@mit.edu\nSebastian Tschiatschek\nDept. of Computer Science, ETH
2	14	29.3	control, action, state, policy, environment, controller, reinforcement_learning, task, optimal, robot, goal, step, reward, td, agent, adaptive, cost, reinforcement, trial, exploration	PAC Reinforcement Learning with Rich Observations\nAkshay Krishnamurthy\nUniversity of Massachusetts, Amherst\nAmherst, MA, 01003\nakshay@cs.umass.edu\nAlekh Agarwal\nMicrosoft Research\nNew York, NY 10011\na
2	5	24.8	bound, theorem, class, probability, size, threshold, proof, polynomial, theory, complexity, loss, approximation, linear, assume, definition, defined, hypothesis, constant, define, bounded	PAC Reinforcement Learning with Rich Observations\nAkshay Krishnamurthy\nUniversity of Massachusetts, Amherst\nAmherst, MA, 01003\nakshay@cs.umass.edu\nAlekh Agarwal\nMicrosoft Research\nNew York, NY 10011\na
3	13	23.8	image, object, feature, pixel, face, view, recognition, representation, shape, scale, part, visual, region, position, scene, surface, vision, frame, texture, location	Automated scalable segmentation of neurons from\nmultispectral images\nUygar Sümbül\nGrossman Center for the Statistics of Mind\nand Dept. of Statistics, Columbia University\nDouglas Roossien Jr.\nUniversit
3	10	11.3	neuron, cell, spike, synaptic, activity, response, stimulus, firing, synapsis, et_al, effect, neural, neuronal, current, pattern, inhibitory, connection, brain, simulation, firing_rate	Automated scalable segmentation of neurons from\nmultispectral images\nUygar Sümbül\nGrossman Center for the Statistics of Mind\nand Dept. of Statistics, Columbia University\nDouglas Roossien Jr.\nUniversit
4	3	26.3	word, recognition, training, speech, character, context, hmm, letter, mlp, speaker, feature, frame, trained, speech_recognition, phoneme, experiment, hybrid, segmentation, vowel, level	Unsupervised Learning of Spoken Language with\nVisual Context\nDavid Harwath, Antonio Torralba, and James R. Glass\nComputer Science and Artificial Intelligence Laboratory\nMassachusetts Institute of Tech
4	13	14.5	image, object, feature, pixel, face, view, recognition, representation, shape, scale, part, visual, region, position, scene, surface, vision, frame, texture, location	Unsupervised Learning of Spoken Language with\nVisual Context\nDavid Harwath, Antonio Torralba, and James R. Glass\nComputer Science and Artificial Intelligence Laboratory\nMassachusetts Institute of Tech

图 6-13　使用 LDA 模型预测新论文的主题

6.7　Scikit-Learn 的主题模型

本节内容是在基于所有提到广泛使用 Scikit-Learn 人的基础上整合而成，并且他们也愿意将其用于主题建模。Scikit-Learn 框架确实提供了一套用于构建主题模型的技术和方法，但与 Gensim 相比，它在调优或控制这些模型的灵活性方面略微受到一些限制。尽管如此，在本节中我们将使用以下方法来构建主题模型：

❑ 潜在语义索引（LSI）

❑ 潜在 Dirichlet 分布（LDA）

❑ 非负矩阵分解（NMF）

基于我们使用 Gensim 构建主题模型时所做的工作，我们尝试尽可能地复制特征工程过程。这些模型适用于 `norm_papers` 变量中存在的相同规范化和预处理语料库。

6.7.1 特征工程的文本表示

类似于上一节中的分析，我们以一元语法和二元语法的词袋（BOW）模型的形式来表示文本数据。

```
from sklearn.feature_extraction.text import CountVectorizer

cv = CountVectorizer(min_df=20, max_df=0.6, ngram_range=(1,2),
                     token_pattern=None, tokenizer=lambda doc: doc,
                     preprocessor=lambda doc: doc)
cv_features = cv.fit_transform(norm_papers)
cv_features.shape

(1740, 14408)

# validating vocabulary size
vocabulary = np.array(cv.get_feature_names())
print('Total Vocabulary Size:', len(vocabulary))

Total Vocabulary Size: 14408
```

我们使用文档频率过滤器（document frequency filter）删除了不必要的词项，然而词汇量是使用 Gensim 构建模型时的两倍。

6.7.2 潜在语义索引

我们尝试的第一个主题建模技术是基于 SVD 的 LSI 模型。由于我们在上一节中确定了最佳主题数为 20，因此我们将该名称用于要生成的全部主题。

```
%%time
from sklearn.decomposition import TruncatedSVD

TOTAL_TOPICS = 20
lsi_model = TruncatedSVD(n_components=TOTAL_TOPICS, n_iter=500, random_
state=42)
document_topics = lsi_model.fit_transform(cv_features)

CPU times: user 15min 25s, sys: 1min 3s, total: 16min 28s
Wall time: 1min 1s

topic_terms = lsi_model.components_
topic_terms.shape

(20, 14408)
```

现在，我们可以通过重用之前实现的一些代码来生成主题，从而显示主题和词项。

```
top_terms = 20
topic_key_term_idxs = np.argsort(-np.absolute(topic_terms), axis=1)[:,
:top_terms]
topic_keyterm_weights = np.array([topic_terms[row, columns]
                        for row, columns in list(zip(np.arange(TOTAL_
                        TOPICS), topic_key_term_idxs))])
topic_keyterms = vocabulary[topic_key_term_idxs]
topic_keyterms_weights = list(zip(topic_keyterms, topic_keyterm_weights))
for n in range(TOTAL_TOPICS):
    print('Topic #'+str(n+1)+':')
    print('='*50)
    d1 = []
    d2 = []
    terms, weights = topic_keyterms_weights[n]
    term_weights = sorted([(t, w) for t, w in zip(terms, weights)],
                        key=lambda row: -abs(row[1]))
    for term, wt in term_weights:
        if wt >= 0:
            d1.append((term, round(wt, 3)))
        else:
            d2.append((term, round(wt, 3)))

    print('Direction 1:', d1)
    print('-'*50)
    print('Direction 2:', d2)
    print('-'*50)
    print()
Topic #1:
==================================================
Direction 1: [('state', 0.221), ('neuron', 0.169), ('image', 0.138),
('cell', 0.13), ('layer', 0.13), ('feature', 0.127), ('probability',
0.121), ('hidden', 0.114), ('distribution', 0.105), ('rate', 0.098),
('signal', 0.095), ('task', 0.093), ('class', 0.092), ('noise', 0.09),
('net', 0.089), ('recognition', 0.089), ('representation', 0.088),
('field', 0.082), ('rule', 0.082), ('step', 0.08)]
--------------------------------------------------
Direction 2: []
--------------------------------------------------
...,

Topic #3:
==================================================
Direction 1: [('state', 0.574), ('neuron', 0.212), ('action', 0.187),
('policy', 0.149), ('control', 0.12), ('dynamic', 0.1), ('cell', 0.083),
('reinforcement', 0.081), ('optimal', 0.075), ('reinforcement learning',
0.068)]
--------------------------------------------------
Direction 2: [('image', -0.364), ('feature', -0.223), ('object', -0.144),
('recognition', -0.143), ('classifier', -0.111), ('class', -0.106), ('layer',
```

```
-0.092), ('classification', -0.085), ('face', -0.073), ('test', -0.069)]
-----------------------------------------------

Topic #4:
=================================================
Direction 1: [('image', 0.425), ('state', 0.326), ('object', 0.215),
('feature', 0.159), ('action', 0.147), ('visual', 0.143), ('control',
0.126), ('task', 0.111), ('policy', 0.103), ('recognition', 0.103),
('face', 0.092), ('representation', 0.086), ('motion', 0.086)]
-----------------------------------------------
Direction 2: [('neuron', -0.216), ('distribution', -0.166), ('class',
-0.112), ('bound', -0.109), ('probability', -0.108), ('spike', -0.104),
('variable', -0.087)]
-----------------------------------------------

...,

Topic #6:
=================================================
Direction 1: [('cell', 0.548), ('layer', 0.139), ('word', 0.124),
('hidden', 0.111), ('classifier', 0.097), ('direction', 0.09), ('head',
0.078), ('rule', 0.073), ('rat', 0.073), ('speech', 0.071)]
-----------------------------------------------
Direction 2: [('neuron', -0.416), ('image', -0.336), ('circuit', -0.126),
('noise', -0.124), ('chip', -0.121), ('analog', -0.099), ('object', -0.09),
('spike', -0.075), ('signal', -0.071), ('voltage', -0.069)]
-----------------------------------------------

...,

Topic #9:
=================================================
Direction 1: [('circuit', 0.244), ('control', 0.242), ('classifier',
0.229), ('chip', 0.167), ('node', 0.137), ('current', 0.132), ('analog',
0.13), ('voltage', 0.129), ('signal', 0.118), ('controller', 0.088)]
-----------------------------------------------
Direction 2: [('hidden', -0.27), ('neuron', -0.247), ('state',
-0.175), ('distribution', -0.158), ('hidden unit', -0.143), ('layer',
-0.125), ('object', -0.115), ('probability', -0.108), ('image', -0.1),
('representation', -0.098)]
-----------------------------------------------

Topic #10:
=================================================
Direction 1: [('circuit', 0.245), ('cell', 0.225), ('node', 0.211),
('state', 0.183), ('image', 0.166), ('chip', 0.163), ('analog', 0.147),
('layer', 0.144), ('net', 0.12), ('voltage', 0.115)]
-----------------------------------------------
Direction 2: [('task', -0.201), ('rule', -0.193), ('spike', -0.166),
('feature', -0.165), ('control', -0.157), ('neuron', -0.144), ('rate',
```

```
-0.134), ('stimulus', -0.116), ('classifier', -0.116), ('action', -0.112)]
--------------------------------------------------
...,

Topic #18:
==================================================
Direction 1: [('object', 0.419), ('signal', 0.26), ('layer', 0.258),
('rule', 0.209), ('feature', 0.164), ('view', 0.162), ('net', 0.113),
('noise', 0.112), ('bound', 0.105), ('speech', 0.1)]
--------------------------------------------------
Direction 2: [('memory', -0.18), ('task', -0.161), ('representation',
-0.14), ('hidden', -0.137), ('image', -0.135), ('hidden unit', -0.121),
('tree', -0.117), ('structure', -0.094), ('test', -0.093), ('word', -0.092)]
--------------------------------------------------

Topic #19:
==================================================
Direction 1: [('class', 0.287), ('memory', 0.275), ('classifier', 0.144),
('response', 0.139), ('sequence', 0.112), ('component', 0.11), ('stimulus',
0.101), ('region', 0.092), ('bound', 0.088)]
--------------------------------------------------
Direction 2: [('node', -0.292), ('feature', -0.244), ('field', -0.202),
('rate', -0.152), ('word', -0.146), ('spike', -0.139), ('map', -0.132),
('character', -0.127), ('policy', -0.108), ('tree', -0.092), ('noise', -0.088)]
--------------------------------------------------

Topic #20:
==================================================
Direction 1: [('map', 0.222), ('control', 0.2), ('region', 0.181), ('ii',
0.145), ('feature', 0.132), ('image', 0.122), ('bound', 0.11), ('orientation',
0.109), ('rule', 0.109), ('threshold', 0.094), ('class', 0.092)]
--------------------------------------------------
Direction 2: [('object', -0.31), ('motion', -0.252), ('direction', -0.229),
('memory', -0.223), ('classifier', -0.193), ('view', -0.136), ('matrix',
-0.13), ('rate', -0.121), ('distance', -0.11)]
--------------------------------------------------
```

当然，由于篇幅所限，我们不会在前面的输出中显示所有的主题，但是你应该明白这一点，并且可以根据需要在 notebook 中查看所有的主题。与上一节类似，我们还可以提取特定研究论文的关键主题。

```
dt_df = pd.DataFrame(np.round(document_topics, 3),
                     columns=['T'+str(i) for i in range(1, TOTAL_TOPICS+1)])
document_numbers = [13, 250, 500]

for document_number in document_numbers:
    top_topics = list(dt_df.columns[np.argsort(-
                            np.absolute(dt_df.iloc[document_number].
                            values))[:3]])
    print('Document #'+str(document_number)+':')
```

```
    print('Dominant Topics (top 3):', top_topics)
    print('Paper Summary:')
    print(papers[document_number][:500])
    print()
```

Document #13:
Dominant Topics (top 3): ['T1', 'T6', 'T4']
Paper Summary:
Stochastic Learning Networks and their Electronic Implementation
Joshua Alspector*, Robert B. Allen, Victor Hut, and Srinagesh Satyanarayana
Bell Communications Research, Morristown, NJ 07960
ABSTRACT
We describe a family of learning algorithms that operate on a recurrent,
symmetrically connected, neuromorphic network that, like the Boltzmann
machine

Document #250:
Dominant Topics (top 3): ['T3', 'T18', 'T4']
Paper Summary:
266 Zemel, Mozer and Hinton
TRAFFIC: Recognizing Objects Using
Hierarchical Reference Frame Transformations
Richard S. Zemel
ABSTRACT
We describe a model that can recognize two-dimensional shapes in
an unsegmented image, independent of their orie

Document #500:
Dominant Topics (top 3): ['T9', 'T1', 'T10']
Paper Summary:
Constrained Optimization Applied to the
Parameter Setting Problem for Analog Circuits
David Kirk, Kurt Fleischer, Lloyd Watts, Alan Bart
Abstract
We use constrained optimization to select operating parameters for two
circuits: a simple 3-transistor square root circuit, and an analog VLSI
artificial cochlea.

如果你查看了我们在前面输出中获得的主题中的词项，你会发现它们实际上是有意义的！

6.7.3 LDA

Scikit-Learn 在其库中也包含了基于 LDA 的主题模型实现，以下代码段使用它构建了 LDA 主题模型。

```
%%time
from sklearn.decomposition import LatentDirichletAllocation

lda_model = LatentDirichletAllocation(n_components =TOTAL_TOPICS,
max_iter=500, max_doc_update_iter=50, learning_method='online',
batch_size=1740, learning_offset=50., random_state=42, n_jobs=16)
```

```
document_topics = lda_model.fit_transform(cv_features)

CPU times: user 13min 14s, sys: 1min 41s, total: 14min 56s
Wall time: 55min 32s
```

然后，我们可以获得主题－词项矩阵，并从中构建数据框，以易于理解的格式展示主题和词项。

```
topic_terms = lda_model.components_
topic_key_term_idxs = np.argsort(-np.absolute(topic_terms), axis=1)[:,
:top_terms]
topic_keyterms = vocabulary[topic_key_term_idxs]
topics = [', '.join(topic) for topic in topic_keyterms]
pd.set_option('display.max_colwidth', -1)
topics_df = pd.DataFrame(topics,
                        columns = ['Terms per Topic'],
                        index=['Topic'+str(t) for t in range(1, TOTAL_
                        TOPICS+1)])
topics_df
```

根据图 6-14 中所示的主题，我们可以看到这些主题之间在相似主题思想中有所重复，这可能表明该模型不如我们的 MALLET LDA 模型好。现在，我们可以查看在 20 个主题中对每个主题贡献度最大的研究论文，类似于前面几节中的分析。

	Terms per Topic
Topic1	neuron, circuit, analog, chip, current, voltage, signal, threshold, bit, noise, vlsi, implementation, channel, gate, pulse, processor, element, synapse, parallel, fig
Topic2	image, feature, structure, state, layer, neuron, distribution, local, cell, recognition, node, motion, matrix, net, sequence, object, gaussian, hidden, size, line
Topic3	neuron, cell, image, class, state, response, rule, feature, rate, probability, representation, hidden, dynamic, et al, frequency, spike, distribution, component, level, recognition
Topic4	cell, neuron, response, visual, stimulus, activity, field, spike, motion, synaptic, direction, frequency, signal, cortex, firing, orientation, spatial, eye, rate, map
Topic5	image, feature, recognition, layer, hidden, task, object, speech, trained, representation, test, net, classification, classifier, class, level, architecture, experiment, node, rule
	•••
Topic12	feature, image, distribution, neuron, class, state, hidden, probability, node, layer, equation, size, prediction, line, rate, matrix, et, signal, noise, recognition
Topic13	image, state, cell, object, rule, layer, et al, step, distribution, ii, neuron, visual, signal, field, dynamic, feature, probability, matrix, et, map
Topic14	neuron, map, state, cell, rate, hidden, field, equation, probability, node, representation, signal, layer, dynamic, et al, noise, test, sequence, recognition, prediction
Topic15	distribution, probability, variable, class, approximation, gaussian, sample, bound, estimate, noise, matrix, let, optimal, prior, size, variance, xi, equation, prediction, density
Topic16	state, neuron, rule, probability, layer, rate, image, distribution, memory, equation, signal, solution, response, theory, class, et, step, variable, feature, high
Topic17	state, feature, probability, layer, image, cell, field, neuron, task, rate, recognition, dynamic, rule, control, variable, distribution, equation, net, representation, class
Topic18	state, control, action, policy, reinforcement, step, task, optimal, dynamic, controller, trajectory, robot, reinforcement learning, environment, reward, path, goal, value function, decision, arm
Topic19	control, state, feature, probability, architecture, hidden, neuron, task, rate, level, estimate, et, local, component, net, distribution, signal, response, dynamic, optimal
Topic20	mixture, likelihood, em, cluster, clustering, density, component, log, em algorithm, maximum, code, maximum likelihood, mixture model, hmm, entropy, mi, unsupervised, gaussian, mutual, eq

图 6-14　从 LDA 模型生成的主题

```
dt_df = pd.DataFrame(document_topics,
                    columns=['T'+str(i) for i in range(1, TOTAL_TOPICS+1)])

pd.options.display.float_format = '{:,.5f}'.format
pd.set_option('display.max_colwidth', 200)

max_contrib_topics = dt_df.max(axis=0)
dominant_topics = max_contrib_topics.index
contrib_perc = max_contrib_topics.values
document_numbers = [dt_df[dt_df[t] == max_contrib_topics.loc[t]].index[0]
```

```
                        for t in dominant_topics]
documents = [papers[i] for i in document_numbers]

results_df = pd.DataFrame({'Dominant Topic': dominant_topics, 'Contribution
                          %': contrib_perc,
                          'Paper Num': document_numbers, 'Topic': topics_
                          df['Terms per Topic'],
                          'Paper Name': documents})

results_df
```

根据图 6-15 所示的输出,我们可以看到某些主题在语料库中的表现非常差,几乎为 0%,因此我们看到同一篇论文(论文 #151)被选为与这些主题更相关的论文。具有良好贡献度(几乎 100% 占主导地位)的主题展示了与相应主题传递的主题思想紧密相关的论文,包括强化学习、贝叶斯和高斯混合模型、VLSI 上的神经模型和晶体管。

	Dominant Topic	Contribution %	Paper Num	Topic	Paper Name
Topic1	T1	0.99938	1122	neuron, circuit, analog, chip, current, voltage, signal, threshold, bit, noise, vlsi, implementation, channel, gate, pulse, processor, element, synapse, parallel, fig	Improved Silicon Cochlea \nusing \nCompatible Lateral Bipolar Transistors \nAndré van Schaik, Eric Fragni re, Eric Vittoz \nMANTRA Center for Neuromimetic Systems \nSwiss Federal Institute of Tech...
Topic2	T2	0.00033	151	image, feature, structure, state, layer, neuron, distribution, local, cell, recognition, node, motion, matrix, net, sequence, object, gaussian, hidden, size, line	794 \nNEURAL ARCHITECTURE \nValentino Braitenberg \nMax Planck Institute \nFederal Republic of Germany \nABSTRACT\nWhile we are waiting for the ultimate biophysics of cell membranes and synapses \...
Topic3	T3	0.00033	151	neuron, cell, image, class, state, response, rule, feature, rate, probability, representation, hidden, dynamic, et al, frequency, spike, distribution, component, level, recognition	794 \nNEURAL ARCHITECTURE \nValentino Braitenberg \nMax Planck Institute \nFederal Republic of Germany \nABSTRACT\nWhile we are waiting for the ultimate biophysics of cell membranes and synapses \...
Topic4	T4	0.99947	1735	cell, neuron, response, visual, stimulus, activity, field, spike, motion, synaptic, direction, frequency, signal, cortex, firing, orientation, spatial, eye, rate, map	Can V1 mechanisms account for \nfigure–ground and medial axis effects? \nZhaoping Li \nGatsby Computational Neuroscience Unit \nUniversity College London \nzhaoping gat shy. ucl. ac. uk \nAbstract...
				···	
Topic15	T15	0.99947	609	distribution, probability, variable, class, approximation, gaussian, sample, bound, estimate, noise, matrix, iot, optimal, prior, size, variance, xi, equation, prediction, density	On the Use of Evidence in Neural Networks \nDavid H. Wolpert \nThe Santa Fe Institute \n1660 Old Pecos Trail \nSanta Fe, NM 87501 \nAbstract \nThe Bayesian "evidence" approximation has recently be...
Topic16	T16	0.00033	151	state, neuron, rule, probability, layer, rate, image, distribution, memory, equation, signal, solution, response, theory, class, et, step, variable, feature, high	794 \nNEURAL ARCHITECTURE \nValentino Braitenberg \nMax Planck Institute \nFederal Republic of Germany \nABSTRACT\nWhile we are waiting for the ultimate biophysics of cell membranes and synapses \...
Topic17	T17	0.00033	151	state, feature, probability, layer, image, cell, field, neuron, task, rate, recognition, dynamic, rule, control, variable, distribution, equation, net, representation, class	794 \nNEURAL ARCHITECTURE \nValentino Braitenberg \nMax Planck Institute \nFederal Republic of Germany \nABSTRACT\nWhile we are waiting for the ultimate biophysics of cell membranes and synapses \...
Topic18	T18	0.99929	940	state, control, action, policy, reinforcement, step, task, optimal, dynamic, controller, trajectory, robot, reinforcement learning, environment, reward, path, goal, value function, decision, arm	An Actor/Critic Algorithm that is \nEquivalent to Q-Learning \nRobert H. Crites \nComputer Science Department \nUniversity of Massachusetts \nAmherst, MA 01003 \ncrit es cs .umass. edu \nAndrew G....
Topic19	T19	0.00033	151	control, state, feature, probability, architecture, hidden, neuron, task, rate, level, estimate, et, local, component, net, distribution, signal, response, dynamic, optimal	794 \nNEURAL ARCHITECTURE \nValentino Braitenberg \nMax Planck Institute \nFederal Republic of Germany \nABSTRACT\nWhile we are waiting for the ultimate biophysics of cell membranes and synapses \...
Topic20	T20	0.99939	1089	mixture, likelihood, em, cluster, clustering, density, component, log, em algorithm, maximum, code, maximum likelihood, mixture model, hmm, entropy, mi, unsupervised, gaussian, mutual, eq	A Unified Learning Scheme: \nBayesian-Kullback Ying-Yang Machine \nLei Xu \n1. Computer Science Dept., The Chinese University of HK, Hong Kong \n2. National Machine Perception Lab, Peking Universi...

图 6-15 查看每个主题以及对其有最大贡献度的相应论文

6.7.4 非负矩阵分解

我们要研究的最后一项技术是非负矩阵分解(NMF),这是另一种类似于 SVD 的矩阵分解技术,但它适用于非负矩阵,并且对多变量数据很有效。给定一个非负矩阵 V,NMF 的目标是找到两个非负矩阵因子 W 和 H,使得它们相乘时可以近似地重构 V。在数学中如下表示:

$$V \approx WH$$

这样使得所有三个矩阵都为非负矩阵。为了达到这种近似,我们通常使用成本函数,例如两个矩阵之间的欧几里得距离或 L2 范数或者 Frobenius 范数,Frobenius 范数是对 L2 范数的略微修改。这可以如下表示:

$$\arg\min_{W,H} \frac{1}{2} \| V - WH \|^2$$

其中，我们有三个非负矩阵——*V*、*W* 和 *H*。这可以进一步简化如下：

$$\frac{1}{2}\sum_{i,j}(V_{ij}-WH_{ij})^2$$

该实现在 Scikit-Learn 分解模块的 NMF 类中获得，我们将在本节中使用它。

我们可以在小型语料库上使用以下代码段来构建一个基于 NMF 的主题模型，这就像在 LDA 中那样为我们提供了特征名称及其权重。

```
%%time
from sklearn.decomposition import NMF

nmf_model = NMF(n_components=TOTAL_TOPICS, solver='cd', max_iter=500,
                random_state=42, alpha=.1, l1_ratio=.85)
document_topics = nmf_model.fit_transform(cv_features)

CPU times: user 11min 39s, sys: 47.5 s, total: 12min 26s
Wall time: 46.7 s
```

现在我们已经训练好模型，可以使用以下代码来查看生成的主题。

```
topic_terms = nmf_model.components_
topic_key_term_idxs = np.argsort(-np.absolute(topic_terms), axis=1)[:,
:top_terms]
topic_keyterms = vocabulary[topic_key_term_idxs]
topics = [', '.join(topic) for topic in topic_keyterms]
pd.set_option('display.max_colwidth', -1)
topics_df = pd.DataFrame(topics,
                         columns = ['Terms per Topic'],
                         index=['Topic'+str(t) for t in range(1, TOTAL_
                         TOPICS+1)])
topics_df
```

根据图 6-16 中所示的主题，没有重复的主题，每个主题都谈论一个清晰而独特的主题思想。NMF 主题模型的结果明显比我们在 Scikit-Learn 中从 LDA 获得的结果更好。我们可以确定每篇研究论文中主题的优势度，但是对于 NMF，这些主题是由绝对分数而非百分比决定的，如下面的输出所示。请参见图 6-17。

```
pd.options.display.float_format = '{:,.3f}'.format
dt_df = pd.DataFrame(document_topics,
                     columns=['T'+str(i) for i in range(1, TOTAL_TOPICS+1)])
dt_df.head(10)
```

我们可以使用以下代码，利用文档 – 主题矩阵，并根据主题优势度分数来为每个主题确定最相关的论文。

```
pd.options.display.float_format = '{:,.5f}'.format
pd.set_option('display.max_colwidth', 200)

max_score_topics = dt_df.max(axis=0)
```

```
dominant_topics = max_score_topics.index
term_score = max_score_topics.values
document_numbers = [dt_df[dt_df[t] == max_score_topics.loc[t]].index[0]
                    for t in dominant_topics]
documents = [papers[i] for i in document_numbers]
results_df = pd.DataFrame({'Dominant Topic': dominant_topics, 'Max Score':
                          term_score,
                          'Paper Num': document_numbers, 'Topic': topics_
                          df['Terms per Topic'],
                          'Paper Name': documents})

results_df
```

	Terms per Topic
Topic1	bound, generalization, size, let, optimal, solution, theorem, equation, approximation, class, gradient, xi, loss, rate, matrix, convergence, theory, dimension, sample, minimum
Topic2	neuron, synaptic, connection, potential, dynamic, synapsis, activity, excitatory, layer, synapse, simulation, inhibitory, delay, biological, equation, state, et, et al, activation, firing
Topic3	state, action, policy, step, optimal, reinforcement, transition, reinforcement learning, probability, reward, dynamic, value function, markov, machine, task, agent, finite, iteration, sequence, decision
Topic4	image, face, pixel, recognition, local, distance, scale, digit, texture, filter, scene, vision, facial, pca, edge, region, visual, representation, transformation, surface
Topic5	hidden, layer, net, hidden unit, task, hidden layer, architecture, back, propagation, trained, connection, back propagation, generalization, output unit, neural net, training set, learn, test
Topic6	cell, firing, direction, head, rat, response, layer, synaptic, activity, spatial, inhibitory, synapsis, ii, cue, cortex, simulation, lot, active, complex, property
Topic7	word, recognition, speech, context, hmm, speaker, speech recognition, character, phoneme, probability, frame, sequence, rate, test, level, acoustic, experiment, letter, segmentation, state
	•••
Topic15	classifier, class, classification, decision, region, rbf, rate, error rate, test, center, nearest, layer, probability, neighbor, nearest neighbor, boundary, sample, training set, trained, gaussian
Topic16	distribution, probability, gaussian, mixture, variable, density, likelihood, prior, bayesian, component, posterior, em, log, estimate, sample, approximation, estimation, matrix, conditional, maximum
Topic17	motion, direction, velocity, visual, moving, target, stage, stimulus, eye, flow, filter, head, movement, location, response, signal, position, field, spatial, speed
Topic18	object, view, recognition, representation, layer, visual, 3d, 2d, human, part, position, object recognition, transformation, scheme, image, aspect, frame, shape, rotation, viewpoint
Topic19	field, visual, orientation, stimulus, response, map, cortex, cortical, receptive, receptive field, eye, activity, center, spatial, connection, ocular, dominance, ocular dominance, region, correlation
Topic20	memory, representation, structure, capacity, sequence, associative, role, distributed, matrix, associative memory, bit, activity, stored, product, binding, code, local, connection, activation, symbol

图 6-16　从 NMF 模型生成的主题

	T1	T2	T3	T4	T5	T6	T7	T8	T9	T10	T11	T12	T13	T14	T15	T16	T17	T18	T19	T20
0	0.444	0.000	0.000	0.000	0.000	0.000	0.000	0.000	0.000	0.000	0.000	0.000	0.004	0.263	0.000	0.000	0.000	0.000	0.000	3.437
1	0.394	0.595	0.463	0.019	0.187	0.037	0.000	0.228	0.130	0.029	0.000	0.254	0.000	0.000	0.000	0.000	0.000	0.106	0.000	0.210
2	0.032	0.619	0.003	0.067	0.016	0.378	0.029	0.027	0.448	0.000	0.075	0.036	0.024	0.184	0.100	0.000	0.126	0.000	0.656	0.277
3	0.000	0.274	0.000	0.102	0.265	1.019	0.000	0.000	0.000	0.000	0.000	0.000	0.218	0.011	0.000	0.004	1.299	0.291	1.268	0.295
4	0.060	0.188	0.682	0.257	0.167	1.402	0.000	0.093	0.000	0.001	0.000	0.020	1.749	0.037	0.000	0.344	0.000	0.000	0.164	0.121
5	0.000	0.383	0.000	0.000	0.679	7.510	0.016	0.000	0.000	0.326	1.146	1.923	0.098	0.000	0.202	0.000	0.426	0.646	0.641	
6	0.000	1.415	0.020	0.000	0.046	0.044	0.000	0.114	0.333	0.040	0.000	0.032	0.124	0.000	0.041	0.041	0.075	0.030	0.000	0.615
7	0.147	0.029	0.000	0.000	0.274	0.008	0.042	0.000	0.045	0.080	0.008	0.025	0.022	0.009	0.000	0.023	0.000	0.007	0.000	0.096
8	0.084	1.760	0.013	0.012	0.000	1.592	0.000	0.000	0.257	0.068	0.273	0.055	0.122	0.000	0.119	0.000	0.000	0.027	0.514	0.353
9	0.395	0.000	0.040	1.258	0.127	0.000	0.000	0.370	0.075	0.076	0.000	0.042	0.000	0.017	0.000	0.053	0.041	0.133	0.427	0.000

图 6-17　使用文档 – 主题矩阵查看每个文档的主题优势度

图 6-18 中的输出清楚地表明，NMF 模型比 LDA 模型要好得多，每个主题被强烈地关联为具有最大优势度研究论文的中心主题思想。我们观察到的是，即使使用小型的语料库，非负矩阵分解效果也是最好，与其他方法相比文档很少。但同样，这取决于你正在处理的数据类型。

	Dominant Topic	Max Score	Paper Num	Topic	Paper Name
Topic1	T1	1.64138	991	bound, generalization, size, let, optimal, solution, theorem, equation, approximation, class, gradient, xi, loss, rate, matrix, convergence, theory, dimension, sample, minimum	A Bound on the Error of Cross Validation Using \nthe Approximation and Estimation Rates, with \nConsequences for the Training-Test Split \nMichael Kearns \nAT&T Research \nABSTRACT\n1 INTRODUCTION...
Topic2	T2	3.58149	383	neuron, synaptic, connection, potential, dynamic, synapsis, activity, excitatory, layer, synapse, simulation, inhibitory, delay, biological, equation, state, et, et al, activation, firing	Signal Processing by Multiplexing and \nDemultiplexing in Neurons \nDavid C. Tam \nDivision of Neuroscience \nBaylor College of Medicine \nHouston, TX 77030 \ndtamC next-cns.neusc.bcm.tmc.edu \nAb...
Topic3	T3	5.83072	1167	state, action, policy, step, optimal, reinforcement, transition, reinforcement learning, probability, reward, dynamic, value function, markov, machine, task, agent, finite, iteration, sequence, de...	Reinforcement Learning for Mixed \nOpen-loop and Closed-loop Control \nEric A. Hansen, Andrew G. Barto, and Shlomo Zilberstein \nDepartment of Computer Science \nUniversity of Massachusetts \nAmhe...
Topic4	T4	3.93349	1731	image, face, pixel, recognition, local, distance, scale, digit, texture, filter, scene, vision, facial, pca, edge, region, visual, representation, transformation, surface	Image representations for facial expression \ncoding \nMarian Stewart Bartlett* \nU.C. San Diego \nmarni salk. edu \nJavier R. Movellan \nU.C. San Diego \nmovellan cogsc. ucsd. edu \nPaul Ekman \n...
				• • •	
Topic8	T8	3.67982	235	signal, noise, source, filter, component, frequency, channel, speech, matrix, independent, separation, sound, ica, phase, eeg, blind, auditory, dynamic, delay, fig	232 Sejnowski, Yuhas, Goldstein and Jenkins \nCombining Visual and \nwith a Neural Network \nAcoustic Speech Signals \nImproves Intelligibility \nT.J. Sejnowski \nThe Salk Institute \nand \nDepart...
Topic9	T9	4.88831	948	control, controller, trajectory, motor, dynamic, movement, forward, task, feedback, arm, inverse, position, robot, architecture, hand, force, adaptive, change, command, plant	An Integrated Architecture of Adaptive Neural Network \nControl for Dynamic Systems \nLiu Ke '2 Robert L. Tokaf Brian D.McVey z \n Center for Nonlinear Studies, 2Applied Theoretical Physics Divis...
Topic10	T10	2.95973	1690	circuit, chip, current, analog, voltage, visi, gate, threshold, transistor, pulse, design, implementation, synapse, bit, digital, device, analog visi, element, cmos, pp	Kirchoff Law Markov Fields for Analog \nCircuit Design \nRichard M. Golden * \nRMG Consulting Inc. \n2000 Fresno Road, Plano, Texas 75074 \nRMG CONS UL T@A OL. COM, \nwww. neural-network. com \nA...
Topic11	T11	6.04910	987	spike, rate, firing, stimulus, train, spike train, firing rate, response, frequency, neuron, potential, current, fig, signal, temporal, synaptic, probability, change, timing, distribution	Information through a Spiking Neuron \nCharles F. Stevens and Anthony Zador \nSalk Institute MNL/S \nLa Jolla, CA 92037 \nzador@salk.edu \nAbstract \nWhile it is generally agreed that neurons tran...
				• • •	
Topic19	T19	3.73027	911	field, visual, orientation, stimulus, response, map, cortex, cortical, receptive, receptive field, eye, activity, center, spatial, connection, ocular, dominance, ocular dominance, region, correlation	Ocular Dominance and Patterned Lateral \nConnections in a Self-Organizing Model of the \nPrimary Visual Cortex \nJoseph Sirosh and Risto Miikkulainen \nDepartment of Computer Sciences \nUniversity...
Topic20	T20	6.01090	72	memory, representation, structure, capacity, sequence, associative, role, distributed, matrix, associative memory, bit, activity, stored, product, binding, code, local, connection, activation, symbol	730 \nAnalysis of distributed representation of \nconstituent structure in connectionist systems \nPaul Smolensky \nDepartment of Computer Science, University of Colorado, Boulder, CO 80309-0430 \...

图 6-18　查看每个主题以及对其有最大贡献度的相应论文

6.7.5　预测新研究论文的主题

现在，我们来预测 NIPS 16 会议上四篇研究论文的主题，这与我们使用 Gensim 主题模型所做的工作相似。如果你尚未加载这些论文，请先加载它们。

```
import glob
# papers manually downloaded from NIPS 16
# https://papers.nips.cc/book/advances-in-neural-information-processing-
systems-29-2016

new_paper_files = glob.glob('nips16*.txt')
new_papers = []
for fn in new_paper_files:
    with open(fn, encoding='utf-8', errors='ignore', mode='r+') as f:
        data = f.read()
        new_papers.append(data)

print('Total New Papers:', len(new_papers))

Total New Papers: 4
```

流水线中的下一步骤是预处理这些文档并提取特征，它使用构建主题模型时所遵循的相同步骤序列。

```
norm_new_papers = normalize_corpus(new_papers)
cv_new_features = cv.transform(norm_new_papers)
```

```
cv_new_features.shape
```

```
(4, 14408)
```

现在，我们可以通过使用以下代码，利用 NMF 主题模型来预测这些新研究论文的主题（我们预测每篇论文的前两个主题）。

```
topic_predictions = nmf_model.transform(cv_new_features)
best_topics = [[(topic, round(sc, 3))
                    for topic, sc in sorted(enumerate(topic_predictions[i]),
                                            key=lambda row: -row[1])[:2]]
                        for i in range(len(topic_predictions))]
best_topics
```

```
[[(0, 1.312), (7, 0.966)],
 [(2, 4.121), (0, 0.864)],
 [(3, 2.154), (1, 1.335)],
 [(3, 3.074), (6, 2.19)]]
```

请记住，在这里我们没有像使用 LDA 模型那样获得每个主题的优势度比例，但是我们获得了绝对分数。让我们以一种易于理解的格式查看结果。

```
results_df = pd.DataFrame()
results_df['Papers'] = range(1, len(new_papers)+1)
results_df['Dominant Topics'] = [[topic_num+1 for topic_num, sc in item]
                                    for item in best_topics]
res = results_df.set_index(['Papers'])['Dominant Topics'].apply(pd.Series).
stack().reset_index(level=1, drop=True)
results_df = pd.DataFrame({'Dominant Topics': res.values}, index=res.index)
results_df['Topic Score'] = [topic_sc for topic_list in
                                [[round(sc*100, 2)
                                    for topic_num, sc in item]
                                        for item in best_topics]
                                    for topic_sc in topic_list]
results_df['Topic Desc'] = [topics_df.iloc[t-1]['Terms per Topic']
                            for t in results_df['Dominant Topics'].values]
results_df['Paper Desc'] = [new_papers[i-1][:200] for i in results_
df.index.values]
results_df
```

查看图 6-19 中所示的新研究论文生成的主题，我们可以清楚地得出结论：它们确实有意义，而且我们的 NMF 模型工作良好！

6.7.6　可视化主题模型

我们还可以以交互式方法可视化主题模型，以便利用 pyLDAvis 框架来查看每个主题和传递的主题思想。通常，使用降维技术（例如 MDS、PDA 和 t-SNE）以二维可视化形式来显示主题。

```
import pyLDAvis
```

```
import pyLDAvis.sklearn
import dill
import warnings

warnings.filterwarnings('ignore')
pyLDAvis.enable_notebook()

pyLDAvis.sklearn.prepare(nmf_model, cv_features, cv, mds='mmds')
```

Papers	Dominant Topics	Topic Score	Topic Desc	Paper Desc
1	1	131.20000	bound, generalization, size, let, optimal, solution, theorem, equation, approximation, class, gradient, xi, loss, rate, matrix, convergence, theory, dimension, sample, minimum	Correlated-PCA: Principal Components' Analysis\nwhen Data and Noise are Correlated\nNamrata Vaswani and Han Guo\nIowa State University, Ames, IA, USA\nEmail: {namrata, hanguo}@iastate.edu\nAbstract...
1	8	96.60000	signal, noise, source, filter, component, frequency, channel, speech, matrix, independent, separation, sound, ica, phase, eeg, blind, auditory, dynamic, delay, fig	Correlated-PCA: Principal Components' Analysis\nwhen Data and Noise are Correlated\nNamrata Vaswani and Han Guo\nIowa State University, Ames, IA, USA\nEmail: {namrata, hanguo}@iastate.edu\nAbstract...
2	3	412.10000	state, action, policy, step, optimal, reinforcement, transition, reinforcement learning, probability, reward, dynamic, value function, markov, machine, task, agent, finite, iteration, sequence, de...	PAC Reinforcement Learning with Rich Observations\nAkshay Krishnamurthy\nUniversity of Massachusetts, Amherst\nAmherst, MA, 01003\nakshay@cs.umass.edu\nAlekh Agarwal\nMicrosoft Research\nNew York,...
2	1	86.40000	bound, generalization, size, let, optimal, solution, theorem, equation, approximation, class, gradient, xi, loss, rate, matrix, convergence, theory, dimension, sample, minimum	PAC Reinforcement Learning with Rich Observations\nAkshay Krishnamurthy\nUniversity of Massachusetts, Amherst\nAmherst, MA, 01003\nakshay@cs.umass.edu\nAlekh Agarwal\nMicrosoft Research\nNew York,...
3	4	215.40000	image, face, pixel, recognition, local, distance, scale, digit, texture, filter, scene, vision, facial, pca, edge, region, visual, representation, transformation, surface	Automated scalable segmentation of neurons from\nmultispectral images\nUygar Sümbül\nGrossman Center for the Statistics of Mind\nand Dept. of Statistics, Columbia University\nDouglas Roossien Jr.\...
3	2	133.50000	neuron, synaptic, connection, potential, dynamic, synapsis, activity, excitatory, layer, synapse, simulation, inhibitory, delay, biological, equation, state, et, et al, activation, firing	Automated scalable segmentation of neurons from\nmultispectral images\nUygar Sümbül\nGrossman Center for the Statistics of Mind\nand Dept. of Statistics, Columbia University\nDouglas Roossien Jr.\...
4	4	307.40000	image, face, pixel, recognition, local, distance, scale, digit, texture, filter, scene, vision, facial, pca, edge, region, visual, representation, transformation, surface	Unsupervised Learning of Spoken Language with\nVisual Context\nDavid Harwath, Antonio Torralba, and James R. Glass\nComputer Science and Artificial Intelligence Laboratory\nMassachusetts Institute...
4	7	219.00000	word, recognition, speech, context, hmm, speaker, speech recognition, character, phoneme, probability, frame, sequence, rate, test, level, acoustic, experiment, letter, segmentation, state	Unsupervised Learning of Spoken Language with\nVisual Context\nDavid Harwath, Antonio Torralba, and James R. Glass\nComputer Science and Artificial Intelligence Laboratory\nMassachusetts Institute...

图 6-19 使用 NMF 模型预测新论文的主题

图 6-20 中的可视化在 Jupyter notebook 中是交互式的，你可以通过查看每个主题、单词分布和主题分布来使用它。我们希望这能为你提供足够的主题模型视角，让你可以开始为自己的语料库建模。

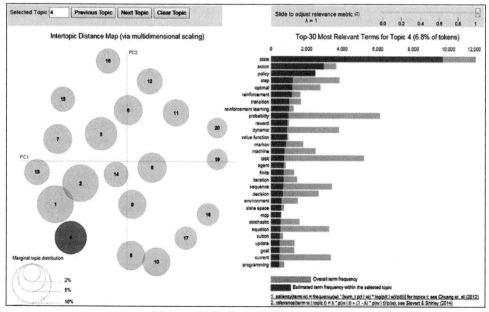

图 6-20 可视化 NMF 模型中的主题

6.8　自动文档摘要

在本章开头，我们简要地讨论了文档摘要，当时我们提到从大型文档或语料库中提取要点，以便能保留语料库的核心精华或要义。文档摘要的思想与关键短语提取或主题建模略有不同。在这种情况下，最终结果仍然是某种文档的形式，但是我们可能希望概要（summary）是基于长度的几个句子。这类似于研究论文中的摘要或执行概要。自动文档摘要的主要目标是在不涉及人工输入的情况下执行此摘要计算，运行计算机程序除外。数学和统计模型可通过观察文档的内容和上下文，来帮助构建和自动化概括文档的任务。

使用自动化技术进行文档摘要有两种广泛的方法。

- ❑ 提取型技术（extraction-based technique）：这些方法使用数学和统计概念（例如 SVD），从原始文档中提取内容的某些关键子集，使该内容子集包含核心信息并充当整个文档的焦点。内容可以是单词、短语或句子。这种方法的最终结果是从原始文档中提取几行内容的简短执行概要。在这种技术中不会生成新的内容，因此该技术称为"提取型"（extraction-based）。

- ❑ 概括型技术（abstraction-based technique）：这些方法更加复杂和精准。它们利用语言语义来创建表示形式，并使用自然语言生成技术，其中机器使用知识库和语义表示来自行生成文本并创建摘要，就像人类编写它们一样。得益于深度学习，我们可以轻松实现这些技术，但是它们需要大量的数据和计算。

提取型技术存在更多的研究，因为构建概括型的摘要器相对较困难。最近，在创建模仿人类的抽象概要方面，该领域已经取得了实质性进展。深度学习模型，尤其是编码器–解码器体系结构，在运用概括型技术来概括文本方面非常有效。实现它们超出了我们当前的范围，但是我们将通过实战示例来介绍提取型文本摘要的要点。

我们使用 Bethesda 软件公司非常流行的角色扮演游戏 Skyrim 的描述来进行摘要。以下是我们将要摘要的文档的摘录（完整的文档位于 Jupyter notebook 中，用于文本摘要）。

```
DOCUMENT = """
The Elder Scrolls V: Skyrim is an action role-playing video game developed
by Bethesda Game Studios and published by Bethesda Softworks. It is the
fifth main installment in The Elder Scrolls series, following The Elder
Scrolls IV: Oblivion. The game's main story revolves around the player
character's quest to defeat Alduin the World-Eater, a dragon who is
prophesied to destroy the world. The game is set 200 years after the events
of Oblivion and takes place in the fictional province of Skyrim. Over the
course of the game, the player completes quests and develops the character
by improving skills. The game continues the open-world tradition of
its predecessors by allowing the player to travel anywhere in the
game world at any time, and to ignore or postpone the main storyline
indefinitely. The team opted for a unique and more diverse open world than
Oblivion's Imperial Province of Cyrodiil, which game director and executive
producer Todd Howard considered less interesting by comparison. The game
was released to critical acclaim, with reviewers particularly mentioning
the character advancement and setting, and is considered to be one of the
greatest video games of all time.
```

```
The Elder Scrolls V: Skyrim is an action role-playing game, playable from
either a first or third-person perspective. The player may freely roam
over the land of Skyrim which is an open world environment consisting of
wilderness expanses, dungeons, cities, towns, fortresses, and villages.
...
...
A regeneration period limits the player's use of shouts in gameplay.

Skyrim is set around 200 years after the events of The Elder Scrolls IV:
Oblivion, although it is not a direct sequel. The game takes place in
Skyrim, a province of the Empire on the continent of Tamriel, amid a civil
war between two factions: the Stormcloaks, led by Ulfric Stormcloak, and
the Imperial Legion, led by General Tullius. The player character is a
Dragonborn, a mortal born with the soul and power of a dragon. Alduin, a
large black dragon who returns to the land after being lost in time, serves
as the game's primary antagonist. Alduin is the first dragon created by
Akatosh, one of the series' gods, and is prophesied to destroy and consume
the world.
"""
```

我们需要对该文档进行一些基本的预处理，以删除多余的换行符。我们可以使用以下代码来实现这一点。

```
import re

DOCUMENT = re.sub(r'\n|\r', ' ', DOCUMENT)
DOCUMENT = re.sub(r' +', ' ', DOCUMENT)
DOCUMENT = DOCUMENT.strip()
```

让我们看看利用 Gensim 的摘要模块来实现文档摘要的方式。它非常简单，如下面的代码所示。

```
from gensim.summarization import summarize

print(summarize(DOCUMENT, ratio=0.2, split=False))
```

```
The game's main story revolves around the player character's quest to
defeat Alduin the World-Eater, a dragon who is prophesied to destroy the
world.
Over the course of the game, the player completes quests and develops the
character by improving skills.
The game continues the open-world tradition of its predecessors by allowing
the player to travel anywhere in the game world at any time, and to ignore
or postpone the main storyline indefinitely.
The player may freely roam over the land of Skyrim which is an open world
environment consisting of wilderness expanses, dungeons, cities, towns,
fortresses, and villages.
Each city and town in the game world has jobs that the player can engage
in, such as farming.
Over the course of the game, players improve their character's skills which
are numerical representations of their ability in certain areas.
Like other creatures, dragons are generated randomly in the world and will
```

engage in combat with NPCs, creatures and the player.

我们还可以通过使用以下代码，来限制基于单词数而不是比例的摘要。

```
print(summarize(DOCUMENT, word_count=75, split=False))
```

The game's main story revolves around the player character's quest to defeat
Alduin the World-Eater, a dragon who is prophesied to destroy the world.
Over the course of the game, the player completes quests and develops the
character by improving skills.
The player may freely roam over the land of Skyrim which is an open world
environment consisting of wilderness expanses, dungeons, cities, towns,
fortresses, and villages.

我们敢肯定，即使你以前从未玩过 Skyrim，或者没有阅读过有关该游戏的大量文字，该摘要还是可以让你很好地了解该游戏。这是文本摘要的强大之处，其中使用几个有影响力的句子，我们可以概括整个文档的核心主题思想。

Gensim 中的摘要实现是基于一种称为 TextRank 流行算法的变体。既然我们已经看到了文本摘要是多么有趣，那么让我们来看几个基于提取的摘要算法。我们主要关注以下两种技术：

❑ 潜在语义分析
❑ TextRank

首先，我们探讨每种技术背后的概念和数学，然后使用 Python 进行实现，最后在小型文档中对其进行测试。在深入研究这些技术之前，让我们通过句法分析和规范化来准备我们的文档。

6.8.1 文本整理

我们需要对文档进行一些基本的文本整理或预处理。这不需要花费太多精力，因为重点是文档摘要。

```
import nltk
import numpy as np
import re

stop_words = nltk.corpus.stopwords.words('english')

def normalize_document(doc):
    # lower case and remove special characters\whitespaces
    doc = re.sub(r'[^a-zA-Z\s]', '', doc, re.I|re.A)
    doc = doc.lower()
    doc = doc.strip()
    # tokenize document
    tokens = nltk.word_tokenize(doc)
    # filter stopwords out of document
    filtered_tokens = [token for token in tokens if token not in stop_words]
    # re-create document from filtered tokens
    doc = ' '.join(filtered_tokens)
```

```
        return doc
normalize_corpus = np.vectorize(normalize_document)

# get sentences in the document
sentences = nltk.sent_tokenize(DOCUMENT)

# normalize each sentence in the document
norm_sentences = normalize_corpus(sentences)
norm_sentences[:3]

array(['elder scrolls v skyrim action roleplaying video game developed
bethesda game studios
        published bethesda softworks',
      'fifth main installment elder scrolls series following elder scrolls
      iv oblivion',
      'games main story revolves around player characters quest defeat
      alduin worldeater dragon
        prophesied destroy world'],
      dtype='<U183')
```

现在，我们的语料库已经过了预处理和标准化。现在可以利用特征工程以高效的向量化格式来表示文本数据。

6.8.2 特征工程的文本表示

我们将使用 TF-IDF 特征工程方案对标准化的句子进行向量化处理。我们使事情保持简单，不会根据文档频率过滤掉任何单词。但可以随时尝试一下，甚至可以利用 n 元语法（n-gram）作为特征。

```
from sklearn.feature_extraction.text import TfidfVectorizer
import pandas as pd

tv = TfidfVectorizer(min_df=0., max_df=1., use_idf=True)
dt_matrix = tv.fit_transform(norm_sentences)
dt_matrix = dt_matrix.toarray()

vocab = tv.get_feature_names()
td_matrix = dt_matrix.T
print(td_matrix.shape)
pd.DataFrame(np.round(td_matrix, 2), index=vocab).head(10)
```

图 6-21 中的输出是我们标准的词项 – 文档矩阵，显示了各类文档中每个词项的 TF-IDF 权重。在我们的例子中，每个文档都是我们原始游戏说明中的一个句子，并以一列表示。现在，我们可以开始使用前面提到的两种技术来实现文档摘要。

6.8.3 潜在语义分析

在这里，我们通过利用文档句子来概括游戏说明。文档中每个句子里的词项均已被提取以形成词项 – 文档矩阵，我们在图 6-21 中可以看到该矩阵。我们将低秩奇异值分解应用于此矩阵。潜在语义分析（LSA）背后的核心原理是，在任何文档中，上下文相关的词项之间存在潜在的结构，因此也应在同一奇异空间中关联。

(270, 35)	0	1	2	3	4	5	6	7	8	9	...	25	26	27	28	29	30	31	32	33	34
ability	0.00	0.0	0.00	0.0	0.0	0.00	0.0	0.00	0.00	0.0	...	0.0	0.0	0.00	0.00	0.0	0.00	0.0	0.0	0.00	0.00
absorb	0.00	0.0	0.00	0.0	0.0	0.00	0.0	0.00	0.00	0.0	...	0.0	0.0	0.00	0.31	0.0	0.00	0.0	0.0	0.00	0.00
acclaim	0.00	0.0	0.00	0.0	0.0	0.00	0.0	0.28	0.00	0.0	...	0.0	0.0	0.00	0.00	0.0	0.00	0.0	0.0	0.00	0.00
action	0.25	0.0	0.00	0.0	0.0	0.00	0.0	0.00	0.32	0.0	...	0.0	0.0	0.00	0.00	0.0	0.00	0.0	0.0	0.00	0.00
advancement	0.00	0.0	0.00	0.0	0.0	0.00	0.0	0.28	0.00	0.0	...	0.0	0.0	0.00	0.00	0.0	0.00	0.0	0.0	0.00	0.00
akatosh	0.00	0.0	0.00	0.0	0.0	0.00	0.0	0.00	0.00	0.0	...	0.0	0.0	0.00	0.00	0.0	0.00	0.0	0.0	0.00	0.33
alduin	0.00	0.0	0.25	0.0	0.0	0.00	0.0	0.00	0.00	0.0	...	0.0	0.0	0.00	0.00	0.0	0.00	0.0	0.0	0.26	0.27
allowing	0.00	0.0	0.00	0.0	0.0	0.27	0.0	0.00	0.00	0.0	...	0.0	0.0	0.00	0.00	0.0	0.00	0.0	0.0	0.00	0.00
allows	0.00	0.0	0.00	0.0	0.0	0.00	0.0	0.00	0.00	0.0	...	0.0	0.0	0.00	0.00	0.0	0.00	0.0	0.0	0.00	0.00
although	0.00	0.0	0.00	0.0	0.0	0.00	0.0	0.00	0.00	0.0	...	0.0	0.0	0.00	0.00	0.0	0.00	0.33	0.0	0.00	0.00

10 行 × 35 列

图 6-21　可视化 NMF 模型中的主题

我们在实现过程中所遵循的方法取自 J. Steinberger 和 K. Jezek 于 2004 年发表的热门论文 "Using Latent Semantic Analysis in Text Summarization and Summary Evaluation"，该论文对 Y.Gong 和 X.Liu 在 2001 年发表的 "Generic Text Summarization Using Relevance Measure and Latent Semantic Analysis" 论文中所做的出色工作提出了一些改进。如果你有兴趣想要获得这项技术更深入的知识，我们建议你阅读这两篇论文。

我们实现的主要思想是使用 SVD（回忆：$M=USV^T$），使得 U 和 V 是正交矩阵，S 是对角矩阵，其也可以表示为奇异值的向量。原始矩阵可以表示为词项 – 文档矩阵，其中行是词项，每一列是一个文档，也就是说，在本例中是我们文档中的句子。这些值可以是任何的权重类型，例如基于词袋模型的频率、TF-IDF 或二进制表示的出现次数。

我们使用 `low_rank_svd()` 函数根据概念的数量 k 来为 M 创建低秩矩阵近似，k 是奇异值的数量。矩阵 U 中的相同 k 列将指向 k 个概念中每个概念的词项向量，而对于矩阵 V，基于前 k 个奇异值的 k 行将指向句子向量。根据概念数量 k 从 SVD 得到前 k 个奇异值的矩阵 U、S 和 V^T 之后，我们将执行以下计算。请记住，我们需要的输入参数是我们希望最终概要包含的概念数量 k 和句子数量 n。

1）从矩阵 V（k 行）中获取句子向量。

2）从 S 中获取前 k 个奇异值。

3）应用基于阈值的方法，删除小于最大奇异值一半的奇异值（如果存在）。这是一种启发式的方法，如果你想的话，你可以尝试使用这个值。在数学上，表示为 $S_i = 0$ iff $S_i < \frac{1}{2}\max(S)$。

4）将矩阵 V 平方中的每个词项 – 句子列乘以 S 的对应奇异值（也取平方），得到每个主题的句子权重。

5）计算整个主题的句子权重总和，并取最终分数的平方根，以获得文档中每个句子的显著度分数。

每个句子的显著度分数计算可以用以下数学公式表示：

$$SS = \sqrt{\sum_{i=1}^{k} S_i V_i^T}$$

其中，SS 表示每个句子的显著度分数，其取值为奇异值与 V^T 中句子向量之间的点积。获得这些分数后，我们按降序对它们进行排序，选择与最高分数相对应的前 n 个句子，然后根据它们在原始文档中出现的顺序将它们组合起来以形成最终概要。

让我们在 Python 中实现算法。第一步是选择概要中要包含的句子数 n。给定大约 35 个句子，我们将概要设置为包含 8 个句子。考虑到我们已从游戏概要、游戏设计、Wikipedia 原始评论的情节部分中提取了游戏描述，因此将主题或概念的总数 k 设置为 3。然后，我们执行低秩 SVD。

```
num_sentences = 8
num_topics = 3

u, s, vt = low_rank_svd(td_matrix, singular_count=num_topics)
print(u.shape, s.shape, vt.shape)
term_topic_mat, singular_values, topic_document_mat = u, s, vt

(270, 3) (3,) (3, 35)
```

接下来，我们应用一个阈值将任何现有的奇异值设置为 0，该阈值为小于最大奇异值的一半。

```
# remove singular values below threshold
sv_threshold = 0.5
min_sigma_value = max(singular_values) * sv_threshold
singular_values[singular_values < min_sigma_value] = 0
```

现在，我们可以利用我们之前描述的公式来计算在游戏描述中每个句子（或文档）的句子显著度分数。

```
salience_scores = np.sqrt(np.dot(np.square(singular_values),
                                 np.square(topic_document_mat)))

salience_scores

array([0.53291263, 0.61639562, 0.60427539, 0.52307109, 0.50141128,
       0.32352969, 0.1506046 , 0.25383436, 0.60567083, 0.35902104,
       0.22562997, 0.34608934, 0.15781555, 0.40522541, 0.24505982,
       0.19874104, 0.39317895, 0.45392878, 0.31638528, 0.47353378,
       0.18348908, 0.45731421, 0.13929749, 0.38932101, 0.36829067,
       0.57822992, 0.40853736, 0.26260062, 0.38904585, 0.32776714,
       0.67662776, 0.21866561, 0.34687796, 0.3234621 , 0.46107093])
```

现在，我们只需要根据它们的显著度分数来选择最重要的句子，并显示游戏描述的概要即可。

```
top_sentence_indices = (-salience_scores).argsort()[:num_sentences]
top_sentence_indices.sort()
print('\n'.join(np.array(sentences)[top_sentence_indices]))
```

```
The Elder Scrolls V: Skyrim is an action role-playing video game developed
by Bethesda Game Studios and published by Bethesda Softworks.
It is the fifth main installment in The Elder Scrolls series, following The
Elder Scrolls IV: Oblivion.
The game's main story revolves around the player character's quest to defeat
Alduin the World-Eater, a dragon who is prophesied to destroy the world.
The game is set 200 years after the events of Oblivion and takes place in
the fictional province of Skyrim.
Over the course of the game, the player completes quests and develops the
character by improving skills.
The Elder Scrolls V: Skyrim is an action role-playing game, playable from
either a first or third-person perspective.
Skyrim is the first entry in The Elder Scrolls to include dragons in the
game's wilderness.
Skyrim is set around 200 years after the events of The Elder Scrolls IV:
Oblivion, although it is not a direct sequel.
```

因此，你可以看到一些矩阵转换如何为我们提供简洁而出色的摘要文档，其中涵盖了游戏说明的主要方面。这样我们就结束了对潜在语义分析的讨论。接下来，我们将继续进行下一种基于提取的文档摘要技术。

6.8.4 TextRank

TextRank 摘要算法在其内部使用了流行的 PageRank 算法，谷歌使用了 PageRank 算法对网站和页面进行排名。当基于搜索查询提供相关网页时，谷歌搜索引擎将使用它。为了更好地理解 TextRank 算法，我们需要了解有关 PageRank 的一些概念。PageRank 中的核心算法是基于图的评分或排名算法，其中页面根据其重要性进行评分或排名。在网站和页面中，包含了嵌入在它们中的进一步链接，这些链接会链接到具有更多链接的许多页面，这种情况在 Internet 上仍在继续。这可以表示为基于图的模型，其中顶点表示网页，边表示网页之间的链接。这可以用来形成投票或推荐系统，这样使得当图中一个顶点链接到另一个顶点时，表示投了一票。顶点的重要度不仅取决于投票数或边的数量，还取决于与其相连顶点的重要度以及它们（即边）的重要度。这有助于确定每个顶点或页面的分数或等级。在图 6-22 中这很明显。

从图 6-22 可以看出，表示页面 C 的顶点比页面 E 具有更高的分数，即使页面 C 的边比页面 E 少，因为页面 B 是与页面 C 相连接的重要页面。因此，我们可以如下正式定义 PageRank。考虑一个有向图，其表示为 $G = (V, E)$，使得 V 表示为顶点或页面的集合，E 表示为边或链接的集合。E 是 $V \times V$ 的子集。假设我们有一个给定的页面 V_i，想要为其计算 PageRank，我们可以对其进行数学定义如下：

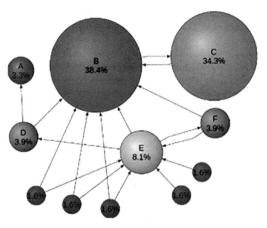

图 6-22 简单网络的 PageRank 分数

$$PR(V_i) = (1-d) + d \times \sum_{j \in In(V_i)} \frac{PR(V_j)}{|Out(V_j)|}$$

其中，对于顶点 / 页面 V_i，我们用 $PR(V_i)$ 表示 PageRank 分数。$In(V_i)$ 表示指向该顶点 / 页面的页面集合，$Out(V_i)$ 表示顶点 / 页面 V_i 指向的页面集合，d 是阻尼因子，d 值通常在 0 至 1 之间（理想情况下，将它设置为 0.85）。

回到 TextRank 算法，在概括文档时，我们将根据尝试做的摘要类型，使用句子、关键词或短语作为算法的顶点。在这些顶点之间，可能有多个链接。我们对原始 PageRank 算法所做的修改是在连接两个顶点 V_i 和 V_j 的边之间具有一个权重系数（例如 W_{ij}），使得该权重表示顶点之间连接关系的强度。因此，我们现在可以正式定义用于计算顶点 TextRank 的新函数，如下所示：

$$TR(V_i) = (1-d) + d \times \sum_{V_j \in In(V_i)} \frac{w_{ji} TR(V_j)}{\sum_{V_k \in Out(V_j)} w_{jk}}$$

其中，TR 表示顶点的加权 PageRank 分数，现在其被定义为该顶点的 TextRank。因此，我们可以制定算法，并描述我们将要遵循的主要步骤。它们定义如下：

1）从待概括的文档中对句子进行标记解析和提取。

2）确定在最终摘要中我们想要的句子数量 k。

3）使用诸如 TF-IDF 或词袋之类的权重来构建文档 – 词项特征矩阵。

4）通过将矩阵与其转置矩阵相乘，计算文档的相似度矩阵。

5）使用这些文档（在我们的例子中为句子）作为顶点，将每对文档之间的相似度作为我们之前讨论的权重或分数系数，并将它们提供给 PageRank 算法。

6）获得每个句子的分数。

7）根据分数对句子进行排名，并返回前 k 个句子。

由于我们在使用 LSA 执行文档摘要时，已经定义了文档 – 词项特征矩阵，因此我们可以重复使用这个矩阵，该矩阵存储在 dt_matrix 变量中。下一步是计算文档的相似度矩阵。

```
similarity_matrix = np.matmul(dt_matrix, dt_matrix.T)
print(similarity_matrix.shape)
np.round(similarity_matrix, 3)

(35, 35)
array([[1.   , 0.182, 0.   , ..., 0.   , 0.   , 0.   ],
       [0.182, 1.   , 0.05 , ..., 0.   , 0.   , 0.084],
       [0.   , 0.05 , 1.   , ..., 0.101, 0.165, 0.319],
       ...,
       [0.   , 0.   , 0.101, ..., 1.   , 0.066, 0.069],
       [0.   , 0.   , 0.165, ..., 0.066, 1.   , 0.123],
       [0.   , 0.084, 0.319, ..., 0.069, 0.123, 1.   ]])
```

现在，通过使用文档相似度分数和文档本身作为顶点，我们在小型文档中的所有句子之间构造连接图。我们使用 networkx 库来帮助我们绘制该连接图。请记住，在我们的案例中每个文档都是一个句子，并且也将是该连接图中的顶点。

```
import networkx
# build the similarity graph
similarity_graph = networkx.from_numpy_array(similarity_matrix)
similarity_graph
```

```
<networkx.classes.graph.Graph at 0x1baf8a352b0>
```

```
# view the similarity graph
import matplotlib.pyplot as plt
%matplotlib inline

plt.figure(figsize=(12, 6))
networkx.draw_networkx(similarity_graph, node_color='lime')
```

从图 6-23 中我们可以看到，小型文档中的句子是如何基于文档相似度相互链接的。这个图显示了句子之间的联系程度。现在，我们来计算所有句子的 PageRank 分数，并使用前 8 个句子来构建摘要。

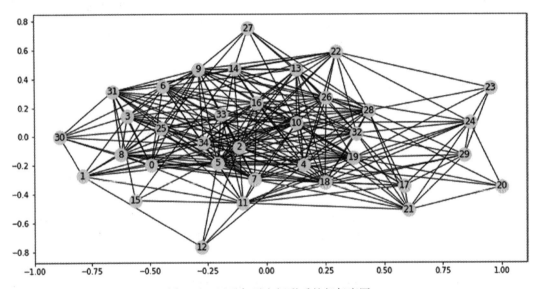

图 6-23　显示句子之间联系的相似度图

```
# compute pagerank scores for all the sentences
scores = networkx.pagerank(similarity_graph)
ranked_sentences = sorted(((score, index) for index, score
                                            in scores.items()),
                          reverse=True)
ranked_sentences[:10]
```

```
[(0.03729704779721473, 2),
 (0.03490843547537587, 25),
 (0.03460086870923609, 4),
 (0.03240744530656926, 8),
 (0.03218748996523769, 28),
 (0.03183673426880143, 11),
 (0.031566658693076226, 26),
```

```
(0.03150616293402057, 3),
(0.031376143577383796, 5),
(0.031123481531894214, 16)]
```

对每个句子排名之后（根据你在前面输出中看到的句子索引），我们将根据它们的分数对其进行排序。然后，我们可以轻松地确定前 8 个句子并构成摘要。

```
# get the top sentence indices for our summary
top_sentence_indices = [ranked_sentences[index][1]
                            for index in range(num_sentences)]
top_sentence_indices.sort()

# construct the document summary
print('\n'.join(np.array(sentences)[top_sentence_indices]))
```

```
The game's main story revolves around the player character's quest to defeat
Alduin the World-Eater, a dragon who is prophesied to destroy the world.
The game is set 200 years after the events of Oblivion and takes place in
the fictional province of Skyrim.
Over the course of the game, the player completes quests and develops the
character by improving skills.
The Elder Scrolls V: Skyrim is an action role-playing game, playable from
either a first or third-person perspective.
The game's main quest can be completed or ignored at the player's
preference after the first stage of the quest is finished.
Skyrim is the first entry in The Elder Scrolls to include dragons in the
game's wilderness.
Like other creatures, dragons are generated randomly in the world and will
engage in combat with NPCs, creatures and the player.
The player character can absorb the souls of dragons in order to use
powerful spells called "dragon shouts" or "Thu'um".
```

最终，我们通过使用 TextRank 算法获得所需的摘要。这些内容也很有意义，你将看到与 Gensim 的输出有很多相似之处，后者是基于 TextRank 算法的变体。

从这个输出中，你可以看到我们已经成功地概括了产品说明。这个简短摘要描述了产品说明的核心要素，例如游戏名称、与游戏玩法和情节有关的各种特征。至此我们即将结束对自动文本摘要的讨论。我们鼓励你对更多文档尝试这些技术，并使用各种参数对其进行测试。可以考虑更多主题和不同特征之类的参数，甚至可以针对概括型文本摘要来探索基于深度学习的技术。

6.9 本章小结

在本章，我们介绍了 NLP 和文本分析中与信息提取、文档摘要和主题建模有关的一些有趣领域。我们首先概述了世界上产生信息的发展演变，并学习了诸如信息过载之类的概念，这些导致了文本摘要和信息检索的需要。我们讨论了可以从文本数据中提取关键信息的各种方法，以及概括大型文档的方法。我们还介绍了重要的数学概念，例如奇异值分解和低秩矩阵近似，并将其用于我们的几种算法中。

我们介绍了三种减少信息过载的方法，其中包括关键短语提取、主题模型和自动文档摘要。关键短语提取有几种方法（例如搭配和基于权重标签词项的方法），用于从语料库中获取关键短语或词项。

我们构建了几种主题建模技术，包括潜在语义索引、潜在 Dirichlet 分布以及最近使用 Gensim 和 Scikit-Learn 实现的非负矩阵分解。我们还调优了主题模型，并展示了获取最佳主题数的方法。除此之外，我们还研究了解释和理解主题建模结果的有效方法。最后，我们研究了两种基于提取的自动文档摘要技术——潜在语义分析和 TextRank。我们实现了每种方法，并在真实数据上观察了结果，从而很好地了解这些方法的工作原理，以及简单的数学运算如何有效地生成具有可操作性的见解。

第 7 章
文本相似度和聚类

在前面的章节中，我们介绍了几种分析文本并提取有趣见解的技术。我们研究了有监督的机器学习技术，该技术用于将文本文档分类为几种假定的类别。此外还介绍了主题模型和文档摘要之类的无监督技术，它们尝试从大型文本文档和语料库中检索关键主题思想和信息。

本章我们将研究几种有趣的技术和用例，它们利用了无监督的学习和信息检索概念。如果你回顾一下第 5 章，会发现文本分类确实是一个有趣的问题，它具有多个应用场景，尤其是在新闻文章分类和电子邮件分类中。但是，文本分类中的一个限制是我们需要大量带有人工标记类别的训练数据，因为我们使用监督学习算法来构建分类模型。构建标记好的数据集绝对不容易，因为你需要足够多的训练数据。为此，我们需要花费时间和人力来标记数据、构建模型，然后使用它对新文档进行分类。通常，任何企业可能都没有足够的时间对此进行投资（即使收益可以是十倍！）。我们可以让机器执行这个任务吗？也许在一定程度上可以！本章专门研究文本文档的内容，使用各种方法来分析它们的相似度，并将相似的文档聚类在一起。

文本数据是非结构化的，并且噪声很大。在执行文本分类时，我们获得了标记良好的训练数据和监督学习的益处。然而，文档聚类是一个无监督的学习过程，我们借以通过让机器了解各种文本文档及其特征、相似度和差异性，尝试将文档分割和分类为不同的类别。这使得文档聚类更具挑战性，也更有趣。我们考虑拥有一个文档语料库，以其讨论各种不同概念和想法。人类以这样一种方式将它们连接，它使得我们能使用从过去所学到的知识，并可以将其应用于区分概念。例如，与句子"Python is an excellent programming language"相比，句子"The fox is smarter than the dog"更类似于"The dog is faster than the fox"这句话。我们可以轻松地发现并直观地确定特定的关键短语，例如 Python、fox、dog、programming 等，这有助于我们确定哪些句子或文档更为相似。但是，我们能通过编程方式做到这一点吗？

本章我们将重点讨论与文本相似度相关（如距离度量和无监督机器学习算法）的概念，以回答以下问题。

❑ 如何度量词项和文档之间的相似度？
❑ 如何使用距离度量方法来找到最相关的文档？

❏ 距离度量在什么时候作为一个度量标准?

❏ 如何根据文本相似度来构建一个推荐系统?

❏ 如何将相似的文档分组?

当我们专注于尝试回答这些问题时,我们还将介绍理解解决这些问题的各种技术所需的基本概念和信息。我们还将使用一些实际示例,来说明与文本相似度、距离度量和文档聚类有关的概念。我们使用一些有趣的案例研究来描述这些内容,这些案例研究使用文档相似度来构建一个电影推荐系统并将相似的电影聚类在一起!

这些技术中,许多都可以与我们之前学到的一些技术相结合,反之亦然。例如,具有特征工程的文本表示与使用距离度量和特征的文本相似度的概念也可以用于构建文档簇。你还可以使用主题模型中的特征来度量文本相似度。

除此之外,基于相似的模式和属性,聚类可以让我们对数据可能包含的组或类别有一个很好的切入点。然后,可以将其接入到其他系统,例如监督分类系统。可能性确实是无止境的!本章中,我们首先介绍与距离度量、度量指标和无监督学习有关的一些重要概念。在介绍基础知识之后,我们的目标是理解和分析词项相似度、文档相似度、推荐及最终文档聚类。本章中展示的所有代码示例都可以在本书的官方 GitHub 存储库中找到,你可以访问 https://github.com/dipanjanS/text-analytics-with-python/tree/master/New-Second-Edition。

7.1 基本概念

本章的主要目的是了解文本的相似度和聚类。在继续介绍实际的技术和算法之前,本节讨论与信息检索、文档相似度指标和机器学习有关的一些重要概念。尽管你可能在前面几章中已经熟悉了其中一些概念,但简短的复习会很有用。事不宜迟,让我们开始吧。

7.1.1 信息检索

信息检索(Information Retrieval,IR)是根据某些需求从具有信息的语料库或实体集中检索相关信息源的过程。需求可以是用户在搜索引擎中输入的查询或搜索形式。然后,他们获得与其查询有关的相关搜索项。实际上,搜索引擎是 IR 最受欢迎的应用。文档与信息的相关性可以用几种方法来度量。这包括从搜索文本中查找特定的关键字,或者使用相似度度量来查看与输入的查询相关的文档相似度排名或分数。这使得它与字符串匹配或匹配正则表达式有很大不同,因为搜索字符串中的单词在文档(实体)集中往往会有更多不同的顺序、上下文和语义,并且这些单词甚至可以基于同义词、反义词和否定修饰符具有多种不同的分解或可能性。

7.1.2 特征工程

现在,你已经很了解特征工程或特征提取。在第 4 章中,我们对此进行了详细介绍。诸如词袋、TF-IDF 和词嵌入模型之类的方法通常用于以数值向量的形式来表示文档,因此应用数学或机器学习技术变得更加容易。你可以通过应用这些特征提取技术来使用各种文档表示,甚至可以将每个字母或单词映射到相应的唯一数字标识符。

7.1.3 相似度度量

相似度度量用于文本相似度分析和聚类。任何相似度度量或距离度量都可测量两个实体之间的紧密程度，该实体可以是任何文本格式，例如文档、句子甚至词项。这种相似度度量有助于识别相似实体和区分彼此差异明显的实体。相似度度量非常有效，有时选择正确的度量可能会对最终分析系统的性能产生很大的影响。基于这些距离度量，人们还发明了各种评分或排名算法。有两个主要因素决定了实体之间的相似程度。

- ❑ 实体的内在属性或特征
- ❑ 度量公式和性质

有几种可衡量相似度的距离度量方法，我们将在后面的章节中介绍其中的几种。但是，要记住的重要一点是，所有相似度的距离度量并不是相似度的度量指标。A. Huang 在一篇优秀论文 "Similarity Measures for Text Document Clustering" 中详细讨论了这一点。假设距离度量 d 和两个实体（让我们将它们视为上下文中的文档）x 和 y。x 和 y 之间的距离用于确定它们之间的相似程度。它可以表示为 $d(x, y)$，但是，当且仅当满足以下四个条件时，度量 d 称为相似度的距离度量标准。

- ❑ 任意两个实体（例如 x 和 y）之间测得的距离必须始终为非负值，即 $d(x, y) \geq 0$。
- ❑ 当且仅当两个实体相同时，它们之间的距离为零，即 $d(x, y)=0$ iff $x = y$。
- ❑ 此距离度量应始终对称，这意味着从 x 到 y 的距离始终与从 y 到 x 的距离相同。在数学上，这表示为 $d(x, y)=d(y, x)$。
- ❑ 此距离量度应满足三角不等式性质，可以用数学表示为 $d(x, z) \leq d(x, y)+d(y, z)$。

以上告诉了我们重要的标准，并为我们提供了一个良好的框架，以便用于检查一种距离度量方法是否可以用作衡量相似度的距离度量标准。深入了解更多细节不在当前讨论范围之内，但你可能有兴趣知道，非常流行的 KL 散度度量（也称为 Kullback-Leibler 散度）是一种违反第三个性质的距离度量，这种度量是非对称性的。因此，将其用于文本文档的相似度度量是没有意义的。但是另一方面，它在区分各种分布和模式时非常有用。

7.1.4 无监督的机器学习算法

无监督的机器学习算法属于机器学习算法系列，它们试图从数据的各种属性和特征中发现数据中潜在的隐藏结构和模式。除此之外，一些无监督的学习算法也用来减少特征空间，通常是将具有较高维的特征空间转为较低维的特征空间。这些算法操作的数据本质上是未标记的数据，因此它没有任何预先确定的类别或类。我们应用这些算法的目的是寻找模式和区分特征，这可能有助于将各种数据点分成组或簇。这些算法通常称为聚类算法。甚至，第 6 章中介绍的主题模型都属于无监督学习算法系列。至此，我们就本章必要的重要概念和背景信息进行了讨论。现在，我们继续讨论文本规范化和特征提取，在此我们将介绍几个本章特有的概念。

7.2 文本相似度

文本相似度的主要目标是分析和度量文本两个实体之间的紧密程度。文本的这些实体可以是简单的标识符或词项，例如单词或包含句子或文本段落的整个文档。分析文本相似度的方法有多种，我们可以将分析文本相似度的意图大致分为以下两个方面。

❑ 词汇相似度：这涉及观察文本文档的语法、结构和内容方面的内容，并根据这些参数度量它们的相似度。

❑ 语义相似度：这涉及确定文档的语义、含义和上下文，然后确定它们彼此间的紧密程度。在此方面，依存语法和实体识别是可以提供帮助的便捷工具。在第 4 章中，我们详细介绍了词嵌入方法，该方法有助于获取语义信息。

在本章，我们将介绍词汇相似度。通常距离度量标准用于衡量文本实体之间的相似度分数，我们主要涵盖以下两个广泛的文本相似度领域。

❑ 词项相似度：单个标识符或单词之间的相似度。

❑ 文档相似度：整个文本文档之间的相似度。

这个思想是实现几个距离度量标准，并了解如何衡量和分析简单单词之间的相似度。然后，当我们衡量单个单词组之间的相似度时，我们来看看情况如何变化。

7.3 分析词项相似度

我们将首先分析词项的相似度，或者更准确地说是各个单词标识符之间的相似度。即使我们在实际应用中很少使用它，但这也是理解文本相似度的一个很好的起点。当然，几种应用和用例都使用这些技术来纠正拼写错误的词项，例如自动填充程序、拼写检查和校正程序等。在第 3 章的拼写检查实现过程中，我们看到了相当多的内容！在这里，我们使用几个单词，并应用不同的单词表示形式和距离度量标准来度量它们之间的相似度。我们使用的单词表示法如下：

❑ 字符向量化

❑ 字符袋（Bag of Character）向量化

字符向量化是一个非常简单的过程，它将词项中的每个字符映射到相应的唯一数字。我们可以使用以下代码段中描述的函数来做到这一点。

```
import numpy as np

def vectorize_terms(terms):
    terms = [term.lower() for term in terms]
    terms = [np.array(list(term)) for term in terms]
    terms = [np.array([ord(char) for char in term])
                for term in terms]
    return terms
```

该函数获取单词或词项的列表，并返回单词的相应字符向量。为了证明这一点，我们使用了四个示例词项，并很快计算出它们之间的相似度。

```
root = 'Believe'
term1 = 'beleive'
term2 = 'bargain'
term3 = 'Elephant'

terms = [root, term1, term2, term3]
terms

['Believe', 'beleive', 'bargain', 'Elephant']
```

现在，让我们对这些字符串（字符标识符的列表）中的每个字符串进行字符向量化，并以数据框的形式查看它们的表示形式。

```
# Character vectorization
term_vectors = vectorize_terms(terms)

# show vector representations
vec_df = pd.DataFrame(term_vectors, index=terms)
print(vec_df)

            0    1    2    3    4    5    6      7
Believe    98  101  108  105  101  118  101    NaN
beleive    98  101  108  101  105  118  101    NaN
bargain    98   97  114  103   97  105  110    NaN
Elephant  101  108  101  112  104   97  110  116.0
```

因此，你将看到我们如何轻松地将每个文本项转换为相应的数值向量表示形式。请注意，NaN 值表示这些字符串比最后一个字符串短一个字符（最后一个是长一个字符的字符串）。如上一节所述，我们现在使用几个距离度量标准来计算根词和其他三个词之间的相似度。有很多距离度量标准可以用来计算和度量相似度。在本节中，我们介绍以下五个度量标准。

❑ 汉明距离（Hamming distance）
❑ 曼哈顿距离（Manhattan distance）
❑ 欧几里得距离（Euclidean distance）
❑ 莱文斯坦编辑距离（Levenshtein Edit distance）
❑ 余弦距离（Cosine distance）和相似度

我们将研究每个距离度量标准的概念，并使用 NumPy 数组的功能来实现必要的计算和数学公式。之后通过衡量示例词项的相似度来将它们付诸实施。在执行此操作之前，我们通过存储根词项、待测量其相似度的其他词项以及它们的各种向量表示，来设置一些必要的变量，使用的代码段如下。

```
root_term = root
other_terms = [term1, term2, term3]

root_term_vec = vec_df[vec_df.index == root_term].dropna(axis=1).values[0]
other_term_vecs = [vec_df[vec_df.index == term].dropna(axis=1).values[0]
                   for term in other_terms]
```

现在，我们准备开始计算相似度指标，并使用这些词项及其向量表示来测量相似度。

7.3.1　汉明距离

在信息理论和通信系统中，汉明距离是经常使用且非常流行的距离度量标准。它是在两个字符串长度相等的假设下测得它们之间的距离。形式上，它定义为在两个等长字符串之间具有不同字符或符号的位置数量。考虑长度为 n 的两个词项 u 和 v，我们可以用数学方法表示汉明距离，如下所示：

$$hd(u, v) = \sum_{i=1}^{n} (u_i \neq v_i)$$

如果需要，你还可以通过将不匹配项的数量除以词项的总长度来对其进行规范化。这给出了规范化后的汉明距离，其表示如下：

$$norm\_hd(u,v) = \frac{\sum_{i=1}^{n}(u_i \neq v_i)}{n}$$

注意，n 表示词项的长度。以下函数用于计算两个词项之间的汉明距离，并具有计算规范化距离的功能。

```
def hamming_distance(u, v, norm=False):
    if u.shape != v.shape:
        raise ValueError('The vectors must have equal lengths.')
    return (u != v).sum() if not norm else (u != v).mean()
```

我们可以使用以下代码段，来测量根词项和其他词项之间的汉明距离。

```
# compute Hamming distance
for term, term_vector in zip(other_terms, other_term_vecs):
    print('Hamming distance between root: {} and term: {} is {}'.
    format(root_term, term, hamming_distance(root_term_vec,term_vector,
    norm=False)))
```

```
Hamming distance between root: Believe and term: beleive is 2
Hamming distance between root: Believe and term: bargain is 6

Traceback (most recent call last):
  File "<ipython-input-115-3391bd2c4b7e>", line 4, in <module>
    hamming_distance(root_vector, vector_term, norm=False))
ValueError: The vectors must have equal lengths.
```

```
# compute normalized Hamming distance
for term, term_vector in zip(other_terms, other_term_vecs):
    print('Normalized Hamming distance between root: {} and term: {}
    is {}'.format(root_term, term, round(hamming_distance(root_term_vec,
    term_vector, norm=True), 2)))
```

```
Normalized Hamming distance between root: Believe and term: beleive is 0.29
Normalized Hamming distance between root: Believe and term: bargain is 0.86
Traceback (most recent call last):
  File "<ipython-input-117-7dfc67d08c3f>", line 4, in <module>
    round(hamming_distance(root_vector, vector_term, norm=True), 2))
ValueError: The vectors must have equal lengths
```

从该输出中你可以看到，词项 "Believe" 和 "beleive" 最相似，其汉明距离为 2 或 0.29，而与词项 "bargain" 相比，其分数为 6 或 0.86（分数越小，词项越相似）。同样，词项 "Elephant" 会引发异常，因为其长度与根词项（"Believe"）不同。由于字符串长度不等，因此无法计算汉明距离。

7.3.2 曼哈顿距离

曼哈顿距离度量标准在概念上类似于汉明距离，在这里不计算不匹配项的数量，而是在两个字符串的每个位置减去每对字符之间的差。形式上，曼哈顿距离也称为城市街区距离、L1 范数或出租车度量标准，它定义为基于严格水平或垂直路径的网格中两点之间的距离。这代替了通常由欧几里得距离度量标准计算的对角线距离。数学上，它可以表示如下：

$$md(u,v) = \|u - v\|_1 = \sum_{i=1}^{n} |u_i - v_i|$$

其中，u 和 v 是长度为 n 的两个词项。汉明距离中两个词项长度相等的假设，同样在此处适用。我们还可以通过将绝对差之和除以词项长度来计算规范化的曼哈顿距离。这可以表示为：

$$norm\_md(u,v) = \frac{\|u - v\|_1}{n} = \frac{\sum_{i=1}^{n} |u_i - v_i|}{n}$$

其中，n 是词项 u 和 v 的长度。以下函数可帮助我们实现曼哈顿距离，也可以计算规范化曼哈顿距离。

```
def manhattan_distance(u, v, norm=False):
    if u.shape != v.shape:
        raise ValueError('The vectors must have equal lengths.')
    return abs(u - v).sum() if not norm else abs(u - v).mean()
```

现在，我们将使用以下代码段中所描述的函数来计算根词项和其他词项之间的曼哈顿距离。

```
# compute Manhattan distance
for term, term_vector in zip(other_terms, other_term_vecs):
    print('Manhattan distance between root: {} and term: {} is {}'.
    format(root_term, term,manhattan_distance(root_term_vec, term_vector,
    norm=False)))
```

```
Manhattan distance between root: Believe and term: beleive is 8
Manhattan distance between root: Believe and term: bargain is 38
Traceback (most recent call last):
  File "<ipython-input-120-b228f24ad6a2>", line 4, in <module>
    manhattan_distance(root_vector, vector_term, norm=False))
ValueError: The vectors must have equal lengths.
```

```
# compute normalized Manhattan distance
for term, term_vector in zip(other_terms, other_term_vecs):
    print('Normalized Manhattan distance between root: {} and term: {} is
    {}'.format(root_term, term, round(manhattan_distance(root_term_vec,
    term_vector, norm=True), 2)))
```

```
Normalized Manhattan distance between root: Believe and term: beleive is 1.14
Normalized Manhattan distance between root: Believe and term: bargain is 5.43
Traceback (most recent call last):
  File "<ipython-input-122-d13a48d56a22>", line 4, in <module>
    round(manhattan_distance(root_vector, vector_term, norm=True),2))
ValueError: The vectors must have equal lengths.
```

从这些结果你可以看出，正如预期那样，"Believe"和"beleive"最相似，其分数为 8 或 1.14，与之相比，"bargain"分数为 38 或 5.43。词项"Elephant"会产生错误，因为与根词项相比其长度是不同的。

7.3.3　欧几里得距离

在上一节中，我们简单地提到了欧几里得距离，当时是将其与曼哈顿距离进行了比较。形式上，欧几里得距离也称为欧几里得范数、L2 范数或 L2 距离。它定义为两点之间的最短直线距离。在数学上，这可以表示如下：

$$ed(u, v) = \| u - v \|_2 = \sqrt{\sum_{i=1}^{n}(u_i - v_i)^2}$$

其中，在我们的场景中，u 和 v 两点是长度为 n 的向量化文本词项。以下函数可帮助我们计算两个词项之间的欧几里得距离。

```
def euclidean_distance(u, v):
    if u.shape != v.shape:
        raise ValueError('The vectors must have equal lengths.')
    distance = np.sqrt(np.sum(np.square(u - v)))
    return distance
```

现在，我们可以使用此函数来比较各个词项之间的欧几里得距离，如以下代码段所示。

```
# compute Euclidean distance
for term, term_vector in zip(other_terms, other_term_vecs):
    print('Euclidean distance between root: {} and term: {} is {}'.format(root_
    term, term, round(euclidean_distance(root_term_vec, term_vector), 2)))

Euclidean distance between root: Believe and term: beleive is 5.66
Euclidean distance between root: Believe and term: bargain is 17.94
Traceback (most recent call last):
  File "<ipython-input-132-90a4dbe8ce60>", line 4, in <module>
    round(euclidean_distance(root_vector, vector_term),2))
ValueError: The vectors must have equal lengths.
```

从这些输出中，你可以看到词项"Believe"和"beleive"最相似，其分数为 5.66，而"bargain"分数为 17.94。同样，"Elephant"字符串会引发 ValueError，因为它的长度不同。到目前为止，我们使用的所有距离度量标准均是在相同长度的字符串上执行，并且在它们的长度不相等时会失败。那么，我们如何处理这个问题呢？现在，我们来研究几种距离度量标准，即使字符串的长度不相等也可以度量它们的相似度。

7.3.4　莱文斯坦编辑距离

莱文斯坦编辑距离，通常也称为莱文斯坦距离，属于基于编辑距离的度量标准系列，它基于两个字符串序列之间的差异来测量它们之间的距离，这类似于汉明距离的概念。两个词项之间的莱文斯坦编辑距离可以定义为以增加、删除或替换的形式将一个词项更改或转换为另一个词项所需的最小编辑次数。这些替换是基于字符的替换，其中在单个操作中可以编辑单个字符。如前所述，两个词项的长度不必相等。数学上，我们可以将两个词项

之间的莱文斯坦编辑距离表示为 $ld_{u,v}(|u|, |v|)$，其中 u 和 v 是我们的词项，$|u|$ 和 $|v|$ 是它们的长度。该距离可以用如下公式表示：

$$ld_{u,v}(i, j) = \begin{cases} \max(i, j) & \text{如果 } \min(i, j) = 0 \\ \min \begin{cases} ld_{u,v}(i-1, j)+1 \\ ld_{u,v}(i, j-1)+1 \\ ld_{u,v}(i-1, j-1)+C_{u_i \neq v_j} \end{cases} & \text{其他} \end{cases}$$

其中 i 和 j 是词项 u 和 v 的索引。上面最小项的第三个方程包含一个由 $C_{u_i \neq v_j}$ 表示的成本函数，它具有如下限制条件：

$$C_{u_i \neq v_j} \begin{cases} 1, & u_i \neq v_j \\ 0, & u_i = v_j \end{cases}$$

上式表示指示函数（indicator function），该函数描述了匹配两个词项的对应字符所需的成本（该方程表示匹配或不匹配操作）。最小值中的第一个方程确定删除操作，第二个方程确定插入操作。

因此，函数 $ld_{u,v}(i, j)$ 涵盖了插入、删除和增加的所有操作。它还表示莱文斯坦距离，该距离是在词项 u 的第 i 个字符和词项 v 的第 j 个字符之间测量。关于莱文斯坦编辑距离还有一些有趣的边界条件。

❑ 两个词项之间编辑距离可取的最小值是两个词项的长度之差。
❑ 两个词项之间编辑距离的最大值可以是较大词项的长度。
❑ 如果两个词项相同，则编辑距离为零。
❑ 当且仅当两个词项的长度相等时，两个词项之间的汉明距离为莱文斯坦编辑距离的上限。
❑ 它是一个距离度量标准，同时也满足三角不等式性质，我们在前面介绍距离度量标准时曾讨论过。

有多种方法可以实现词项的莱文斯坦距离计算。在这里，我们从两个词项的例子开始。考虑根词项"believe"和另一个词项"beleive"（我们在计算中忽略大小写），编辑距离为 2，因为我们需要以下两个操作。

❑ "beleive" → "beliive"（将 e 替换为 i）
❑ "beliive" → "believe"（将 i 替换为 e）

为了实现这一点，我们构建一个矩阵，该矩阵通过将第一个词项中的每个字符与第二个词项中的字符进行比较，来计算两个词项中所有字符之间的莱文斯坦距离。为了便于计算，遵循一种动态规划方法，根据最终的计算值获得两个词项之间的编辑距离。对于这两个词项，我们的算法应生成的莱文斯坦编辑距离矩阵如图 7-1 所示。

从图 7-1 中你可以看到，对词项中每对字符都计算编辑距离，最终的编辑距离值（在图中突出显示）为我们提供了两个词项之间的实际编辑距离。该算法也称为 Wagner-Fischer 算法，该算法可以在

	b	e	l	i	e	v	e
b	0	1	2	3	4	5	6
e	1	0	1	2	3	4	5
l	2	1	0	1	2	3	4
e	3	2	1	1	1	2	3
i	4	3	2	1	2	2	3
v	5	4	3	2	2	2	3
e	6	5	4	3	2	3	2

图 7-1 词项之间的莱文斯坦编辑距离矩阵

R.Wagner 和 M.Fischer 的论文 " The String-to-String Correction Problem " 中找到，如果你对详细信息感兴趣，则可以参考该算法。算法伪代码如下所示（由该论文提供）。

```
function levenshtein_distance(char u[1..m], char v[1..n]):
    # for all i and j, d[i,j] will hold the Levenshtein distance between
    the first i characters of u and the first j characters of v, note that
    d has (m+1)*(n+1) values
    int d[0..m, 0..n]

    # set each element in d to zero
    d[0..m, 0..n] := 0

    # source prefixes can be transformed into empty string by dropping all
    characters

    for i from 1 to m:
        d[i, 0] := i

    # target prefixes can be reached from empty source prefix by inserting
    every character
    for j from 1 to n:
        d[0, j] := j

    # build the edit distance matrix
    for j from 1 to n:
        for i from 1 to m:
            if s[i] = t[j]:
                substitutionCost := 0
            else:
                substitutionCost := 1
                d[i, j] := minimum(d[i-1, j] + 1,                 # deletion
                                   d[i, j-1] + 1,                 # insertion
                                   d[i-1, j-1] + substitutionCost) # substitution

    # the final value of the matrix is the edit distance between the terms
    return d[m, n]
```

从函数定义的伪代码中，你可以看到我们如何获取之前用来定义莱文斯坦编辑距离的必要公式。现在，我们将在 Python 中实现此伪代码。该算法使用 $O(mn)$ 空间，因为虽然它存储了整个距离矩阵，但是对于仅存储距离的上一行和当前行便可得出最终结果而言已经足够了。我们将在代码中执行相同的操作，同时还将结果存储在矩阵中，以便最终可以可视化它们。下面的函数实现了莱文斯坦编辑距离。

```
import copy
import pandas as pd

def levenshtein_edit_distance(u, v):
    # convert to lower case
    u = u.lower()
    v = v.lower()
    # base cases
    if u == v: return 0
```

```
elif len(u) == 0: return len(v)
elif len(v) == 0: return len(u)
# initialize edit distance matrix
edit_matrix = []
# initialize two distance matrices
du = [0] * (len(v) + 1)
dv = [0] * (len(v) + 1)
# du: the previous row of edit distances
for i in range(len(du)):
    du[i] = i
# dv : the current row of edit distances
for i in range(len(u)):
    dv[0] = i + 1
    # compute cost as per algorithm
    for j in range(len(v)):
        cost = 0 if u[i] == v[j] else 1
        dv[j + 1] = min(dv[j] + 1, du[j + 1] + 1, du[j] + cost)
    # assign dv to du for next iteration
    for j in range(len(du)):
        du[j] = dv[j]
    # copy dv to the edit matrix
    edit_matrix.append(copy.copy(dv))
# compute the final edit distance and edit matrix
distance = dv[len(v)]
edit_matrix = np.array(edit_matrix)
edit_matrix = edit_matrix.T
edit_matrix = edit_matrix[1:,]
edit_matrix = pd.DataFrame(data=edit_matrix,
                           index=list(v),
                           columns=list(u))
return distance, edit_matrix
```

此函数既返回最终的莱文斯坦编辑距离，又返回两个词项 *u* 和 *v* 之间的完整编辑矩阵，此处 *u* 和 *v* 是我们的输入。请记住，我们需要以原始字符串格式，而不是以它们的向量表示来传递词项。另外，在这里我们不考虑字符串的大小写，并将它们都转换为小写。以下代码段使用上述函数来计算示例词项之间的莱文斯坦编辑距离。

```
for term in other_terms:
    edit_d, edit_m = levenshtein_edit_distance(root_term, term)
    print('Computing distance between root: {} and term: {}'.format
    (root_term, term))
    print('Levenshtein edit distance is {}'.format(edit_d))
    print('The complete edit distance matrix is depicted below')
    print(edit_m)
    print('-'*30)

Computing distance between root: Believe and term: beleive
Levenshtein edit distance is 2
The complete edit distance matrix is depicted below
```

```
    b e l i e v e
b 0 1 2 3 4 5 6
e 1 0 1 2 3 4 5
l 2 1 0 1 2 3 4
e 3 2 1 1 1 2 3
i 4 3 2 1 2 2 3
v 5 4 3 2 2 2 3
e 6 5 4 3 2 3 2
------------------------------
Computing distance between root: Believe and term: bargain
Levenshtein edit distance is 6
The complete edit distance matrix is depicted below
    b e l i e v e
b 0 1 2 3 4 5 6
a 1 1 2 3 4 5 6
r 2 2 2 3 4 5 6
g 3 3 3 3 4 5 6
a 4 4 4 4 4 5 6
i 5 5 5 4 5 5 6
n 6 6 6 5 5 6 6
------------------------------
Computing distance between root: Believe and term: Elephant
Levenshtein edit distance is 7
The complete edit distance matrix is depicted below
    b e l i e v e
e 1 1 2 3 4 5 6
l 2 2 1 2 3 4 5
e 3 2 2 2 2 3 4
p 4 3 3 3 3 3 4
h 5 4 4 4 4 4 4
a 6 5 5 5 5 5 5
n 7 6 6 6 6 6 6
t 8 7 7 7 7 7 7
------------------------------
```

从上述输出中你可以看到，"Believe"和"beleive"彼此最接近，其编辑距离为2，而"Believe"与"bargain"和"Elephant"之间的距离为6，表示总共需要6个编辑操作。编辑距离矩阵可以更详细地深入了解算法是如何计算每次迭代的距离。

7.3.5　余弦距离和相似度

余弦距离是可以从余弦相似度推导出的度量指标，反之亦然。考虑到我们有两个以向量形式表示的词项（如我们描述的字符袋向量，因此字符的顺序无关紧要）。当它们在内积空间中表示为非零正向量时，余弦相似度给出了它们之间夹角余弦的度量。因此，具有相似方向的词项向量的分数将接近1（cos 0°），它表示这些向量在相同方向上彼此非常接近（它们之间的夹角接近零度）。而相似度分数接近0（cos 90°）的词项向量则表示不相关的词项，它们之间具有接近正交的角度。相似度分数接近 -1（cos 180°）的词项向量表示完全相反方向上的词项。图 7-2 更清楚地表明了这一点，其中 u 和 v 是向量空间中的词项向量。

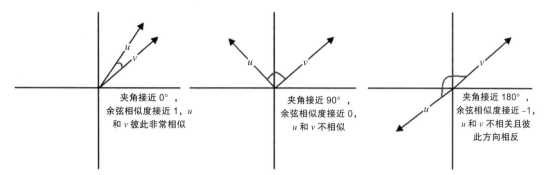

图 7-2　词项向量的余弦相似度表示

你可以从向量的位置看出它们的关系，这些图更清楚地显示了向量是接近还是远离的，它们之间的夹角余弦给出了余弦相似度的度量指标。现在，我们可以将余弦相似度正式定义为两个词项向量 u 和 v 的点积除以它们 L2 范数的乘积。数学上，我们可以表示两个向量之间的点积，如下所示：

$$u \cdot v = \|u\| \|v\| \cos(\theta)$$

其中 θ 是 u 和 v 之间的角度，$\|u\|$ 表示向量 u 的 L2 范数，$\|v\|$ 表示向量 v 的 L2 范数。因此，我们可以从上面的公式导出余弦相似度，如下所示：

$$cs(u, v) = \cos(\theta) = \frac{u \cdot v}{\|u\| \|v\|} = \frac{\sum_{i=1}^{n} u_i v_i}{\sqrt{\sum_{i=1}^{n} u_i^2} \sqrt{\sum_{i=1}^{n} v_i^2}}$$

其中 $cs(u, v)$ 是 u 和 v 之间的余弦相似度分数。此处，u_i 和 v_i 是两个向量的各类特征或组件，这些特征或组件的总数为 n。在我们的示例中，使用字符袋向量化来构建这些词项向量，n 是所分析的整个词项中唯一字符的数量。

字符袋向量化与词袋模型非常相似，只是在这里我们计算单词中每个字符的频率。在此处，不考虑序列或单词顺序。下面的函数有助于计算。

```
from scipy.stats import itemfreq

def boc_term_vectors(word_list):
    word_list = [word.lower() for word in word_list]
    unique_chars = np.unique(
                        np.hstack([list(word)
                        for word in word_list]))
    word_list_term_counts = [{char: count
                            for char, count in np.stack(
                            np.unique(list(word), return_
                            counts=True), axis=1)}
                            for word in word_list]

    boc_vectors = [np.array([int(word_term_counts.get(char, 0))
                        for char in unique_chars])
```

```
                for word_term_counts in word_list_term_counts]
        return list(unique_chars), boc_vectors
```

在这个函数中，我们获取单词或词项的列表，并从中提取唯一字符。这就是我们的特征列表，就像我们处理词袋一样。唯一的单词将代替字符成为我们的特征。一旦有了 `unique_chars` 列表，我们就可以得到每个单词中每个字符的计数并构建字符袋向量。以下代码利用先前的函数为我们的示例词项构建了字符袋向量。

```
# Bag of characters vectorization
import pandas as pd

feature_names, feature_vectors = boc_term_vectors(terms)
boc_df = pd.DataFrame(feature_vectors, columns=feature_names, index=terms)
print(boc_df)

          a  b  e  g  h  i  l  n  p  r  t  v
Believe   0  1  3  0  0  1  1  0  0  0  0  1
beleive   0  1  3  0  0  1  1  0  0  0  0  1
bargain   2  1  0  1  0  1  0  1  0  1  0  0
Elephant  1  0  2  0  1  0  1  1  1  0  1  0
```

正如我们预期的那样，每个向量基本上是一个无序的字符袋，描述了相应单词中每个字符的频率。在计算余弦距离之前，让我们将它们存储在特定的变量中。

```
root_term_boc = boc_df[vec_df.index == root_term].values[0]
other_term_bocs = [boc_df[vec_df.index == term].values[0]
                        for term in other_terms]
```

这里要注意的重要一点是，余弦相似度分数通常在 –1 到 +1 之间，但是如果我们将基于字符频率的字符袋用于词项，或者将基于词频的词袋用于文档，则分数的范围将在 0 到 1 之间。这是因为频率向量永远不会为负，因此两个向量之间的角度不能超过 90°。余弦距离是相似度分数的补充，可以通过以下公式计算：

$$cd(u,v) = 1 - cs(u,v) = 1 - \cos(\theta) = 1 - \frac{u \cdot v}{\|u\| \|v\|} = 1 - \frac{\sum_{i=1}^{n} u_i v_i}{\sqrt{\sum_{i=1}^{n} u_i^2} \sqrt{\sum_{i=1}^{n} v_i^2}}$$

其中 $cs(u, v)$ 表示词项向量 u 和 v 之间的余弦距离。以下函数根据上述公式实现了余弦距离的计算。

```
def cosine_distance(u, v):
    distance = 1.0 - (np.dot(u, v) /
                        (np.sqrt(sum(np.square(u))) * np.sqrt(sum(np.square(v))))
                        )
    return distance
```

现在，我们使用之前创建的示例词项字符袋表示来测试它们之间的相似度，这些字符袋表示可在 `boc_root_vector` 和 `boc_vector_terms` 变量中获得：

```
for term, boc_term in zip(other_terms, other_term_bocs):
    print('Analyzing similarity between root: {} and term: {}'.format
    (root_term, term))
    distance = round(cosine_distance(root_term_boc, boc_term), 2)
    similarity = round(1 - distance, 2)
    print('Cosine distance  is {}'.format(distance))
    print('Cosine similarity  is {}'.format(similarity))
    print('-'*40)

Analyzing similarity between root: Believe and term: beleive
Cosine distance  is -0.0
Cosine similarity  is 1.0
----------------------------------------
Analyzing similarity between root: Believe and term: bargain
Cosine distance  is 0.82
Cosine similarity  is 0.18
----------------------------------------
Analyzing similarity between root: Believe and term: Elephant
Cosine distance  is 0.39
Cosine similarity  is 0.61
----------------------------------------
```

这些向量表示不考虑字符的顺序，因此词项"Believe"和"beleive"之间的相似度为 1.0 或完美的 100%。你可以看到，如何将其与诸如 WordNet 之类的语义词典结合使用以提供正确的拼写建议。当用户拼错一个单词时，它通过测量单词之间的相似度。从词汇表中提供语义上和语法上正确的单词来做到这一点。

你甚至可以在这里尝试不同的特征，而不是单个字符的频率，例如一次取两个字符并计算它们的频率以构建词项向量。这将考虑到字符在各种词项中所维护的一些序列。尝试不同的可能性并比较结果！在度量大型文档或句子之间的相似性度时，这种距离度量标准非常有效，我们将在下一节讨论文档相似度时看到这一点。

7.4 分析文档相似度

在上一节中，我们使用各种相似度和距离度量标准来分析词项之间的相似度。我们还看到了向量化是如何发挥作用的，从而使数学计算变得更加容易，尤其是在计算向量之间的距离时。在本节，我们尝试分析文档之间的相似度。到目前为止，你必定已经知道，文档定义为文本的主体，其中可以包含文本的句子或段落。为了分析文档的相似度，我们将使用 TF-IDF 进行一些基本的文本预处理并对文档进行向量化，这类似于我们之前对文本文档进行分类或概括整个文档时所做的操作。有了各种文档的向量表示之后，我们就可以使用一些标准距离或相似度度量标准来计算文档之间的相似度。在本节中，我们介绍如下标准：

❑ 余弦相似度

❑ Okapi BM25 排名

像往常一样，我们将介绍每个度量标准背后的概念，研究数学表示和定义，然后使用

Python 实现它们。为了使事情变得有趣，实际上我们通过尝试构建一个电影推荐系统的真实示例来展示这些内容！设想一下，这是对你在网上搜索或观看电影时会发生的情况的微型模拟，可以根据电影说明和内容向你推荐类似的电影。在现实世界中，你显然拥有更多的参数和特征，例如评分、类型、用户偏好历史记录等，但是我们构建的推荐系统实际上将展示文档相似度是如何帮助构建简单但令人赞叹的推荐系统。

7.5   构建电影推荐系统

推荐系统是机器学习中最流行、最常用的应用之一。通常，它们用于向用户推荐实体。这些实体可以是任何东西，例如产品、电影、服务等。常见的推荐例子包括：

❑ 亚马逊在其网站上推荐产品。

❑ Amazon Prime、Netflix 和 Hotstar 推荐电影 / 节目。

❑ YouTube 推荐观看的视频。

推荐系统通常可以通过三种方式实现：

❑ 简单的基于规则的推荐系统：基于特定的全局指标和阈值，例如电影受欢迎程度、全局评分等。

❑ 基于内容的推荐系统：基于特定的感兴趣实体提供相似的实体。内容元数据可用在这里，例如电影描述、体裁、演员、导演等。

❑ 协同过滤推荐系统：不需要元数据，但我们会尝试根据不同用户和特定项的过去评分来预测推荐和评分。

我们构建了一个电影推荐系统，借此我们基于与不同电影有关的数据 / 元数据，尝试推荐感兴趣的类似电影。请参见图 7-3。

图 7-3   典型的电影或电视节目推荐

由于我们的重点并不在推荐引擎上，而是在 NLP 上，因此我们利用每部电影的基于文本的元数据，来尝试根据感兴趣的特定电影推荐相似的电影。这是属于基于内容的推荐系统。我们遵循分步方法，使用文档相似度来构建推荐系统。

7.5.1   加载和查看数据集

在本实验中，我们将使用非常流行的 TMDB 5 000 电影数据集，你可以在 Kaggle 上找到该数据集，网址为 https://www.kaggle.com/tmdb/tmdb-movie-metadata/home。但是，我们还将在我们的官方 GitHub 存储库中提供相同数据集的压缩版本，你可以从网址 https://github.com/dipanjanS/text-analytics-with-python 获取。现在，让我们加载并查看此数据集。请参见图 7-4。

```
import pandas as pd

df = pd.read_csv('tmdb_5000_movies.csv.gz', compression='gzip')
df.info()

<class 'pandas.core.frame.DataFrame'>
RangeIndex: 4803 entries, 0 to 4802
Data columns (total 20 columns):
budget                  4803 non-null int64
genres                  4803 non-null object
homepage                1712 non-null object
id                      4803 non-null int64
keywords                4803 non-null object
original_language       4803 non-null object
original_title          4803 non-null object
overview                4800 non-null object
popularity              4803 non-null float64
production_companies     4803 non-null object
production_countries     4803 non-null object
release_date            4802 non-null object
revenue                 4803 non-null int64
runtime                 4801 non-null float64
spoken_languages        4803 non-null object
status                  4803 non-null object
tagline                 3959 non-null object
title                   4803 non-null object
vote_average            4803 non-null float64
vote_count              4803 non-null int64
dtypes: float64(3), int64(4), object(13)
memory usage: 750.5+ KB

df.head()
```

	budget	genres	homepage	id	keywords	original_language	original_title	overview	popularity	production_
0	237000000	[{"id": 28, "name": "Action"}, {"id": 12, "nam...	http://www.avatarmovie.com/	19995	[{"id": 1463, "name": "culture clash"}, {"id":...	en	Avatar	In the 22nd century, a paraplegic Marine is di...	150.437577	[{"name": Film Pa
1	300000000	[{"id": 12, "name": "Adventure"}, {"id": 14, "...	http://disney.go.com/disneypictures/pirates/	285	[{"id": 270, "name": "ocean"}, {"id": 818, "na...	en	Pirates of the Caribbean: At World's End	Captain Barbossa, long believed to be dead, ha...	139.082615	[{"name": ' Pictures",
2	245000000	[{"id": 28, "name": "Action"}, {"id": 12, "nam...	http://www.sonypictures.com/movies/spectre/	206647	[{"id": 470, "name": "spy"}, {"id": 818, "name...	en	Spectre	A cryptic message from Bond's past sends him o...	107.376788	[{"name' Pictu
3	250000000	[{"id": 28, "name": "Action"}, {"id": 80, "nam...	http://www.thedarkknightrises.com/	49026	[{"id": 849, "name": "dc comics"}, {"id": 853,...	en	The Dark Knight Rises	Following the death of District Attorney Harve...	112.312950	[{"name": Pictures", "i
4	260000000	[{"id": 28, "name": "Action"}, {"id": 12, "nam...	http://movies.disney.com/john-carter	49529	[{"id": 818, "name": "based on novel"}, {"id":...	en	John Carter	John Carter is a war-weary, former military ca...	43.926995	[{"name": Pictu

图 7-4　TMDB 5 000 电影数据集

显然，对于简单的基于内容的文档相似度的电影推荐系统，我们并不需要所有这些字段来进行分析（尽管如果你要构建更复杂的系统，它们可能会很有用）。我们还将把电影标语和概述列中的文本内容组合到一个新列中，该列名为 description。请参见图 7-5。

```
df = df[['title', 'tagline', 'overview', 'genres', 'popularity']]
df.tagline.fillna('', inplace=True)
df['description'] = df['tagline'].map(str) + ' ' + df['overview']
df.dropna(inplace=True)
df.info()

<class 'pandas.core.frame.DataFrame'>
Int64Index: 4800 entries, 0 to 4802
Data columns (total 6 columns):
title          4800 non-null object
tagline        4800 non-null object
overview       4800 non-null object
genres         4800 non-null object
popularity     4800 non-null float64
description    4800 non-null object
dtypes: float64(1), object(5)
memory usage: 262.5+ KB

df.head()
```

	title	tagline	overview	genres	popularity	description
0	Avatar	Enter the World of Pandora.	In the 22nd century, a paraplegic Marine is di...	[{"id": 28, "name": "Action"}, {"id": 12, "nam...	150.437577	Enter the World of Pandora. In the 22nd centur...
1	Pirates of the Caribbean: At World's End	At the end of the world, the adventure begins.	Captain Barbossa, long believed to be dead, ha...	[{"id": 12, "name": "Adventure"}, {"id": 14, "...	139.082615	At the end of the world, the adventure begins....
2	Spectre	A Plan No One Escapes	A cryptic message from Bond's past sends him o...	[{"id": 28, "name": "Action"}, {"id": 12, "nam...	107.376788	A Plan No One Escapes A cryptic message from B...
3	The Dark Knight Rises	The Legend Ends	Following the death of District Attorney Harve...	[{"id": 28, "name": "Action"}, {"id": 80, "nam...	112.312950	The Legend Ends Following the death of Distric...
4	John Carter	Lost in our world, found in another.	John Carter is a war-weary, former military ca...	[{"id": 28, "name": "Action"}, {"id": 12, "nam...	43.926995	Lost in our world, found in another. John Cart...

图 7-5　具有相关属性的 TMDB 5 000 电影数据集

现在，我们将构建自己的电影推荐系统。进入其流水线的主要组件如下：

❏ 文本预处理
❏ 特征工程
❏ 文档相似度计算
❏ 根据样本电影查找相似电影
❏ 构建电影推荐系统

推荐都是关于了解基本特性的，它使我们倾向于一种选择而不是另一种选择。项目之间的相似性（在本例中是电影）是了解为什么我们选择一部电影而不是另一部电影的一种方式。有不同的方法可以计算两个项目之间的相似度。余弦相似度是使用最广泛的度量方法之一，我们之前已经使用过，不久我们将再次使用它。

7.5.2　文本预处理

在构建特征之前，我们将对电影说明进行一些基本的文本预处理。这不需要花费太多精力，因为这里的目的是专注于文档相似度而不是文本处理。

```python
import nltk
import re
import numpy as np

stop_words = nltk.corpus.stopwords.words('english')

def normalize_document(doc):
    # lower case and remove special characters\whitespaces
    doc = re.sub(r'[^a-zA-Z0-9\s]', '', doc, re.I|re.A)
    doc = doc.lower()
    doc = doc.strip()
    # tokenize document
    tokens = nltk.word_tokenize(doc)
    # filter stopwords out of document
    filtered_tokens = [token for token in tokens if token not in stop_words]
    # re-create document from filtered tokens
    doc = ' '.join(filtered_tokens)
    return doc

normalize_corpus = np.vectorize(normalize_document)

norm_corpus = normalize_corpus(list(df['description']))
len(norm_corpus)
```

```
4800
```

让我们继续进行文本表示，这可以通过利用一些特征工程方法（例如 TF-IDF）来完成。

7.5.3 提取 TF-IDF 特征

在第 4 章中，我们详细讨论了 TF-IDF 表示方法。在这里，我们利用它来对预处理的电影描述进行向量化处理，从而将其转换为数字向量。

```python
from sklearn.feature_extraction.text import TfidfVectorizer

tf = TfidfVectorizer(ngram_range=(1, 2), min_df=2)
tfidf_matrix = tf.fit_transform(norm_corpus)
tfidf_matrix.shape
```

```
(4800, 20667)
```

我们将 uni-gram 和 bi-gram 作为我们的特征，并删除整个语料库中仅出现在一个文档的词项。现在，我们已经使用基于 TF-IDF 的向量表示对文档进行规范化和向量化处理，接下来我们来看看如何计算具有余弦相似度的文档相似度。

7.5.4 成对文档相似度的余弦相似度

我们已经学习了关于计算余弦相似度的概念，并为词项相似度实现了这些概念。在这里，我们重复使用相同的概念来计算文档而不是词项的余弦相似度分数。文档向量将是基于词袋模型的向量，其具有 TF-IDF 值而不是词频。因此，我们最终应该得到一个 $N \times N$ 矩阵，其中 N 等于电影的数量，即 4 800。请参见图 7-6。

```
from sklearn.metrics.pairwise import cosine_similarity

doc_sim = cosine_similarity(tfidf_matrix)
doc_sim_df = pd.DataFrame(doc_sim)
doc_sim_df.head()
```

	0	1	2	3	4	5	6	7	8	9	...	4790	4791	4792	4793	4794	4
0	1.000000	0.010701	0.000000	0.019030	0.028687	0.024901	0.000000	0.026516	0.000000	0.007420	...	0.009702	0.0	0.023336	0.033549	0.000000	0.000
1	0.010701	1.000000	0.011891	0.000000	0.041623	0.000000	0.014564	0.027122	0.034688	0.007614	...	0.009956	0.0	0.004818	0.000000	0.000000	0.012
2	0.000000	0.011891	1.000000	0.000000	0.000000	0.000000	0.000000	0.022242	0.015854	0.004891	...	0.042617	0.0	0.000000	0.000000	0.016519	0.000
3	0.019030	0.000000	0.000000	1.000000	0.008793	0.000000	0.015976	0.023172	0.027452	0.073610	...	0.000000	0.0	0.009667	0.000000	0.000000	0.000
4	0.028687	0.041623	0.000000	0.008793	1.000000	0.000000	0.022912	0.028676	0.000000	0.023538	...	0.014800	0.0	0.000000	0.000000	0.000000	0.010

5 rows × 4800 columns

图 7-6　成对文档的余弦相似度

现在，在构建我们的电影推荐系统前，我们将构建一个工作流，以确定样本电影中最相似和推荐的电影。在做这点之前，我们先构建数据集中所有电影标题的列表。

```
movies_list = df['title'].values
movies_list, movies_list.shape

(array(['Avatar', "Pirates of the Caribbean: At World's End", 'Spectre',
       ..., 'Signed, Sealed, Delivered', 'Shanghai Calling',
       'My Date with Drew'], dtype=object), (4800,))
```

通常，我们可以索引到成对相似度矩阵中，以获得推荐的文档相似度。

7.5.5　查找与示例电影最相似的电影

我们用最受欢迎的电影之一 *Minions*（小黄人）为例，以尝试查找最相似的电影来推荐。以下是主要步骤，这对以后我们构建一个通用函数有所帮助。

1. 查找电影 ID

由于我们有电影列表，因此在我们的数据集中查找电影的位置索引非常简单。

```
movie_idx = np.where(movies_list == 'Minions')[0][0]
movie_idx

546
```

2. 获得电影相似度

现在，我们将使用该位置索引来获取所有电影的成对电影相似度向量，其中电影 *Minions* 的索引为 546。

```
movie_similarities = doc_sim_df.iloc[movie_idx].values
movie_similarities

array([0.0104544 , 0.01072835, 0.       , ..., 0.00690954, 0.      ,
       0.      ])
```

3. 获得前五部相似电影的 ID

现在是时候获得与电影 *Minions* 最相似的前五部电影了。请记住，我们对显示相似度值不感兴趣，但是对获取电影索引感兴趣。

```
similar_movie_idxs = np.argsort(-movie_similarities)[1:6]
similar_movie_idxs
```

```
array([506, 614, 241, 813, 154], dtype=int64)
```

4. 获取前五部同类电影

由于我们已经有了电影索引位置，因此我们可以轻松地获得与 *Minions* 相似的前五部电影。

```
similar_movies = movies_list[similar_movie_idxs]
similar_movies
```

```
array(['Despicable Me 2', 'Despicable Me',
       'Teenage Mutant Ninja Turtles: Out of the Shadows', 'Superman',
       'Rise of the Guardians'], dtype=object)
```

非常好！前两部电影肯定与 *Minions* 非常相似，实际上它们都是 *Despicable Me*（神偷奶爸）系列的一部分。

7.5.6　构建电影推荐系统

现在是时候将我们学到的一切放在一起，并构建我们的电影推荐系统。我们将构建一个电影推荐函数，以推荐电影。这个函数需要电影标题、电影标题列表和文档相似度矩阵数据框作为该函数的输入。

```
def movie_recommender(movie_title, movies=movies_list, doc_sims=doc_sim_df):
    # find movie id
    movie_idx = np.where(movies == movie_title)[0][0]
    # get movie similarities
    movie_similarities = doc_sims.iloc[movie_idx].values
    # get top 5 similar movie IDs
    similar_movie_idxs = np.argsort(-movie_similarities)[1:6]
    # get top 5 movies
    similar_movies = movies[similar_movie_idxs]
    # return the top 5 movies
    return similar_movies
```

7.5.7　获取流行的电影列表

我们可以根据受欢迎程度评分对电影数据集进行排序，并选择一些最受欢迎的电影。然后，我们可以查看它们的推荐以获得一些有趣的结果！请参见图 7-7。

```
pop_movies = df.sort_values(by='popularity', ascending=False)
pop_movies.head()
```

我们选择了以下几部电影，这是根据它们的受欢迎程度以及它们可能的有趣程度。你可以随意用自己的电影替换它们。

	title	tagline	overview	genres	popularity	description
546	Minions	Before Gru, they had a history of bad bosses	Minions Stuart, Kevin and Bob are recruited by...	[{"id": 10751, "name": "Family"}, {"id: 16, "...	875.581305	Before Gru, they had a history of bad bosses M...
95	Interstellar	Mankind was born on Earth. It was never meant ...	Interstellar chronicles the adventures of a gr...	[{"id": 12, "name": "Adventure"}, {"id": 18, "...	724.247784	Mankind was born on Earth. It was never meant ...
788	Deadpool	Witness the beginning of a happy ending	Deadpool tells the origin story of former Spec...	[{"id": 28, "name": "Action"}, {"id": 12, "nam...	514.569956	Witness the beginning of a happy ending Deadpo...
94	Guardians of the Galaxy	All heroes start somewhere.	Light years from Earth, 26 years after being a...	[{"id": 28, "name": "Action"}, {"id": 878, "na...	481.098624	All heroes start somewhere. Light years from E...
127	Mad Max: Fury Road	What a Lovely Day.	An apocalyptic story set in the furthest reach...	[{"id": 28, "name": "Action"}, {"id": 12, "nam...	434.278564	What a Lovely Day. An apocalyptic story set in...

图 7-7 流行的电影

```
popular_movies = ['Minions', 'Interstellar', 'Deadpool', 'Jurassic World',
                  'Pirates of the Caribbean: The Curse of the Black Pearl',
                  'Dawn of the Planet of the Apes', 'The Hunger Games:
                  Mockingjay - Part 1', 'Terminator Genisys', 'Captain
                  America: Civil War', 'The Dark Knight', 'The Martian',
                  'Batman v Superman: Dawn of Justice', 'Pulp Fiction', 'The
                  Godfather', 'The Shawshank Redemption', 'The Lord of the
                  Rings: The Fellowship of the Ring', 'Harry Potter and the
                  Chamber of Secrets', 'Star Wars', 'The Hobbit: The Battle
                  of the Five Armies', 'Iron Man']
```

现在，使用我们的电影推荐函数，为这些电影中每一部获得前五名推荐的电影。

```
for movie in popular_movies:
    print('Movie:', movie)
    print('Top 5 recommended Movies:', movie_recommender(movie_
    title=movie))
    print()

Movie: Minions
Top 5 recommended Movies: ['Despicable Me 2' 'Despicable Me'
 'Teenage Mutant Ninja Turtles: Out of the Shadows' 'Superman'
 'Rise of the Guardians']

...
...

Movie: Jurassic World
Top 5 recommended Movies: ['Jurassic Park' 'The Lost World: Jurassic Park'
'The Nut Job'
 "National Lampoon's Vacation" 'Vacation']

Movie: Pirates of the Caribbean: The Curse of the Black Pearl
Top 5 recommended Movies: ["Pirates of the Caribbean: Dead Man's Chest"
'The Pirate'
 'Pirates of the Caribbean: On Stranger Tides'
 'The Pirates! In an Adventure with Scientists!' 'Joyful Noise']
...
...

Movie: Captain America: Civil War
```

Top 5 recommended Movies: ['Captain America: The Winter Soldier' 'This
Means War'
 'Avengers: Age of Ultron' 'Iron Man 2' 'Escape from Tomorrow']

Movie: The Dark Knight
Top 5 recommended Movies: ['The Dark Knight Rises' 'Batman Forever' 'Batman
Returns'
 'Batman: The Dark Knight Returns, Part 2' 'Slow Burn']

Movie: The Martian
Top 5 recommended Movies: ['The Last Days on Mars' 'Swept Away' 'Alive'
'All Is Lost' 'Red Planet']

...
...

Movie: The Lord of the Rings: The Fellowship of the Ring
Top 5 recommended Movies: ['The Lord of the Rings: The Two Towers'
 'The Hobbit: The Desolation of Smaug'
 'The Lord of the Rings: The Return of the King'
 "What's the Worst That Could Happen?" 'The Hobbit: An Unexpected Journey']

Movie: Harry Potter and the Chamber of Secrets
Top 5 recommended Movies: ['Harry Potter and the Prisoner of Azkaban'
 'Harry Potter and the Goblet of Fire'
 'Harry Potter and the Order of the Phoenix'
 'Harry Potter and the Half-Blood Prince'
 "Harry Potter and the Philosopher's Stone"]

Movie: Star Wars
Top 5 recommended Movies: ['The Empire Strikes Back' 'Return of the Jedi'
'Shrek the Third'
 'The Ice Pirates' 'The Tale of Despereaux']

Movie: The Hobbit: The Battle of the Five Armies
Top 5 recommended Movies: ['The Hobbit: The Desolation of Smaug' 'The
Hobbit: An Unexpected Journey'
 "Dragon Nest: Warriors' Dawn"
 'A Funny Thing Happened on the Way to the Forum' 'X-Men: Apocalypse']

Movie: Iron Man
Top 5 recommended Movies: ['Iron Man 2' 'Avengers: Age of Ultron' 'Hostage'
'Iron Man 3'
 'Baahubali: The Beginning']

　　根据结果，你可以清楚地看到基于简单文档相似度的推荐系统的性能非常好！我们建议
使用 Scikit-Learn 的 cosine_similarity() 函数，该函数非常有用。你还可以直接使用 Gens-
im 的 similarities 模块或者 cossim() 函数，该函数在 gensim.matutils 模块中获得。

7.5.8　成对文档相似度的 Okapi BM25 排名

　　有几种技术在信息检索和搜索引擎中非常流行，包括 PageRank 和 Okapi BM25。术语

BM 一词代表最佳匹配（best matching）。这项技术也称为 BM25，但是为了完整起见，我们将其称为 Okapi BM25，因为 BM25 功能背后的概念最初是理论性的，伦敦的城市大学在 20 世纪 80 年代至 90 年代构建了 Okapi 信息检索系统，该系统实现了这个技术并用来检索现实世界的真实文档数据。

这种技术也可以称为基于概率相关性的框架或模型，是由 20 世纪 70 年代至 80 年代的一些人开发的，其中包括计算机科学家 S. Robertson 和 K. Jones。有多种函数可以根据不同因素对文档进行排名，而 BM25 就是其中之一。它的较新变体是 BM25F，其他一些变体包括 BM15 和 BM25 +。

Okapi BM25 技术可以正式定义为基于词袋模型的文档排名和检索函数，它基于用户输入的查询来检索相关文档。该查询可以是包含句子或句子集合的文档，甚至可以是几个单词。实际上 Okapi BM25 并不仅仅是一个单一的函数，而是由一组完整的评分函数组合而成的一个框架。

假定我们有一个查询文档 QD，使得 QD=(q_1, q_2, ···, q_n) 包含 n 个词项或关键词，并且我们在文档语料库中有一个语料库文档 CD，我们基于相似度分数想要从中获得与查询文档最相关的文档。假设我们有这些，我们可以在数学上定义这两个文档之间的 BM25 分数，如下所示：

$$bm25(CD, QD) = \sum_{i=1}^{n} idf(q_i) \cdot \frac{f(q_i, CD) \cdot (k_1 + 1)}{f(q_i, CD) + k_1 \cdot \left(1 - b + b \cdot \frac{|CD|}{avgdl}\right)}$$

其中，函数 bm25(CD, QD) 根据查询文档 QD 来计算文档 CD 的 BM25 排名或分数。函数 idf(q_i) 为我们提供了语料库中词项 q_i 的逆文档频率（IDF），该语料库包含 CD，我们希望从中检索相关文档。如果你还记得的话，在第 4 章中我们在实现 TF-IDF 特征提取器时计算了 IDF。这里只是为了回顾一下，它可以表示为

$$idf(t) = 1 + \log \frac{C}{1 + df(t)}$$

其中，idf(t) 代表词项 t 的 idf，C 代表我们语料库中文档总数，而 df(t) 代表存在词项 t 的文档数量。还有许多其他实现 idf 的方法，但是我们将使用上面这一方法。

附带说明一下，不同实现方法的最终结果非常相似。函数 f(q_i, CD) 为我们提供了语料库文档 CD 中词项 q_i 的频率。|CD| 表示文档 CD 的总长度，它由单词数来衡量，术语 avgdl 代表待检索文档的语料库的平均文档长度。除此之外，你还将观察到有两个自由参数——k_1 和 b，k_1 通常在 [1.2, 2.0] 范围内，b 通常取值为 0.75。根据 Gensim 框架中 BM25 算法的流行实现，我们将在实现中将 k_1 的值设为 2.5，将 b 的值设为 0.85。

要成功地实现和计算文档的 BM25 分数，我们必须执行以下几个步骤：

1）计算文档和语料库中词项的频率。

2）计算词项的逆文档频率。

3）为语料库文档和查询文档获取基于词袋的特征。

4）构建一个函数来计算给定文档相对于语料库中特定文档的 BM25 分数。

5）构建一个函数（利用步骤 4 中的函数），该函数计算并返回给定文档相对于语料库中其他每一个文档的 BM25 分数（就像每个文档的相似度向量）。

6）构建一个函数，该函数返回语料库中所有文档的成对 BM25 相似度分数（权重）（利用步骤 5 中的函数）。

实际上，我们在此处实现的代码已被 Gensim 框架采用，如果你有兴趣利用 BM25 相似度，我们绝对推荐它。我们展示相似度框架的内部结构，因此你可以将其与之前定义的概念相关联。下列的类帮助实现工作流中步骤 1 至 5 的所有组件。

```python
"""
Data:
-----
.. data:: PARAM_K1 - Free smoothing parameter for BM25.
.. data:: PARAM_B - Free smoothing parameter for BM25.
.. data:: EPSILON - Constant used for negative idf of document in corpus.
"""

import math
from six import iteritems
from six.moves import xrange
PARAM_K1 = 2.5
PARAM_B = 0.85
EPSILON = 0.2

class BM25(object):
    """Implementation of Best Matching 25 ranking function.
    Attributes
    ----------
    corpus_size : int
        Size of corpus (number of documents).
    avgdl : float
        Average length of document in `corpus`.
    corpus : list of list of str
        Corpus of documents.
    f : list of dicts of int
        Dictionary with terms frequencies for each document in `corpus`.
        Words used as keys and frequencies as values.
    df : dict
        Dictionary with terms frequencies for whole `corpus`.
        Words used as keys and frequencies as values.
    idf : dict
        Dictionary with inversed terms frequencies for whole `corpus`.
        Words used as keys and frequencies as values.
    doc_len : list of int
        List of document lengths.
    """

    def __init__(self, corpus):
        """
        Parameters
        ----------
        corpus : list of list of str
```

```
            Given corpus.
        """
        self.corpus_size = len(corpus)
        self.avgdl = sum(float(len(x)) for x in corpus) / self.corpus_size
        self.corpus = corpus
        self.f = []
        self.df = {}
        self.idf = {}
        self.doc_len = []
        self.initialize()

    def initialize(self):
        """Calculates frequencies of terms in documents and in corpus.
           Also computes inverse document frequencies."""
        for document in self.corpus:
            frequencies = {}
            self.doc_len.append(len(document))

            for word in document:
                if word not in frequencies:
                    frequencies[word] = 0
                frequencies[word] += 1
            self.f.append(frequencies)
            for word, freq in iteritems(frequencies):
                if word not in self.df:
                    self.df[word] = 0
                self.df[word] += 1

        for word, freq in iteritems(self.df):
            self.idf[word] = math.log(self.corpus_size - freq + 0.5) -
            math.log(freq + 0.5)

    def get_score(self, document, index, average_idf):
        """Computes BM25 score of given `document` in relation to item of
        corpus
           selected by `index`.
        Parameters
        ----------
        document : list of str
            Document to be scored.
        index : int
            Index of document in corpus selected to score with `document`.
        average_idf : float
            Average idf in corpus.
        Returns
        -------
        float
            BM25 score.
        """
        score = 0
```

```
        for word in document:
            if word not in self.f[index]:
                continue
            idf = self.idf[word] if self.idf[word] >= 0 else EPSILON *
            average_idf
            score += (idf * self.f[index][word] * (PARAM_K1 + 1)
                    / (self.f[index][word] + PARAM_K1 * (1 - PARAM_B +
                    PARAM_B * self.doc_len[index] / self.avgdl)))
        return score

    def get_scores(self, document, average_idf):
        """Computes and returns BM25 scores of given `document` in
        relation to every item in corpus.
        Parameters
        ----------
        document : list of str
            Document to be scored.
        average_idf : float
            Average idf in corpus.
        Returns
        -------
        list of float
            BM25 scores.
        """
        scores = []
        for index in xrange(self.corpus_size):
            score = self.get_score(document, index, average_idf)
            scores.append(score)
        return scores
```

现在，我们可以在工作流中实现步骤 6 中的函数，以计算成对文档的 BM25 相似度分数，这正是我们所要的!

```
def get_bm25_weights(corpus):
    """Returns BM25 scores (weights) of documents in corpus.
        Each document has to be weighted with every document in given corpus.
    Parameters
    ----------
    corpus : list of list of str
        Corpus of documents.
    Returns
    -------
    list of list of float
        BM25 scores.

    Examples
    --------
    >>> from gensim.summarization.bm25 import get_bm25_weights
    >>> corpus = [
    ...     ["black", "cat", "white", "cat"],
```

```
...        ["cat", "outer", "space"],
...        ["wag", "dog"]
... ]
>>> result = get_bm25_weights(corpus)
"""
bm25 = BM25(corpus)
average_idf = sum(float(val) for val in bm25.idf.values()) / len(bm25.idf)

weights = []
for doc in corpus:
    scores = bm25.get_scores(doc, average_idf)
    weights.append(scores)

return weights
```

要基于归档资料使用此函数,我们需要首先对语料库进行分词,如以下代码所示。

```
norm_corpus_tokens = np.array([nltk.word_tokenize(doc) for doc in norm_
corpus])
norm_corpus_tokens[:3]

array([list(['enter', 'world', 'pandora', '22nd', 'century', 'paraplegic',
              'marine', 'dispatched', 'moon', 'pandora', 'unique',
              'mission', 'becomes', 'torn', 'following', 'orders',
              'protecting', 'alien', 'civilization']),
       list(['end', 'world', 'adventure', 'begins', 'captain', 'barbossa',
              'long', 'believed', 'dead', 'come', 'back', 'life', 'headed',
              'edge', 'earth', 'turner', 'elizabeth', 'swann', 'nothing',
              'quite', 'seems']),

       list(['plan', 'one', 'escapes', 'cryptic', 'message', 'bonds',
              'past', 'sends', 'trail', 'uncover', 'sinister',
              'organization', 'battles', 'political', 'forces', 'keep',
              'secret', 'service', 'alive', 'bond', 'peels', 'back',
              'layers', 'deceit', 'reveal', 'terrible', 'truth', 'behind',
              'spectre'])], dtype=object)
```

现在,我们可以使用我们先前定义的 get_bm25_weights(...) 函数来构建成对文档相似度矩阵。请记住,这要花费相当多的时间来计算,具体取决于语料库的大小。请参见图 7-8。

	0	1	2	3	4	5	6	7	8	9	...	4790	4791	4792	4793	
0	149.060647	2.529227	0.000000	3.692476	5.765205	4.715867	0.000000	4.505193	0.000000	1.750501	...	2.589865	0.0	3.310184	5.06129	0.00
1	2.653483	119.903490	2.720199	0.000000	7.297372	0.000000	2.496650	5.774763	5.870872	1.750501	...	2.589865	0.0	1.011185	0.00000	0.00
2	0.000000	3.229716	153.756470	0.000000	0.000000	0.000000	0.000000	4.538740	4.378262	1.399834	...	9.088009	0.0	0.000000	0.00000	3.25
3	6.141419	0.000000	0.000000	214.277248	3.182421	0.000000	5.433209	6.839524	7.445837	18.496688	...	0.000000	0.0	2.718450	0.00000	0.00
4	9.186831	10.791034	0.000000	2.665414	184.778486	0.000000	5.168103	7.278204	0.000000	6.643382	...	5.179731	0.0	0.000000	0.00000	0.00

5 rows × 4800 columns

图 7-8   成对 BM25 文档的相似度矩阵

```
%%time
wts = get_bm25_weights(norm_corpus_tokens)

Wall time: 2min 28s

# viewing our pairwise similarity matrix
bm25_wts_df = pd.DataFrame(wts)
bm25_wts_df.head()
```

现在，我们可以使用电影推荐函数来为我们之前选择的热门电影获得前五部的电影推荐。

```
for movie in popular_movies:
    print('Movie:', movie)
    print('Top 5 recommended Movies:', movie_recommender(movie_title=movie,
    doc_sims=bm25_wts_df))
    print()
```

```
Movie: Minions
Top 5 recommended Movies: ['Despicable Me 2' 'Despicable Me'
 'Teenage Mutant Ninja Turtles: Out of the Shadows' 'Intolerance'
 'Superman']

Movie: Interstellar
Top 5 recommended Movies: ['Space Pirate Captain Harlock' 'Prometheus'
'Starship Troopers' 'Gattaca'
 'Space Cowboys']

...
...

Movie: The Lord of the Rings: The Fellowship of the Ring
Top 5 recommended Movies: ['The Lord of the Rings: The Two Towers'
 'The Lord of the Rings: The Return of the King'
 'The Hobbit: The Desolation of Smaug' 'The Hobbit: An Unexpected Journey'
 "What's the Worst That Could Happen?"]

Movie: Harry Potter and the Chamber of Secrets
Top 5 recommended Movies: ['Harry Potter and the Goblet of Fire'
 'Harry Potter and the Prisoner of Azkaban'
 'Harry Potter and the Half-Blood Prince'
 'Harry Potter and the Order of the Phoenix'
 "Harry Potter and the Philosopher's Stone"]

Movie: Star Wars
Top 5 recommended Movies: ['The Empire Strikes Back' 'Return of the Jedi'
'Shanghai Noon'
 'The Ice Pirates' 'The Tale of Despereaux']

Movie: The Hobbit: The Battle of the Five Armies
Top 5 recommended Movies: ['The Hobbit: The Desolation of Smaug' 'The
Hobbit: An Unexpected Journey'
 "Dragon Nest: Warriors' Dawn" 'Harry Potter and the Order of the Phoenix'
 '300: Rise of an Empire']
```

```
Movie: Iron Man
Top 5 recommended Movies: ['Iron Man 2' 'Avengers: Age of Ultron' 'Iron Man 3'
'Batman Begins'
 'Street Fighter']
```

我们建议在 `gensim.summarization` 模块下使用 Gensim 的 `bm25` 模块。如果你有兴趣，你一定要尝试一下。

你可以尝试加载更大的文档语料库，并在一些示例查询字符串和文档上测试这些函数。实际上，诸如 Solr 和 ElasticSearch 之类的信息检索框架是在 Lucene 之上构建的，Lucene 框架使用这些类型的排名算法从存储的文档索引中返回相关文档。你可以使用它们来构建自己的搜索引擎！感兴趣的读者可以通过 https://www.elastic.co/blog/found-bm-vs-lucene-default-similarity 查看 elastic.co，elastic.co 是一家公司，它提供了流行的 ElasticSearch 产品。BM25 的性能比 Lucene 的默认相似度排名实现要好得多。

7.6 文档聚类

文档聚类或聚类分析是 NLP 和文本分析中的一个有趣领域，它应用了无监督的机器学习概念和技术。文档聚类的主要前提类似于文档分类，即你要从整个文档语料库入手，并根据文档的某些特有的特性、属性和特征将它们分为不同的组。文档分类需要标记好的训练数据来构建模型，然后对文档进行分类。文档聚类则使用无监督机器学习算法，将文档分组到不同的簇中。这些簇的特性是，与属于其他簇的文档相比，同一个簇中的文档更加相似，并且彼此相互关联。在由 Scikit-Learn 提供的图 7-9 中，展示了一个基于其特征将数据点聚类为三个簇的示例。

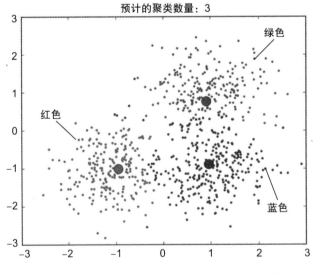

图 7-9   样本聚类分析结果（由 Scikit-Learn 提供）

这个聚类分析描述了数据点之间的三个簇，这些簇使用不同的颜色进行可视化。这里要记住的重要一点是，聚类是一种无监督的学习技术，从图 7-9 可以很明显地看出，由于不存在对一个完美簇的定义，所以在簇之间总会有一些重叠。所有技术均是基于数学、启发式方法以及与生成簇有关的一些固有属性。它们从来都不是 100% 完美的。因此，存在查找簇的几种技术或方法。以下简要介绍一些比较流行的聚类算法。

❑ 层次聚类模型：这些聚类模型也称为基于连接的聚类方法，它们基于这样的概念：在向量空间中相似的对象距离更近，而不相关的对象距离更远。簇是基于对象的距离而将对象连接形成的，并且可以使用树状图进行可视化。这些模型的输出是完整的、层次结构详尽的簇。它们分为凝聚式和分裂式聚类模型。

❑ 基于划分或基于质心的聚类模型：这些模型以这样方式来构建簇：每个簇都有一个代表该簇的中心的代表性成员，并且具有将特定簇与其他簇区分开的特征。其中包含多种算法，例如 k- 均值、k- 中心点等，我们需要预先设置簇数（k）。距离度量（例如从每个数据点到质心的距离平方）需要最小化。这些模型的缺点是你需要预先指定 k 个簇，这可能会导致局部最小值，并且你可能无法获得数据的真实聚类表示。

❑ 基于分布的聚类模型：这些模型在对数据点进行聚类时使用概率分布的概念。它的思想是，具有相似分布的对象可以聚类到同一组或簇中。高斯混合模型（GMM）使用诸如预期最大化（EM）之类的算法来构建这些簇。也可以使用这些模型来获取特征、属性相关性和依存关系，但它容易过拟合。

❑ 基于密度的聚类模型：这些聚类模型使用高密度区域的数据点生成簇，与其余数据点相比，这些簇在高密度区域分组在一起，而其余数据点可能随机出现在向量空间的稀疏分布区域。这些稀疏区域被视为噪声，并被用作分离簇的边界点。在该领域中，有两种流行的算法，DBSCAN 和 OPTICS。

还有其他一些较新的聚类模型，例如 BIRCH 和 CLARANS。目前，有很多专门关于聚类方面的书籍和期刊，因为它是一个非常有趣且具有价值的主题。在当前范围内，我们不可能涵盖每种方法，因此，我们将主要介绍三种聚类算法，并通过实际数据对它们进行说明，以便更好地理解。

❑ k- 均值聚类

❑ 近邻传播（Affinity Propagation，AP）聚类

❑ Ward 凝聚层次聚类（Ward's agglomerative hierarchical clustering）

正如我们之前对其他方法所做的那样，我们介绍了每种算法的理论性概念。我们还将每个聚类算法应用于与电影相关的真实数据，以及我们在上一节中所使用的 TMDB 电影数据集中的说明。

7.7 电影聚类

我们将对 4 800 部电影进行聚类，我们之前已经对这些电影进行清洗和预处理了。它可以作为数据框 df 使用，而预处理的语料库可以作为变量 norm_corpus 使用。主要思想是将这些电影的说明作为原始输入，以将它们聚类分组。我们从这些电影说明中提取特征，例如 TF-IDF 或文档相似度，并在其上使用无监督学习算法对它们进行聚类。在输出中显示的电影标题仅用于表示，它们在我们想要查看每个簇中的电影时非常有用。要馈送到

聚类算法的数据是从电影说明中提取的特征，目的只是为了使它更清楚明了。

7.7.1 特征工程

在学习每种聚类方法之前，我们将按照与之前相同的文本预处理和特征工程的过程进行操作。在上一节的文档相似度分析过程中，我们已经完成了预处理，因此，我们将使用相同的 `norm_corpus` 变量，其中包含了预处理后的电影描述。现在，与文档相似度计算过程类似，我们将提取基于词袋的特征，但需要进行一些修改。

```
import nltk
from sklearn.feature_extraction.text import CountVectorizer

stop_words = nltk.corpus.stopwords.words('english')
stop_words = stop_words + ['one', 'two', 'get']

cv = CountVectorizer(ngram_range=(1, 2), min_df=10, max_df=0.8, stop_
words=stop_words)
cv_matrix = cv.fit_transform(norm_corpus)
cv_matrix.shape

(4800, 3012)
```

根据前面片段中所描述的代码和输出，我们将文本标识符保存在规范化的文本中，并为一元分词和二元分词提取基于词袋计数的特征，通过使用条件项 `min_df` 和 `max_df`，使得每个特征至少出现在 10 个文档中，最多出现在 80% 的文档中。我们可以看到，对于 4 800 部电影，我们总共有 4 800 行，而每部电影共有 3 012 个特征。现在，我们已经准备好特征和文档，接下来可以开始聚类分析了。

7.7.2 k-均值聚类

k-均值聚类算法是一种基于质心的聚类模型，它试图将数据聚类为方差相等的组或簇。该算法尝试标准或度量——惯量（inertia）最小化，惯量也称为簇内平方和。该算法的一个主要缺点是需要预先指定簇数（k），这与所有基于质心的聚类模型一样。由于该算法的易用性以及可扩展到大规模数据，它可能是最受欢迎的聚类算法。

现在，我们可以使用数学表达式正式定义 k-均值聚类算法。假设我们有一个包含 N 个数据点或样本的数据集 X，我们希望将它们分组为 K 个簇，其中 K 是用户指定的参数。k-均值聚类算法会将 N 个数据点分离为 K 个不相交的不同簇 C_k，并且每个簇都可以用该簇样本的均值来描述。这些均值成为簇的质心 μ_k，使得这些质心不受质心必须是 X 中 N 个样本的实际数据点这个条件的约束。该算法选择这些质心，并以最小化惯性或簇内平方和的方式来构建簇。数学上，这可以表示为：

$$\min \sum_{i=1}^{K} \sum_{x_n \in C_i} \| x_n - \mu_i \|^2$$

关于簇 C_i 和质心 μ_i，使得 $i \in \{1, 2, \cdots, k\}$。对于所有算法爱好者来说，这种优化都是一个 NP 难题。劳埃德（Lloyd）算法是解决这个问题的一种方法。这是一个迭代过程，包括以下步骤。

1）从数据集 X 中抽取 k 个随机样本，选择 k 个初始质心 μ_k。

2）通过将每个数据点或样本分配给最近的质心点来更新簇。在数学上，我们可以如下表示：

$$C_k = \{x_n : \| x_n - \mu_k \| \leq all \| x_n - \mu_l \| \}$$

其中 C_k 表示簇。

3）根据从步骤 2 获得的每个簇中的新簇数据点，重新计算和更新簇。在数学上，这可以如下表示：

$$\mu_k = \frac{1}{C_k} \sum_{x_n \in C_k} x_n$$

其中 μ_k 表示质心。

以迭代方式重复这些步骤，直到步骤 2 和 3 的输出不再变化为止。关于此方法的需要注意的一点是，即使可以保证优化收敛，它仍然可能导致局部极小值。因此，实际上该算法以多个阶段和迭代来运行多次，如果需要，可以从多个迭代结果中取它们的平均值。

局部极小值的收敛和发生高度依赖于步骤 1 中初始质心的选择（即初始化）。一种方法是使用多个随机初始化进行多次迭代，并取平均值。另一种方法是使用 Scikit-Learn 中实现的 kmeans ++ 方案，该方案会将初始质心进行初始化以致它们彼此相距很远，并且其已被证明是有效的。现在，我们使用 k- 均值聚类对电影数据进行聚类。

```
from sklearn.cluster import KMeans

NUM_CLUSTERS = 6
km = KMeans(n_clusters=NUM_CLUSTERS, max_iter=10000, n_init=50, random_
state=42).fit(cv_matrix)
km

KMeans(algorithm='auto', copy_x=True, init='k-means++', max_iter=10000,
       n_clusters=6, n_init=50, n_jobs=None, precompute_distances='auto',
       random_state=42, tol=0.0001, verbose=0)

df['kmeans_cluster'] = km.labels_
```

此代码段使用我们已实现的 k- 均值函数，根据电影说明中的词袋特征来对电影进行聚类。我们通过将簇标签存储在 kmeans_cluster 列的 df 数据框中，从聚类分析的结果中为每部电影分配簇标签。你可以看到，我们在分析中将 k 设为 6。现在，我们可以使用以下代码段来查看 6 个簇中每个簇的电影总数。

```
# viewing distribution of movies across the clusters
from collections import Counter
Counter(km.labels_)

Counter({2: 429, 1: 2832, 3: 539, 5: 238, 4: 706, 0: 56})
```

你会看到，正如预期的那样，有 6 个簇标签，从 0 到 5，每个标签都有一些属于该簇的电影。看起来，我们在每个簇中都有良好的电影分布。现在，我们将通过展示导致电影聚集在一起的重要特征，对聚类结果进行更深入的分析。我们还将查看每个簇中最受欢迎的一些电影！

```
movie_clusters = (df[['title', 'kmeans_cluster', 'popularity']]
                    .sort_values(by=['kmeans_cluster', 'popularity'],
                                 ascending=False)
                    .groupby('kmeans_cluster').head(20))
movie_clusters = movie_clusters.copy(deep=True)

feature_names = cv.get_feature_names()
topn_features = 15
ordered_centroids = km.cluster_centers_.argsort()[:, ::-1]

# get key features for each cluster
# get movies belonging to each cluster
for cluster_num in range(NUM_CLUSTERS):
    key_features = [feature_names[index]
                        for index in ordered_centroids[cluster_num, :topn_
                        features]]
    movies = movie_clusters[movie_clusters['kmeans_cluster'] ==
    cluster_num]['title'].values.tolist()
    print('CLUSTER #'+str(cluster_num+1))
    print('Key Features:', key_features)
    print('Popular Movies:', movies)
    print('-'*80)
CLUSTER #1
Key Features: ['film', 'movie', 'story', 'first', 'love', 'making',
'director', 'new', 'time', 'feature', 'made', 'young', '3d', 'american',
'america']
Popular Movies: ['Contact', 'Snatch', 'The Pianist', 'Boyhood', 'Tropic
Thunder', 'Movie 43', 'Night of the Living Dead', 'Almost Famous', 'My
Week with Marilyn', 'Jackass 3D', 'Inside Job', 'Grindhouse', 'The Young
Victoria', 'Disaster Movie', 'Jersey Boys', 'Seed of Chucky', 'Bowling for
Columbine', 'Walking With Dinosaurs', 'Me and You and Everyone We Know',
'Urban Legends: Final Cut']
--------------------------------------------------------------------------
CLUSTER #2
Key Features: ['young', 'man', 'story', 'love', 'family', 'find', 'must',
'time', 'back', 'friends', 'way', 'years', 'help', 'father', 'take']
Popular Movies: ['Interstellar', 'Guardians of the Galaxy', 'Pirates of the
Caribbean: The Curse of the Black Pearl', 'Dawn of the Planet of the Apes',
'The Hunger Games: Mockingjay - Part 1', 'Big Hero 6', 'Whiplash', 'The
Martian', 'Frozen', "Pirates of the Caribbean: Dead Man's Chest", 'Gone
Girl', 'X-Men: Apocalypse', 'Rise of the Planet of the Apes', 'The Lord
of the Rings: The Fellowship of the Ring', 'Pirates of the Caribbean: On
Stranger Tides', "One Flew Over the Cuckoo's Nest", 'Star Wars', 'Brave',
'The Lord of the Rings: The Return of the King', 'Pulp Fiction']
--------------------------------------------------------------------------
CLUSTER #3
Key Features: ['world', 'young', 'find', 'story', 'man', 'new', 'must',
'save', 'way', 'time', 'life', 'evil', 'love', 'family', 'finds']
Popular Movies: ['Minions', 'Jurassic World', 'Captain America: Civil War',
```

'Avatar', 'The Avengers', "Pirates of the Caribbean: At World's End",
'The Maze Runner', 'Tomorrowland', 'Ant-Man', 'Spirited Away', 'Chappie',
'Monsters, Inc.', 'The Matrix', 'Man of Steel', 'Skyfall', 'The Adventures
of Tintin', 'Nightcrawler', 'Allegiant', 'V for Vendetta', 'Penguins of
Madagascar']

CLUSTER #4
Key Features: ['new', 'york', 'new york', 'city', 'young', 'family',
'love', 'man', 'york city', 'find', 'friends', 'years', 'home', 'must',
'story']
Popular Movies: ['Terminator Genisys', 'Fight Club', 'Teenage Mutant Ninja
Turtles', 'Pixels', 'Despicable Me 2', 'Avengers: Age of Ultron', 'Night at
the Museum: Secret of the Tomb', 'Batman Begins', 'The Dark Knight Rises',
'The Lord of the Rings: The Two Towers', 'The Godfather: Part II', 'How to
Train Your Dragon 2', '12 Years a Slave', 'The Wolf of Wall Street', 'Men
in Black II', "Pan's Labyrinth", 'The Bourne Legacy', 'The Amazing Spider-
Man 2', 'The Devil Wears Prada', 'Non-Stop']

CLUSTER #5
Key Features: ['life', 'love', 'man', 'family', 'story', 'young', 'new',
'back', 'years', 'finds', 'hes', 'time', 'find', 'way', 'father']
Popular Movies: ['Deadpool', 'Mad Max: Fury Road', 'Inception', 'The
Godfather', 'Forrest Gump', 'The Shawshank Redemption', 'Harry Potter and
the Chamber of Secrets', 'Inside Out', 'Twilight', 'Maleficent', "Harry
Potter and the Philosopher's Stone", 'Bruce Almighty', 'The Hobbit: An
Unexpected Journey', 'The Twilight Saga: Eclipse', 'Titanic', 'Fifty Shades
of Grey', 'Blade Runner', 'Psycho', 'Up', 'The Lion King']

CLUSTER #6
Key Features: ['war', 'world', 'world war', 'ii', 'war ii', 'story',
'young', 'man', 'love', 'army', 'find', 'american', 'battle', 'first',
'must']
Popular Movies: ['The Dark Knight', 'Batman v Superman: Dawn of Justice',
'The Imitation Game', 'Fury', 'The Hunger Games: Mockingjay - Part
2', 'X-Men: Days of Future Past', 'Transformers: Age of Extinction',
"Schindler's List", 'The Good, the Bad and the Ugly', 'American Sniper',
'Thor', 'Shutter Island', 'Underworld', 'Indiana Jones and the Kingdom
of the Crystal Skull', 'Captain America: The First Avenger', 'The Matrix
Revolutions', 'Inglourious Basterds', '300: Rise of an Empire', 'The Matrix
Reloaded', 'Oblivion']

上面的输出描述了每个簇的关键特征，以及每个簇中的电影。每个簇根据主要的主题思想来描述，主题思想通过其最重要的特征来定义簇。你可以看到，流行电影基于一些关键的共同特征而聚类在一起。你会注意到任何有趣的模式吗？

我们还可以使用其他特征方案，例如成对文档相似度，将相似的电影分到簇中。以下代码有助于实现这一点。

```
from sklearn.metrics.pairwise import cosine_similarity

cosine_sim_features = cosine_similarity(cv_matrix)
km = KMeans(n_clusters=NUM_CLUSTERS, max_iter=10000, n_init=50, random_
state=42).fit(cosine_sim_features)
Counter(km.labels_)

Counter({4: 427, 3: 724, 1: 1913, 2: 504, 0: 879, 5: 353})

df['kmeans_cluster'] = km.labels_

movie_clusters = (df[['title', 'kmeans_cluster', 'popularity']]
                  .sort_values(by=['kmeans_cluster', 'popularity'],
                               ascending=False)
                  .groupby('kmeans_cluster').head(20))
movie_clusters = movie_clusters.copy(deep=True)

# get movies belonging to each cluster
for cluster_num in range(NUM_CLUSTERS):
    movies = movie_clusters[movie_clusters['kmeans_cluster'] == cluster_
num]['title'].values.tolist()
    print('CLUSTER #'+str(cluster_num+1))
    print('Popular Movies:', movies)
    print('-'*80)
```

CLUSTER #1
Popular Movies: ['Pirates of the Caribbean: The Curse of the Black Pearl',
'Whiplash', 'The Martian', 'Frozen', 'Gone Girl', 'The Lord of the Rings:
The Fellowship of the Ring', 'Pirates of the Caribbean: On Stranger Tides',
'Pulp Fiction', 'The Fifth Element', 'Quantum of Solace', 'Furious 7',
'Cinderella', 'Man of Steel', 'Gladiator', 'Aladdin', 'The Amazing Spider-
Man', 'Prisoners', 'The Good, the Bad and the Ugly', 'American Sniper',
'Finding Nemo']

CLUSTER #2
Popular Movies: ['Interstellar', 'Guardians of the Galaxy', 'Dawn of the
Planet of the Apes', 'The Hunger Games: Mockingjay - Part 1', 'Big Hero 6',
'The Dark Knight', "Pirates of the Caribbean: Dead Man's Chest", 'X-Men:
Apocalypse', 'Rise of the Planet of the Apes', "One Flew Over the Cuckoo's
Nest", 'The Hunger Games: Mockingjay - Part 2', 'Star Wars', 'Brave', 'The
Lord of the Rings: The Return of the King', 'The Hobbit: The Battle of the
Five Armies', 'Iron Man', 'X-Men: Days of Future Past', 'Transformers: Age
of Extinction', 'Spider-Man 3', 'Lucy']

CLUSTER #3
Popular Movies: ['Terminator Genisys', 'Fight Club', 'Teenage Mutant Ninja
Turtles', 'Pixels', 'Despicable Me 2', 'Avengers: Age of Ultron', 'Night at
the Museum: Secret of the Tomb', 'Batman Begins', 'The Dark Knight Rises',
'The Lord of the Rings: The Two Towers', 'The Godfather: Part II', 'How to
Train Your Dragon 2', '12 Years a Slave', 'The Wolf of Wall Street', 'Men
in Black II', "Pan's Labyrinth", 'The Bourne Legacy', 'The Amazing Spider-

Man 2', 'The Devil Wears Prada', 'Non-Stop']

CLUSTER #4
Popular Movies: ['Deadpool', 'Mad Max: Fury Road', 'Inception', 'The
Godfather', "Pirates of the Caribbean: At World's End", 'Forrest Gump',
'The Shawshank Redemption', 'Harry Potter and the Chamber of Secrets',
'Inside Out', 'Twilight', 'Maleficent', "Harry Potter and the Philosopher's
Stone", 'Bruce Almighty', 'The Hobbit: An Unexpected Journey', 'The
Twilight Saga: Eclipse', 'Fifty Shades of Grey', 'Blade Runner', 'Psycho',
'Up', 'The Lion King']

CLUSTER #5
Popular Movies: ['Minions', 'Jurassic World', 'Captain America: Civil War',
'Batman v Superman: Dawn of Justice', 'Avatar', 'The Avengers', 'Fury',
'The Maze Runner', 'Tomorrowland', 'Ant-Man', 'Spirited Away', 'Chappie',
'Monsters, Inc.', "Schindler's List", 'The Matrix', 'Skyfall', 'The
Adventures of Tintin', 'Nightcrawler', 'Thor', 'Allegiant']

CLUSTER #6
Popular Movies: ['The Imitation Game', 'Titanic', 'The Pursuit of
Happyness', 'The Prestige', 'The Grand Budapest Hotel', 'The Fault in Our
Stars', 'Catch Me If You Can', 'Cloud Atlas', 'The Conjuring 2', 'Apollo
13', 'Aliens', 'The Usual Suspects', 'GoodFellas', 'The Princess and the
Frog', 'The Theory of Everything', "The Huntsman: Winter's War", 'Mary
Poppins', 'The Lego Movie', 'Starship Troopers', 'The Big Short']

显然，我们使用了成对文档相似度作为特征，因此我们就不会有特定的基于词项的特征，该特征是我们在聚类之前可以为每个簇描述的。但是，我们仍然可以在前面的输出中看到相似电影的每个簇。

7.7.3　近邻传播算法

k- 均值算法虽然非常流行，但其缺点是用户必须定义簇的数量。如果簇的数量发生变化怎么办？有一些方法可以检查簇的质量，并确定 k 可能的最佳值。感兴趣的读者可以查看肘部法则（elbow method）和轮廓系数（silhouette coefficient），它们是确定最佳 k 值的常用方法。

在这里，我们讨论一种算法，该算法试图根据数据的固有属性构建簇，而无须任何关于簇数量的假设。近邻传播（AP）算法基于待聚类的各类数据点之间的"消息传递"概念，并且不假设可能的簇数量。

AP 算法通过在成对的数据点之间传递消息直到实现收敛从而创建这些簇。然后，整个数据集由少量参考点（exemplar）表示，这些参考点充当样本的代表。这些参考点类似于你从 k- 均值或 k- 中心点获得的质心。在数据点之间发送的消息表示一个数据点是否适合作为参考点来代表其他数据点。它会在每次迭代中不断更新，直到实现收敛，最终的参考点将成为每个簇的代表。请记住，此方法的一个缺点是计算量大。消息要在整个数据集中的每对数据点之间传递，并且对于大型数据集，可能需要花费大量时间才能实现收敛。

现在，我们可以定义 AP 算法中涉及的步骤（由 Scikit-Learn 提供）。假设我们有一个具有 n 个数据点的数据集 X，使得 $X=\{x_1, x_2, \cdots, x_n\}$，并且我们以 $\text{sim}(x, y)$ 作为相似度函数，该函数量化两个点 x 和 y 之间的相似度。在这个过程中，我们将再次使用余弦相似度。通过执行以下两个消息传递步骤完成 AP 算法迭代过程。

1）发送吸引度（responsibility）更新，数学上可以表示为

$$r(i, k) \leftarrow \text{sim}(i, k) - \max_{k' \neq k}\{a(i, k') + \text{sim}(i, k')\}$$

其中，吸引度矩阵为 R，且 $r(i, k)$ 是度量指标，用来量化 x_k 与其他候选点相比，可以充当 x_i 的代表或参考点的适合程度。

2）然后，发送归属度（availability）更新，数学上可以表示为

$$a(i, k) \leftarrow \min\left(0, r(k, k) + \sum_{i' \notin \{i, k\}} \max(0, r(i', k))\right)$$

以上是 $i \neq k$ 的情况，而对于 $i=k$，归属度表示为

$$a(k, k) \leftarrow \sum_{i' \neq k} \max(0, r(i', k))$$

其中，归属度矩阵为 A，且 $a(i, k)$ 表示在考虑其他所有点选择以 x_k 作为参考点时，对于 x_i 选择以 x_k 作为其参考点的适合程度。

这两个步骤在每次迭代中都会持续发生，直到实现收敛。这种算法的主要缺点之一是，现实中你的结果可能会出现太多的簇。在这里，我们仅展示前十大的簇：

```
from sklearn.cluster import AffinityPropagation

ap = AffinityPropagation(max_iter=1000)
ap.fit(cosine_sim_features)
res = Counter(ap.labels_)
res.most_common(10)

[(183, 1355), (182, 93), (159, 80), (54, 74), (81, 57),
 (16, 51), (26, 47), (24, 45), (48, 43), (89, 42)]
```

现在，让我们尝试展示这十个簇的每个簇中最受欢迎的电影（我们在这里不考虑电影数量较少的簇）。

```
df['affprop_cluster'] = ap.labels_
filtered_clusters = [item[0] for item in res.most_common(8)]
filtered_df = df[df['affprop_cluster'].isin(filtered_clusters)]
movie_clusters = (filtered_df[['title', 'affprop_cluster', 'popularity']]
                .sort_values(by=['affprop_cluster', 'popularity'],
                            ascending=False)
                .groupby('affprop_cluster').head(20))
movie_clusters = movie_clusters.copy(deep=True)

# get key features for each cluster
# get movies belonging to each cluster
for cluster_num in range(len(filtered_clusters)):
    movies = movie_clusters[movie_clusters['affprop_cluster'] == filtered_
    clusters[cluster_num]]['title'].values.tolist()
```

```
    print('CLUSTER #'+str(filtered_clusters[cluster_num]))
    print('Popular Movies:', movies)
    print('-'*80)
```

CLUSTER #183
Popular Movies: ['Interstellar', 'Dawn of the Planet of the Apes', 'Big
Hero 6', 'The Dark Knight', "Pirates of the Caribbean: Dead Man's Chest",
'The Hunger Games: Mockingjay - Part 2', 'Star Wars', 'Brave', 'The Lord
of the Rings: The Return of the King', 'The Hobbit: The Battle of the Five
Armies', 'Iron Man', 'Transformers: Age of Extinction', 'Lucy', 'Mission:
Impossible - Rogue Nation', 'Maze Runner: The Scorch Trials', 'Spectre',
'The Green Mile', 'Terminator 2: Judgment Day', 'Exodus: Gods and Kings',
'Harry Potter and the Goblet of Fire']

CLUSTER #182
Popular Movies: ['Inception', 'Harry Potter and the Chamber of Secrets',
'The Hobbit: An Unexpected Journey', 'Django Unchained', 'American Beauty',
'Snowpiercer', 'Trainspotting', 'First Blood', 'The Bourne Supremacy', 'Yes
Man', 'The Secret Life of Walter Mitty', 'RED', 'Casino', 'The Passion of
the Christ', 'Annie', 'Fantasia', 'Vicky Cristina Barcelona', 'The Butler',
'The Secret Life of Pets', 'Edge of Darkness']

CLUSTER #159
Popular Movies: ['Gone Girl', 'Pulp Fiction', 'Gladiator', 'Saving Private
Ryan', 'The Game', 'Jack Reacher', 'The Fugitive', 'The Purge: Election
Year', 'The Thing', 'The Rock', '3:10 to Yuma', 'Wild Card', 'Blackhat',
'Knight and Day', 'Equilibrium', 'Black Hawk Down', 'Immortals', '1408',
'The Call', 'Up in the Air']

CLUSTER #54
Popular Movies: ['Despicable Me 2', 'The Lord of the Rings: The Two
Towers', 'The Bourne Legacy', 'Horrible Bosses 2', 'Sherlock Holmes: A
Game of Shadows', "Ocean's Twelve", 'Raiders of the Lost Ark', 'Star Trek
Beyond', 'Fantastic 4: Rise of the Silver Surfer', 'Sherlock Holmes', 'Dead
Poets Society', 'Batman & Robin', 'Madagascar: Escape 2 Africa', 'Paul
Blart: Mall Cop 2', 'Kick-Ass 2', 'Anchorman 2: The Legend Continues', 'The
Pacifier', "The Devil's Advocate", 'Tremors', 'Wild Hogs']

CLUSTER #81
Popular Movies: ['Whiplash', 'Sicario', 'Jack Ryan: Shadow Recruit', 'The
Untouchables', 'Young Frankenstein', 'Point Break', '8 Mile', 'The Final
Destination', 'Savages', 'Scooby-Doo', 'The Artist', 'The Last King of
Scotland', 'Sinister 2', 'Another Earth', 'The Darkest Hour', 'Wall Street:
Money Never Sleeps', 'The Score', 'Doubt', 'Revolutionary Road', 'Crimson Tide']

CLUSTER #16
Popular Movies: ['The Shawshank Redemption', 'Inside Out', 'Batman Begins',
'Psycho', 'Cars', 'Ice Age: Dawn of the Dinosaurs', 'The Chronicles of

Narnia: Prince Caspian', 'Kung Fu Panda 2', 'The Witch', 'Madagascar',
'Wild', 'Shame', 'Scream 2', '16 Blocks', 'Last Action Hero', 'Garden
State', '25th Hour', 'The House Bunny', 'The Jacket', 'Any Given Sunday']

CLUSTER #26
Popular Movies: ['Minions', 'Avatar', 'Penguins of Madagascar', 'Iron
Man 3', 'London Has Fallen', 'The Great Gatsby', 'Transcendence', 'The
5th Wave', 'Zombieland', 'Hotel Transylvania', 'Ghost Rider: Spirit of
Vengeance', 'Warm Bodies', 'Paul', 'The Road', 'Alexander', 'This Is the
End', "Bridget Jones's Diary", 'G.I. Joe: The Rise of Cobra', 'Hairspray',
'Step Up Revolution']

CLUSTER #24
Popular Movies: ['Spider-Man', 'Chronicle', '21 Jump Street', '22 Jump
Street', 'Project X', 'Kick-Ass', 'Grown Ups', 'American Wedding', 'Kiss
Kiss Bang Bang', 'I Know What You Did Last Summer', 'Here Comes the Boom',
'Dazed and Confused', 'Not Another Teen Movie', 'WarGames', 'Fast Times at
Ridgemont High', 'American Graffiti', 'The Gallows', 'Dumb and Dumberer:
When Harry Met Lloyd', 'Bring It On', 'The New Guy']

这里要注意的重要一点是，每个簇的参考点或质心中的一些关键词可能并不总是描述该簇的真实主题思想。一个好主意是在每个簇上构建主题模型，并查看可以从每个簇中提取什么样的主题，以便更好地表示每个簇（可以看出，这是如何连接各种文本分析技术的另一个示例）。

7.7.4　Ward 凝聚层次聚类

层次聚类算法系列与之前讨论的其他聚类模型有些不同。层次聚类尝试通过连续合并或拆分簇来构建类簇的嵌套层次结构。层次聚类有两种主要策略。

❑ 凝聚：这些算法遵循自底向上的方法。所有数据点最初都属于它们自己的单独一簇，然后从底层开始合并簇，从而在向上时构建簇的层次结构。

❑ 分裂：这些算法遵循自顶向下的方法。所有数据点最初都属于一个巨大的簇，然后随着逐步向下移动，开始递归地将它们分割，从而产生一个自上到下的簇层次结构。

通常使用贪婪算法（greedy algorithm）进行合并和拆分，并且层次聚类的最终结果可以可视化为树状结构，称为树状图（dendro-gram）。在图 7-10 中，显示了如何使用凝聚层次聚类来构建树状图。

图 7-10 清楚地显示了 6 个独立的数据点是如何从 6 个簇开始，然后我们按照自底向上

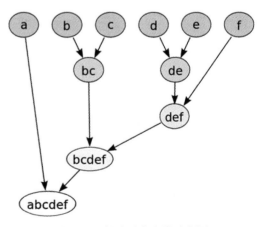

图 7-10　凝聚层次聚类示意图

的方法，慢慢地在每个步骤中将它们分组。在本节中，我们使用凝聚层次聚类算法。在凝聚聚类中，为了确定从单个数据点的簇开始时，应该合并哪些簇，我们需要两个度量标准。

❏ 距离度量标准（distance metric），用于度量数据点之间的相似度或相异度的程度。在实现中，我们将使用余弦距离 / 相似度。

❏ 链接准则（linkage criterion）：确定要用于簇合并策略的度量标准。在这里，我们将使用 Ward 方法。

Ward 的链接准则使所有簇内的平方差之和最小，即一种方差最小化方法。这也称为 Ward 最小方差法，最初由 J. Ward 提出。其思想是使用一个目标函数（例如两点之间的 L2 范数距离），来最小化每个簇中的方差。我们可以使用以下公式计算每对数据点之间的初始簇的距离：

$$d_{ij} = d(\{C_i, C_j\}) = \| C_i - C_j \|^2$$

其中，初始 C_i 表示在每次迭代时具有一个文档的簇 i。我们寻找合并之后所产生的方差增加量最少的成对簇。如上式所示，加权平方的欧几里得距离或 L2 范数足以满足该算法。我们使用余弦相似度，为我们的数据集计算每对电影之间的余弦距离。以下函数实现了 Ward 凝聚层次聚类：

```
from scipy.cluster.hierarchy import ward, dendrogram
from sklearn.metrics.pairwise import cosine_similarity

def ward_hierarchical_clustering(feature_matrix):

    cosine_distance = 1 - cosine_similarity(feature_matrix)
    linkage_matrix = ward(cosine_distance)
    return linkage_matrix
```

为了查看层次聚类的结果，我们需要使用链接矩阵来绘制树状图。因此，我们实现以下函数，从该层次聚类链接矩阵中构建和绘制树状图。

```
def plot_hierarchical_clusters(linkage_matrix, movie_data, p=100,
figure_size=(8,12)):
    # set size
    fig, ax = plt.subplots(figsize=figure_size)
    movie_titles = movie_data['title'].values.tolist()
    # plot dendrogram
    R = dendrogram(linkage_matrix, orientation="left", labels=movie_titles,
                truncate_mode='lastp',
                p=p,
                no_plot=True)
    temp = {R["leaves"][ii]: movie_titles[ii] for ii in range(len(R["leaves"]))}
    def llf(xx):
        return "{}".format(temp[xx])
    ax = dendrogram(
            linkage_matrix,
            truncate_mode='lastp',
            orientation="left",
            p=p,
```

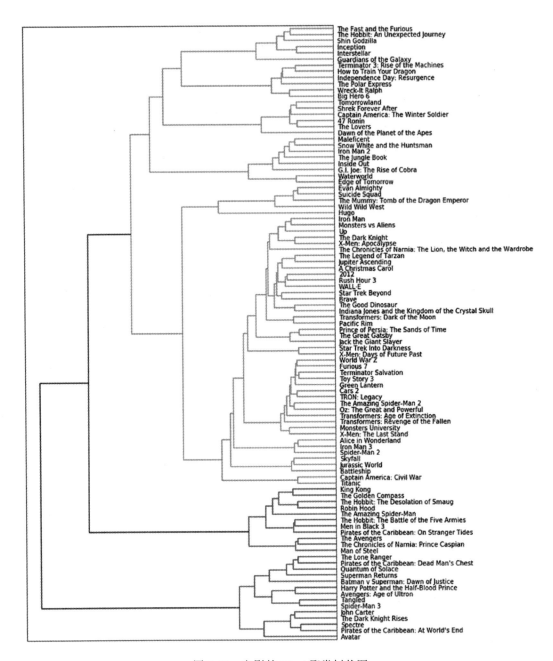

图 7-11　电影的 Ward 聚类树状图

```
        leaf_label_func=llf,
        leaf_font_size=10.,
        )
plt.tick_params(axis= 'x',
            which='both',
            bottom='off',
            top='off',
            labelbottom='off')
```

```
plt.tight_layout()
plt.savefig('movie_hierachical_clusters.png', dpi=200)
```

现在，我们准备好对电影数据执行层次聚类了！以下代码段显示了 Ward 聚类的执行情况。

```
linkage_matrix = ward_hierarchical_clustering(cv_matrix)
plot_hierarchical_clusters(linkage_matrix,
                          p=100,
                          movie_data=df,
                          figure_size=(12, 14))
```

图 7-11 中的树状图为我们显示了聚类分析结果。这些颜色表明存在三个主要的簇，这些簇又被细分为更细粒度的簇，从而保持了层次结构。如果你在阅读小字体时遇到问题或看不到颜色，则可以在本章代码文件中找到名为 movie_hierachical_clusters.png 的文件，在该文件中查看同一图形。由于缺少可视化空间，我们仅在树状图中显示最终 100 部电影。

7.8　本章小结

我们在本章涵盖了很多内容，包括具有挑战性却非常有趣的无监督机器学习领域中的多个主题。现在，你知道了如何计算文本相似度以及各种距离度量方法和度量标准。我们还研究了与距离度量标准、度量和属性相关的重要概念，这些将一个度量转换为一种度量标准。我们还研究了与无监督机器学习有关的概念，以及如何将此类技术纳入文档聚类。

我们还介绍了各种度量术语和文档相似度的方法，通过使用 Python 的功能和几个开源库成功地将数学方程转换为代码，并实现了其中的几种技术。我们详细讨论了文档聚类，研究聚类模型的各种概念和类型。

最后，我们采用一个真实的示例，该示例使用 IMDB 电影概要数据对有史以来排名前 100 的最佳电影进行了聚类，并使用了不同的聚类模型，例如 k- 均值、AP 算法和 Ward 层次聚类，来构建、分析和可视化簇。这应该足以让你开始分析文档的相似度和聚类了。甚至，你可以结合到目前为止所涵盖章节中的各种技术。（提示：可以通过聚类的主题模型、组合有监督和无监督机器学习来构建分类器，以及使用文档聚类来增强推荐系统，此处仅举几例！）

第 8 章
语 义 分 析

在过去的十几年里，随着机器学习的出现以及深度学习和人工智能的进一步发展，自然语言理解已经变得十分重要。计算机和其他可以编程学习特定事物和执行特定操作的机器，其主要局限就是没有像人类一样的感知、理解和领悟事物的能力。随着神经网络的再次兴起和计算机架构的进步，深度学习和人工智能迅速地演进，我们做了一些努力尝试，让机器自己学习、感知、理解和执行动作。你或许已经看到或听到这些努力，诸如自动驾驶汽车、在围棋或国际象棋等比赛中击败经验丰富的人类选手的计算机，以及新近的聊天机器人。截至目前，我们已经研究了各类用于文本分类、聚类和摘要的计算、语言处理和机器学习技术，也开发了分析和理解文本语法和结构的方法与程序。本章将讨论一些尝试回答这个问题的方法——"我们能分析和理解文本背后的意义和情感吗"？

自然语言处理（NLP）有着广泛的应用。人们尝试使用自然语言理解来推理文本背后的意义和上下文，并解决一些问题。我们在第 1 章已经简要讨论了其中一些应用。为了便于回顾相关内容，以下应用程序需要从语义方面深入理解文本。

❑ 问答系统（question answering systems）
❑ 上下文识别（contextual recognition）
❑ 语音识别（speech recognition）

文本语义学专门研究如何理解文本或语言的意义。单词在结合成语句之后有了语法关系和上下文关系，形成各种关系和结构类型，语义是分析和理解这些关系以及从这些关系中推理意义的关键。我们将探讨自然语言中不同类型的语义关系，研究一些自然语言处理技术来推理和提取文本中有意义的语义信息。语义仅与上下文和意义相关，文本的结构发挥的作用很小。但是有时，语法和词的排列有助于我们推理单词的上下文、区分不同的事物，例如"lead"何时意为金属铅，何时意为电影的主演。

本章将讨论语义分析的几个方面。我们将从探索一个词汇数据库 WordNet 开始，并介绍一个称为同义词集的新概念。我们也会探讨不同的语义关系和自然语言的表示方法，包括词义消歧和命名实体识别（NER）等技术，你甚至可以从头开始构建自己的 NER！让我们开始吧。本章中展示的所有代码示例都可以在本书的官方 GitHub 存储库中找到，你可以通过 https://GitHub.com/dipanjanS/text-analytics-with-python/tree/master/New-Second-Edition 访问。

8.1 语义分析简介

我们已经知道词项或单词如何组成短语，进一步形成从句，到最后形成句子。第 3 章介绍了自然语言的各种结构成分，包括词性（POS）、分块（chunking）和语法。这些概念都属于文本数据的句法和结构分析。然而，我们研究单词、短语、从句之间的语法关系，纯粹是基于它们的位置、句法和结构。语义分析更多的是关于对文本中单词背后真实上下文和意义的理解，和它们如何互相联系并作为整体来传达一些信息。

如第 1 章提到的，语义学本身就是对意义的研究，语言语义学是语言学下面的一个完整分支，主要研究自然语言的意义，包括研究不同单词、短语以及符号之间的关系。此外，也有各种表示与语句和命题相关联语义的方法。我们将在语义分析的基础上广泛讨论以下主题：

- ❏ 探索 WordNet 和同义词集
- ❏ 分析词汇语义关系
- ❏ 词义消歧
- ❏ 命名实体识别
- ❏ 分析语义的表示方法

讨论这些主题的主要目的是让你对语义分析的资源情况，以及如何使用这些资源有一个清晰的认识。你可以回顾 1.4 节的相关内容。我们将通过实际例子，回顾相关的几个概念。别再拖延了，让我们开始吧！

8.2 探索 WordNet

WordNet 是一个大型的英语词汇数据库。该数据库属于普林斯顿大学，你可以访问 https://wordnet.princeton.edu 网站了解更多信息，该网站是 WordNet 的官方网站。该词汇数据库是 1985 年在 G.A. Miller 教授的指导下，由普林斯顿大学认知科学实验室开发的。它由名词、形容词、动词和副词组成，而且基于相同的概念将相关的词项分为一组。这些集合被称之为认知同义词集或同义词集，每个同义词集表达了独特的、不同的概念。

从较高的层面来看，WordNet 可以比作能提供单词和同义词的词汇表或词典。从较低的层面来看，WordNet 能够提供的不止如此，WordNet 同义词集和与之相关的词汇具有基于语义的详细的关系和层次结构。作为一个词汇数据库，WordNet 在文本分析、NLP 以及基于人工智能的应用中广泛使用。

WordNet 数据库由 155 000 多个单词组成，含有超过 117 000 个同义词集和 206 000 个词 – 义对。数据库大概有 12MB，可以支持各种界面和 API 的访问。官方网站提供一个 Web 应用程序接口，可以访问与所输入单词相关的各种详细的单词、同义词和概念。你可以在 http://wordnetweb.princeton.edu/perl/webwn 访问它，也可以在 https://wordnet.princeton.edu/wordnet/download/ 进行下载。下载的内容包括 WordNet 的各种软件包、文件和工具。我们将使用 NLTK 软件包提供的接口访问 WordNet。现在开始探索同义词以及使用同义词的不同语义关系吧。

8.2.1 理解同义词集

因为同义词或许是将每个事物联系在一起的最重要的结构之一，所以我们从研究同义词集开始探索 WordNet。通常，基于 NLP 和信息检索的概念，一个同义词集被认为是一组语义相似的数据实体的集合。这并不意味着它们完全相同，而是它们聚焦于相似的上下文或概念。从 WordNet 的具体上下文来讲，一个同义词集是一组同义词，它们在一个具体的概念上是可以互相替换或替代的。同义词集不仅由简单的单词组成，也可由词组组成。多义词（读音和组成相同但拥有不同相关意义的单词）会基于它们的意义被分配到不同的同义词集。同义词集通过语义关系与其他同义词集进行连接，我们将在下面的章节中进行介绍。一般情况下，每个同义词集拥有解释其意义的词项、一些可选的例子以及相关的主旨（同义词集合）。一些词项拥有多个与之相关的同义词集，每个同义词集拥有具体的上下文。

让我们使用 NLTK 的 WordNet 接口研究一个真实的例子，使用 "fruit" 这个单词探索同义词集。可以使用下面的代码来实现：

```
from nltk.corpus import wordnet as wn
import pandas as pd

term = 'fruit'
synsets = wn.synsets(term)
# display total synsets
print 'Total Synsets:', len(synsets)

Total Synsets: 5
```

可以看到 "fruit" 这个单词一共有 5 个与之相联系的同义词集，这些同义词集表明了什么内容？我们可以使用下面的代码，深入挖掘每个同义词集及其组成（见图 8-1）。

```
pd.options.display.max_colwidth = 200
fruit_df = pd.DataFrame([{'Synset': synset,
                         'Part of Speech': synset.lexname(),
                         'Definition': synset.definition(),
                         'Lemmas': synset.lemma_names(),
                         'Examples': synset.examples()}
                             for synset in synsets])
fruit_df = fruit_df[['Synset', 'Part of Speech', 'Definition', 'Lemmas',
'Examples']]
fruit_df
```

	Synset	Part of Speech	Definition	Lemmas	Examples
0	Synset('fruit.n.01')	noun.plant	the ripened reproductive body of a seed plant	[fruit]	[]
1	Synset('yield.n.03')	noun.artifact	an amount of a product	[yield, fruit]	[]
2	Synset('fruit.n.03')	noun.event	the consequence of some effort or action	[fruit]	[he lived long enough to see the fruit of his policies]
3	Synset('fruit.v.01')	verb.creation	cause to bear fruit	[fruit]	[]
4	Synset('fruit.v.02')	verb.creation	bear fruit	[fruit]	[the trees fruited early this year]

图 8-1 浏览 WordNet 同义词集

上面的代码输出向我们显示了与 "fruit" 相关的每个同义词集的细节，这些定义给出了我们每个同义词集的意义和与它相关的主旨。同时也提到了每个同义词的词性，包括名词和动词。上面的输出也给出了一些例子，显示这些词汇在实际句子中如何使用。现在我们对同义词集有了更好的了解，让我们开始探索前面提到的各种语义关系吧。

8.2.2 分析词汇的语义关系

文本语义学指的是对意义和上下文的研究。同义词集给出了各种词项间的一个很好的抽象，提供了有用的信息，例如定义、例子、词性和原型词。但是，我们可以使用同义词集探索实体间的语义关系吗？答案是肯定的。我们将讨论与语义关系相关的诸多概念，这些概念在1.4.1节进行了详细介绍。当我们在这里使用实例分析这些概念时，你最好再回顾一下1.4.1节的内容，以便更好地理解它们。我们将使用NLTK的WordNet资源，但是你也可以使用pattern软件包中的WordNet，其中包含了与NLTK相似的接口。

1. 蕴含

通常蕴含（entailment）指的是在逻辑上涉及或者与其他已经发生或将要发生的行为或事件相关联的事件或行为。理想情况下，这适用于表示某些特定行为的动词。以下代码说明了如何获得蕴含：

```
# entailments
for action in ['walk', 'eat', 'digest']:
    action_syn = wn.synsets(action, pos='v')[0]
    print(action_syn, '-- entails -->', action_syn.entailments())

Synset('walk.v.01') -- entails --> [Synset('step.v.01')]
Synset('eat.v.01') -- entails --> [Synset('chew.v.01'),
Synset('swallow.v.01')]
Synset('digest.v.01') -- entails --> [Synset('consume.v.02')]
```

从输出中，你可以看到相关的同义词如何描述蕴含的概念。蕴含中描述了相关的行为，就像走路这样的行为涉及或需要迈步，吃需要咀嚼和吞咽一样。

2. 同音词和同形异义词

从较高的层面来看，同音词指的是具有相同的书面形式或发音但意义不同的单词或词项。同音词是同形异义词的超集，同形异义词指的是具有同样的拼写但可能具有不同的读音和意义的单词。下面的代码片段显示了如何得到同音词/同形异义词：

```
for synset in wn.synsets('bank'):
    print(synset.name(),'-',synset.definition())
bank.n.01 - sloping land (especially the slope beside a body of water)
depository_financial_institution.n.01 - a financial institution that
accepts deposits and channels the money into lending activities
bank.n.03 - a long ridge or pile
bank.n.04 - an arrangement of similar objects in a row or in tiers
...
...
deposit.v.02 - put into a bank account
bank.v.07 - cover with ashes so to control the rate of burning
trust.v.01 - have confidence or faith in
```

上面的输出显示了单词"bank"的各种同形异义词的一部分结果。你可以看到单词"bank"有很多不同意义,这很好地解释了同形异义词。

3. 同义词和反义词

如你所知,同义词有相似的意义,反义词则是指具有相反或相对的意义的单词。下面的代码显示了同义词和反义词:

```
term = 'large'
synsets = wn.synsets(term)
adj_large = synsets[1]
adj_large = adj_large.lemmas()[0]
adj_large_synonym = adj_large.synset()
adj_large_antonym = adj_large.antonyms()[0].synset()

print('Synonym:', adj_large_synonym.name())
print('Definition:', adj_large_synonym.definition())
print('Antonym:', adj_large_antonym.name())
print('Definition:', adj_large_antonym.definition())
print()

Synonym: large.a.01
Definition: above average in size or number or quantity or magnitude or extent
Antonym: small.a.01
Definition: limited or below average in number or quantity or magnitude or extent

term = 'rich'
synsets = wn.synsets(term)[:3]

for synset in synsets:
    rich = synset.lemmas()[0]
    rich_synonym = rich.synset()
    rich_antonym = rich.antonyms()[0].synset()

    print('Synonym:', rich_synonym.name())
    print('Definition:', rich_synonym.definition())
    print('Antonym:', rich_antonym.name())
    print('Definition:', rich_antonym.definition())
    print()

Synonym: rich_people.n.01
Definition: people who have possessions and wealth (considered as a group)
Antonym: poor_people.n.01
Definition: people without possessions or wealth (considered as a group)

Synonym: rich.a.01
Definition: possessing material wealth
Antonym: poor.a.02
Definition: having little money or few possessions

Synonym: rich.a.02
Definition: having an abundant supply of desirable qualities or substances
(especially natural resources)
```

Antonym: poor.a.04
Definition: lacking in specific resources, qualities or substances

上面的输出显示了单词"large"和"rich"的同义词和反义词。此外，我们还探索了与词项或概念"rich"相关的几个同义词集，它们正确地给出了确切的同义词和对应的反义词。

4. 下位词和上位词

同义词集表示基于某些相似性而关联在一起的具有独立语义和概念的词。除了具体的实体外，一些同义词集也代表抽象的和一般性的概念。通常情况下，它们以一种层次结构连接在一起，表示一种"is-a"关系。下位词和上位词帮助我们在层次结构中探索相关的概念。具体来讲，下位词所指的概念或实体是高层概念的子类，与其超类相比，下位词具有更具体的意义和上下文。下面的片段给出了单词"tree"的下位词：

```
term = 'tree'
synsets = wn.synsets(term)
tree = synsets[0]

print('Name:', tree.name())
print('Definition:', tree.definition())
```

```
Name: tree.n.01
Definition: a tall perennial woody plant having a main trunk and branches
forming a distinct elevated crown; includes both gymnosperms and
angiosperms
```

```
hyponyms = tree.hyponyms()
print('Total Hyponyms:', len(hyponyms))
print('Sample Hyponyms')
for hyponym in hyponyms[:10]:
    print(hyponym.name(), '-', hyponym.definition())
    print()
```

```
Total Hyponyms: 180
Sample Hyponyms
aalii.n.01 - a small Hawaiian tree with hard dark wood

acacia.n.01 - any of various spiny trees or shrubs of the genus Acacia

african_walnut.n.01 - tropical African timber tree with wood that resembles
mahogany

albizzia.n.01 - any of numerous trees of the genus Albizia

alder.n.02 - north temperate shrubs or trees having toothed leaves and
conelike fruit; bark is used in tanning and dyeing and the wood is rot-
resistant

angelim.n.01 - any of several tropical American trees of the genus Andira

angiospermous_tree.n.01 - any tree having seeds and ovules contained in the
ovary

anise_tree.n.01 - any of several evergreen shrubs and small trees of the
```

genus Illicium

arbor.n.01 - tree (as opposed to shrub)

aroeira_blanca.n.01 - small resinous tree or shrub of Brazil

上面的输出告诉我们单词 "tree" 有 180 个下位词，我们可以看到一些下位词例子和它们的定义。如预期的那样，我们可以看到每个下位词都是 tree 的一种特定类型。作为超类的下位词具有更一般的意义和上下文。下面的代码显示了 "tree" 的直接超类。

```
hypernyms = tree.hypernyms()
print(hypernyms)
```

[Synset('woody_plant.n.01')]

可以使用以下代码在描述 "tree" 的下位词或父类的整个实体 / 概念结构上进行导览：

```
# get total hierarchy pathways for 'tree'
hypernym_paths = tree.hypernym_paths()
print('Total Hypernym paths:', len(hypernym_paths))
```

Total Hypernym paths: 1

```
# print the entire hypernym hierarchy
print('Hypernym Hierarchy')
print(' -> '.join(synset.name() for synset in hypernym_paths[0]))
```

Hypernym Hierarchy
entity.n.01 -> physical_entity.n.01 -> object.n.01 -> whole.n.02 -> living_
thing.n.01 -> organism.n.01 -> plant.n.02 -> vascular_plant.n.01 -> woody_
plant.n.01 -> tree.n.01

从上面的输出可以看到 "entity" 是 "tree" 上最一般性的概念，完整的上位词层次结构显示了每个层次对应的上位词或超类。当继续向下导览，你将获得更加具体的概念 / 实体，如果沿反方向导览，你将获得更加一般的概念 / 实体。

5. 整体词和部分词

整体词是一些实体，包含我们感兴趣的特定实体。基本上，整体词指的是单词或实体间的关系，表示一个整体或整体的具体部分。下面的代码片段显示了 "tree" 的整体词。

```
member_holonyms = tree.member_holonyms()
print('Total Member Holonyms:', len(member_holonyms))
print('Member Holonyms for [tree]:-')
for holonym in member_holonyms:
    print(holonym.name(), '-', holonym.definition())
    print()
```

Total Member Holonyms: 1
Member Holonyms for [tree]:-
forest.n.01 - the trees and other plants in a large densely wooded area

从输出可以看到，"forest" 是 "tree" 的整体词，其语义上是正确的，因为森林是由树组成。部分词表示一个单词或实体作为其他单词组成或一部分的语义关系。下面的代码给出了"tree"的不同类型的部分词。

```
part_meronyms = tree.part_meronyms()
print('Total Part Meronyms:', len(part_meronyms))
print('Part Meronyms for [tree]:-')
for meronym in part_meronyms:
    print(meronym.name(), '-', meronym.definition())
    print()
```

```
Total Part Meronyms: 5
Part Meronyms for [tree]:-
burl.n.02 - a large rounded outgrowth on the trunk or branch of a tree
crown.n.07 - the upper branches and leaves of a tree or other plant
limb.n.02 - any of the main branches arising from the trunk or a bough of a tree
stump.n.01 - the base part of a tree that remains standing after the tree
has been felled
trunk.n.01 - the main stem of a tree; usually covered with bark; the bole
is usually the part that is commercially useful for lumber
```

```
# substance based meronyms for tree
substance_meronyms = tree.substance_meronyms()
print('Total Substance Meronyms:', len(substance_meronyms))
print('Substance Meronyms for [tree]:-')
for meronym in substance_meronyms:
    print(meronym.name(), '-', meronym.definition())
    print()
```

```
Total Substance Meronyms: 2
Substance Meronyms for [tree]:-
heartwood.n.01 - the older inactive central wood of a tree or woody plant;
usually darker and denser than the surrounding sapwood
sapwood.n.01 - newly formed outer wood lying between the cambium and the
heartwood of a tree or woody plant; usually light colored; active in water
conduction
```

这个输出显示了不同的部分词,包括树的不同组成,如"Stump"(树桩)和"trunk"(树干),以及衍生的其他物体,如树的"heartwood"(心材)和"sapwood"(边材)。

6. 语义关系与相似度

在前面的章节中,我们已经研究了各种与词汇语义关系相关的概念。现在将研究基于语义关系连接相似实体的方法,以及它们的相似度度量。语义相似度不同于第 6 章所讨论的传统的相似度度量。我们将使用一些与生物实体相关的同义词集例子,如下面的分析代码所示。

```
tree = wn.synset('tree.n.01')
lion = wn.synset('lion.n.01')
tiger = wn.synset('tiger.n.02')
cat = wn.synset('cat.n.01')
dog = wn.synset('dog.n.01')
```

```
# create entities and extract names and definitions
```

```
entities = [tree, lion, tiger, cat, dog]
entity_names = [entity.name().split('.')[0] for entity in entities]
entity_definitions = [entity.definition() for entity in entities]

# print entities and their definitions
for entity, definition in zip(entity_names, entity_definitions):
    print(entity, '-', definition)
    print()
```

tree - a tall perennial woody plant having a main trunk and branches forming a distinct elevated crown; includes both gymnosperms and angiosperms

lion - large gregarious predatory feline of Africa and India having a tawny coat with a shaggy mane in the male

tiger - large feline of forests in most of Asia having a tawny coat with black stripes; endangered

cat - feline mammal usually having thick soft fur and no ability to roar: domestic cats; wildcats

dog - a member of the genus Canis (probably descended from the common wolf) that has been domesticated by man since prehistoric times; occurs in many breeds

现在我们对实体更加了解了，我们将基于这些实体共同的上位词把它们联系起来。对于每一对实体，我们将尽力寻找关系层次结构树中最低级别的上位词。相联系的实体应该拥有非常具体的上位词，不相关的实体则拥有非常抽象或通用的上位词。下面的代码片段会描述这一点：

```
common_hypernyms = []
for entity in entities:
    # get pairwise lowest common hypernyms
    common_hypernyms.append([entity.lowest_common_hypernyms(compared_entity)[0]
                                    .name().split('.')[0]
                        for compared_entity in entities])

# build pairwise lower common hypernym matrix
common_hypernym_frame = pd.DataFrame(common_hypernyms,
                                index=entity_names,
                                columns=entity_names)

common_hypernym_frame
```

对于每对实体，忽略矩阵的主对角线，我们看到它们最低级的共同上位词描述了它们之间的自然关系（见图 8-2）。除了它们都是生物之外，"tree" 与其他动物之间没有关系。因此我们得到了它们之间的 "organism"（生物）关系。猫和狮子、老虎有关，都是猫科动物，我们从上面的输出同样看到了这一点。老虎和狮子彼此通过 "big_cat" 相互联系。最后，因为它们通常都吃肉，我们可以看到狗与其他动物是 "carnivore"（食肉动物）的关系。

我们也可以使用各种语义概念来度量实体之间的语义相似度。我们将使用路径相似度（path similarity），它基于连接两个词的上位词/下位词的最短路径返回一个数值，其范围是 [0, 1]。下面的代码显示如何生成这个相似度矩阵（见图 8-3）：

	tree	lion	tiger	cat	dog
tree	tree	organism	organism	organism	organism
lion	organism	lion	big_cat	feline	carnivore
tiger	organism	big_cat	tiger	feline	carnivore
cat	organism	feline	feline	cat	carnivore
dog	organism	carnivore	carnivore	carnivore	dog

图 8-2　成对单词的共同上位词矩阵

	tree	lion	tiger	cat	dog
tree	1.00	0.07	0.07	0.08	0.12
lion	0.07	1.00	0.33	0.25	0.17
tiger	0.07	0.33	1.00	0.25	0.17
cat	0.08	0.25	0.25	1.00	0.20
dog	0.12	0.17	0.17	0.20	1.00

图 8-3　成对单词的相似度矩阵

```
similarities = []
for entity in entities:
    # get pairwise similarities
    similarities.append([round(entity.path_similarity(compared_entity), 2)
                        for compared_entity in entities])

# build pairwise similarity matrix
similarity_frame = pd.DataFrame(similarities, index=entity_names,
                                columns=entity_names)
similarity_frame
```

如预期的一样，从图 8-3 的输出可以看到狮子和老虎最相似，其值为 0.33，紧接着是猫，猫与它们的语义相似度值为 0.25。与动物相比，树的语义相似度最低。这里就要结束对词汇语义关系的分析讨论了。我鼓励你尝试使用不同的例子，利用 WordNet 探索更多的概念。

8.3　词义消歧

在前面的章节，我们研究了同形异义词和同音词，这些词的拼写或发音相似，但意义不同。词义基于单词如何使用且依赖于单词的语义，由上下文（或语境）决定。假设单词基于上下文有多种意思，基于单词使用情况，识别单词的正确语义和意义称为词义消歧。词义消歧是自然语言处理中的典型问题，在各领域中均有使用，如提高搜索引擎结果的相关性、一致性等。

这里有多种方法解决这个问题，包括基于词汇和字典的方法、有监督机器学习和无监督机器学习的方法。详细论述每个方面超出了本书的范围，因此我将使用 Lesk 算法介绍词义消歧，该算法是一个经典的算法，由 M.E.Lesk 在 1986 年发明。该算法的基本原理是使用字典或词汇的定义来消除文本的歧义，并把我们感兴趣的单词周围的一段文字与这些定义中的文字进行比较。我们将使用 WordNet 的定义代替单词词典。主要目的是要返回上下文的句子和我们要消歧的单词同义词集的定义之间的最大数量的重叠词或词项。下面的代码片段描述了如何使用 NLTK 进行词义消歧：

```
from nltk.wsd import lesk
from nltk import word_tokenize

# sample text and word to disambiguate
samples = [('The fruits on that plant have ripened', 'n'),
           ('He finally reaped the fruit of his hard work as he won the
           race', 'n')]

# perform word sense disambiguation
word = 'fruit'
for sentence, pos_tag in samples:
    word_syn = lesk(word_tokenize(sentence.lower()), word, pos_tag)
    print('Sentence:', sentence)
    print('Word synset:', word_syn)
    print('Corresponding definition:', word_syn.definition())
    print()

Sentence: The fruits on that plant have ripened
Word synset: Synset('fruit.n.01')
Corresponding definition: the ripened reproductive body of a seed plant

Sentence: He finally reaped the fruit of his hard work as he won the race
Word synset: Synset('fruit.n.03')
Corresponding definition: the consequence of some effort or action

# sample text and word to disambiguate
samples = [('Lead is a very soft, malleable metal', 'n'),
           ('John is the actor who plays the lead in that movie', 'n'),
           ('This road leads to nowhere', 'v')]

word = 'lead'


# perform word sense disambiguation
for sentence, pos_tag in samples:
    word_syn = lesk(word_tokenize(sentence.lower()), word, pos_tag)
    print('Sentence:', sentence)
    print('Word synset:', word_syn)
    print('Corresponding defition:', word_syn.definition())
    print()

Sentence: Lead is a very soft, malleable metal
Word synset: Synset('lead.n.02')
Corresponding definition: a soft heavy toxic malleable metallic element;
bluish white when freshly cut but tarnishes readily to dull grey

Sentence: John is the actor who plays the lead in that movie
Word synset: Synset('star.n.04')
Corresponding definition: an actor who plays a principal role

Sentence: This road leads to nowhere
Word synset: Synset('run.v.23')
Corresponding definition: cause something to pass or lead somewhere
```

我们在上面的例子中尝试对不同文本文档中的两个单词"fruit"和"lead"进行词义消歧。可以看到我们利用 Lesk 算法基于每个文档中的使用和上下文获得了单词的正确语义。这告诉你,"fruit"有两个意思,一个是可以消费的实体,另一个是一些行为的结果。我们也看到"lead"的意思是一种软金属、让某物/某人去某地,或是戏剧或电影中的主演!

8.4 命名实体识别

在文档中,有一些特别的词项与文本中的其他词项比起来代表更多的信息,并拥有上下文一致的内容。这些实体称为命名实体,特指代表真实世界的对象的词汇,如人物、地点、组织等,一般通过专有名词表示。通常我们可以通过查询文本中的名词短语来找到这些实体。命名实体识别(NER)也称为实体分块/提取,经常用于信息抽取来识别和分割命名实体,或在不同预定义类型下进行分类。spaCy 在 NER 方面具有一些出色的功能,你可以在其网站 https://spacy.io/api/annotation#named-entities 上找到它们使用的通用标注方案的详细信息。我们在图 8-4 所示的表中展示了主要的命名实体标签(类型)。

类型	描述
PERSON	People, including fictional.
NORP	Nationalities or religious or political groups.
FAC	Buildings, airports, highways, bridges, etc.
ORG	Companies, agencies, institutions, etc.
GPE	Countries, cities, states.
LOC	Non-GPE locations, mountain ranges, bodies of water.
PRODUCT	Objects, vehicles, foods, etc. (Not services.)
EVENT	Named hurricanes, battles, wars, sports events, etc.
WORK_OF_ART	Titles of books, songs, etc.
LAW	Named documents made into laws.
LANGUAGE	Any named language.
DATE	Absolute or relative dates or periods.
TIME	Times smaller than a day.
PERCENT	Percentage, including "%".
MONEY	Monetary values, including unit.
QUANTITY	Measurements, as of weight or distance.
ORDINAL	"first", "second", etc.
CARDINAL	Numerals that do not fall under another type.

图 8-4 常用的命名实体

spaCy 提供了一个基于多种技术的快速 NER 标注器。虽然没有对确切算法进行详细讨论,但是文档将其记为"目前没有任何一个出版物对其进行描述,确切的算法是众所周知的方法的集合"。现在让我们尝试在一个样本语料库上进行 NER。为此,我们定义了一个示例新闻文档,如下所示。

```
text = """Three more countries have joined an "international grand
committee" of parliaments, adding to calls for Facebook's boss, Mark
```

Zuckerberg, to give evidence on misinformation to the coalition. Brazil, Latvia and Singapore bring the total to eight different parliaments across the world, with plans to send representatives to London on 27 November with the intention of hearing from Zuckerberg. Since the Cambridge Analytica scandal broke, the Facebook chief has only appeared in front of two legislatures: the American Senate and House of Representatives, and the European parliament. Facebook has consistently rebuffed attempts from others, including the UK and Canadian parliaments, to hear from Zuckerberg. He added that an article in the New York Times on Thursday, in which the paper alleged a pattern of behaviour from Facebook to "delay, deny and deflect" negative news stories, "raises further questions about how recent data breaches were allegedly dealt with within Facebook."

"""

感谢 spaCy，现在获取命名实体非常容易。我们做了一些基本的文本处理，并使用 spaCy 获得了 NER 标签，如下所示。

```python
import spacy
import re

text = re.sub(r'\n', '', text) # remove extra newlines
nlp = spacy.load('en')
text_nlp = nlp(text)
# print named entities in article
ner_tagged = [(word.text, word.ent_type_) for word in text_nlp]
print(ner_tagged)
[('Three', 'CARDINAL'), ('more', ''), ('countries', ''), ('have', ''),
('joined', ''), ('an', ''), ('\'', ''), ('international', ''), ('grand', ''),
('committee', ''), ('"', ''), ('of', ''), ('parliaments', ''), (',', ''),
('adding', ''), ('to', ''), ('calls', ''), ('for', ''), ('Facebook', 'ORG'),
("s", ''), ('boss', ''), (',', ''), ('Mark', 'PERSON'), ('Zuckerberg', 'PERSON'),
(',', ''), ('to', ''), ('give', ''), ('evidence', ''), ('on', ''),
('misinformation', ''), ('to', ''), ('the', ''), ('coalition', ''), ('.', ''),
('Brazil', 'GPE'), (',', ''), ('Latvia', 'GPE'), ('and', ''), ('Singapore', 'GPE'),
('bring', ''), ('the', ''), ('total', ''), ('to', ''), ('eight', 'CARDINAL'),
('different', ''), ('parliaments', ''), ('across', ''), ('the', ''),
('world', ''), (',', ''), ('with', ''), ('plans', ''), ('to', ''),
('send', ''), ('representatives', ''), ('to', ''), ('London', 'GPE'),
('on', ''), ('27', 'DATE'), ('November', 'DATE'), ('with', ''),
('the', ''), ('intention', ''), ('of', ''), ('hearing', ''), ('from', ''),
('Zuckerberg', 'PERSON'), ('.', ''), ('Since', ''), ('the', ''),
('Cambridge', 'GPE'), ('Analytica', ''), ('scandal', ''), ('broke', ''),
(',', ''), ('the', ''), ('Facebook', 'ORG'), ('chief', ''), ('has', ''),
('only', ''), ('appeared', ''), ('in', ''), ('front', ''), ('of', ''),
('two', 'CARDINAL'), ('legislatures', ''), (':', ''), ('the', ''),
('American', 'NORP'), ('Senate', 'ORG'), ('and', ''), ('House', 'ORG'),
('of', 'ORG'), ('Representatives', 'ORG'), (',', ''), ('and', ''),
('the', ''), ('European', 'NORP'), ('parliament', ''), ('.', ''),
('Facebook', 'ORG'), ('has', ''), ('consistently', ''), ('rebuffed', ''),
```

```
('attempts', ''), ('from', ''), ('others', ''), (',', ''), ('including', ''),
('the', ''), ('UK', 'GPE'), ('and', ''), ('Canadian', 'NORP'),
('parliaments', ''), (',', ''), ('to', ''), ('hear', ''), ('from', ''),
('Zuckerberg', 'PERSON'), ('.', ''), ('He', ''), ('added', ''), ('that', ''),
('an', ''), ('article', ''), ('in', ''), ('the', 'ORG'), ('New', 'ORG'),
('York', 'ORG'), ('Times', 'ORG'), ('on', ''), ('Thursday', 'DATE'), (',', ''),
('in', ''), ('which', ''), ('the', ''), ('paper', ''), ('alleged', ''),
('a', ''), ('pattern', ''), ('of', ''), ('behaviour', ''), ('from', ''),
('Facebook', 'ORG'), ('to', ''), ('"', ''), ('delay', ''), (',', ''),
('deny', ''), ('and', ''), ('deflect', ''), ('"', ''), ('negative', ''),
('news', ''), ('stories', ''), (',', ''), ('"', ''), ('raises', ''),
('further', ''), ('questions', ''), ('about', ''), ('how', ''), ('recent', ''),
('data', ''), ('breaches', ''), ('were', ''), ('allegedly', ''), ('dealt', ''),
('with', ''), ('within', ''), ('Facebook', 'ORG'), ('.', ''), ('"', '')]
```

你可以清楚地看到前面输出的文本标记中标识了几个实体。spaCy 还提供了一个很好的框架，可以用如下的可视化方式查看它。

```
from spacy import displacy

# visualize named entities
displacy.render(text_nlp, style='ent', jupyter=True)
```

我们可以在图 8-5 所示的清晰简洁的可视化结果中看到标记的所有主要命名实体。其中大部分都很有道理，而有些则稍有错误。我们还可以通过编程方式提取命名实体，通常情况下使用以下代码是很有帮助的。

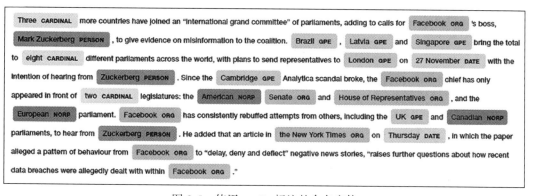

图 8-5　使用 spaCy 标注的命名实体

```
named_entities = []
temp_entity_name = ''
temp_named_entity = None
for term, tag in ner_tagged:
    if tag:
        temp_entity_name = ' '.join([temp_entity_name, term]).strip()
        temp_named_entity = (temp_entity_name, tag)
    else:
        if temp_named_entity:
```

```
            named_entities.append(temp_named_entity)
            temp_entity_name = "
            temp_named_entity = None
print(named_entities)
```

```
[('Three', 'CARDINAL'), ('Facebook', 'ORG'), ('Mark Zuckerberg', 'PERSON'),
('Brazil', 'GPE'), ('Latvia', 'GPE'), ('Singapore', 'GPE'), ('eight', 'CARDINAL'),
('London', 'GPE'), ('27 November', 'DATE'), ('Zuckerberg', 'PERSON'),
('Cambridge', 'GPE'), ('Facebook', 'ORG'), ('two', 'CARDINAL'),
('American Senate', 'ORG'), ('House of Representatives', 'ORG'),
('European', 'NORP'), ('Facebook', 'ORG'), ('UK', 'GPE'), ('Canadian', 'NORP'),
('Zuckerberg', 'PERSON'), ('the New York Times', 'ORG'), ('Thursday',
'DATE'), ('Facebook', 'ORG'), ('Facebook', 'ORG')]
```

```
# viewing the top entity types
from collections import Counter
c = Counter([item[1] for item in named_entities])
c.most_common()
```

```
[('ORG', 8), ('GPE', 6), ('CARDINAL', 3), ('PERSON', 3), ('DATE', 2),
('NORP', 2)]
```

这让我们很好地了解了如何利用 spaCy 进行 NER。现在让我们使用相关的 JAR 文件和相应的 NLTK 装饰器，尝试利用斯坦福 NLP NER 标注器。斯坦福的命名实体识别器（Stanford's Named Entity Recognizer）是基于线性链条件随机场序列模型实现的。先决条件显然包括下载正式的斯坦福 NER 标注器 JAR 依赖项，你可以从 http://nlp.stanford.edu/software/stanford-ner-2014-08-27.zip 获取，或者也可以从 https://nlp.stanford.edu/software/CRF-NER.shtml#Download 下载最新版本。下载后，按如下方式在 NLTK 中加载。

```
import os
from nltk.tag import StanfordNERTagger

JAVA_PATH = r'C:\Program Files\Java\jre1.8.0_192\bin\java.exe'
os.environ['JAVAHOME'] = JAVA_PATH
STANFORD_CLASSIFIER_PATH = 'E:/stanford/stanford-ner-2014-08-27/
classifiers/english.all.3class.distsim.crf.ser.gz'
STANFORD_NER_JAR_PATH = 'E:/stanford/stanford-ner-2014-08-27/stanford-ner.jar'

sn = StanfordNERTagger(STANFORD_CLASSIFIER_PATH,
                       path_to_jar=STANFORD_NER_JAR_PATH)
```

现在我们可以使用下面的代码片段执行 NER 标注并提取相关实体。

```
text_enc = text.encode('ascii', errors='ignore').decode('utf-8')
ner_tagged = sn.tag(text_enc.split())

named_entities = []
temp_entity_name = "
temp_named_entity = None
for term, tag in ner_tagged:
    if tag != 'O':
        temp_entity_name = ' '.join([temp_entity_name, term]).strip()
```

```
        temp_named_entity = (temp_entity_name, tag)
    else:
        if temp_named_entity:
            named_entities.append(temp_named_entity)
            temp_entity_name = ''
            temp_named_entity = None

print(named_entities)

[('Facebook', 'ORGANIZATION'), ('Latvia', 'LOCATION'), ('Singapore',
'LOCATION'), ('London', 'LOCATION'), ('Cambridge Analytica',
'ORGANIZATION'), ('Facebook', 'ORGANIZATION'), ('Senate', 'ORGANIZATION'),
('Facebook', 'ORGANIZATION'), ('UK', 'LOCATION'), ('New York Times',
'ORGANIZATION'), ('Facebook', 'ORGANIZATION')]

# get most frequent entities
c = Counter([item[1] for item in named_entities])
c.most_common()

[('ORGANIZATION', 7), ('LOCATION', 4)]
```

然而，这里有一个限制。该模型只针对人、组织和位置类型的实例进行了训练，这与
spaCy 相比有一定的局限性。幸运的是，Stanford CoreNLP 有一个新版本，NLTK 中的新
API 也推荐使用它。然而，要在 Python 中使用 Stanford CoreNLP，我们需要下载并在本地
启动一个 CoreNLP 服务器。为什么我们需要这个？ NLTK 正在慢慢地不再支持旧的斯坦福
解析器，转而支持更活跃的 Stanford CoreNLP 项目。它甚至可能在 NLTK 3.4 版本之后将
其删除，所以最好保持更新。你可以在 https://github.com/nltk/nltk/issues/1839 上找到有关
NLTK 的 GitHub 议题的更多详细信息。

我们将首先从 https://stanfordnlp.github.io/CoreNLP/ 下载 Stanford CoreNLP 套件。下载
并提取出目录后，使用以下命令从终端启动 CoreNLP 服务器。

**E:\> java -mx4g -cp "*" edu.stanford.nlp.pipeline.StanfordCoreNLPServer
-preload tokenize,ssplit,pos,lemma,ner,parse,depparse -status_port 9000
-port 9000 -timeout 15000**

如果成功运行，则会在终端启动时看到以下消息。

```
E:\stanford\stanford-corenlp-full-2018-02-27>java -mx4g -cp "*" edu.
stanford.nlp.pipeline.StanfordCoreNLPServer -preload tokenize,ssplit,pos,le
mma,ner,parse,depparse -status_port 9000 -port 9000 -timeout 15000
[main] INFO CoreNLP - --- StanfordCoreNLPServer#main() called ---
...
...
[main] INFO edu.stanford.nlp.pipeline.TokensRegexNERAnnotator -
TokensRegexNERAnnotator ner.fine.regexner: Read 580641 unique entries
out of 581790 from edu/stanford/nlp/models/kbp/regexner_caseless.tab, 0
TokensRegex patterns.
...
...
[main] INFO CoreNLP - Starting server...
```

```
[main] INFO CoreNLP - StanfordCoreNLPServer listening at
/0:0:0:0:0:0:0:0:9000
```

如果你感兴趣，可以转到 http://localhost:9000，尝试一下其直观的用户界面，如图 8-6 所示。

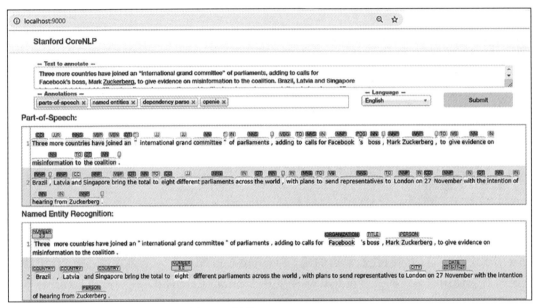

图 8-6   浏览 Stanford CoreNLP

你可以使用图 8-6 所示的用户界面，交互地对文本注释和标签进行可视化。现在我们将在 Python 中通过 NLTK 使用它，如下所示。

```
from nltk.parse import CoreNLPParser
import nltk

# NER Tagging
ner_tagger = CoreNLPParser(url='http://localhost:9000', tagtype='ner')
tags = list(ner_tagger.raw_tag_sents(nltk.sent_tokenize(text)))
tags = [sublist[0] for sublist in tags]
tags = [word_tag for sublist in tags for word_tag in sublist]

# Extract Named Entities
named_entities = []
temp_entity_name = ''
temp_named_entity = None
for term, tag in tags:
    if tag != 'O':
        temp_entity_name = ' '.join([temp_entity_name, term]).strip()
        temp_named_entity = (temp_entity_name, tag)
    else:
        if temp_named_entity:
            named_entities.append(temp_named_entity)
            temp_entity_name = ''
```

```
        temp_named_entity = None

print(named_entities)

[('Three', 'NUMBER'), ('Facebook', 'ORGANIZATION'), ('boss',
'TITLE'), ('Mark Zuckerberg', 'PERSON'), ('Brazil', 'COUNTRY'),
('Latvia', 'COUNTRY'), ('Singapore', 'COUNTRY'), ('eight', 'NUMBER'),
('London', 'CITY'), ('27 November', 'DATE'), ('Zuckerberg', 'PERSON'),
('Cambridge Analytica', 'ORGANIZATION'), ('Facebook', 'ORGANIZATION'),
('two', 'NUMBER'), ('American Senate', 'ORGANIZATION'), ('House of
Representatives', 'ORGANIZATION'), ('European', 'NATIONALITY'),
('Facebook', 'ORGANIZATION'), ('UK', 'COUNTRY'), ('Canadian',
'NATIONALITY'), ('Zuckerberg', 'PERSON'), ('New York Times',
'ORGANIZATION'), ('Thursday', 'DATE'), ('Facebook', 'ORGANIZATION'),
('Facebook', 'ORGANIZATION')]

# Find out top named entity types
c = Counter([item[1] for item in named_entities])
c.most_common()

[('ORGANIZATION', 9), ('COUNTRY', 4), ('NUMBER', 3), ('PERSON', 3),
 ('DATE', 2), ('NATIONALITY', 2), ('TITLE', 1), ('CITY', 1)]
```

可以看到，与前一版本相比，CoreNLP 有更多的标签类型。实际上，它可以识别命名实体（人员、位置、组织和杂项）、数字实体（金钱、数字、序数和百分比）和时间实体（日期、时间、持续时间和集合），一共有 12 种类型。

8.5 从零开始构建 NER 标注器

有各种现成的提供执行命名实体提取功能的解决方案（我们在前面的章节中讨论了其中一些）。然而有时需求会超出现成的分类器的能力。在本节中，我们将通过一个练习，使用条件随机场构建自己的 NER。我们使用一个流行的框架 `sklearn_crfsuite` 来开发我们的 NER。

这里需要记住的一点是，NER 的核心是一个序列建模问题。它更多地与问题的分类套件相关，我们需要一个有标签的数据集来训练分类器。没有任何训练数据，就没有 NER 模型！有各种有标签的数据集可用于 NER 分类问题。此处使用 GMB（Groningen Meaning Bank）语料库的预处理版本。预处理版本可在 https://www.kaggle.com/abhinavwalia95/entity-annotated-corpus 上获得。为便于使用，我们也在 GitHub 存储库 https://github.com/dipanjanS/text-analytics-with-python 中提供了该版本。加载数据集，可以检查以下主要字段。

```
import pandas as pd

df = pd.read_csv('ner_dataset.csv.gz', compression='gzip',
encoding='ISO-8859-1')
df = df.fillna(method='ffill')
df.info()

<class 'pandas.core.frame.DataFrame'>
RangeIndex: 1048575 entries, 0 to 1048574
```

```
Data columns (total 4 columns):
Sentence #    1048575 non-null object
Word          1048575 non-null object
POS           1048575 non-null object
Tag           1048575 non-null object
dtypes: object(4)
memory usage: 32.0+ MB
```

我们还可以使用以下代码查看实际的数据集。见图 8-7。

```
df.T
```

	0	1	2	3	4	5	6	7	8	9	...	1048565	1048566	1048567
Sentence #	Sentence: 1	Sentence: 1	Sentence: 1	Sentence: 1	Sentence: 1	Sentence: 1	Sentence: 1	Sentence: 1	Sentence: 1	Sentence: 1	...	Sentence: 47958	Sentence: 47958	Sentence: 47959
Word	Thousands	of	demonstrators	have	marched	through	London	to	protest	the	...	impact	.	Indian
POS	NNS	IN	NNS	VBP	VBN	IN	NNP	TO	VB	DT	...	NN	.	JJ
Tag	O	O	O	O	O	O	B-geo	O	O	O	...	O	O	B-gpe

图 8-7   GMB NER 数据集

为了更深入地了解我们正在处理的数据和带注释标签的总数，我们可以使用以下代码。

```
df['Sentence #'].nunique(), df.Word.nunique(), df.POS.nunique(), df.Tag.
nunique()
```

```
(47959, 35178, 42, 17)
```

这表明我们有 47 959 个句子，其中包含 35 178 个不同的单词。这些句子共有 42 个唯一的 POS 标签和 17 个唯一的 NER 标签。我们可以查看语料库中唯一的 NER 标签分布，如下所示。

```
df.Tag.value_counts()
```

```
O       887908
B-geo    37644
B-tim    20333
B-org    20143
I-per    17251
B-per    16990
I-org    16784
B-gpe    15870
I-geo     7414
I-tim     6528
B-art      402
B-eve      308
I-art      297
I-eve      253
B-nat      201
I-gpe      198
I-nat       51
Name: Tag, dtype: int64
```

前面的输出显示了数据集中不同标签的不均衡分布。GMB 数据集使用 IOB 标注（内部、外部和开始）。IOB 是一种常见的标注标识符的格式，我们在第 3 章中讨论过。回忆一下：

- ❑ I-，标签前的前缀，表示标签位于分块内。
- ❑ B-，标签前的前缀，表示标签是分块的开始。
- ❑ O 标签表示标识符不属于分块（外部）。

这个数据集中的 NER 标签可以用下面的符号来解释，这与你目前看到的 NER 标签类似。

- ❑ geo = 地理实体（geographical entity）
- ❑ org = 组织（organization）
- ❑ per = 个人（person）
- ❑ gpe = 地缘政治实体（geopolitical entity）
- ❑ tim = 时间显示（time indicator）
- ❑ art = 人造物品（artifact）
- ❑ eve = 事件（event）
- ❑ nat = 自然现象（natural phenomenon）

这些类之外的任何东西都称为其他（other），表示为 O。现在，如前所述，NER 属于序列建模类问题。有不同的算法来处理序列建模，CRF（条件随机场）就是这样一个例子。CRF 被证明在 NER 和相关领域的表现非常好。在此处，我们将尝试基于 CRF 开发自己的 NER。详细讨论 CRF 超出了本书的范围，因为本书不是以机器学习为核心的一本书。然而，为了满足你的需求，我们简要介绍一下，CRF 是一个无向图模型，其节点可以精确地划分为两个不相交的集 X 和 Y，它们分别是观测变量和输出变量，然后对条件分布 $p(Y \mid X)$ 进行建模。我们建议感兴趣的读者从 https://repository.upenn.edu/cgi/viewcontent.cgi?article=1162&context=cis_papers 查阅有关 CRF 的文献，以便深入了解。

特征工程对于构建任何机器学习模型或统计模型都是至关重要的，因为没有特征就无法学习。类似地，CRF 模型在输入特征序列上进行训练，以学习从一个状态（标签）到另一个状态（标签）的转换。为了实现这样一种算法，我们需要定义特征，其中要考虑到不同的转换。我们将开发一个名为 word2features() 的函数，在该函数中，我们将把每个单词转换为描述以下属性或特征的特征字典：

- ❑ 单词的小写版本
- ❑ 包含最后三个字符的后缀
- ❑ 包含最后两个字符的后缀
- ❑ 用于确定大写、标题大小写、数字数据和 POS 标签的标志

我们还加上与前一个和下一个单词或标签相关的属性来确定句子的开始（BOS）或句子的结束（EOS）。这些是基于最佳实践的特征，你可以通过实验添加自己的特征。永远记住，特征工程是一门艺术，也是一门科学。

```python
def word2features(sent, i):
    word = sent[i][0]
    postag = sent[i][1]
```

```
        features = {
            'bias': 1.0,
            'word.lower()': word.lower(),
            'word[-3:]': word[-3:],
            'word[-2:]': word[-2:],
            'word.isupper()': word.isupper(),
            'word.istitle()': word.istitle(),
            'word.isdigit()': word.isdigit(),
            'postag': postag,
            'postag[:2]': postag[:2],
        }
        if i > 0:
            word1 = sent[i-1][0]
            postag1 = sent[i-1][1]
            features.update({
                '-1:word.lower()': word1.lower(),
                '-1:word.istitle()': word1.istitle(),
                '-1:word.isupper()': word1.isupper(),
                '-1:postag': postag1,
                '-1:postag[:2]': postag1[:2],
            })
        else:
            features['BOS'] = True
        if i < len(sent)-1:
            word1 = sent[i+1][0]
            postag1 = sent[i+1][1]
            features.update({
                '+1:word.lower()': word1.lower(),
                '+1:word.istitle()': word1.istitle(),
                '+1:word.isupper()': word1.isupper(),
                '+1:postag': postag1,
                '+1:postag[:2]': postag1[:2],
            })
        else:
            features['EOS'] = True

        return features

# convert input sentence into features
def sent2features(sent):
    return [word2features(sent, i) for i in range(len(sent))]
# get corresponding outcome NER tag label for input sentence
def sent2labels(sent):
    return [label for token, postag, label in sent]
```

现在定义一个函数，从句子中提取单词标识符、POS 标签和 NER 标签三元组。我们将把这个函数应用到所有的句子输入中。

```
agg_func = lambda s: [(w, p, t) for w, p, t in zip(s['Word'].values.tolist(),
```

```
                                           s['POS'].values.tolist(),
                                           s['Tag'].values.tolist())]
grouped_df = df.groupby('Sentence #').apply(agg_func)
```

现在，我们可以使用以下代码从数据集中查看带注释的句子示例。

```
sentences = [s for s in grouped_df]
sentences[0]
```

```
('of', 'IN', 'O'), ('demonstrators', 'NNS', 'O'), ('have', 'VBP', 'O'),
('marched', 'VBN', 'O'), ('through', 'IN', 'O'), ('London', 'NNP', 'B-geo'),
('to', 'TO', 'O'), ('protest', 'VB', 'O'), ('the', 'DT', 'O'),
('war', 'NN', 'O'), ('in', 'IN', 'O'), ('Iraq', 'NNP', 'B-geo'), ('and', 'CC', 'O'),
('demand', 'VB', 'O'),('the', 'DT', 'O'), ('withdrawal', 'NN', 'O'),
('of', 'IN', 'O'), ('British', 'JJ', 'B-gpe'), ('troops', 'NNS', 'O'),
('from', 'IN', 'O'), ('that', 'DT', 'O'), ('country', 'NN', 'O'), ('.', '.', 'O')]
```

前面的输出显示了一个带有 POS 标签和 NER 标签的标准的标记解析后的句子。让我们看看如何使用前面定义的函数将每个带注释的标记解析后的语句用于特征工程。

```
sent2features(sentences[0][5:7])
```

```
[{'bias': 1.0, 'word.lower()': 'through', 'word[-3:]': 'ugh', 'word[-2:]': 'gh',
  'word.isupper()': False, 'word.istitle()': False, 'word.isdigit()': False,
  'postag': 'IN', 'postag[:2]': 'IN', 'BOS': True, '+1:word.lower()': 'london',
  '+1:word.istitle()': True, '+1:word.isupper()': False, '+1:postag': 'NNP',
  '+1:postag[:2]': 'NN'},
 {'bias': 1.0,  'word.lower()': 'london', 'word[-3:]': 'don', 'word[-2:]': 'on',
  'word.isupper()': False, 'word.istitle()': True, 'word.isdigit()': False,
  'postag': 'NNP', 'postag[:2]': 'NN', '-1:word.lower()': 'through',
  '-1:word.istitle()': False, '-1:word.isupper()': False, '-1:postag': 'IN',
  '-1:postag[:2]': 'IN', 'EOS': True}]
```

```
sent2labels(sentences[0][5:7])
```

```
['O', 'B-geo']
```

前面的输出显示了两个示例单词标识符及其对应的 NER 标签上的特征。现在让我们通过对输入语句进行特征工程，准备训练和测试数据集，并获得相应的 NER 标签以进行预测。

```
from sklearn.model_selection import train_test_split
import numpy as np

X = np.array([sent2features(s) for s in sentences])
y = np.array([sent2labels(s) for s in sentences])
X_train, X_test, y_train, y_test = train_test_split(X, y, test_size=0.25,
random_state=42)
X_train.shape, X_test.shape
```

```
((35969,), (11990,))
```

现在是时候开始训练我们的模型了。为此，我们使用前面提到的 `sklearn-crfsuite`。`sklearn-crfsuite` 框架是一个精简的 CRFsuite（`python-crfsuite`）装饰器，它提供了一个 Scikit-Learn 兼容的 `sklearn_crfsuite.CRF` 估计器。因此可以使用 Scikit-Learn 模型选择实用程序（交叉验证和超参数调优），并使用 `joblib` 保存 / 加载 CRF 模型。你可以使用 `pip install sklearn_crfsuite` 命令来安装这个库。

现在，我们将使用 sklearn-crfsuite API 文档中提到的默认配置来训练模型，可以访问 https://sklearn-crfsuite.readthedocs.io/en/latest/api.html 查看该文档。这里的目的是进行 NER 标注，因此我们不会过多地关注模型的优化。一些关键的超参数和模型参数如下。

❏ `algorithm`：训练算法。我们利用 L-BFGS 梯度下降法进行优化，得到模型参数
❏ `c1`：Lasso（L1）正则化系数
❏ `c2`：Ridge（L2）正则化系数
❏ `all_possible_transitions`：指定 CRFsuite 是否生成转换特征，这些特征在训练数据集中不会出现

```
import sklearn_crfsuite

crf = sklearn_crfsuite.CRF(algorithm='lbfgs',
                           c1=0.1,
                           c2=0.1,
                           max_iterations=100,
                           all_possible_transitions=True,
                           verbose=True)

crf.fit(X_train, y_train)

loading training data to CRFsuite: 100%|████| 35969/35969 [00:15<00:00,
2384.94it/s]
type: CRF1d
Number of features: 133629
Seconds required: 3.486

L-BFGS optimization
c1: 0.100000
c2: 0.100000
num_memories: 6
max_iterations: 100
epsilon: 0.000010
stop: 10
delta: 0.000010
linesearch: MoreThuente
linesearch.max_iterations: 20

Iter 1   time=4.01  loss=1264028.26 active=132637 feature_norm=1.00
Iter 2   time=3.99  loss=994059.01 active=131294 feature_norm=4.42
...
...
Iter 99  time=2.07  loss=32324.92 active=58249 feature_norm=219.98
Iter 100 time=2.09  loss=32316.67 active=58226 feature_norm=220.04
L-BFGS terminated with the maximum number of iterations
```

```
Total seconds required for training: 228.530

Storing the model
Number of active features: 58226 (133629)
Number of active attributes: 29279 (90250)
Number of active labels: 17 (17)
```

现在可以使用以下代码保存此模型，这些代码使用了 `joblib` 框架。

```
from sklearn.externals import joblib

joblib.dump(crf, 'ner_model.pkl')
```

如果这个模型需要很长的训练时间，可以使用以下代码加载 GitHub 存储库 https://github.com/dipanjanS/text-analytics-with-python 中提供的预训练模型。

```
crf = joblib.load('ner_model.pkl')
```

现在，让我们在测试数据集上评估模型进行 NER 标注的性能！下面的代码显示了一个示例的预测结果和实际的标签。看起来我们干得不错！

```
y_pred = crf.predict(X_test)
print(y_pred[0])

['O', 'O', 'O', 'O', 'B-per', 'I-per', 'O', 'B-org', 'O', 'O', 'B-gpe',
'O', 'O', 'O', 'O', 'O', 'O', 'O', 'O', 'O', 'O', 'O', 'O', 'O', 'O',
'O', 'O', 'O']

print(y_test[0])

['O', 'O', 'O', 'O', 'B-per', 'I-per', 'O', 'B-org', 'O', 'O', 'B-gpe',
'O', 'O', 'O', 'O', 'O', 'O', 'O', 'O', 'O', 'O', 'O', 'O', 'O', 'O',
'O', 'O', 'O']
```

以下代码帮助我们在整个测试数据集上评估模型性能，并获得关键的分类模型性能度量指标。

```
from sklearn_crfsuite import metrics as crf_metrics

labels = list(crf.classes_)
labels.remove('O')
print(crf_metrics.flat_classification_report(y_test, y_pred,
labels=labels))
```

	precision	recall	f1-score	support
B-org	0.81	0.73	0.77	5116
B-per	0.85	0.84	0.84	4239
I-per	0.85	0.90	0.88	4273
B-geo	0.86	0.91	0.89	9403
I-geo	0.81	0.80	0.81	1826
B-tim	0.93	0.89	0.91	5095
I-org	0.82	0.79	0.80	4195
B-gpe	0.97	0.94	0.96	3961

I-tim	0.84	0.81	0.82	1604
B-nat	0.50	0.24	0.32	55
B-eve	0.51	0.33	0.40	80
B-art	0.36	0.14	0.20	102
I-art	0.24	0.07	0.10	90
I-eve	0.45	0.19	0.27	74
I-gpe	0.86	0.53	0.66	36
I-nat	0.57	0.22	0.32	18
micro avg	0.86	0.85	0.86	40167
macro avg	0.70	0.58	0.62	40167
weighted avg	0.86	0.85	0.85	40167

我们特意省略了 Others 标签，以便理解模型在其余标签上的性能，这是我们最感兴趣的内容。评估统计显示这个模型似乎已经很好地学习了转换，得到的整体 F1 分数为 85%！我们可以通过微调特征工程步骤和超参数调优来获得更好的结果。

8.6　使用训练的 NER 模型构建端到端的 NER 标注器

假设我们想将这个模型投入实际生产中使用，如果将来不能使用我们的模型来标注新的句子，那就没有乐趣（或价值！）。让我们尝试构建一个端到端的工作流来对示例文档执行 NER 标注。为了回顾相关内容，示例文档如下所示。

```
import re

text = """"Three more countries have joined an "international grand
committee" of parliaments, adding to calls forFacebook's boss, Mark
Zuckerberg, to give evidence on misinformation to the coalition. Brazil,
Latvia and Singapore bring the total to eight different parliaments across
the world, with plans to send representatives to London on 27 November
with the intention of hearing from Zuckerberg. Since the Cambridge
Analytica scandal broke, the Facebook chief has only appeared in front of
two legislatures: the American Senate and House of Representatives, and
the European parliament. Facebook has consistently rebuffed attempts from
others, including the UK and Canadian parliaments, to hear from Zuckerberg.
He added that an article in the New York Times on Thursday, in which the
paper alleged a pattern of behaviour from Facebook to "delay, deny and
deflect" negative news stories, "raises further questions about how recent
data breaches were allegedly dealt with within Facebook."
"""
text = re.sub(r'\n', ", text)
```

流水线中的第一步是标记解析文本，并执行 POS 标注，代码如下所示。

```
import nltk

text_tokens = nltk.word_tokenize(text)
text_pos = nltk.pos_tag(text_tokens)
text_pos[:10]
```

```
[('Three', 'CD'), ('more', 'JJR'), ('countries', 'NNS'), ('have', 'VBP'),
('joined', 'VBN'), ('an', 'DT'), ('"', 'NNP'), ('international', 'JJ'),
('grand', 'JJ'), ('committee', 'NN')]
```

下一步是从 POS 标注的文本文档中提取特征，可以使用前面定义的函数来完成这项工作。

```
features = [sent2features(text_pos)]
features[0][0]
{'bias': 1.0, 'word.lower()': 'three', 'word[-3:]': 'ree', 'word[-2:]': 'ee',
 'word.isupper()': False, 'word.istitle()': True, 'word.isdigit()': False,
 'postag': 'CD', 'postag[:2]': 'CD', 'BOS': True, '+1:word.lower()': 'more',
 '+1:word.istitle()': False, '+1:word.isupper()': False, '+1:postag': 'JJR',
 '+1:postag[:2]': 'JJ'}
```

现在是时候使用我们刚刚训练过的 CRF 模型来预测根据样本文档设计的特征了。

```
labels = crf.predict(features)
doc_labels = labels[0]
doc_labels[10:20]

['O', 'O', 'O', 'O', 'O', 'O', 'O', 'O', 'B-art', 'I-art']
```

最后一步是将实际的文本标识符与其对应的 NER 标签组合起来，并从 NER 标签中检索相关的命名实体。见图 8-8。

```
text_ner = [(token, tag) for token, tag in zip(text_tokens, doc_labels)]
print(text_ner)

[('Three', 'O'), ('more', 'O'), ('countries', 'O'), ..., ('Facebook',
'B-art'), ('"', 'I-art'), ('s', 'O'), ('boss', 'O'), (',', 'O'), ('Mark',
'B-per'), ('Zuckerberg', 'I-per'), (',', 'O'), ('to', 'O'), ('give', 'O'),
('evidence', 'O'), ('on', 'O'), ('misinformation', 'O'), ('to', 'O'),
('the', 'O'), ('coalition', 'O'), ('.', 'O'), ('Brazil', 'B-geo'), ...]

# extract and display all named entities
named_entities = []
temp_entity_name = ''
temp_named_entity = None
for term, tag in text_ner:
    if tag != 'O':
        temp_entity_name = ' '.join([temp_entity_name, term]).strip()
        temp_named_entity = (temp_entity_name, tag)
    else:
        if temp_named_entity:
            named_entities.append(temp_named_entity)
            temp_entity_name = ''
            temp_named_entity = None

import pandas as pd
pd.DataFrame(named_entities, columns=['Entity', 'Tag'])
```

	实体	标签
0	Facebook '	I-art
1	Mark Zuckerberg	I-per
2	Brazil	B-geo
3	Latvia and Singapore	I-org
4	London	B-geo
5	27 November	I-tim
6	Zuckerberg	B-geo
7	Cambridge Analytica	I-org
8	Facebook	B-org
9	American Senate and House of Representatives	I-org
10	European parliament	I-org
11	Facebook	B-org
12	UK	B-org
13	Canadian	B-gpe
14	Zuckerberg	B-geo
15	New York Times	I-org
16	Thursday	B-tim
17	Facebook	B-org
18	Facebook	B-art

图 8-8   NER 模型中的命名实体

恭喜！你已经从零开始构建了自己的 NER 标注器，它的性能相当好。这使你能够在自己的专业领域，构建更加复杂的 NER 标注器。

8.7   分析语义表示

我们通常通过口语或书面语以消息的形式与其他人或接口进行交流。这些消息一般是单词、短语和句子的集合，它们各自拥有自己的语义和上下文。到目前为止，我们一直在讨论不同单词单元间的语义和关系。但是，如何表示一个或多个消息所传递的语义呢？人们如何理解其他人正在和他们讲述的内容？我们如何相信陈述与命题，评估其结果，并确定最终采取什么行动？因为大脑帮助我们进行了逻辑和推理，感觉这个比较容易，但是在计算上我们一样能做到吗？答案是可以。如命题逻辑和一阶逻辑一样的框架可以帮助我们进行语义表示。我们在 1.4.3 节已经讨论了这一点。鼓励再次阅读该节以加强一下记忆。在下面的章节，我们将会研究命题逻辑和一阶逻辑的表示方法，用实际的例子和代码证明或反证命题、陈述和谓词。

8.7.1   命题逻辑

我们已经讨论了命题逻辑（PL）是有关命题、陈述和判断的研究。一个命题通常是一个声明，其值是二进制值真或假。这里还有各种不同的逻辑运算符，如与、或、蕴涵和等价。我们还研究了这些运算符在多个命题上的应用效果，以了解它们的行为和结果。考虑

第 1 章中关于 2 个命题 P 和 Q 的例子，它们可以如下表示。

P：He is hungry

Q：He will eat a sandwich

现在将尝试基于 1.4.3 节所讨论的各种逻辑运算符，使用 NLTK 构建这些命题上不同运算符的真值表，并导出计算结果：

```
import nltk
import pandas as pd
import os

# assign symbols and propositions
symbol_P = 'P'
symbol_Q = 'Q'

proposition_P = 'He is hungry'

propositon_Q = 'He will eat a sandwich'

# assign various truth values to the propositions
p_statuses = [False, False, True, True]
q_statuses = [False, True, False, True]

# assign the various expressions combining the logical operators
conjunction = '(P & Q)'
disjunction = '(P | Q)'
implication = '(P -> Q)'
equivalence = '(P <-> Q)'
expressions = [conjunction, disjunction, implication, equivalence]
expressions

['(P & Q)', '(P | Q)', '(P -> Q)', '(P <-> Q)']

# evaluate each expression using propositional logic
results = []
for status_p, status_q in zip(p_statuses, q_statuses):
    dom = set([])
    val = nltk.Valuation([(symbol_P, status_p),
                          (symbol_Q, status_q)])
    assignments = nltk.Assignment(dom)
    model = nltk.Model(dom, val)
    row = [status_p, status_q]
    for expression in expressions:
      # evaluate each expression based on proposition truth values
        result = model.evaluate(expression, assignments)
        row.append(result)
    results.append(row)

# build the result table
columns = [symbol_P, symbol_Q, conjunction,
           disjunction, implication, equivalence]
result_frame = pd.DataFrame(results, columns=columns)
```

```
# display results
print('P:', proposition_P)
print('Q:', propositon_Q)
print()
print('Expression Outcomes:-')
print(result_frame)

P: He is hungry
Q: He will eat a sandwich

Expression Outcomes:-
       P       Q (P & Q) (P | Q) (P -> Q) (P <-> Q)
0  False   False   False   False     True      True
1  False    True   False    True     True     False
2   True   False   False    True    False     False
3   True    True    True    True     True      True
```

上面的输出描述了这两个命题的不同真值。当我们使用不同的逻辑运算符将它们结合在一起时，你将发现这些结果与第 1 章中人工评估的结果是一致的。例如，*P&Q* 表示当且仅当两个独立的命题为真时，"he is hungry and he will eat a sandwich"（他饿了并且他想吃三明治）为真。我们使用 NLTK 的 Valuation 类创建命题字典和它们不同的输出状态。使用 Model 类评估每个表达式，其中 evaluate() 函数内部调用递归函数 satisfy()，这有助于在所赋真值的基础上评估每个带有命题的表达式的结果。

8.7.2　一阶逻辑

命题逻辑（PL）有几个局限，如没有能力表示事实或复杂的关系和推理。对于每个新的命题，我们需要唯一的符号表示，这使得产生事实非常困难，因此命题逻辑的表现能力十分有限。一阶逻辑（FOL）对于如函数、量词、关系、连接词和符号等特征表现非常好，在这里可以发挥作用。它提供了更加丰富和强大的语义信息表示方法。1.4.3 节提供了 FOL 如何工作的详细信息。

本节将构建几个 FOL 表示，其与第 1 章手工完成的数学表示类似。这里我们将使用相似的语法构建它们，并类似于在 PL 所做的，基于预先定义的条件和关系，使用 NLTK 和一些定理证明器来证明不同表达式的输出。

从这一节中获得的主要内容应该是了解在 Python 中表示 FOL，以及如何使用基于某些目标和预定义规则和事件的证据来执行一阶逻辑推理。这里有几个定理证明器（prover）可以用于评估表达式和证明定理。NLTK 软件包有三个定理证明器：Prover9、TableauProver 和 ResolutionProver。Prover9 是一个可以自由使用的定理证明器，可在 https://www.cs.unm.edu/~mccune/prover9/download/ 下载。你可以选择一个位置来解压缩这些内容。在下面的例子中，我们将使用 ResolutionProver 和 Prover9。下面的代码片段帮助我们设置 FOL 表达式和评估所需的依赖项：

```
import nltk
import os

# for reading FOL expressions
```

```
read_expr = nltk.sem.Expression.fromstring

# initialize theorem provers (you can choose any)
os.environ['PROVER9'] = r'E:/prover9/bin'
prover = nltk.Prover9()

# I use the following one for our examples
prover = nltk.ResolutionProver()
```

现在已经准备好了依赖项，让我们对几个 FOL 表达式进行评估吧。考虑一个简单的例子，" If an entity jumps over another entity, the reverse cannot happen "（如果一个实体跳过另外一个实体，相反的情况则不能发生）。假设实体是 x 和 y，我们可以使用 FOL 将其表示为 $\forall x\ \forall y\ (jumps\_over(x, y) \rightarrow \neg\ jumps\_over(y, x))$，这意味着对于所有的 x 和 y，如果 x 跳过 y，y 就不能跳过 x。假设我们有两个实体 fox 和 dog，并且 fox 跳过了 dog。这个事件可以用 jumps_over(fox, dog) 表示。我们的最终目标是在考虑上面的表达式和事件已经发生的情况下，评估 jumps_over(dog, fox) 的输出。下面的片段显示了如何实现：

```
# set the rule expression
rule = read_expr('all x. all y. (jumps_over(x, y) -> -jumps_over(y, x))')

# set the event occurred
event = read_expr('jumps_over(fox, dog)')

# set the outcome we want to evaluate -- the goal
test_outcome = read_expr('jumps_over(dog, fox)')

# get the result
prover.prove(goal=test_outcome,
             assumptions=[event, rule],
             verbose=True)

[1] {-jumps_over(dog,fox)}                A
[2] {jumps_over(fox,dog)}                 A
[3] {-jumps_over(z4,z3), -jumps_over(z3,z4)}  A
[4] {-jumps_over(dog,fox)}                (2, 3)

Out[9]: False
```

上面的输出描述了我们的目标 test_outcome 的最后结果是 False。基于我们的规则和在证明器中已经赋值给假设参数的事件，如果 fox 已经跳过了 dog，dog 就不能跳过 fox。输出显示了推导结果的顺序步骤。

让我们考虑另外一个 FOL 表达式规则 $\forall x\ studies(x, exam) \rightarrow pass(x, exam)$，这个表达式告诉我们对于所有实例 x，如果 x 参加了考试学习，他就可以通过考试。让我们表示这个规则，并考虑两个学生，John 和 Pierre，John 没有参加考试学习，Pierre 参加了学习。我们可以基于给定的表达式规则，确定他们能否通过考试吗？下面的片段显示了该结果：

```
# set the rule expression
rule = read_expr('all x. (studies(x, exam) -> pass(x, exam))')
```

```
# set the events and outcomes we want to determine
event1 = read_expr('-studies(John, exam)')
test_outcome1 = read_expr('pass(John, exam)')

# get results
prover.prove(goal=test_outcome1,
             assumptions=[event1, rule],
             verbose=True)

[1] {-pass(John,exam)}                      A
[2] {-studies(John,exam)}                   A
[3] {-studies(z6,exam), pass(z6,exam)}      A
[4] {-studies(John,exam)}                   (1, 3)

Out[10]: False

# set the events and outcomes we want to determine
event2 = read_expr('studies(Pierre, exam)')
test_outcome2 = read_expr('pass(Pierre, exam)')

# get results
prover.prove(goal=test_outcome2,
             assumptions=[event2, rule],
             verbose=True)

[1] {-pass(Pierre,exam)}                     A
[2] {studies(Pierre,exam)}                   A
[3] {-studies(z8,exam), pass(z8,exam)}       A
[4] {-studies(Pierre,exam)}                  (1, 3)
[5] {pass(Pierre,exam)}                      (2, 3)
[6] {}                                       (1, 5)

Out[11]: True
```

可以从上面的评估中看到 Pierre 通过了考试，因为他参加了考试学习。然而，John 因为没有学习所以没有通过考试。让我们考虑更复杂的多个实体的例子，它们执行多个动作，如下：

- 有两只狗，Rover (r) 和 Alex (a)
- 有一只猫，Garfield (g)
- 有一只狐狸，Felix (f)
- 两只动物 Alex (a) 和 Felix (f) 在奔跑，由 runs() 函数表示
- 两只动物 Rover (r) 和 Garfield (g) 在睡觉，由 sleeps() 函数表示
- 两只动物 Felix (f) 和 Alex (a) 可以跳过其他两只动物，由 jumps_over() 函数表示

考虑所有这些假设，下面的代码片段基于前面提到的域和基于实体和函数的赋值，构建了一个基于 FOL 的模型。构建模型之后，我们评估各种不同的基于 FOL 的表达式，以确定它们的输出，并像我们前面所做的那样证明一些定理：

```
# define symbols (entities\functions) and their values
rules = """
    rover => r
```

```
        felix => f
        garfield => g
        alex => a
        dog => {r, a}
        cat => {g}
        fox => {f}
        runs => {a, f}
        sleeps => {r, g}
        jumps_over => {(f, g), (a, g), (f, r), (a, r)}
        """
val = nltk.Valuation.fromstring(rules)

# view the valuation object of symbols and their assigned values (dictionary)
Val

{'rover': 'r', 'runs': set([('f',), ('a',)]), 'alex': 'a', 'sleeps':
set([('r',), ('g',)]), 'felix': 'f', 'fox': set([('f',)]), 'dog':
set([('a',), ('r',)]), 'jumps_over': set([('a', 'g'), ('f', 'g'), ('a', 'r'),
('f', 'r')]), 'cat': set([('g',)]), 'garfield': 'g'}

# define domain and build FOL based model
dom = {'r', 'f', 'g', 'a'}

m = nltk.Model(dom, val)

# evaluate various expressions
m.evaluate('jumps_over(felix, rover) & dog(rover) & runs(rover)', None)

False

m.evaluate('jumps_over(felix, rover) & dog(rover) & -runs(rover)', None)

True

m.evaluate('jumps_over(alex, garfield) & dog(alex) & cat(garfield) &
sleeps(garfield)', None)

True

# assign rover to x and felix to y in the domain
g = nltk.Assignment(dom, [('x', 'r'), ('y', 'f')])

# evaluate more expressions based on above assigned symbols
m.evaluate('runs(y) & jumps_over(y, x) & sleeps(x)', g)

True

m.evaluate('exists y. (fox(y) & runs(y))', g)

True
```

前面的代码片段基于不同规则和域的符号的赋值，展示了各种表达式的评估。我们基于预定义的假设，创建了各种基于 FOL 的表达式并查看了它们的结果。例如，第一个表达式返回的是 False，因为 Rover 无法 runs()，第二、三个表达式为 True，因为它们满足所有条件，如 Felix 和 Alex 可以跳过 Rover 或者 Garfield，Rover 是一只不能跑的狗，Garfield

是一只猫。

第二组表达式是基于我们的域（dom），为 Felix 和 Rover 指派特定的符号，进而进行评估的，在评估表达式时，我们传递这个变量（g）。我们可以使用 satisfiers() 函数匹配公式或表达式，如下所示：

```
# who are the animals who run?
formula = read_expr('runs(x)')
m.satisfiers(formula, 'x', g)

{'a', 'f'}

# animals who run and are also a fox?
formula = read_expr('runs(x) & fox(x)')
m.satisfiers(formula, 'x', g)

{'f'}
```

前面的输出是不言自明的，我们评估了开放式的问题，如哪些动物会奔跑？哪些动物可以奔跑，同时还是狐狸？我们在输出中获得了相关的符号，这样你可以映射到实际动物的名字（提示：a 是 alex，f 是 felix）。鼓励你通过构建自己的假设、域和规则来尝试更多的命题和 FOL 表达式。

8.8　本章小结

本章，我们重点阐述了文本数据语义分析方面的一些主题。回顾了第 1 章中与语言语义相关的几个概念。我们详细研究了 WordNet 语料库，通过实际例子探讨了同义词集的概念。我们也使用同义词集和真实世界的例子，分析了第 1 章中的各种词汇语义关系。我们研究了一些关系，包括蕴含、同音词和同形异义词、同义词和反义词、下位词和上位词、整体词和部分词。

通过使用不同同义词集的共同上位词的例子，详细讨论了语义关系和相似度计算技术。还对语义和信息提取方面广泛使用的主流技术进行了介绍，包括词义消歧和 NER。我们研究了 spaCy 和 NLTK 中最先进的预训练 NER 模型，包括利用 Stanford CoreNLP NER 模型。还学习了如何从头开始构建自己的 NER 标注模型！除了语义关系外，我们也重温了语义表示的相关概念，即命题逻辑和一阶逻辑。我们使用定理证明器，并从计算上评估了命题和逻辑表示。第 9 章将重点介绍 NLP 中最流行的应用之一——情感分析。敬请期待！

第 9 章
情 感 分 析

本章我们将介绍与自然语言处理（NLP）、文本分析和机器学习相关的最有趣和最广泛使用的一个方面。这里的问题就是情感分析或意见挖掘问题，我们要分析一些文本文档，并根据这些文档的内容预测其情感或意见。情感分析也许是 NLP 和文本分析中最流行的应用之一，有大量关于这个主题的网站、书籍和教程。情感分析似乎对主观文本最有效，人们在主观文本中表达观点、感觉和情绪。从现实行业的角度来看，情感分析广泛用于分析企业调查、反馈调查、社交媒体数据，以及电影、场所、商品等的评论。其目的是分析人们对某一特定实体的反应，并根据他们的情感采取有见地的行动。

一个文本语料库由多个文本文档组成，每个文档可以简单到只有一个句子，也可以复杂到包含多个段落。文本数据尽管高度非结构化，但可以分为两种主要的文档类型：事实性文档通常描述某种形式的陈述或事实，没有附加任何特定的感觉或情感，这些也称为客观文档。另一方面，主观文档表达感觉、心情、情感和意见。

情感分析也称为意见分析或意见挖掘。其关键目的是使用文本分析、NLP、机器学习和语言学的技术从非结构化文本中提取重要信息或数据点。这反过来又可以帮助我们获得定性的输出（如总体情感在正面、中性或负面的程度），以及定量的输出（如情感极性、主观性和客观性比例）。情感极性通常是一个数值分数，基于主观参数（如表达感觉和情感的特定单词和短语）将分数分配给文本文档的正面和负面方面。中性情感通常是 0 极性，因为它不表达任何特定的情感，正面情感的极性大于 0，负面情感小于 0。当然，你始终可以根据处理的文本类型更改这些阈值。在这方面没有严格的限制。

本章重点分析大量的电影评论语料库，并从中提取情感。我们涵盖了分析情感的各种技术，包括：

- ❑ 无监督的词典模型
- ❑ 传统的有监督机器学习模型
- ❑ 新的有监督深度学习模型
- ❑ 高级的有监督深度学习模型

除了研究各种方法和模型外，我们还将简要回顾机器学习流水线中围绕文本预处理和规范化处理的重要方面。除此之外，我们还会对预测模型进行深入的分析，包括模型解释和主题模型。

这里的关键思想是理解如何处理非结构化文本的情感分析等问题，学习各种技术和模型，并理解如何解释结果。使你将来能够在自己的数据集上使用这些方法。本章中的所有代码示例都可以在本书的官方 GitHub 存储库 https://github.com/dipanjanS/text-analytics-with-python/tree/master/New-Second-Edition 上找到。让我们开始吧！

9.1 问题描述

本章的主要目标是预测互联网电影数据库（IMDb）中大量电影评论的情感。此数据集包含 50 000 多条电影评论，这些评论基于内容标记了正面或负面的情感类型标签。还有其他一些没有标记的电影评论。该数据集出自斯坦福大学以及 Andrew L. Maas、Raymond E. Daly、Peter T. Pham、Dan Huang、Andrew Y. Ng 和 Christopher Potts，可以从 http://ai.stanford.edu/~amaas/data/sentiment/ 下载。在他们著名的论文"Learning Word Vectors for Sentiment Analysis"中也使用了该数据集，该论文发表在第 49 届计算语言学协会年会（ACL 2011）论文集上。他们有原始文本格式的数据集，以及已经处理过的词袋格式数据集。

本章使用原始标记的电影评论进行分析。因此，我们的任务是预测 15 000 条已经标记标签的电影评论的情感，剩下的 35 000 条评论用于训练模型。为保持一致性并便于对比，在使用无监督模型时，我们仍然预测 15 000 条电影评论的情感。

9.2 安装依赖项

我们将使用一些用于文本分析、NLP 和机器学习的 Python 库和框架。其中的大部分工具在前面章节都有提到，你需要确保安装了 Pandas、NumPy、SciPy 和 Scikit-Learn，它们用于数据处理和机器学习。本章使用的深度学习框架包括带有 TensorFlow 后端的 Keras。使用的 NLP 库包括 spaCy、NLTK 和 Gensim。我们还将使用第 3 章中定制开发的文本预处理和规范化模块，即下载文件中名为 `contractions.py` 和 `text_normalizer.py` 的文件。`model_evaluation_utils.py` 中则提供了与有监督模型拟合、预测和评估相关的实用程序，因此请确保将这些模块以及本章的其他 Python 文件和 Jupyter notebook 放在同一目录中。

9.3 获取数据

数据集以及本章的代码文件位于本书的 GitHub 存储库 https://github.com/dipanjanS/text-analytics-with-python 中，数据集文件名为 `movie_reviews.csv`，包含 50 000 条已标记的 IMDB 电影评论。该数据集出现在本书第 2 版的目录下本章对应的 notebook 文件夹中。如果需要，你也可以在 http://ai.stanford.edu/~amaas/data/sentiment/ 下载数据集。一旦你有了 CSV 文件，可以在 Python 中使用 Pandas 的 `read_csv(...)` 实用函数加载它。

9.4 文本预处理与规范化

在深入特征工程和建模过程之前，其中一个关键步骤涉及文本清理、预处理和规范化，以便将文本组件（如短语和单词）转换为标准格式。我们已经讨论过好几次了，因为这是任何 NLP 流水线中最关键的阶段之一。预处理可以实现跨文档语料库的标准化，这有助于构建有意义的特征，并减少由于许多因素（如无关符号、特殊字符、XML 和 HTML 标签等）而引入的噪声。我们在第 3 章中构建的文本规范化模块包含满足文本规范化需求的所有必要实用程序。你还可以参考名为 `Text Normalization Demo.ipynb` 的 Jupyter notebook 示例，以进行更具交互性的实践。为了重温一下记忆，本节将介绍文本规范化处理流水线中的主要组件。

❑ 清理文本：我们的文本中一般会包含一些像 HTML 标签一样的不必要的内容，这些内容在情感分析时无法提供价值。因此，我们需要确保在提取特征之前删除它们。BeautifulSoup 库很好地满足了我们在这些函数方面的需要。`strip_html_tags(...)` 函数可以清理并删除 HTML 代码。

❑ 删除重音字符：在数据集中，我们正在处理的是英语评论，因此我们需要确保将重音字符转换并标准化为 ASCII 字符。一个简单的例子是将 é 转换为 e。`remove_accented_chars(...)` 函数在这方面对我们很有帮助。

❑ 扩展缩写词：在英语中，缩写词是单词的缩写。这些现有单词或短语的缩写版本是通过移除特定的字母和音调而创建的。通常情况下，从单词中删除元音。例子包括 do not 到 don't，I would 到 I'd。在文本规范化中，缩写会造成一个问题，因为我们必须处理特殊字符，如撇号，我们还必须将每个缩写转换为其扩展的、原始的形式。`expand_contractions(...)` 函数使用正则表达式和 `contractions.py` 模块中映射的各种缩写来扩展文本语料库中的所有缩写。

❑ 删除特殊字符：文本清理和规范化的另一个重要任务是去除非结构化文本中增加噪声的特殊字符和符号。可以使用简单的正则表达式来实现这一点。`remove_special_characters(...)` 函数可以删除特殊字符。在我们的代码中，保留了数字，但是如果你不希望它们出现在规范化的语料库中，也可以删除它们。

❑ 词干提取和词形还原：词干通常是可能的单词的基本形式，可以通过在词干上附加词缀（如前缀和后缀）来创建新词，这称为词形变化。获取单词基本形式的反向过程称为词干提取。一个简单的例子是 watches、watching 和 watched，它们的词根都是 watch。NLTK 包提供了广泛的词干解析器，如 `PorterStemmer` 和 `LancasterStemmer`。词形还原与词干提取非常相似，在词形还原中，我们去掉词缀以得到单词的基本形式。然而，基本形式被称为词根而不是词干。不同的是，词根在词典上总是正确的单词（在词典中出现），但是词干可能是不正确的。我们只在规范化流水线中使用词形还原来保留在词典上是正确的单词。在这方面，`lemmatize_text(...)` 函数可以帮助我们。

❑ 删除停用词：那些尤其是在从文本中构建有意义的特征时，没有意义或意义很小的词，被称为停用词。如果你在文档语料库中做一个简单的词项或单词频率统计，通常这些单词的频率会最大。像"a""an""the"等词都是停用词。没有通用的停用词列表，我们使用的是来自 NLTK 的标准英语停用词列表。如果需要，你还可以添加自己的特定领域的停用词。`remove_stopwords(...)` 函数可以删除停用词并保留语料库中最具意义和上下文内容的单词。

我们使用这些组件，并在 `normalize_corpus(...)` 函数中将它们结合在一起，该函数可将文档语料库作为输入，并返回与语料库相同的、经清理和规范化处理后的文本文档。关于文本预处理更详细的概述请参阅第 3 章。现在我们已经准备好了规范化模块，可以开始建模和分析我们的语料库了。

9.5　无监督的词典模型

我们之前讨论过无监督学习方法，指的是可以直接应用于数据特征而无须标记数据的特定建模方法。在任何组织中，主要的挑战是由于缺乏时间和资源来完成这项乏味的任务——获得有标记的数据集。在这种情况下，无监督的方法非常有用，我们将在本节介绍其中的一些方法。尽管我们已经有了标记数据，但这一节应该会让你了解到基于词典模型是如何工作的，而且当没有已标记的数据时，你也可以将它们应用到自己的数据集上。

无监督情感分析模型使用精心设计的知识库、本体、词典和数据库，这些资源具有与主观词、短语有关的详细信息，包括情感、情绪、极性、客观性、主观性等。词典模型通常使用词典，也被称为字典或专注于情感分析的词汇表。这些词典包含与正面和负面情感、极性（负面或正面分数的大小）、词性（POS）标签、主观性分类器（强、弱、中性）、情绪、情态等相关联的单词列表。你可以使用这些词典并通过匹配来自词典的特定单词来计算文本文档的情感，然后查看其他因素，如否定参数、周围单词、整体上下文、短语和聚合整体情感极性分数来决定最终情感分数。有几种流行的用于情感分析的词典模型。其中一些如下所示。

- ❑ Bing Liu 词典
- ❑ MPQA 主观词典
- ❑ pattern 词典
- ❑ TextBlob 词典
- ❑ AFINN 词典
- ❑ SentiWordNet 词典
- ❑ VADER 词典

这不是一个详尽的词典模型列表，但这些无疑是当今最流行的模型。我们会使用电影评论数据集通过实际代码和示例，更详细地介绍后面三个词典模型。这里使用最后 15 000 条评论并预测其情感，根据模型评估度量指标，如准确率、精度、召回率和 F1 分数（第 5 章中详细介绍了这些指标），来观察我们的模型表现如何。因为我们已经有了标记数据，所以可以很容易看到电影评论的情感值与我们基于词典模型预测的情感值的匹配情况。你可以参阅标题为 `Sentiment Analysis - Unsupervised Lexical.ipynb` 的 Juyter notebook，进行交互式实践。在开始分析之前，让我们使用以下代码片段加载必要的依赖项和配置设置。

```
In [1]: import pandas as pd
   ...: import numpy as np
   ...: import text_normalizer as tn
   ...: import model_evaluation_utils as meu
   ...:
   ...: np.set_printoptions(precision=2, linewidth=80)
```

现在，我们可以加载 IMDB 评论数据集，并使用最后 15 000 条评论子集进行分析。我们不需要对它们进行规范化，因为这里使用的大多数框架都会在内部处理这些问题，但对于某些框架，我们可能会根据需要使用一些基本的预处理步骤。

```
In [2]: dataset = pd.read_csv('movie_reviews.csv.bz2',
                              compression='bz2')
   ...:
   ...: reviews = np.array(dataset['review'])
   ...: sentiments = np.array(dataset['sentiment'])
   ...:
   ...: # extract data for model evaluation
   ...: test_reviews = reviews[35000:]
   ...: test_sentiments = sentiments[35000:]
   ...: sample_review_ids = [7626, 3533, 13010]
```

我们还提取了一些评论示例，以便可以在示例上运行我们的模型，并详细解释结果。

9.5.1 Bing Liu 词典

这个词典由超过 6 800 个单词组成，分为两个文件：`positive-words.txt` 文件中包括大约 2 000 个单词/短语，`negative-words.txt` 文件中包括超过 4 800 个单词/短语。该词典由 Bing Liu 在几年前开发和策划，在 Nitin Jindal 和 Bing Liu 的论文 "Identifying Comparative Sentences in Text Documents" 中有详细的讨论，该论文收录在第 29 届 ACM SIGIR 国际年会（西雅图 2006）论文集上。如果想要使用，可以前往 https://www.cs.uic.edu/~liub/FBS/sentiment-analysis.html#lexicon 进行下载，该网页上有一个下载该文件（RAR 格式）的链接。

9.5.2 MPQA 主观词典

MPQA 是 Multi-Perspective Question Answering（多视角的问题回答）的缩写，它包含了一系列与意见语料库、主观性词典、主观性意义标注、论据词典、辩论语料库、意见发现者等相关的资源。MPQA 由匹兹堡大学开发和维护，其官方网站 http://mpqa.cs.pitt.edu/ 包含了所有必要的信息。主观性词典是其意见发现者框架的一部分，包含主观性线索和上下文极性。详细的信息可以在 Theresa Wilson、Janyce Wiebe 和 Paul Hoffmann 在 HLT-EMNLP-2005 论文集收录的论文 "Recognizing Contextual Polarity in Phrase-Level Sentiment Analysis" 中找到。你可以从官方网站 http://mpqa.cs.pitt.edu/lexicons/sub-lexicons/ 下载主观性词典。数据集中包含了主观性线索，可以在 subjclueslen1-HLTEMNLP05.tff 中找到。词典中的一些示例如下所示：

```
type=weaksubj len=1 word1=abandonment pos1=noun stemmed1=n
priorpolarity=negative
type=weaksubj len=1 word1=abandon pos1=verb stemmed1=y
priorpolarity=negative
...
...
type=strongsubj len=1 word1=zenith pos1=noun stemmed1=n
priorpolarity=positive
type=strongsubj len=1 word1=zest pos1=noun stemmed1=n
priorpolarity=positive
```

每行由一个特定的单词及其所属的极性、POS 标签信息、长度（现在只有长度为 1 的单词）、主观上下文和词干信息组成。

9.5.3　pattern 词典

pattern 软件包是 Python 中的一个完整的 NLP 框架，可用于文本处理和情感分析等。该软件包由 CLiPS（Computational Linguistics and Psycholinguistics）开发，这是一个隶属于安特卫普大学艺术学院语言学系的研究中心。该软件包使用自己的情感分析模块，该模块使用字典，你可以访问其官方 GitHub 存储库 https://github.com/clips/pattern/blob/master/pattern/text/en/en-sentiment.xml 查看。它包括完整的基于主观的词典数据库。通常词典的每行如下面的例子所示。

```
<word form="absurd" wordnet_id="a-02570643" pos="JJ" sense="incongruous"
polarity="-0.5" subjectivity="1.0" intensity="1.0" confidence="0.9" />
```

因此，你可以获得重要的元数据信息，如 WordNet 语料库标识符、极性分数、词义、POS 标签、强度、主观性分数等。它们可以反过来用于计算基于极性和主观性的文本文档的情感。不幸的是，pattern 还没有正式移植到 Python 3 .x，它可以在 Python 2.7 .x 上运行。但是，你可以加载这个词典，并根据需要，构建你自己的模型。更棒的是，流行框架 TextBlob 将它用于情感分析，并且可以在 Python 3 中使用！

9.5.4　TextBlob 词典

如前面所述，pattern 软件包有一个不错的情感分析模块，但是不幸的是只可用于 Python 2.7.x。然而，我们主要目的是在 Python 3.x 上构建应用，因此我们使用开箱即用的 TextBlob！TextBlob 使用的词典与 pattern 相同，其代码在 GitHub 上（https://github.com/sloria/TextBlob/blob/dev/textblob/en/en-sentiment.xml）。词典中的一些示例如下所示。

```
<word form="abhorrent" wordnet_id="a-1625063" pos="JJ" sense="offensive
to the mind" polarity="-0.7" subjectivity="0.8" intensity="1.0"
reliability="0.9" />
<word form="able" cornetto_synset_id="n_a-534450" wordnet_id="a-01017439"
pos="JJ" sense="having a strong healthy body" polarity="0.5"
subjectivity="1.0" intensity="1.0" confidence="0.9" />
```

通常，特定的形容词有一个极性分数（负 / 正，–1.0 到 +1.0）和一个主观性分数（客观 / 主观，+0.0 到 +1.0）。可靠性分数指定形容词是手工标记的（1.0）还是推断的（0.7）。单词按意义标记，例如 ridiculous (pitiful) = negative, ridiculous (humorous) = positive。Cornetto ID（词汇单位 ID）和 Cornetto synset（同义词集）ID 是指 Cornetto 的荷兰语词汇数据库。WordNet ID 指的是英语的 WordNet3 词汇数据库。POS 使用 Penn Treebank 约定。让我们看看如何使用 TextBlob 进行情感分析。

```
for review, sentiment in zip(test_reviews[sample_review_ids], test_
sentiments[sample_review_ids]):
    print('REVIEW:', review)
    print('Actual Sentiment:', sentiment)
    print('Predicted Sentiment polarity:', textblob.TextBlob(review).
    sentiment.polarity)
    print('-'*60)

REVIEW: no comment - stupid movie, acting average or worse... screenplay -
no sense at all... SKIP IT!
Actual Sentiment: negative
Predicted Sentiment polarity: -0.3625
------------------------------------------------------------
REVIEW: I don't care if some people voted this movie to be bad. If you want
the Truth this is a Very Good Movie! It has every thing a movie should
have. You really should Get this one.
Actual Sentiment: positive
Predicted Sentiment polarity: 0.16666666666666674
------------------------------------------------------------
REVIEW: Worst horror film ever but funniest film ever rolled in one you
have got to see this film it is so cheap it is unbelievable but you have to
see it really!!!! P.s watch the carrot
Actual Sentiment: positive
Predicted Sentiment polarity: -0.037239583333333326
------------------------------------------------------------
```

你可以检查一些特定电影评论的情感和 TextBlob 预测的情感极性分数。通常，正分表示正面情感，负分表示负面情感。你可以使用特定的自定义阈值来确定哪些应该是正面或负面。基于多次实验，我们使用自定义阈值 0.1。下面的代码计算整个测试数据的情感。见图 9-1。

```
sentiment_polarity = [textblob.TextBlob(review).sentiment.polarity for
                      review in test_reviews]
predicted_sentiments = ['positive' if score >= 0.1 else 'negative'
                        for score in sentiment_polarity]
meu.display_model_performance_metrics(true_labels=test_sentiments,
                        predicted_labels=predicted_sentiments,
                        classes=['positive', 'negative'])
```

```
Model Performance metrics:      Model Classification report:                              Prediction Confusion Matrix:
-------------------------       ----------------------------                              ----------------------------
Accuracy: 0.7669                             precision  recall  f1-score  support                    Predicted:
Precision: 0.767                                                                                      positive  negative
Recall: 0.7669                 positive       0.76      0.78     0.77      7510      Actual: positive    5835      1675
F1 Score: 0.7668               negative       0.77      0.76     0.76      7490              negative    1822      5668

                               weighted avg   0.77      0.77     0.77      15000
```

图 9-1 基于词典模型的性能度量指标

　　我们得到整体的 F1 分数和准确率为 77%，考虑到这是一个无监督的模型，这是很好的结果了！看一下混淆矩阵，我们可以清楚地看到，我们有相同数量的评论几乎被错误地分类为正面和负面，这就导致了在每个类的精度和召回率上得到了相同的结果。

9.5.5 AFINN 词典

　　AFINN 词典也许是最简单和最流行的词典，它广泛用于情感分析。该词典由 Finn Årup Nielsen 开发与策划，你可以在 ESWC2011 研讨会论文集上发表的 Finn Årup Nielsen 的论文"A New ANEW: Evaluation of a Word List for Sentiment Analysis in Microblogs"上找到详细的信息。词典的当前版本是 AFINN-en-165.txt，其中包括 3 300 个单词，以及每个单词的情感极性的分数。

　　你可以在作者的官方 GitHub 存储库 https://github.com/fnielsen/afinn/blob/master/afinn/data/ 上找到这个词典，以及包括 AFINN-111 在内的之前版本。作者还在 Python 中创建了一个很好的装饰器函数库 afinn，我们可以使用它来满足分析需要。你可以使用以下代码导入库并实例化对象。

```
In [3]: from afinn import Afinn
   ...:
   ...: afn = Afinn(emoticons=True)
```

我们使用下面的代码，调用该对象计算所选的 4 个实例评论的极性。

```
In [4]: for review, sentiment in zip(test_reviews[sample_review_ids], test_
sentiments[sample_review_ids]):
   ...:     print('REVIEW:', review)
   ...:     print('Actual Sentiment:', sentiment)
   ...:     print('Predicted Sentiment polarity:', afn.score(review))
   ...:     print('-'*60)
REVIEW: no comment - stupid movie, acting average or worse... screenplay -
no sense at all... SKIP IT!
Actual Sentiment: negative
Predicted Sentiment polarity: -7.0
------------------------------------------------------------
REVIEW: I don't care if some people voted this movie to be bad. If you want
the Truth this is a Very Good Movie! It has every thing a movie should
have. You really should Get this one.
Actual Sentiment: positive
Predicted Sentiment polarity: 3.0
------------------------------------------------------------
REVIEW: Worst horror film ever but funniest film ever rolled in one you
have got to see this film it is so cheap it is unbelievable but you have to
see it really!!!! P.s watch the carrot
Actual Sentiment: positive
Predicted Sentiment polarity: -3.0
------------------------------------------------------------
```

　　我们可以比较每个评论的实际情感标签，并查看预测的情感极性分数。负面极性通常表示负面情感。为了在 15 000 条评论的完整测试数据集上预测情感（我使用原始文本文档是因为 AFINN 考虑了其他方面，如表情符号和感叹号），我们可以使用以下代码片段。我使用了一个大于等于 1.0 的阈值来确定整体情感是否是正面的。你可以在分析自己的语料库的基础上选择自己的阈值。

```
In [5]: sentiment_polarity = [afn.score(review) for review in test_reviews]
   ...: predicted_sentiments = ['positive' if score >= 1.0 else 'negative'
   for score in sentiment_polarity]
```

现在我们已经有了预测的情感标签，可以使用我们的实用函数，基于标准性能度量来评估模型性能。见图 9-2。

```
In [6]: meu.display_model_performance_metrics(true_labels=test_sentiments,
   predicted_labels=predicted_sentiments, classes=['positive', 'negative'])
```

```
Model Performance metrics:        Model Classification report:                    Prediction Confusion Matrix:
------------------------------    ------------------------------                  ------------------------------
Accuracy: 0.71                              precision  recall  f1-score  support              Predicted:
Precision: 0.73                                                                              positive negative
Recall: 0.71                      positive     0.67     0.85     0.75     7510   Actual: positive  6376    1134
F1 Score: 0.71                    negative     0.79     0.57     0.67     7490           negative  3189    4301

                                  avg / total  0.73     0.71     0.71    15000
```

图 9-2 基于 AFINN 词典模型的性能指标

我们得到整体的 F1 分数为 71%，考虑到这是一个无监督的模型，这是相当不错的结果了。从混淆矩阵来看，我们可以清楚地看到，相当多的基于负面情感的评论被错误地归类为正面评论（3 189 个），这导致负面情感类的召回率降低到了 57%。在召回率或命中率方面，正面情感类的表现更好，在 7 510 个正面评论中，我们正确预测了 6 376 个，但由于对负面情感评论做出了许多错误地正面预测，其精度为 67%。

9.5.6 SentiWordNet 词典

我们知道 WordNet 也许是最流行的英语语料库之一，广泛用于 NLP 和语义分析。WordNet 引入了同义词集或同义词集合的概念。SentiWordNet 词典基于 WordNet 同义词集，可用于情感分析和意见挖掘。对于 WordNet 中的每个同义词集，SentiWordNet 词典赋予三个情感分数。它们包括正面极性分数、负面极性分数和客观分数。你可以在官方网站 http://sentiwordnet.isti.cnr.it 上了解更多详细信息，网站上的研究论文详细地介绍了该词典，同时给出了一个下载该词典的链接。我们使用 NLTK 库，它提供直接访问该词典的 Python 接口。假设我们有个形容词 "awesome"，并使用下面的代码获得该单词有关的同义词集的情感分数。

```
In [8]: from nltk.corpus import sentiwordnet as swn
   ...:
   ...: awesome = list(swn.senti_synsets('awesome', 'a'))[0]
   ...: print('Positive Polarity Score:', awesome.pos_score())
   ...: print('Negative Polarity Score:', awesome.neg_score())
   ...: print('Objective Score:', awesome.obj_score())
Positive Polarity Score: 0.875
Negative Polarity Score: 0.125
Objective Score: 0.0
```

现在，让我们构建一个通用函数，根据文档中匹配的同义词集提取并汇总完整的文本文档情感分数。

```python
def analyze_sentiment_sentiwordnet_lexicon(review, verbose=False):

    # tokenize and POS tag text tokens
    tagged_text = [(token.text, token.tag_) for token in tn.nlp(review)]
    pos_score = neg_score = token_count = obj_score = 0
    # get wordnet synsets based on POS tags
    # get sentiment scores if synsets are found
    for word, tag in tagged_text:
        ss_set = None
        if 'NN' in tag and list(swn.senti_synsets(word, 'n')):
            ss_set = list(swn.senti_synsets(word, 'n'))[0]
        elif 'VB' in tag and list(swn.senti_synsets(word, 'v')):
            ss_set = list(swn.senti_synsets(word, 'v'))[0]
        elif 'JJ' in tag and list(swn.senti_synsets(word, 'a')):
            ss_set = list(swn.senti_synsets(word, 'a'))[0]
        elif 'RB' in tag and list(swn.senti_synsets(word, 'r')):
            ss_set = list(swn.senti_synsets(word, 'r'))[0]
        # if senti-synset is found
        if ss_set:
            # add scores for all found synsets
            pos_score += ss_set.pos_score()
            neg_score += ss_set.neg_score()
            obj_score += ss_set.obj_score()
            token_count += 1

    # aggregate final scores
    final_score = pos_score - neg_score
    norm_final_score = round(float(final_score) / token_count, 2)
    final_sentiment = 'positive' if norm_final_score >= 0 else 'negative'
    if verbose:
        norm_obj_score = round(float(obj_score) / token_count, 2)
        norm_pos_score = round(float(pos_score) / token_count, 2)
        norm_neg_score = round(float(neg_score) / token_count, 2)
        # to display results in a nice table

        sentiment_frame = pd.DataFrame([[final_sentiment, norm_obj_score,
                                        norm_pos_score, norm_neg_score,
                                        norm_final_score]],
                                      columns=pd.MultiIndex (levels=[
                                      ['SENTIMENT STATS:'],
                                      ['Predicted Sentiment', 'Objectivity',
                                       'Positive', 'Negative', 'Overall']],
                                      labels=[[0,0,0,0,0],[0,1,2,3,4]]))
        print(sentiment_frame)

    return final_sentiment
```

我们的函数输入一个电影评论，用对应的 POS 标签标记每个单词，基于 POS 标签根据匹配的同义词集标识符提取情感分数，最后汇总分数。当我们在样本文档上运行它时，这个过程将更加清晰。

```
In [10]: for review, sentiment in zip(test_reviews[sample_review_ids],
test_sentiments[sample_review_ids]):
   ...:     print('REVIEW:', review)
   ...:     print('Actual Sentiment:', sentiment)
   ...:     pred = analyze_sentiment_sentiwordnet_lexicon(review,
           verbose=True)
   ...:     print('-'*60)
REVIEW: no comment - stupid movie, acting average or worse... screenplay -
no sense at all... SKIP IT!
Actual Sentiment: negative
     SENTIMENT STATS:
  Predicted Sentiment Objectivity Positive Negative Overall
0           negative        0.76       0.09     0.15    -0.06
------------------------------------------------------------
REVIEW: I don't care if some people voted this movie to be bad. If you want
the Truth this is a Very Good Movie! It has every thing a movie should
have. You really should Get this one.
Actual Sentiment: positive
     SENTIMENT STATS:
  Predicted Sentiment Objectivity Positive Negative Overall
0           positive        0.76       0.19     0.06     0.13
------------------------------------------------------------
REVIEW: Worst horror film ever but funniest film ever rolled in one you
have got to see this film it is so cheap it is unbelievable but you have to
see it really!!!! P.s watch the carrot
Actual Sentiment: positive
     SENTIMENT STATS:
  Predicted Sentiment Objectivity Positive Negative Overall
0           positive        0.8        0.12     0.07     0.05
------------------------------------------------------------
```

我们可以清楚地看到预测的情感和情感极性分数，以及格式化数据框中描述的每个示例电影评论的客观性分数。让我们使用这个模型来预测所有测试评论的情感，并评估它的性能。大于等于 0 的阈值用于将整体情感极性分类为正面情感（而小于 0 为负面情感）。见图 9-3。

```
In [11]: norm_test_reviews = tn.normalize_corpus(test_reviews)
   ...: predicted_sentiments = [analyze_sentiment_sentiwordnet_
       lexicon(review, verbose=False) for review in norm_test_reviews]
   ...: meu.display_model_performance_metrics(true_labels=test_sentiments,
       predicted_labels=predicted_sentiments,
   ...: classes=['positive', 'negative'])
```

我们得到的整体 F1 分数是 60%，这无疑是在前面模型之上前进了一步。我们可以看到大量负面评论被错误地归类为正面评论。在这里调整阈值也许会有所帮助！

```
Model Performance metrics:    Model Classification report:                              Prediction Confusion Matrix:
-------------------------    -----------------------------                             ----------------------------
Accuracy: 0.6295                             precision    recall    f1-score    support              Predicted:
Precision: 0.6804                                                                                 positive negative
Recall: 0.6295               positive          0.58        0.90       0.71        7510   Actual: positive    6727       783
F1 Score: 0.6011             negative          0.78        0.36       0.49        7490           negative    4775      2715

                             avg / total       0.68        0.63       0.60       15000
```

图 9-3　基于 SentiWordNet 词典模型的性能指标

9.5.7　VADER 词典

VADER 词典由 C.J. Hutto 开发，是一个基于规则的情感分析框架，特别为社交媒体情感分析进行了调优。VADER 代表 Valence Aware Dictionary and sEntiment Reasoner 的缩写。了解该框架的详细信息，可以阅读 Clayton. J. Hutto 和 Eric Gilbert 名为 " VADER: A Parsimonious Rule-based Model for Sentiment Analysis of Social Media Text" 的论文，该论文发表在 Weblogs and Social Media 国家会议（ICWSM-14）论文集。你可以在 `nltk.sentiment.vader` 模块中通过 NLTK 接口使用该函数库。

你可以从 https://github.com/cjhutto/vaderSentiment 中下载该词典或安装框架，该地址包含了与 VADER 词典相关的详细信息。该词典在 `vader_lexicon.txt` 文件之中，其中包含了单词、表情符号，甚至是俚语的缩写（如 lol、wtf、nah 等）相关的情感分数。该词典有超过 9 000 的词汇特征，并进一步整理成为 7 500 个带有正确验证分数的词汇特征。每个特征的范围从 "[-4] 非常负面" 到 "[4] 非常正面"，使用 "[0] 代表中性（或没有 N/A）"。

这种处理是保留所有的词汇特征有一个非零的平均评级，其标准差小于 2.5，这是由 10 个独立的评分者评分累加得到的。下面我们介绍 VADER 词典的一个示例：

```
:(        -1.9   1.13578      [-2, -3, -2, 0, -1, -1, -2, -3, -1, -4]
:)         2.0   1.18322      [2, 2, 1, 1, 1, 1, 4, 3, 4, 1]
...
terrorizing -3.0  1.0         [-3, -1, -4, -4, -4, -3, -2, -3, -2, -4]
thankful    2.7   0.78102     [4, 2, 2, 3, 2, 4, 3, 3, 2, 2]
```

词典的每一行代表一个独一无二的词项，可以是一个单词或是一个表情符号。第一列表示单词 / 表情符号，第二列表示平均分数，第三列是标准差，最后一列是 10 个独立评分者给出的分数。现在，我们使用 VADER 分析电影评论！下面我们构建自己的模型函数。

```python
from nltk.sentiment.vader import SentimentIntensityAnalyzer

def analyze_sentiment_vader_lexicon(review,
                                    threshold=0.1,
                                    verbose=False):
    # preprocess text
    review = tn.strip_html_tags(review)
    review = tn.remove_accented_chars(review)
    review = tn.expand_contractions(review)

    # analyze the sentiment for review
    analyzer = SentimentIntensityAnalyzer()
    scores = analyzer.polarity_scores(review)
```

```
      # get aggregate scores and final sentiment
      agg_score = scores['compound']
      final_sentiment = 'positive' if agg_score >= threshold\
                                      else 'negative'
  if verbose:
      # display detailed sentiment statistics
      positive = str(round(scores['pos'], 2)*100)+'%'
      final = round(agg_score, 2)
      negative = str(round(scores['neg'], 2)*100)+'%'
      neutral = str(round(scores['neu'], 2)*100)+'%'
      sentiment_frame = pd.DataFrame([[final_sentiment, final, positive,
                                      negative, neutral]],
                                      columns=pd.MultiIndex(levels=
                                               [['SENTIMENT STATS:'],
                                      ['Predicted Sentiment', 'Polarity Score',
                                       'Positive', 'Negative', 'Neutral']],
                                      labels=[[0,0,0,0,0],[0,1,2,3,4]]))
      print(sentiment_frame)

  return final_sentiment
```

在我们的模型函数中，我们做了一些基本的预处理，但是保持标点和表情符号的完整性。除此之外，我们还利用 VADER 得到了评论文本在正面、中性和负面情感方面的情感极性和比例。我们还基于用户输入的阈值预测了最终情感汇总极性。通常情况下，VADER 建议在汇总极性大于等于 0.5 时为正面情感，在 [–0.5，0.5] 之间为中性情感，在极性小于 –0.5 时为负面情感。在我们的语料库中，我们使用大于等于 0.4 的阈值表示正面，小于 0.4 的阈值表示负面。以下是对我们的样本评论的分析。

```
In [13]: for review, sentiment in zip(test_reviews[sample_review_ids],
test_sentiments[sample_review_ids]):
    ...:     print('REVIEW:', review)
    ...:     print('Actual Sentiment:', sentiment)
    ...:     pred = analyze_sentiment_vader_lexicon(review, threshold=0.4,
             verbose=True)
    ...:     print('-'*60)
REVIEW: no comment - stupid movie, acting average or worse... screenplay -
no sense at all... SKIP IT!
Actual Sentiment: negative
    SENTIMENT STATS:
  Predicted Sentiment Polarity Score Positive Negative Neutral
0            negative           -0.8     0.0%    40.0%   60.0%
------------------------------------------------------------
REVIEW: I don't care if some people voted this movie to be bad. If you want
the Truth this is a Very Good Movie! It has every thing a movie should
have. You really should Get this one.
Actual Sentiment: positive
    SENTIMENT STATS:
  Predicted Sentiment Polarity Score Positive                 Negative Neutral
```

```
0            negative        -0.16    16.0%  14.0%  69.0%
----------------------------------------------------------------
REVIEW: Worst horror film ever but funniest film ever rolled in one you
have got to see this film it is so cheap it is unbelievable but you have to
see it really!!!! P.s watch the carrot
Actual Sentiment: positive
    SENTIMENT STATS:
  Predicted Sentiment Polarity Score Positive Negative Neutral
0            positive         0.49    11.0%  11.0%  77.0%
----------------------------------------------------------------
```

我们可以看到每个电影评论样本的情感和极性的详细统计数据。让我们在完整的测试电影评论语料库上尝试我们的模型，并评估模型的性能。

```
In [14]: predicted_sentiments = [analyze_sentiment_vader_lexicon(review,
threshold=0.4, verbose=False) for review in test_reviews]
    ...: meu.display_model_performance_metrics(true_labels=test_sentiments,
        predicted_labels=predicted_sentiments,
    ...: classes=['positive', 'negative'])
```

图 9-4 显示 F1 分数和准确率为 71%，这与基于 AFINN 的模型非常相似。基于 AFINN 的模型平均精度仅高 1%，除此之外，两个模型获得了相似性能。

```
Model Performance metrics:    Model Classification report:                          Prediction Confusion Matrix:
--------------------------    ----------------------------                          ----------------------------
Accuracy: 0.711                          precision  recall  f1-score  support                    Predicted:
Precision: 0.7236                                                                                positive negative
Recall: 0.711                 positive   0.67       0.83    0.74      7510          Actual: positive  6235   1275
F1 Score: 0.7068              negative   0.78       0.59    0.67      7490                  negative  3060   4430

                              avg / total 0.72      0.71    0.71      15000
```

图 9-4　基于 VADER 词典模型的性能指标

9.6　使用有监督的学习进行情感分类

有监督的机器学习是另外一种构建模型来理解文本内容并预测基于文本评论的情感的方法。更具体地说，我们使用分类模型来解决这个问题。我们在 1.8 节中介绍了与有监督学习和分类相关的概念。关于构建和评估分类模型的详细信息，你可以在需要时阅读第 5 章，回顾一下相关内容。在随后的章节中，我们构建了一个自动情感文本分类系统。实现这一目标的主要步骤如下：

1）准备训练数据集和测试数据集（一个可选的验证数据集）。
2）文本文档预处理和规范化。
3）特征工程。
4）模型训练。
5）模型预测与评估。

以上是构建我们系统的主要步骤。最后一个可选步骤是在你的服务器或云上部署模型。图 9-5 显示了使用有监督的学习（分类）模型构建一个标准的文本分类系统的详细流程。

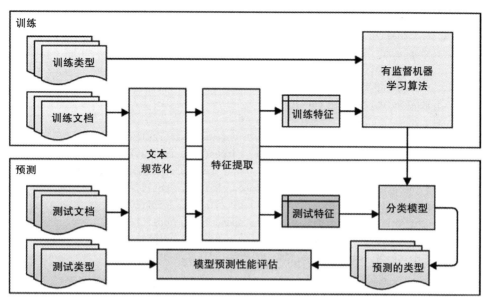

图 9-5　构建自动文本分类系统的蓝图

在我们的场景中，文档表示电影评论，类型表示评论的情感，它可以是正面的或者是负面的，这是一个二分类问题。随后的章节我们将使用传统的机器学习方法和新的深度学习构建模型。你可以参考标题为 Sentiment Analysis - Supervised.ipynb 的 Jupyter notebook，以进行交互式实践。让我们在开始前加载必要的依赖项和设置。

```
In [1]: import pandas as pd
   ...: import numpy as np
   ...: import text_normalizer as tn
   ...: import model_evaluation_utils as meu
   ...: import nltk
   ...: np.set_printoptions(precision=2, linewidth=80)
```

现在，我们载入 IMDB 电影评论数据集，使用前面的 35 000 个电影评论训练模型，保留剩余的 15 000 个评论作为测试数据集以评估模型的性能。此外，我们使用标准化模块对评论数据集进行标准化处理（即工作流的第 1 和 2 步）。

```
In [2]: dataset = pd.read_csv('movie_reviews.csv.bz2',
                              compression='bz2')
   ...:
   ...: # take a peek at the data
   ...: print(dataset.head())
   ...: reviews = np.array(dataset['review'])
   ...: sentiments = np.array(dataset['sentiment'])
   ...:
   ...: # build train and test datasets
   ...: train_reviews = reviews[:35000]
   ...: train_sentiments = sentiments[:35000]
   ...: test_reviews = rcviews[35000:]
   ...: test_sentiments = sentiments[35000:]
```

```
...:
...: # normalize datasets
...: stop_words = nltk.corpus.stopwords.words('english')
...: stop_words.remove('no')
...: stop_words.remove('but')
...: stop_words.remove('not')
...:
...: norm_train_reviews = tn.normalize_corpus(train_reviews)
...: norm_test_reviews = tn.normalize_corpus(test_reviews)
                                         review  sentiment
0  One of the other reviewers has mentioned that ...  positive
1  A wonderful little production. <br /><br />The...  positive
2  I thought this was a wonderful way to spend ti...  positive
3  Basically there's a family where a little boy ...  negative
4  Petter Mattei's "Love in the Time of Money" is...  positive
```

我们准备好了数据集，进了规范化处理，因此可以从文本分类流程的第 3 步开始构建分类系统。

9.7 传统的有监督机器学习模型

这一节，我们使用传统的分类模型对电影评论的情感进行分类。我们的特征工程技术（第 3 步）基于词袋模型和 TF-IDF 模型，这在 4.4 节中进行了全面的讨论。下面的代码片段通过在这些模型上训练和测试数据来帮助我们得到特征。

```
In [3]: from sklearn.feature_extraction.text import CountVectorizer,
TfidfVectorizer
    ...:
    ...: # build BOW features on train reviews
    ...: cv = CountVectorizer(binary=False, min_df=0.0, max_df=1.0, ngram_
        range=(1,2))
    ...: cv_train_features = cv.fit_transform(norm_train_reviews)
    ...: # build TFIDF features on train reviews
    ...: tv = TfidfVectorizer(use_idf=True, min_df=0.0, max_df=1.0, ngram_
        range=(1,2), sublinear_tf=True)
    ...: tv_train_features = tv.fit_transform(norm_train_reviews)
    ...:
    ...: # transform test reviews into features
    ...: cv_test_features = cv.transform(norm_test_reviews)
    ...: tv_test_features = tv.transform(norm_test_reviews)
    ...:
    ...: print('BOW model:> Train features shape:', cv_train_features.shape,
            ' Test features shape:', cv_test_features.shape)
    ...: print('TFIDF model:> Train features shape:', tv_train_features.
        shape, ' Test features shape:', tv_test_features.shape)

BOW model:> Train features shape: (35000, 2090724)  Test features shape:
(15000, 2090724)
```

```
TFIDF model:> Train features shape: (35000, 2090724)  Test features shape:
(15000, 2090724)
```

我们的将单词和 bi-gram 作为特征集。我们现在可以使用一些传统的有监督机器学习算法，这些算法在文本分类方面非常有效。我们建议在将来处理自己的数据集时使用逻辑（logistic）回归、支持向量机和多项式朴素 Bayes 模型。在本章，我们使用逻辑回归和支持向量机构建模型。下面的代码片段负责初始化这些分类模型估计器。

```
In [4]: from sklearn.linear_model import SGDClassifier, LogisticRegression
   ...:
   ...: lr = LogisticRegression(penalty='l2', max_iter=100, C=1)
   ...: svm = SGDClassifier(loss='hinge', max_iter=100)
```

在不涉及太多的理论复杂性和不考虑其名称的情况下，逻辑回归模型是一种用于分类的有监督的线性机器学习模型。在这个模型中，我们试图预测给定的电影评论属于其中哪一类（在我们的场景中是二分类）的概率。用于模型训练的函数如下所示：

$$P(y = positive \mid X) = \sigma(\theta^T X)$$
$$P(y = negative \mid X) = 1 - \sigma(\theta^T X)$$

这里模型使用特征向量 X 和 $\sigma(z) = \dfrac{1}{1+e^{-z}}$，预测情感的类型，$\sigma(z)$ 是众所周知的 sigmoid 函数或者逻辑函数。该模型的主要任务是寻找 θ 的最优值，使得当向量 X 是正面情感评论时，正面情感类型的概率最大，当 X 是负面情感评论时，概率最小。逻辑函数帮助对最终的预测类型进行概率建模。θ 的最优值可以通过使用标准化的方法（如梯度下降法），最小化合适的成本 / 损失函数值来得到。逻辑回归也称为 MaxEnt（最大熵）分类器。

现在，我们使用 `model_evaluation_utils` 模块中的实用函数 `train_predict_model(...)` 在训练特征集上构建一个逻辑回归模型，并在测试特征集上评估模型的性能（第 4 和 5 步）。

```
In [5]: # Logistic Regression model on BOW features
   ...: lr_bow_predictions = meu.train_predict_model(classifier=lr,
   ...: train_features=cv_train_features, train_labels=train_sentiments,
   ...: test_features=cv_test_features, test_labels=test_sentiments)
   ...: meu.display_model_performance_metrics(true_labels=test_sentiments,
   ...: predicted_labels=lr_bow_predictions,
   ...: classes=['positive', 'negative'])
```

如图 9-6 所示，我们得到模型的整体 F1 分数和准确率为 90.5%，这非常不错！类似地，现在我们可以利用以下代码，使用 TF-IDF 特征简单地构建一个逻辑回归模型。

```
Model Performance metrics:        Model Classification report:                          Prediction Confusion Matrix:
-------------------------        ----------------------------                          ----------------------------
Accuracy: 0.9049                            precision   recall  f1-score  support                  Predicted:
Precision: 0.9049                                                                                positive negative
Recall: 0.9049                   positive       0.90     0.91      0.91     7510    Actual: positive   6809      701
F1 Score: 0.9049                 negative       0.91     0.90      0.90     7490            negative    725     6765

                                 avg / total    0.90     0.90      0.90    15000
```

图 9-6　基于词袋特征的逻辑回归模型的性能指标

```
In [6]: # Logistic Regression model on TF-IDF features
   ...: lr_tfidf_predictions = meu.train_predict_model(classifier=lr,
   ...: train_features=tv_train_features, train_labels=train_sentiments,
   ...: test_features=tv_test_features, test_labels=test_sentiments)
   ...: meu.display_model_performance_metrics(true_labels=test_sentiments,
   ...: predicted_labels=lr_tfidf_predictions,
   ...: classes=['positive', 'negative'])
```

如图 9-7 所示，我们得到整体的 F1 分数和模型的准确率为 89%，尽管前面的模型好一些，但这也很不错了。类似地你可以使用支持向量机估计器对象 svm，该对象我们在前面已经创建了，使用相同的代码片段和 SVM 模型进行训练和预测。我们得到了 SVM 模型最大的准确率和 F1 分数为 90%（参考 Jupyter notebook 中每一步的代码）。这样，你就可以看到有监督的机器学习算法如何高效并准确地构建一个文本情感分类器。

```
Model Performance metrics:       Model Classification report:                        Prediction Confusion Matrix:
---------------------------       -----------------------------                       ----------------------------
Accuracy: 0.8941                                 precision  recall  f1-score  support                   Predicted:
Precision: 0.8941                                                                                       positive negative
Recall: 0.8941                   positive         0.89      0.90     0.89      7510   Actual: positive    6767     743
F1 Score: 0.8941                 negative         0.90      0.89     0.89      7490           negative     846    6644

                                 avg / total      0.89      0.89     0.89     15000
```

图 9-7　基于 TF-IDF 特征的逻辑回归模型的性能指标

9.8　新的有监督深度学习模型

在过去的十年里，深度学习已经彻底改变了机器学习领域。在本节，与我们在前面所做的工作类似，我们创建一些深度神经网络，使用基于词嵌入的高级文本特征训练模型，从而构建了一个文本情感分类系统。在开始分析之前，让我们加载以下必要的依赖项。

```
In [7]: import gensim
   ...: import keras
   ...: from keras.models import Sequential
   ...: from keras.layers import Dropout, Activation, Dense
   ...: from keras.layers.normalization import BatchNormalization
   ...: from sklearn.preprocessing import LabelEncoder
Using TensorFlow backend.
```

到目前为止，在 Scikit-Learn 中我们的模型直接接收情感类型的标签作为正面和负面分类，并在内部执行这些操作。然而，对于深度学习模型来讲，我们需要对它们进行显式地编码。下面的代码片段帮助我们对电影评论进行标记解析，并将基于文本的情感类型标签转换为 one-hot 编码向量（第 2 步的一部分）。

```
In [8]: le = LabelEncoder()
   ...: num_classes=2
   ...: # tokenize train reviews & encode train labels
   ...: tokenized_train = [tn.tokenizer.tokenize(text)
   ...:                    for text in norm_train_reviews]
```

```
...: y_tr = le.fit_transform(train_sentiments)
...: y_train = keras.utils.to_categorical(y_tr, num_classes)
...: # tokenize test reviews & encode test labels
...: tokenized_test = [tn.tokenizer.tokenize(text)
...:                     for text in norm_test_reviews]
...: y_ts = le.fit_transform(test_sentiments)
...: y_test = keras.utils.to_categorical(y_ts, num_classes)
...:
...: # print class label encoding map and encoded labels
...: print('Sentiment class label map:', dict(zip(le.classes_,
       le.transform(le.classes_))))
...: print('Sample test label transformation:\n'+'-'*35,
...:        '\nActual Labels:', test_sentiments[:3], '\nEncoded Labels:',
             y_ts[:3],'\nOne hot encoded Labels:\n', y_test[:3])
Sentiment class label map: {'positive': 1, 'negative': 0}
Sample test label transformation:
-----------------------------------
Actual Labels: ['negative' 'positive' 'negative']
Encoded Labels: [0 1 0]
One hot encoded Labels:
 [[ 1.  0.]
  [ 0.  1.]
  [ 1.  0.]]
```

这样，我们从上面的输出看到情感类型标签如何编码为数值表示，继而转化为 one-hot 编码向量。我们在本节（第 3 步）中使用的特征工程技术是一些更高级的词向量技术，该技术基于词嵌入概念。我们使用 Word2Vec 和 GloVe 模型生成词嵌入。Word2Vec 由谷歌公司开发，我们在 4.5.2 节进行了详细的介绍。在此场景中，我们将大小参数设置为 512，代表每个单词的特征向量维度是 512。

```
In [9]: # build word2vec model
   ...: w2v_num_features = 512
   ...: w2v_model = gensim.models.Word2Vec(tokenized_train, size=w2v_num_
         features, window=150, min_count=10, sample=1e-3)
```

在这个模型中，我们使用第 4 章介绍过的文档词向量平均值方案表示每个电影评论，每个电影评论中不同单词的词向量表示的平均值向量作为所有单词的词向量表示。

```
def averaged_word2vec_vectorizer(corpus, model, num_features):
    vocabulary = set(model.wv.index2word)

    def average_word_vectors(words, model, vocabulary, num_features):
        feature_vector = np.zeros((num_features,), dtype="float64")
        nwords = 0.
        for word in words:
            if word in vocabulary:
                nwords = nwords + 1.
                feature_vector = np.add(feature_vector, model[word])
        if nwords:
```

```
        feature_vector = np.divide(feature_vector, nwords)
    return feature_vector

features = [average_word_vectors(tokenized_sentence, model, vocabulary,
            num_features) for tokenized_sentence in corpus]
return np.array(features)
```

我们现在可以使用这个函数来产生两个电影评论数据集的平均词向量表示。

```
In [10]: # generate averaged word vector features from word2vec model
    ...: avg_wv_train_features = averaged_word2vec_vectorizer(corpus=
        tokenized_train, model=w2v_model, num_features= w2v_num_features)
    ...: avg_wv_test_features = averaged_word2vec_vectorizer(corpus=
        tokenized_test, model=w2v_model, num_features= w2v_num_features)
```

GloVe 模型，代表着全局（全部）向量，是一个获取词向量表示的无监督的模型。该模型由斯坦福大学创建，在不同的语料库上进行训练（如 Wikipedia、Common Crawl 和 Twitter），可以找到对应的预训练词向量并可用在我们的分析之中。感兴趣的读者可以参考 Jeffrey Pennington、Richard Socher 和 Christopher D. Manning 题为“GloVe: Global Vectors for Word Representation”的论文，查看更多细节。spaCy 函数库提供了 300 维的词向量，该词向量是使用 GloVe 模型在 Common Crawl 语料库上训练得到的。它们提供了一个简单的标准接口来获得每个单词大小为 300 的特征向量，以及一个完整文本文档的平均特征向量。下面的代码片段使用 spaCy 获得两个数据集的 GloVe 词向量。

```
In [11]: # feature engineering with GloVe model
    ...: train_nlp = [tn.nlp_vec(item) for item in norm_train_reviews]
    ...: train_glove_features = np.array([item.vector for item in train_nlp])
    ...:
    ...: test_nlp = [tn.nlp_vec(item) for item in norm_test_reviews]
    ...: test_glove_features = np.array([item.vector for item in test_nlp])
```

你可以使用下面的代码，基于每个模型检查数据集特征向量的维度。

```
In [12]: print('Word2Vec model:> Train features shape:', avg_wv_train_
        features.shape, ' Test features shape:', avg_wv_test_features.shape)
    ...: print('GloVe model:> Train features shape:', train_glove_features.
        shape, ' Test features shape:', test_glove_features.shape)
Word2Vec model:> Train features shape: (35000, 512)  Test features shape:
(15000, 512)
GloVe model:> Train features shape: (35000, 300)  Test features shape:
(15000, 300)
```

如所预期的一样，我们从上面的输出可以看到 Word2Vec 模型特征大小是 512，GloVe 特征大小是 300。

我们现在可以进入到分类系统工作流程的第 4 步，构建并训练一个基于这些特征的深度神经网络。我们使用全连接的 4 层深度神经网络（多层感知器或深度人工神经网络）作为模型。我们不考虑任何深度架构中的输入层，因此我们的模型将由 3 个隐藏层（每层 512 个神经元或单元）和一个具有 2 个单元的输出层组成，这将用于根据输入层特征预测正面或负面情感。图 9-8 描述了用于情感分类的深度神经网络模型。

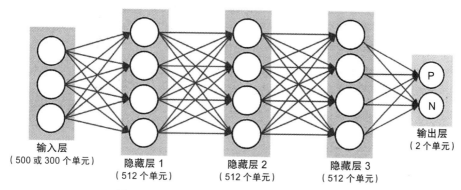

图 9-8　用于情感分类的全连接深度神经网络

我们之所以称它为全连接深度神经网络（DNN），是因为其每个相邻层的神经元或单元全部连接在一起。因为这些神经网络有超过 1 个的隐藏层，它们也称为人工神经网络（ANN）或多层感知机（MLP）。下面的函数使用基于 TensorFlow 的 Keras 创建我们所期望的 DNN 模型。

```
def construct_deepnn_architecture(num_input_features):
    dnn_model = Sequential()
    dnn_model.add(Dense(512, input_shape=(num_input_features,), kernel_
    initializer='glorot_uniform'))
    dnn_model.add(BatchNormalization())
    dnn_model.add(Activation('relu'))
    dnn_model.add(Dropout(0.2))

    dnn_model.add(Dense(512, kernel_initializer='glorot_uniform'))
    dnn_model.add(BatchNormalization())
    dnn_model.add(Activation('relu'))
    dnn_model.add(Dropout(0.2))

    dnn_model.add(Dense(512, kernel_initializer='glorot_uniform'))
    dnn_model.add(BatchNormalization())
    dnn_model.add(Activation('relu'))
    dnn_model.add(Dropout(0.2))

    dnn_model.add(Dense(2))
    dnn_model.add(Activation('softmax'))

    dnn_model.compile(loss='categorical_crossentropy', optimizer='adam',
                      metrics=['accuracy'])
    return dnn_model
```

从上面的函数中，你可以看到我们接收一个 `num_input_features` 参数，该参数决定了输入层单元的数量（Word2Vec 是 512，GloVe 是 300）。我们创建一个序列模型，这有助于我们对隐藏层和输出层进行线性叠加。

我们在每个隐藏层使用 512 个单元，使用 `relu` 函数作为激活函数，`relu` 表示已校正的线性单元。该函数通常定义为 $relu(x) = \max(0, x)$，这里 x 是神经元的输入。在电子和电气工程领域中，该函数称为斜坡函数（ramp function）。与以前常用的 sigmoid 函数相比，该函数试图解决梯度消失问题，因此现在更受欢迎。当 $x > 0$，随着 x 增加，sigmoid 函数的梯度变得很小（几乎消失），梯度消失问题就会出现。但是 relu 函数可以避免这种情况的发生。此外，该函数会有助于梯度下降法的快速收敛。

请注意，我们也使用了一种称之为批量规范化（batch normalization）的新技术。批量规范化是一种提升神经网络性能和稳定性的技术。该技术核心思想是规范化每层的输入，使它们的平均输出激活为 0，标准差为 1。请记住，它之所以称为批量规范化，是因为在训练期间，我们规范化每个批处理的前一层激活层，即我们应用一个转换，试图保持平均激活接近 0，标准偏差接近 1。这在一定程度上对正则化有所帮助。批量规范化试图保持输入到神经元的分布不变。这有助于将梯度保持在适当的范围内，否则可能导致梯度消失，特别是在使用如 sigmoid 一样的激活函数时更是如此。

我们也以 Dropout 层的方式在神经网络中使用正则化。通过加入 0.2 的失活率，该技术在训练模型的每次更新中，随机将 20% 的输入特征单元设置为 0。这种正则化方式有助于防止模型的过拟合。

最后的输出层由带有 softmax 激活函数的 2 个神经元组成。softmax 函数基本上是我们前面提到的逻辑函数的一个推广，它可以用来表示 n 个可能的类型结果的概率分布。在我们这里，$n=2$，类型是正面或负面，softmax 的概率将帮助我们做出决定。二元 softmax 分类器也称为二元逻辑回归函数。

在对 DNN 模型进行训练之前，使用 compile(...) 方法配置其学习或训练过程。这涉及在损失参数中提供代价或损失函数。这将是模型试图最小化的目标。根据要解决的问题类型，有各种损失函数，例如用于回归的均方误差和用于分类的分类交叉熵。查看 https://keras.io/loss/ 获取一个可能的损失函数列表。我们使用 categorical_crossentropy 来最小化 softmax 输出的错误或损失。我们需要一个优化器来让我们的模型收敛，并最小化损失或误差函数。梯度下降或随机梯度下降是一种常用的优化器。

我们使用 adam 优化器，它只需要一阶梯度和很少的内存。adam 还使用动量，其中每个更新不仅基于当前点的梯度计算，还包括以前更新的一小部分。这有助于加快收敛。有兴趣的读者可以从 https://arxiv.org/pdf/1412.6980v8.pdf 上参考原论文，以进一步了解 adam 优化器的细节。最后，metrics 参数指定模型性能度量，这些度量用于训练时评估模型（但不用于修改训练损失值）。现在，让我们基于 Word2Vec 输入特征表示来构建 DNN 模型，以进行评论的训练。

```
In [13]: w2v_dnn = construct_deepnn_architecture(num_input_features=w2v_
num_features)
```

你也可以使用下面的代码，在 Keras 的帮助下对 DNN 模型的结构进行可视化。参见图 9-9。

```
In [14]: from IPython.display import SVG
    ...: from keras.utils.vis_utils import model_to_dot
    ...:
    ...: SVG(model_to_dot(w2v_dnn, show_shapes=True, show_layer_
        names=False, rankdir='TB').create(prog='dot', format='svg'))
```

现在，我们使用由 avg_wv_train_features 表示的 Word2Vec 特征，在训练评论

数据集上训练我们的模型（第 4 步）。我们使用 Keras 的 `fit(...)` 函数进行训练。有一些参数你应该知道。epoch 参数表示所有训练实例的完整的一次向前和向后通过模型。`batch_size` 参数表示，每次通过 DNN 模型进行一次向后和向前传递训练模型和更新梯度的样本总数。因此，如果有 1000 个观测值，并且批处理大小为 100，则每轮（epoch）训练将包含 10 次迭代，其中 100 个观测值将一次性通过网络，并且更新隐藏层单元上的权重。

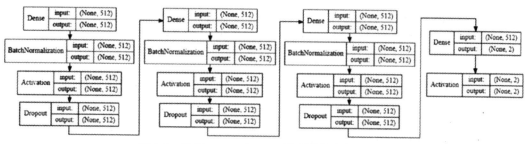

图 9-9　使用 Keras 对 DNN 模型结构进行可视化

我们设置 `validation_split` 为 0.1，提取 10% 的训练数据作为验证数据集，用于在每轮训练中进行性能评估。在训练模型时，`shuffle` 参数对每轮样本进行混洗操作。

```
In [18]: batch_size = 100
    ...: w2v_dnn.fit(avg_wv_train_features, y_train, epochs=10, batch_
        size=batch_size, shuffle=True, validation_split=0.1, verbose=1)
Train on 31500 samples, validate on 3500 samples
Epoch 1/10  31500/31500 - loss: 0.3378 - acc: 0.8598 - val_loss: 0.3114 - val_acc: 0.8714
Epoch 2/10 31500/31500 - loss: 0.2877 - acc: 0.8808 - val_loss: 0.2968 - val_acc: 0.8806
Epoch 3/10 31500/31500 - loss: 0.2766 - acc: 0.8854 - val_loss: 0.3043 - val_acc: 0.8726
Epoch 4/10 31500/31500 - loss: 0.2702 - acc: 0.8888 - val_loss: 0.2964 - val_acc: 0.8786
...
...
Epoch 9/10 31500/31500 - loss: 0.2456 - acc: 0.8964 - val_loss: 0.3180 - val_acc: 0.8680
Epoch 10/10 31500/31500 - loss: 0.2385 - acc: 0.9014 - val_loss: 0.3126 - val_acc: 0.8717
```

上面的片段告诉我们，我们在训练集上使用训练轮数（epoch）为 10 和批处理大小为 100 的参数训练了 DNN 模型。我们得到了接近 88% 的验证准确率，这是非常不错的结果。现在可以将模型用于实际测试了。让我们在使用 Word2Vec 特征的测试评论上评估模型的性能（第 5 步）。

```
In [19]: y_pred = w2v_dnn.predict_classes(avg_wv_test_features)
    ...: predictions = le.inverse_transform(y_pred)
    ...: meu.display_model_performance_metrics(true_labels=test_sentiments,
    ...: predicted_labels=predictions, classes=['positive', 'negative'])
```

图 9-10 的结果显示，我们得到了 88% 的模型准确率和 F1 分数，这非常好！你可以使用类似的工作流程，构建和训练基于 GloVe 特征的 DNN 模型，并评估其性能。下面的代码描述了我们文本分类系统蓝图的第 4 和 5 步。

```
Model Performance metrics:    Model Classification report:                         Prediction Confusion Matrix:
-----------------------------    ---------------------------                         ----------------------------------
Accuracy: 0.8817                                precision    recall  f1-score  support                Predicted:
Precision: 0.8818                                                                                 positive negative
Recall: 0.8817                  positive        0.87        0.89     0.88      7510   Actual: positive   6704      806
F1 Score: 0.8817                negative        0.89        0.87     0.88      7490           negative    969     6521

                                avg / total     0.88        0.88     0.88     15000
```

图 9-10　基于 Word2Vec 特征的深度神经网络模型的性能指标

```
# build DNN model
glove_dnn = construct_deepnn_architecture(num_input_features=300)
# train DNN model on GloVe training features
batch_size = 100
glove_dnn.fit(train_glove_features, y_train, epochs=5, batch_size=batch_size,
              shuffle=True, validation_split=0.1, verbose=1)
# get predictions on test reviews
y_pred = glove_dnn.predict_classes(test_glove_features)
predictions = le.inverse_transform(y_pred)
# Evaluate model performance
meu.display_model_performance_metrics(true_labels=test_sentiments,
predicted_labels=predictions, classes=['positive', 'negative'])
```

使用 Glove 特征，我们得到模型整体的准确率和 F1 分数为 86%，这已经很好了，但是它没有 Word2Vec 特征的模型好。你可以参考名称为 Sentiment Analysis-Supervised.ipynb 的 Jupyter notebook，一步步地查看该代码的输出。这样，我们就结束了利用新的深度学习模型和方法构建文本情感分类系统的讨论。让我们继续学习高级的深度学习模型吧！

9.9　高级的有监督深度学习模型

在前面的章节中，我们使用了全连接的深度神经网络和词嵌入。另一个新的有吸引力的有监督深度学习方法是递归神经网络（RNN）和长短期记忆网络（LSTM），这些网络考虑了数据序列（单词、事件等）。相对于全连接神经网络，这些网络是更先进一些的模型，通常需要更多的时间进行训练。我们使用 TensorFlow 的 Keras，创建一个基于 LSTM 的分类模型，并使用词嵌入作为特征。你可以参考文件名为 Sentiment Analysis-Advanced Deep Learning.ipynb 的 Jupyter notebook，进行交互式实践。

我们使用前面分析中创建的已经完成规范化和预处理的训练和测试评论数据集 norm_train_reviews 和 norm_test_reviews。假设你已经载入它们了，我们首先将对这些数据集进行标记解析，以便获得对应的标识符（工作流程第 2 步）。

```
In [1]: tokenized_train = [tn.tokenizer.tokenize(text) for text in norm_
                           train_reviews]
   ...: tokenized_test = [tn.tokenizer.tokenize(text) for text in norm_
                          test_reviews]
```

对于特征工程（即第 3 步），我们创建词嵌入。然而，我们将使用 Keras 创建它们，而不是像 Word2Vec 或 GloVe 一样预训练的词嵌入创建它们。词嵌入将文本文档向量化为固定大小的向量,以便这些向量尽量获取上下文和语义信息。

为了生成词嵌入,我们使用 Keras 的嵌入层,它要求文档表示为标记解析后的结果和数值向量。我们已经在 `tokenized_train` 和 `tokenized_text` 变量中存放标记解析后的文本向量。然而,我们需要将它们转换为数值表示。此外,由于每个评论拥有不同的标识符数量,使得标记解析后的文本评论长度是变化的,我们也需要向量具有统一的大小。为此,一个策略是取最长评论的长度(以最大数量的标识符 / 单词),并将其设置为向量大小。我们把这个叫作 `max_len`。对较短长度的评论可以在开始时加上 PAD 词项,将其长度增加到 `max_len`。

我们需要创建一个单词到索引的词汇表映射,用于以数字形式表示每个标记化文本评论。请注意,你还需要为填充项创建一个数字映射,我们称之为 PAD_INDEX,并指定其数字索引为 0。对于未知的词项,一旦在稍后的测试数据集中或更新的、以前未看到的评论中遇到它们,我们也需要将它们分配给某个索引。这是因为我们仅仅基于训练数据进行向量化、工程化和构建模型。因此,如果出现一个新的词项(它原来不是模型训练的一部分),我们将其视为词汇表外(OOV)词项,并为其分配一个常量索引(我们将此词项命名为 NOT_FOUND_INDEX,并指定其索引为 `vocab_size+1`)。

下面的代码片段帮助我们从训练文本评论的 `tokenized_train` 语料库创建这个词汇表。

```
In [2]: from collections import Counter
   ...:
   ...: # build word to index vocabulary
   ...: token_counter = Counter([token for review in tokenized_train for
        token in review])
   ...: vocab_map = {item[0]: index+1
                     for index, item in enumerate(dict(token_counter).items())}
   ...: max_index = np.max(list(vocab_map.values()))
   ...: vocab_map['PAD_INDEX'] = 0
   ...: vocab_map['NOT_FOUND_INDEX'] = max_index+1
   ...: vocab_size = len(vocab_map)
   ...: # view vocabulary size and part of the vocabulary map
   ...: print('Vocabulary Size:', vocab_size)
   ...: print('Sample slice of vocabulary map:', dict(list(vocab_map.
        items())[10:20]))
Vocabulary Size: 82358
Sample slice of vocabulary map: {'martyrdom': 6, 'palmira': 7, 'servility': 8,
'gardening': 9, 'melodramatically': 73505, 'renfro': 41282, 'carlin': 41283,
'overtly': 41284, 'rend': 47891, 'anticlimactic': 51}
```

在本例中,我们使用了词汇表中的所有词项。通过使用 Counter 中的 `most_common (count)` 函数,你可以在这里(基于它们的频率)轻松筛选和使用更相关的词项,并且从训练语料库中的唯一项列表中获取第一个 count 项。我们现在基于 `vocab_map` 对标记解析后的文本评论进行编码。除此之外,我们还将义本情感类标签编码为数值表示的方式。

```
In [3]: from keras.preprocessing import sequence
   ...: from sklearn.preprocessing import LabelEncoder
   ...:
   ...: # get max length of train corpus and initialize label encoder
   ...: le = LabelEncoder()
   ...: num_classes=2 # positive -> 1, negative -> 0
   ...: max_len = np.max([len(review) for review in tokenized_train])
   ...:
   ...: ## Train reviews data corpus
   ...: # Convert tokenized text reviews to numeric vectors
   ...: train_X = [[vocab_map[token] for token in tokenized_review]
   ...:                  for tokenized_review in tokenized_train]
   ...: train_X = sequence.pad_sequences(train_X, maxlen=max_len) # pad
   ...: ## Train prediction class labels
   ...: # Convert text sentiment labels (negative\positive) to binary
        encodings (0/1)
   ...: train_y = le.fit_transform(train_sentiments)
   ...:
   ...: ## Test reviews data corpus
   ...: # Convert tokenized text reviews to numeric vectors
   ...: test_X = [[vocab_map[token] if vocab_map.get(token) else vocab_
        map['NOT_FOUND_INDEX']
   ...:                for token in tokenized_review]
   ...:                for tokenized_review in tokenized_test]
   ...: test_X = sequence.pad_sequences(test_X, maxlen=max_len)
   ...: ## Test prediction class labels
   ...: # Convert text sentiment labels (negative\positive) to binary
        encodings (0/1)
   ...: test_y = le.transform(test_sentiments)
   ...:
   ...: # view vector shapes
   ...: print('Max length of train review vectors:', max_len)
   ...: print('Train review vectors shape:', train_X.shape,
            ' Test review vectors shape:', test_X.shape)

Max length of train review vectors: 1442
Train review vectors shape: (35000, 1442)  Test review vectors shape:
(15000, 1442)
```

从上面的代码和输出可以看到，我们将每个文本评论编码为数字顺序向量，以至于每个评论向量的大小是 1442，这基本上就是训练集中评论的最大长度。我们将对短的评论进行填充，对长的评论进行截取多余的标识符，以保证每个评论的长度像上面的输出一样是固定的。通过引入嵌入层，并将其与基于 LSTM 的深度神经网络结构结合在一起，来进行分类系统工作流程的第 3 步和第 4 步的一部分。

```
from keras.models import Sequential
from keras.layers import Dense, Embedding, Dropout, SpatialDropout1D
from keras.layers import LSTM
```

```
EMBEDDING_DIM = 128 # dimension for dense embeddings for each token
LSTM_DIM = 64 # total LSTM units

model = Sequential()
model.add(Embedding(input_dim=vocab_size, output_dim=EMBEDDING_DIM, input_length=max_len))
model.add(SpatialDropout1D(0.2))
model.add(LSTM(LSTM_DIM, dropout=0.2, recurrent_dropout=0.2))
model.add(Dense(1, activation="sigmoid"))

model.compile(loss="binary_crossentropy", optimizer="adam",
              metrics=["accuracy"])
```

嵌入层帮助我们从零开始生成词嵌入。在每轮训练中，当神经网络尝试最小化损失值时，嵌入层也会初始化一些权重并基于优化器进行更新，这与其他层的神经元权重是相似的。嵌入层尽量优化其权重，以获得最优的词嵌入，这将在模型上得到最小的误差，并且可以获得单词之间的语言相似度和关系。我们如何得到嵌入呢？假设我们有一个包含三个词项（movie、was、good）的评论，以及包含一个 82 358 个单词到索引映射的 vocab_map。词嵌入的生成与图 9-11 所示的情况类似。

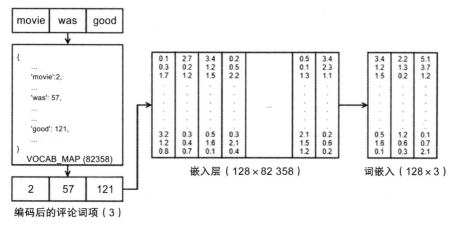

图 9-11 理解如何生成词嵌入

基于我们模型的结构，嵌入层有 3 个输入参数：

❑ input_dim，该参数与单词表的大小（vocab_size），其值为 82 358 相等。
❑ output_dim，该参数值为 128，表示稠密嵌入的维度（图 9-11 嵌入层行数）。
❑ input_len，该参数指定输入序列的长度（电影评论序列向量），值为 1 442。

在图 9-11 所描述的例子中，我们有 1 个评论，维度是（1，3）。基于 VOCAB_MAP 将评论转换为数字序列（2，57，121）。然后，从嵌入层（列索引为 2、57 和 121 的向量）中选择表示评论序列中的索引的特定列，以生成最终的词嵌入。这给了我们一个维数（1，128，3）的嵌入向量，当每一行基于每个序列词嵌入向量表示时，也表示为（1，3，128）。许多深度学习框架如 Keras 将嵌入维度表示为（m，n），其中 m 表示词汇表（82 358）中的所有唯一词项，n 表示 output_dim，在本例中是 128。考虑图 9-11 所示嵌入层的转置版本，你就可以开始了！

如果我们将评论词项序列向量以 one-hot 编码的格式表示（3，82358），与表示为（82358，128）的嵌入层，这里每一行代表词汇表中一个单词的嵌入，做一个矩阵乘法，你会直接得到评论序列向量的词嵌入（3，128）。嵌入层的权重在每轮训练中基于输入数据，在整个神经网络中进行传递时进行更新和优化，这就像我们前面提到的，最小化整体损失和误差以得到最佳的模型性能。

然后，稠密词嵌入送入到拥有 64 个神经元的 LSTM 层。我们在第 1 章里简要介绍了 LSTM 的结构。LSTM 尝试克服 RNN 模型的缺点，尤其是处理长序列依赖和与神经元连接的权重矩阵变得太小（导致梯度消失）或变得太大（大致梯度爆炸）时出现的问题。LSTM 的结构比常规的深度神经网络更加复杂，深入研究详细的内部结构和数学概念超出了当前的范围，但我们将尝试在这里介绍基本内容，而不会使它过于数学化。

有兴趣研究 LSTM 内部结构的读者可以查阅 Hochreiter，S. 和 Schmidhuber，J. 撰写的题为 "Long Short-Term Memory" 的原始论文，该论文来源于《神经计算》，9（8），1735-1780。我们描述了 RNN 的基本架构，并将其与图 9-12 中的 LSTM 进行比较。

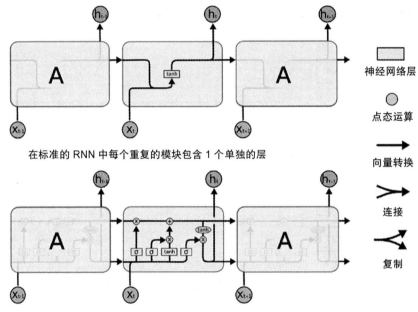

图 9-12   RNN 和 LSTM 的基本结构（来源：Christopher Olah 的博客 colah.github.io）

RNN 单元通常有一个重复的模块链（当我们展开循环时会出现这种情况），这样模块就有一个简单的结构，可能只有 1 层使用 `tanh` 激活函数的神经元。LSTM 也是一种特殊类型的 RNN，与 RNN 结构相似，但是 LSTM 单元拥有 4 层神经元而不是 1 层。LSTM 单元的详细结构如图 9-13 所示。

符号 t 表示一个时间步，C 表示单元状态，h 表示隐藏状态。门 i、f、o 和 $\check{C}_t$，帮助向单元状态中添加或删除信息。门 i、f 和 o 分别表示输入门、遗忘门和输出门。每个门受到 sigmoid 层的控制，该层输出 0 到 1 的值用来控制从该门通过多少输出。这可以保护和控制了单元的状态。信息如何在 LSTM 单元中流动的详细流程在图 9-14 中分 4 个步骤详细描述。

1）第 1 步讨论遗忘门层 f，它帮助我们决定应该从单元状态中丢弃哪些信息。这是通过查看之前的隐藏状态 h_{t-1} 和当前输入 x_t 来完成的，如方程中所示。sigmoid 层有助于控制多少应该保留或遗忘。

2）第 2 步描述输入门层 i，它有助于确定在当前单元状态下将存储哪些信息。输入门中的 sigmoid 层有助于确定哪些值将基于 h_{t-1} 和 x_t 进行更新。tanh 层基于 h_{t-1} 和 x_t 帮助创建新候选值向量 $\check{C}_t$，该向量可以添加到当前单元状态。因此 tanh 层创建值，

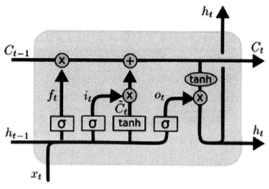

图 9-13　LSTM 单元的详细结构（来源：Christopher Olah 的博客 colah.github.io）

而带有 sigmoid 层的输入门帮助选择哪些值应该更新。

3）第 3 步，使用我们前 2 步得到的信息，把旧的单元状态 C_{t-1} 更新到新的单元状态 C_t。我们将旧的单元状态与遗忘门相乘（$f_t \times C_{t-1}$），然后把输入门按比例决定的候选值加到 sigmoid 层（$i_t \times \check{C}_t$）上。

4）第 4 步，也是最后一步帮助我们确定最终的输出，它是单元状态的一个过滤版本。输出门使用 sigmoid 层 o 帮助我们选择单元状态的哪个部分送到输出。o 与通过 tanh 层的单元状态相乘，得到最终的隐藏状态 $h_t = o_t \times \tanh(\check{C}_t)$。

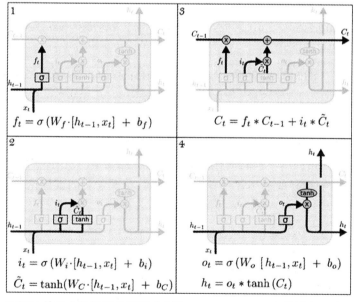

图 9-14　LSTM 单元中数据流的演示（来源：Christopher Olah 的博客 colah.github.io）

图 9-14 描述了这些步骤，并附带必要的注释和方程。我想感谢我们的好朋友 Christopher Olah 为我们提供详细的信息以及描述 LSTM 网络内部如何工作的图片。我们推荐阅读 Christopher 的博客 http://colah.github. io/posts/2015-08-Understanding-LSTMs 获得更多详细信息。向 Edwin Chen 致敬，他通俗易懂地解释了 RNN 和 LSTM。我们推荐阅读

Edwin 的博客 http://blog.echen.me/2017/05/30/ exploring-lstms，获取有关 RNN 和 LSTM 如何工作的信息。

这个深度神经网络的最后一层是一个带有一个神经元和 sigmoid 激活函数的稠密层。因为，这是个二分类问题，模型最终预测 0 或者 1，我们使用标签编码器将它们解码回负面或正面的感情预测，因此我们在 adam 优化器中使用 binary_crossentropy 函数。

这里，你也可以使用 categorical_crossentropy 损失函数，但是你需要使用带有 2 个神经元的稠密层代替 softmax 函数。现在，我们的模型已经编译就绪，我们可以到分类工作流的第 4 步——训练模型。我们使用与前面深度神经网络模型相似的策略，在训练数据集使用 5 轮训练模型，批处理大小是 100 个评论，训练集的 10% 划分出来用于验证模型的准确率。

```
In [4]: batch_size = 100
   ...: model.fit(train_X, train_y, epochs=5, batch_size=batch_size,
   ...: shuffle=True, validation_split=0.1, verbose=1)
Train on 31500 samples, validate on 3500 samples
Epoch 1/5 31500/31500 - 2491s - loss: 0.4081 - acc: 0.8184 - val_loss:
0.3006 - val_acc: 0.8751
Epoch 2/5 31500/31500 - 2489s - loss: 0.2253 - acc: 0.9158 - val_loss:
0.3209 - val_acc: 0.8780
Epoch 3/5 31500/31500 - 2656s - loss: 0.1431 - acc: 0.9493 - val_loss:
0.3483 - val_acc: 0.8671
Epoch 4/5 31500/31500 - 2604s - loss: 0.1023 - acc: 0.9658 - val_loss:
0.3803 - val_acc: 0.8729
Epoch 5/5 31500/31500 - 2701s - loss: 0.0694 - acc: 0.9761 - val_loss:
0.4430 - val_acc: 0.8706
```

在 CPU 上训练 LSTM 非常缓慢，我们的模型在带有 8GB 内存的 i5 3rd Gen Intel CPU 上大约花费 3.6 小时仅训练了 5 轮。当然，在像谷歌云平台、AWS 一样云环境下的 GPU 上训练同样的模型大约需要不到 1 个小时的时间。因此，我推荐你选择基于 GPU 的深度学习环境，尤其是处理基于 RNN 或 LSTM 的神经网络结构时更是如此。基于前面的输出，我们可以看到，仅用 5 轮训练，我们就有了不错的验证准确率。是时候测试我们的模型了！使用与以前的模型中相同的模型评估框架，让我们看看它对测试评论的情感预测怎么样（第 5 步）。

```
In [5]: # predict sentiments on test data
   ...: pred_test = model.predict_classes(test_X)
   ...: predictions = le.inverse_transform(pred_test.flatten())
   ...: # evaluate model performance
   ...: meu.display_model_performance_metrics(true_labels=test_sentiments,
   ...:                 predicted_labels=predictions,
                        classes=['positive', 'negative'])
```

图 9-15 所示的结果表明，我们的模型获得了整体的准确率和 F1 分数是 88%，这是相当好的结果了！如果有更多高质量的数据，你可以期望得到更好的结果。尝试不同的架构，看看是否能得到更好的结果！

```
Model Performance metrics:    Model Classification report:                           Prediction Confusion Matrix:
-------------------------     ---------------------------                           ----------------------------
Accuracy: 0.88                              precision  recall  f1-score  support                   Predicted:
Precision: 0.88                                                                               positive negative
Recall: 0.88                  positive      0.88      0.89    0.88      7510   Actual: positive     6711      799
F1 Score: 0.88                negative      0.89      0.87    0.88      7490           negative      952      6538

                              avg / total   0.88      0.88    0.88      15000
```

图 9-15　基于词嵌入的 LSTM 深度学习模型的性能指标

9.10　分析情感成因

我们构建了有监督和无监督的模型来预测基于文本内容的电影评论的情感。尽管特征工程和建模需要一些时间，然而你还需要知道如何分析和解释模型预测工作背后的根本原因。在本节，我们分析情感的成因，其目的是找出导致正面或负面情感的根本原因或关键因素。第一个重点领域是模型解释，我们试图理解、解释和说明分类模型所做预测背后的机制。第二个重点领域是应用主题建模，从正面和负面情感评论中提取关键主题。

9.10.1　解释预测模型

机器学习模型面临的挑战之一是从试验阶段或概念验证阶段过渡到生产阶段。企业和关键利益相关者经常将机器学习模型视为复杂的黑匣子，并提出一个问题：我为什么要信任你的模型？解释这些复杂的数学或理论概念并不会起多大作用。是否有一些方法可以让我们以一种易于理解的方式解释这些模型吗？事实上，这一话题在 2016 年得到了广泛关注。请参考 M.T.Ribeiro，S.Singh 和 C.Guestrin 的原始研究论文，来更多地了解模型解释和 LIME 框架，其论文题目为 "Why Should I Trust You?: Explaining the Predictions of Any Classifier" 可以从 https://arxiv.org/pdf/1602.04938.pdf 下载。

有很多种方法解释我们预测情感分类模型所做的预测。我们想知道为什么一个正面的评论会被预测为正面的情感，或者一个负面的评论会被预测为负面的情感。此外，没有 100% 准确的模型，因此我们需要知道误分类或错误预测的原因。本节使用的代码在名为 Sentiment Causal Analysis-Model Interpretation.ipynb 的 Jupyter notebook 中，以便用于交互式实践。

首先，让我们利用当前工作最好的模型，创建一个基本的文本分类流水线。这就是基于词袋特征的逻辑回归模型。我们利用 Scikit-Learn 中的流水线模块，使用以下的代码创建这个机器学习流水线。

```python
from sklearn.feature_extraction.text import CountVectorizer
from sklearn.linear_model import LogisticRegression
from sklearn.pipeline import make_pipeline

# build BOW features on train reviews
cv = CountVectorizer(binary=False, min_df=0.0, max_df=1.0, ngram_
range=(1,2))
cv_train_features = cv.fit_transform(norm_train_reviews)
# build Logistic Regression model
lr = LogisticRegression()
lr.fit(cv_train_features, train_sentiments)
```

```
# Build Text Classification Pipeline
lr_pipeline = make_pipeline(cv, lr)

# save the list of prediction classes (positive, negative)
classes = list(lr_pipeline.classes_)
```

我们基于 `norm_train_reviews` 创建模型，`norm_train_reviews` 中包含了规范化处理后的训练评论，这些评论在前面的分析中已经使用了。现在，我们的分类流水线已经准备就绪，你可以通过 pickle 或 joblib 部署模型，以保存分类器和特征对象。假设我们的流水线是生产系统，我们如何在新的电影评论上使用它呢？让我们尝试对两个新的例子评论进行感情预测吧（在训练模型时没有使用过这两个评论）。

```
# normalize sample movie reviews
new_corpus = ['The Lord of the Rings is an Excellent movie!',
              'I didn\'t like the recent movie on TV. It was NOT good and a
              waste of time!']
norm_new_corpus = tn.normalize_corpus(new_corpus, stopwords=stop_words)
norm_new_corpus
```

```
['lord rings excellent movie', 'not like recent movie tv not good waste time']
```

```
# predict movie review sentiment
lr_pipeline.predict(norm_new_corpus)
```

```
array(['positive', 'negative'], dtype=object)
```

我们的分类流水线正确地预测了两个评论的情感类型！仔细观察第二句话，它可以处理否定，这正是我们所期望的效果。这是个好的开始，但是我们如何解释模型所做的预测呢？你可以使用下面的代码获取实例评论的预测概率。

```
In [4]: pd.DataFrame(lr_pipeline.predict_proba(norm_new_corpus),
columns=classes)
Out[4]:
   negative  positive
0  0.217474  0.782526
1  0.912649  0.087351
```

我们可以说第一个电影评论有 78% 的置信度或概率预测为正面情感，而第二个评论有 91% 的概率预测为负面情感。

现在让我们把它提高一个档次。我们不再使用简化的例子，而是对来自 `test_reviews` 数据集的实际评论运行相同的分析（我们使用 `norm_test_reviews`，它具有规范化的文本评论）。除了预测概率外，我们还使用 `skater` 框架来方便地解释模型所做的决策。你需要先从 `skater` 包中加载以下依赖项。我们还定义了一个辅助函数，它接收文档索引、语料库、它的响应预测和解释对象，并帮助进行模型解释分析。

```
from skater.core.local_interpretation.lime.lime_text import
LimeTextExplainer

explainer = LimeTextExplainer(class_names=classes)
# helper function for model interpretation
```

```
def interpret_classification_model_prediction(doc_index, norm_corpus,
corpus, prediction_labels, explainer_obj):
    # display model prediction and actual sentiments
    print("Test document index: {index}\nActual sentiment: {actual}
                                \nPredicted sentiment: {predicted}"
      .format(index=doc_index, actual=prediction_labels[doc_index],
            predicted=lr_pipeline.predict([norm_corpus[doc_index]])))
    # display actual review content
    print("\nReview:", corpus[doc_index])
    # display prediction probabilities
    print("\nModel Prediction Probabilities:")
    for probs in zip(classes, lr_pipeline.predict_proba([norm_corpus[doc_
    index]])[0]):
        print(probs)
    # display model prediction interpretation
    exp = explainer.explain_instance(norm_corpus[doc_index],
                                lr_pipeline.predict_proba, num_
                                features=10, labels=[1])
    exp.show_in_notebook()
```

前面的代码利用 skater 解释我们的文本分类器，以易于解释的形式分析其决策过程。即使从全局的角度来看，该模型可能是复杂的模型，但它更容易解释和近似地计算本地实例上模型的行为。这是通过围绕感兴趣的数据点 X 的采样点进行学习模型，并基于它们接近 X 的程度赋予采样权重。因此，通过类别的概率和重要特征对类别概率的贡献，这些本地学习的线性模型有助于更容易地解释复杂的模型，这对决策过程也有所帮助。

让我们从测试数据集中获取一个电影评论，其中实际和预测的情感都是负面的，并使用前面代码中创建的辅助函数对其进行分析。

```
In [6]: doc_index = 100
   ...: interpret_classification_model_prediction(doc_index=doc_index,
        corpus=norm_test_reviews, corpus=test_reviews, prediction_
        labels=test_sentiments, explainer_obj=explainer)

Test document index: 100
Actual sentiment: negative
Predicted sentiment: ['negative']

Review: Worst movie, (with the best reviews given it) I've ever seen. Over
the top dialog, acting, and direction. more slasher flick than thriller.
With all the great reviews this movie got I'm appalled that it turned out
so silly. shame on you martin scorsese

Model Prediction Probabilities:
('negative', 0.827942236512913)
('positive', 0.17205776348708696)
```

图 9-16 中的结果告诉我们分类概率和对预测决策过程贡献最大的 10 个最重要

的特征。这些关键的特征在规范化的电影评论文本中高亮显示。我们的模型在该情况下工作得很好，我们可以看到决定这个评论为负面情感的关键特征，它包括 bad、silly、dialog 和 shame，这是合情合理的。此外，单词"great"贡献了最大的正面概率 0.17，事实上如果我们把这个单词从评论中去除，该评论的正面情感概率将会大幅下降。

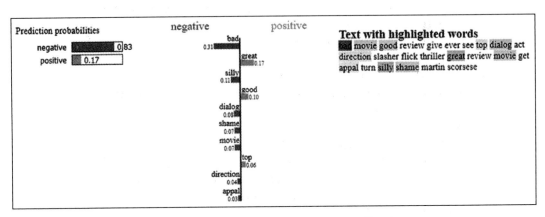

图 9-16　分类模型正确预测一个负面评论的模型解释

　　下面的代码在测试电影评论上执行一个相似的分析，这些评论带有实际的和预测的正面情感值。

```
In [7]: doc_index = 2000
   ...: interpret_classification_model_prediction(doc_index=doc_index,
        corpus=norm_test_reviews, corpus=test_reviews,prediction_labels=
                            test_sentiments, explainer_obj=explainer)
```

```
Test document index: 2000
Actual sentiment: positive
Predicted sentiment: ['positive']
```

```
Review: I really liked the Movie "JOE." It has really become a cult
classic among certain age groups.<br /><br />The Producer of this movie is
a personal friend of mine. He is my Stepsons Father-In-Law. He lives in
Manhattan's West side, and has a Bungalow. in Southampton, Long Island. His
son-in-law live next door to his Bungalow.<br /><br />Presently, he does
not do any Producing, But dabbles in a business with HBO movies.<br />
<br />As a person, Mr. Gil is a real gentleman and I wish he would have
continued in the production business of move making.
```

```
Model Prediction Probabilities:
('negative', 0.014587305153566432)
('positive', 0.9854126948464336)
```

　　图 9-17 的结果告诉我们，这些重要的特征决定了模型做出该评论为正面的决定。从内容上看，影评人非常喜欢这部电影，它在某些年龄段中是一部真正的时尚经典。在最后分析中，我们看一个模型解释的例子，该例子中的模型作出了错误的预测。

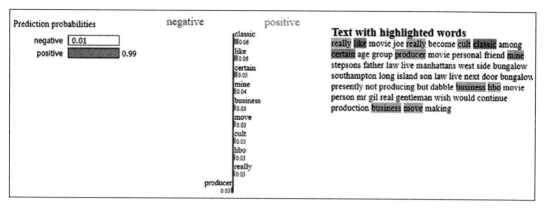

图 9-17 分类模型正确预测一个正面评论的模型解释

```
In [8]: doc_index = 347
   ...: interpret_classification_model_prediction(doc_index=doc_index,
        corpus=norm_test_reviews, corpus=test_reviews, prediction_labels=
        test_sentiments, explainer_obj=explainer)
```

Test document index: 347
Actual sentiment: negative
Predicted sentiment: ['positive']

Review: When I first saw this film in cinema 11 years ago, I loved it.
I still think the directing and cinematography are excellent, as is
the music. But it's really the script that has over the time started to
bother me more and more. I find Emma Thompson's writing self-absorbed
and unfaithful to the original book; she has reduced Marianne to a side-
character, a second fiddle to her much too old, much too severe Elinor -
she in the movie is given many sort of 'focus moments', and often they
appear to be there just to show off Thompson herself.

I do
understand her cutting off several characters from the book, but leaving
out the one scene where Willoughby in the book is redeemed? For someone
who red and cherished the book long before the movie, those are the things
always difficult to digest.

As for the actors, I love Kate
Winslet as Marianne. She is not given the best script in the world to work
with but she still pulls it up gracefully, without too much sentimentality.
Alan Rickman is great, a bit old perhaps, but he plays the role
beautifully. And Elizabeth Spriggs, she is absolutely fantastic as always.

Model Prediction Probabilities:
('negative', 0.028707732768304406)
('positive', 0.9712922672316956)
```

上面的输出告诉我们，模型预测这个电影评论情感是正面的，但是实际上它的情感是负面的。图 9-18 的结果告诉我，影评人在评论中显示了正面情感的迹象，尤其是他告诉我们 " I loved it. I still think the directing and cinematography are excellent, as is the music⋯ Alan Rickman is great, a bit old perhaps, but he plays the role beautifully. And Elizabeth Spriggs, she is absolutely fantastic as always" 的部分。同样的特征词也出现在有助于正面情
```

感的重要特征之中。

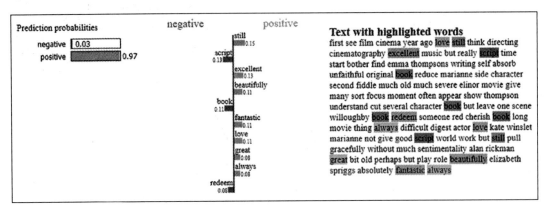

图 9-18　关于我们的分类模型的不正确预测的模型解释

模型解释也正确地识别了导致负面情感的评论的各个方面，例如 " But it's really the script that has over time started to bother me more and more"。因此，这是一个更复杂的评论，因为它包含了正面和负面情感。最终的解释权在读者手中。现在，你可以使用这个相同的框架来解释自己的分类模型，并了解模型在哪些方面可能表现良好，哪些方面可能需要改进！

9.10.2　分析主题模型

另一种分析情感的关键词项、概念或主题的方法是使用一种称为主题建模的方法。我们在 4.4.6 节中介绍了主题建模的一些基础知识。主题模型的主要目的是提取和描述文本文档中潜在的、不太突出的关键主题或概念。在第 6 章中，我们看到了潜在 Dirichlet 分布（LDA）和非负矩阵分解（NMF）在主题建模中的应用。在这一节中，我们使用 NMF。请参阅标题为 Sentiment Causal Analysis-Topic Models.ipynb 的 Jupyter notebook，以进行交互式的实践。

本分析的第一步是将规范化的训练数据集和测试数据集整合在一起，然后将这些评论分为正面情感的评论和负面情感的评论。完成这个以后，我们使用 TF-IDF 特征向量化提取器从这两个数据集提取特征。下面的代码帮助我们实现这一点。

```
In [11]: from sklearn.feature_extraction.text import TfidfVectorizer
    ...:
    ...: # consolidate all normalized reviews
    ...: norm_reviews = norm_train_reviews+norm_test_reviews
    ...: # get tf-idf features for only positive reviews
    ...: positive_reviews = [review for review, sentiment in zip(norm_
        reviews, sentiments) if sentiment == 'positive']
    ...: ptvf = TfidfVectorizer(use_idf=True, min_df=0.02, max_df=0.75,
                          ngram_range=(1,2), sublinear_tf=True)
    ...: ptvf_features = ptvf.fit_transform(positive_reviews)
    ...: # get tf-idf features for only negative reviews
    ...: negative_reviews = [review for review, sentiment in zip(norm_
        reviews, sentiments) if sentiment == 'negative']
```

```
...: ntvf = TfidfVectorizer(use_idf=True, min_df=0.02, max_df=0.75,
                            ngram_range=(1,2), sublinear_tf=True)
...: ntvf_features = ntvf.fit_transform(negative_reviews)
...: # view feature set dimensions
...: print(ptvf_features.shape, ntvf_features.shape)

(25000, 933) (25000, 925)
```

从上面输出的维度你可以看到，在创建模型时，通过将 min_df 设置为 0.02 和 max_df 设置为 0.75，我们已经过滤掉了以前使用的很多特征。这将加速主题建模的处理过程，剔除的特征要么是频繁出现的要么是不经常出现的。现在，让我们导入主题建模所需的依赖项吧。

```
In [12]: import pyLDAvis
     ...: import pyLDAvis.sklearn
     ...: from sklearn.decomposition import NMF
     ...: import topic_model_utils as tmu
     ...:
     ...: pyLDAvis.enable_notebook()
     ...: total_topics = 10
```

Scikit-Learn 的 NMF 类帮助我们实现主题建模。我们也使用 pyLDAvis 创建主题模型的交互式可视化。NMF 的核心思想是对非负的特征值矩阵 X 进行矩阵分解（与 SVD 类似），分解表示为 $X \approx WH$，其中 W 和 H 是两个非负的矩阵，如果相乘，会近似地重建特征矩阵 X。这个近似估计中使用与 L2 范数类似的损失函数。让我们使用 NMF 从正面情感评论中计算得到 10 个主题。

```
# build topic model on positive sentiment review features
pos_nmf = NMF(n_components=total_topics, solver='cd', max_iter=500,
              random_state=42, alpha=.1, l1_ratio=.85)
pos_nmf.fit(ptvf_features)
# extract features and component weights
pos_feature_names = np.array(ptvf.get_feature_names())
pos_weights = pos_nmf.components_

# extract and display topics and their components
pos_feature_names = np.array(ptvf.get_feature_names())
feature_idxs = np.argsort(-pos_weights)[:, :15]
topics = [pos_feature_names[idx] for idx in feature_idxs]
for idx, topic in enumerate(topics):
    print('Topic #'+str(idx+1)+':')
    print(', '.join(topic))
    print()

Topic #1:
but, one, make, no, take, way, even, get, seem, like, much, scene, may,
character, go

Topic #2:
movie, watch, see, like, think, really, good, but, see movie, great, movie
```

not, would, get, enjoy, say

Topic #3:
show, episode, series, tv, season, watch, dvd, television, first, good,
see, would, air, great, remember

Topic #4:
family, old, young, year, life, child, father, mother, son, year old, man,
friend, kid, boy, girl

Topic #5:
performance, role, actor, play, great, cast, good, well, excellent,
character, story, star, also, give, acting

Topic #6:
film, see, see film, film not, watch, good film, watch film, dvd, great
film, film but, film see, release, year, film make, great

Topic #7:
love, love movie, story, love story, fall love, fall, beautiful, song,
wonderful, music, heart, romantic, romance, favorite, character

Topic #8:
funny, laugh, hilarious, joke, humor, moment, fun, guy, get, but, line,
show, lot, time, scene

Topic #9:
ever, ever see, movie ever, one good, one, see, good, ever make, good
movie, movie, make, amazing, never, every, movie one

Topic #10:
comedy, romantic, laugh, hilarious, fun, humor, comic, joke, drama, light,
romance, star, british, classic, one

尽管一些主题非常普通，我们还是可以看到一些主题清晰地表明了影评人的特别倾向，这可以得到了正面的情感。你可以利用 pyLDAvis 以交互的方式对这些主题进行可视化。

In [14]: pyLDAvis.sklearn.prepare(pos_nmf, ptvf_features, ptvf, mds='mmds')

图 9-19 中的可视化显示了正面电影评论的 10 个主题，我们从前面输出看到与主题 5 密切相关的词项（pyLDAvis 给出自己的主题排序）。从这些主题和词项，我们可以看到在不同的主题中，像 movie cast、actors、performance、play、characters、music、wonderful、script、good 等词项都是导致正面情感的原因之一。这非常有趣，并且会给你一些关于评论组成部分的见解，这些组成部分对评论的正面情感都有贡献。如果你使用 Jupyter notebook，则这个可视化完全是交互的。你可以在左侧的 "Intertopic Distance Map" 上点击任何代表主题的汽泡，就可以在右侧的柱状图上看到每个主题最相关的词项。

左侧绘制的图使用多维尺度（MDS）方法。相似的主题互相接近，不相似的主题互相远离。每个主题汽泡的大小由主题和其组成部分在整个语料库出现的频率决定。

右侧的可视化显示了最重要的一些词项。如果没选择主题，它显示语料库中前 30 个最显著的词项。词项的显著性定义为该词项在语料库出现的频繁程度和区分主题的辨别因素。当选择一个主题时，图表会变化以显示一些与图 9-19 相似的东西，并显示与这个主题最相关的词项。相关性度量由 λ 控制，该值基于柱状图上方的滑动条进行改变（参阅 notebook 以进行交互）。对可视化背后更多的数学理论感兴趣的读者请查阅 https://cran.r-project.org/web/packages/LDAvis/vignettes/details.pdf，该文章是 R 语言函数包 LDAvis 的简介，该函数包已经移植到了 Python 上，名为 pyLDAvis。

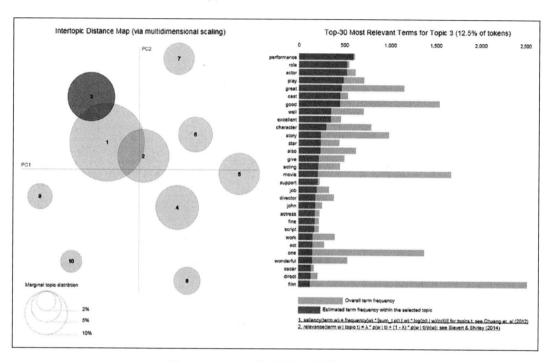

图 9-19　正面电影评论的主题模型可视化

现在，让我们从电影评论数据集的负面情感评论中提取主题，并执行相同的分析。

```
# build topic model on negative sentiment review features
neg_nmf = NMF(n_components=total_topics, solver='cd', max_iter=500,
              random_state=42, alpha=.1, l1_ratio=.85)
neg_nmf.fit(ntvf_features)

# extract features and component weights
neg_feature_names = ntvf.get_feature_names()
neg_weights = neg_nmf.components_

# extract and display topics and their components
neg_feature_names = np.array(ntvf.get_feature_names())
feature_idxs = np.argsort(-neg_weights)[:, :15]
topics = [neg_feature_names[idx] for idx in feature_idxs]
for idx, topic in enumerate(topics):
    print('Topic #'+str(idx+1)+':')
    print(', '.join(topic))
    print()
```

Topic #1:
but, one, character, get, go, like, no, scene, seem, take, show, much, time, would, play

Topic #2:
movie, watch, good, bad, think, like, but, see, would, make, even, movie not, could, really, watch movie

Topic #3:
film, film not, good, bad, make, bad film, acting, film but, but, actor, watch film, see film, script, watch, see

Topic #4:
horror, budget, low, low budget, horror movie, horror film, gore, flick, zombie, blood, scary, killer, monster, kill, genre

Topic #5:
effect, special, special effect, fi, sci, sci fi, acting, bad, look, look like, cheesy, terrible, cheap, creature, space

Topic #6:
funny, comedy, joke, laugh, not funny, show, humor, stupid, try, hilarious, but, fun, suppose, episode, moment

Topic #7:
ever, ever see, bad, bad movie, movie ever, see, one bad, ever make, one, movie, film ever, bad film, make, horrible, movie bad

Topic #8:
waste, waste time, time, not waste, money, complete, hour, spend, life, talent, please, crap, total, plot, minute

Topic #9:
book, read, novel, story, version, base, character, change, write, love, movie, comic, completely, miss, many

Topic #10:
year, old, year old, kid, child, year ago, ago, young, age, adult, boy, girl, see, parent, school

如前面代码片段看到的一样，尽管一些主题非常普通，我们还是可以看到一些主题清晰地表明了评论的特别倾向，这使它们产生了负面的情感。你可以像前面绘制的图一样，利用 pyLDAvis 以交互的方式对这些主题进行可视化。

In [16]: pyLDAvis.sklearn.prepare(neg_nmf, ntvf_features, ntvf, mds='mmds')

图 9-20 的可视化显示了负面电影评论中的 10 个主题，我们在输出中可以看到与主题 4 最相关的词项高亮显示。从这些主题和词项中，我们可以看到像 low budget、horror movie、gore、blood、cheap、scary、nudity 等词项是导致负面情感的原因。当然，正面和负面情感评论的主题很有可能重叠，但会有可区分的、不同的主题，这些会进一步帮助我们进行解释和因果分析。

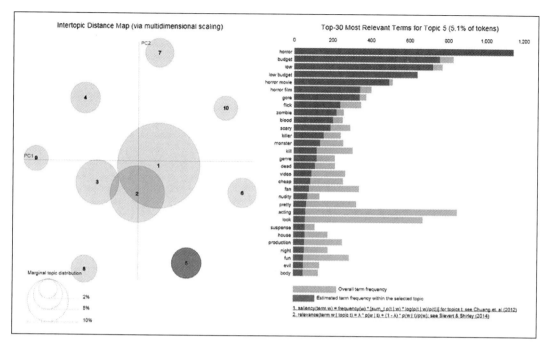

图 9-20　负面电影评论的主题模型可视化

9.11　本章小结

　　本章面向真实世界的例子，带着对文本内容进行评论情感预测的目的，介绍了 IMDB 电影评论数据集。我们介绍了 NLP 的多个方面，包括文本处理、规范化、特征工程和文本分类。详细介绍了使用情感词典（如 TextBlob、AFINN、SentiWordNet 和 VADER）的无监督学习技术，讲述了在缺少带有标签的训练数据的情况下如何分析情感，这是当今组织中确实存在的一个问题。详细的工作流程图将文本分类描述为有监督的机器学习问题，这帮助我们将 NLP 与机器学习联系起来，这样当我们拥有带标签的数据时，我们可以使用机器学习技术和方法解决情感预测问题。

　　对于有监督的方法有两个方面值得关注，包括传统的机器学习方法和模型（如逻辑回归和支持向量机），以及新的深度学习模型（包括深度神经网络、RNN 和 LSTM）。本章介绍了详细的概念、工作流程、可以上手的例子、多个有监督模型的比较分析和不同的特征工程技术，目的是以最优的模型性能预测电影评论的情感。9.10 节讨论了机器学习的一个非常重要的方面，但在分析中它常常被忽略。我们研究了正面或负面情感成因的分析和解释方法。通过一些示例，我们对模型解释和主题模型进行了分析和可视化，这让你深入了解如何在自己的数据集上重用这些框架。本章中使用的框架和方法对于解决你自己的文本数据上的类似问题应该是很有用的。

第 10 章
深度学习的前景

本书的重点是让你了解自然语言处理（NLP）核心技术的最新进展，因此介绍使用深度学习进行 NLP 的详细应用超出了本书的范围。然而，在本书中我们仍旧尽力介绍了一些有趣的 NLP 应用，在第 4 章我们围绕词嵌入介绍了一些有趣的模型，如 Word2Vec、GloVe 和 FastText，在第 5 章我们使用深度学习构建了文本分类模型。本章的目的是介绍在深度学习帮助下，NLP 领域取得的一些最新进展，以及深度学习在构建更好的模型、解决更复杂的问题和帮助我们构建更好更智能的系统方面的前景。

有很多人对深度学习和人工智能（AI）大肆炒作，也有怀疑论者将其描述为一种失败，媒体则描述了一个人们会失去工作、所谓的杀手机器人将崛起的严峻未来。本章的目的是去除炒作，并聚焦在如何使用这些方法帮助构建更好和更通用的系统这一现实情况，减少在特征工程和复杂建模等方面所用的精力。深度学习在构建机器翻译、文本生成、文本摘要、语音识别等领域已经取得了成功，并将继续取得成功，这些都是很难解决的问题。除了解决这些问题外，其准确率在过去几年中也已经达到了人类的水平！

另外一个有趣的方面就是构建通用的模型或者表示，以便我们只需在特征工程方面花费较少的精力就可以在向量空间表示任何文本语料库。这个思路就是使用迁移学习，这样在遇到缺乏数据的问题时，我们可以使用预训练模型（这个模型已经使用有丰富文本的大量语料库进行了训练），在新文本数据上生成表示。计算机视觉最好的一方面是我们拥有大量的数据集，如 ImageNet，以及一些预训练的准确模型，如 VGG、Inception 和 ResNet，它们可以用于新问题的特征提取。但是，NLP 怎么样呢？考虑到文本数据的多样性、多噪声和非结构化，这是一个固有的挑战。我们最近在词嵌入方面取得了一些进展，包括如 Word2Vec、GloVe 和 FastText 这样的一些方法，这些方法在第 4 章进行了介绍。本章，我们将展示几个最先进的通用句子嵌入编码器，与词嵌入模型相比，这些编码器由于使用了迁移学习（尤其在小数据集时），常常能得到非常好的性能。这将展示深度学习在 NLP 方面的应用前景。我们将介绍以下模型：

❑ 平均句子嵌入（averaged sentence embedding）

❑ Doc2Vec

❑ 神经网络语言模型（动手演示）

❑ skip-thought 向量

❑ quick-thought 向量

❑ InferSent

❑ 通用句子编码器（universal sentence encoder）

基于前面章节的数据集，我们介绍一些基本概念，并展示一些利用 Python 和 Tensor-Flow 解决文本分类问题的实例。本章以我们最近的想法为基础，相关内容在一篇热门文章中提到过，如果你感兴趣，可以访问 https://towardsdatascience.com/deep-transfer-learning-for-natural-language-processing-text-classification-with-universal-1a2c69e5baa9。本章的初衷不只是介绍一些深度学习用在 NLP 中的一般性概念，而是展示在 NLP 中使用最先进的深度迁移学习模型处理现实世界的实际例子。让我们开始吧！本章展示的所有示例代码都存放在本书的官方 GitHub 存储库中，你可以访问 https://github.com/dipanjanS/text-analytics-with-python/tree/master/New-Second-Edition 获取。

10.1 为什么我们对嵌入痴迷

嵌入背后的这种突然狂热是什么呢？我相信你们中的很多人可能都听到过。让我们先把基本的东西弄清楚，然后消除误解。

> 嵌入是一个固定长度的向量，通常用于编码和表示一个实体（文档、句子、单词、图）。

我已经在第 4 章和我的一篇文章中讲述过文本数据和 NLP 上下文中使用嵌入的必要性，该文章网址为 https://towardsdatascience.com/understanding-feature-engineering-part-4-deep-learning-methods-for-text-data-96c44370bbfa。但为了方便起见，我将在此简短地重复一下。对于语音或图像识别系统，在高维度的数据集（如音频频谱图和图像像素强度）中，我们已经获得了以稠密特征向量嵌入形式表示的丰富信息。然而，当涉及原始文本数据，特别是基于计数的模型（如词袋）时，我们处理的可能是具有自己标识符的单个单词，而没有捕获单词之间的语义关系。这将导致文本数据存在大量稀疏词向量，因此如果没有足够多的数据，我们可能因为维数灾难，最终得到糟糕的模型，甚至对数据过度拟合。请见图 10-1。

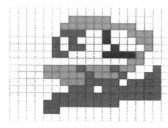 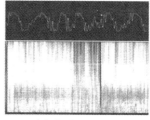

图像像素（稠密） 音频频谱图（稠密） 词向量（稀疏）

图 10-1　比较音频、图像和文本的特征表示

像基于神经网络的语言模型这样的预测方法，通过查找语料库中的单词序列，尝试通过相邻的单词去预测单词。在这一过程中，该方法学习了分布式表示，使我们得到了稠密的词嵌入。

现在你可能在想，大不了我们从文本中得到一堆向量。现在怎么办呢？好吧，如果我们有一个很好的文本数据的数值表示，它甚至可以捕获上下文和语义，那么我们可以将其用于各种下游的实际任务，如感情分析、文本分类、聚类、摘要、翻译等。事实上，基于数字和嵌入运行（见图 10-2）是使用机器学习或深度学习模型编码文本数据的关键。

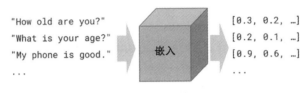

图 10-2　文本嵌入

这里有一个大的趋势是发现所谓的"通用嵌入"，基本上这是通过在一个巨大的语料库上训练深度学习模型得到的预训练嵌入。这使我们能够在各种各样的任务中使用这些预训练（通用）嵌入，包括因缺少足够数据而受约束的场景。这是一个完美的关于迁移学习的例子，因为它涉及利用来自预训练嵌入的先验知识来解决一个全新的任务！图 10-3 展示了通用词嵌入和句子嵌入的一些最新趋势，这要归功于 HuggingFace 上的一篇很棒的文章（https://medium.com/huggingface/universal-word-sentence-embeddings-ce48ddc8fc3a）！

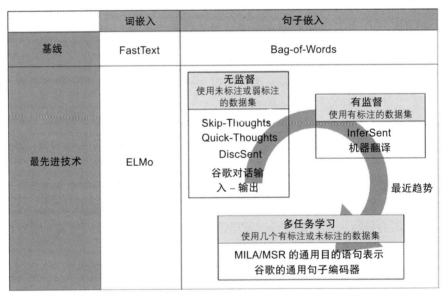

图 10-3　通用词嵌入和句子嵌入的最新趋势（来源：https://medium.com/huggingface/universal-word-sentence-embeddings-ce48ddc8fc3a）

图 10-3 显示了一些有趣的趋势，包括我们即将详细探讨的谷歌通用句子编码器。在深入研究通用句子编码器之前，让我们先简要地看一下词嵌入和句子嵌入模型的发展趋势。

10.2　词嵌入模型的趋势

自 2013 年 Word2Vec 开发出来后，词嵌入模型也许是一些存在已久的、更加成熟的模型。有三种最常见的利用深度学习（无监督方法）的模型，它们基于语义和上下文相似度在连续向量空间中嵌入词向量：

- ❏ Word2Vec
- ❏ GloVe
- ❏ FastText

这些模型基于分布语义学领域中的分布假设原理，它告诉我们，在同一上下文中出现和使用的单词在语义上彼此相似，并且具有相似的含义（即"一个单词的特性由它周围的单词决定"）。如果你对这些翔实的细节感兴趣，请参阅我撰写的关于词嵌入的文章，因为它详细地介绍了这三种方法。

最近在该领域开发的另一个有趣的模型是 ELMo（https://allennlp.org/elmo）。它是由 Allen 人工智能研究所开发的。ELMo 取自 "Sesame Street"（芝麻街）中著名的木偶角色，但它也是"语言模型嵌入"（Embeddings from Language Models）的缩写。

ELMo 为我们提供了从深度双向语言模型（biLM）中学习的词嵌入，该模型通常在大型文本语料库上进行预训练，从而实现迁移学习，并使这些嵌入能够在不同的 NLP 任务中使用。Allen 人工智能研究所告诉我们 ELMo 表示是基于上下文、深度和字符的。它使用形态学的线索来形成表示，甚至对 OOV（词汇表外）标记也是如此。

10.3 通用句子嵌入模型的趋势

句子嵌入的概念并不新鲜，因为在构建词嵌入时，构建基线句子嵌入模型的最简单方法之一是使用平均值。

一个基线句子嵌入模型可以通过平均每个句子/文档的单个词嵌入来构建（类似于词袋，在这里我们失去了句子中固有的上下文和单词顺序）。在我的文章（https://toward-sdatascience.com/understanding-feature-engineering-part-4-deep-learning-methods-for-text-data-96c44370bbfa）和第 5 章中都详细介绍了这一点。图 10-4 显示了它的一种实现方法。

当然，还有一些更复杂的方法，比如将句子编码成词嵌入的线性加权组合，然后去掉一些常见的主成分。可参见 https://openreview.net/forum?id=SyK00v5xx 上的 "A Simple but Tough-to-Beat Baseline for Sentence Embeddings"。

Doc2Vec 也是 Mikolov 等人在题为 "Distributed Representations of Sentences and Documents" 的论文中提出的一种非常流行的方法。在此，他们提出了段落向量，这是一种无监督的算法，它从可变长度的文本片段（如句子、段落和文档）中学习固定长度的特征嵌入（见图 10-5）。

基于这种描述，模型用一个稠密向量来表示每个文档，训练该向量来预测文档中的单词。唯一的区别是段落或文档 ID 与常规单词标识符一起用于构建嵌入。这样的设计，使得该模型能够克服词袋模型的缺点。

神经网络语言模型（Neural-Net Language Models，NNLM）是一个很早的基于神经概率语言模型的概念，由 Bengio 等人在 2013 年的论文 "A Neural Probabilistic Language Model" 中提出，论文中讨论了如何学习单词的分布式表示法，使每个训练句子都能告诉模型语义上相邻句子的一个指数。该模型同时学习每个单词的分布式表示法以及用这些词项来表示的单词序列的概率函数。因为一个从未见过的单词序列，如果是由与已经见过的句子中的单词相似的单词组成的（在具有邻近表示的意义上），那么它就有很高的概率，这样就得到了泛化。

```python
1    def average_word_vectors(words, model, vocabulary, num_features):
2
3        feature_vector = np.zeros((num_features,),dtype="float64")
4        nwords = 0.
5
6        for word in words:
7            if word in vocabulary:
8                nwords = nwords + 1.
9                feature_vector = np.add(feature_vector, model[word])
10
11       if nwords:
12           feature_vector = np.divide(feature_vector, nwords)
13
14       return feature_vector
15
16
17   def averaged_word_vectorizer(corpus, model, num_features):
18       vocabulary = set(model.wv.index2word)
19       features = [average_word_vectors(tokenized_sentence, model, vocabulary, num_features)
20                       for tokenized_sentence in corpus]
21       return np.array(features)
22
23
24   # get document level embeddings
25   w2v_feature_array = averaged_word_vectorizer(corpus=tokenized_corpus, model=w2v_model,
26                                     num_features=feature_size)
27   pd.DataFrame(w2v_feature_array)
```

feature_engg_text_31.py hosted with 💙 by GitHub   view raw

	0	1	2	3	4	5	6	7	8	9
0	0.004690	0.009370	-0.009667	0.026014	0.034989	0.010402	-0.033441	-0.011956	-0.000243	0.010552
1	0.005751	0.003210	-0.001964	0.016550	0.030962	0.004340	-0.019463	-0.009149	0.008256	0.019600
2	0.016712	0.004806	-0.001924	-0.027226	0.029162	-0.017201	-0.023197	-0.008610	-0.011976	0.020602
3	-0.009216	0.003900	-0.009232	-0.005232	0.042718	-0.032432	-0.006243	0.013524	0.008095	0.021227
4	-0.016321	-0.008715	-0.001633	-0.000501	0.027367	-0.037861	0.008515	0.021066	0.020373	0.016512
5	0.018538	0.007522	-0.009302	-0.025440	0.037199	-0.009890	-0.021419	-0.011769	-0.002221	0.018277
6	0.008532	0.008041	-0.016573	0.018653	0.036140	0.004038	-0.022891	0.000484	-0.005900	0.015766
7	0.024419	0.012915	-0.010596	-0.039350	0.037018	-0.013378	-0.020677	-0.004417	-0.011864	0.013540

图 10-4　基线句子嵌入模型

　　谷歌构建了一个通用的句子嵌入模型 nnlm-en-dim128（https://tfhub.dev/Google/nnlm-en-dim128/1），它是一个基于标识符的文本嵌入模型，该模型使用三层前向神经网络语言模型在英文 Google News 200B 语料库上进行训练。此模型将任何文本体都映射到 128 维嵌入。我们很快就会在实际演示中使用它！

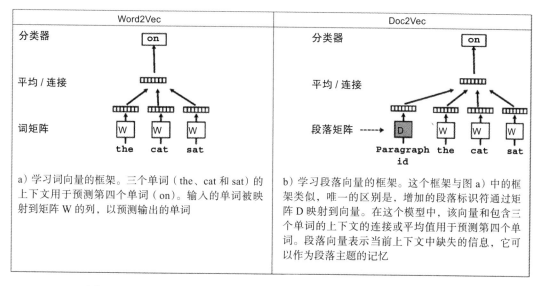

a) 学习词向量的框架。三个单词（the、cat 和 sat）的上下文用于预测第四个单词（on）。输入的单词被映射到矩阵 W 的列，以预测输出的单词

b) 学习段落向量的框架。这个框架与图 a) 中的框架类似，唯一的区别是，增加的段落标识符通过矩阵 D 映射到向量。在这个模型中，该向量和包含三个单词的上下文的连接或平均值用于预测第四个单词。段落向量表示当前上下文中缺失的信息，它可以作为段落主题的记忆

图 10-5　Word2Vec 与 Doc2Vec（来源：https://arxiv.org/abs/1405.4053）

skip-thought 向量也是基于无监督学习的通用句子编码领域的首批模型之一。在他们的论文"Skip-Thought Vectors"中，他们利用书籍中文本的连续性，训练了一个编码器 – 解码器模型，该模型试图重建编码段落的周围句子。共享语义和句法属性的句子被映射到类似的向量表示。见图 10-6。

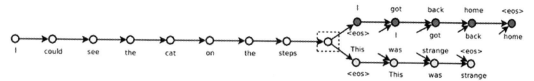

skip-thought 模型。给定一个连续句子元组（s_{i-1}, s_i, s_{i+1}），s_i 是一本书中的第 i 个句子，对句子 s_i 进行编码，并试图重构前一句 s_{i-1} 和下一句 s_{i+1}。在这个例子中，输入的是"I got back home. I could see the cat on the steps. This was strange."这三元一组的句子。独立箭头连接到编码器输出。颜色表示哪些组件共享参数。<eos> 是句子结束符号。

图 10-6　Word2Vec 与 Doc2Vec（来源：https://arxiv.org/abs/1405.4053）

这与 skip-gram 模型类似，但是是针对句子的，我们尝试预测给定源句子周围的句子。

quick-thought 向量是一种更新的无监督的句子嵌入学习方法（见图 10-7）。详细介绍见论文"An efficient framework for learning sentence representations"。有趣的是，它们通过在常规的编码器 – 解码器体系结构中用分类器替换解码器，将预测句子出现的上下文的问题重新表述为分类问题。

给定一个句子和它出现的上下文，分类器将根据它们的嵌入表示来区分上下文和其他对比句。输入语句首先使用某种函数进行编码。但是模型没有生成目标句，而是从一组候选句中选择正确的目标句。将生成问题看成是从所有可能句子中选择句子，这可以看作是对生成问题的判别式近似。

InferSent 是一种利用自然语言推理数据学习通用句子嵌入的有监督学习方法。这是一

种硬核的有监督迁移学习，就像我们在 ImageNet 数据集上训练计算机视觉的预训练模型一样，它们使用斯坦福自然语言推理数据集的有监督数据训练通用句子表示。详细信息见他们的论文"Supervised Learning of Universal Sentence Representations from Natural Language Inference Data"。该模型使用的数据集是 SNLI 数据集，它由 570 000 个人工生成的英语句子对组成，手工标记为 3 个类别之一：蕴含、矛盾或中性。它能够进行自然语言推理，有助于理解句子语义。见图 10-8。

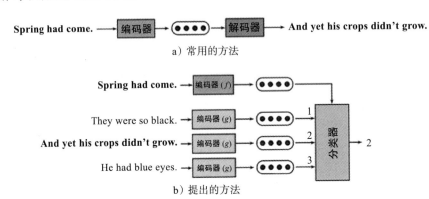

a）常用的方法

b）提出的方法

图 10-7　quick-thought 向量（来源：https://openreview.net/forum?id=rJvJXZb0W）

基于图 10-8 所示的架构，我们可以看到它使用了一个共享的句子编码器，它输出前提 u 和假设 v 的表示。一旦生成句向量，就使用三种匹配方法来提取 u 和 v 之间的关系：

❑ 连接 (u, v)

❑ 元素内积 $u * v$

❑ 元素差值绝对值 $|u - v|$

然后将得到的向量输入到由多个全连接的层组成的 3 类分类器中，最终形成一个 softmax 层。

通用句子编码器于 2018 年初发布，它源自谷歌，是最新、最好的通用句子嵌入模型之一！通用句子编码器可以将任何文本体编码为 512 维嵌入，可用于各种 NLP 任务，包括文本分类、语义

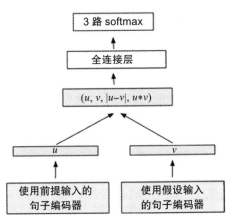

图 10-8　InferSent 训练架构（来源：https://arxiv.org/abs/1705.02364）

相似度和聚类。它接受各种数据源和各种任务的训练，目的是动态地适应各种自然语言理解任务，这些任务需要对单词序列的意义进行建模，而不仅仅是对单个单词进行建模。

他们的关键发现是，使用句子嵌入的迁移学习往往优于词嵌入水平的迁移。查看他们的论文"Universal Sentence Encoder"可了解更多细节。基本上，在 TF-Hub 中有两个版本的模型可用作通用句子编码器（https://tfhub.dev/google/universal-sentence-encoder/2）。版本 1 使用基于变换网络的句子编码模型，版本 2 使用深度平均网络（Deep Averaging Network，DAN），其中单词和 bi-gram（二元语法）的输入嵌入被平均在一起，然后通过前馈深度神经网络（Deep Neural Network，DNN）生成句子嵌入。我们很快会在实际演示中使用版本 2。

10.4　理解文本分类问题

现在是时候把这些通用句子编码器付诸使用并进行动手演示了！正如文章所提到的，我们在这里演示的前提是聚焦一个非常流行的 NLP 任务，在情感分析的上下文中进行文本分类。我们将使用 IMDB 大型电影评论数据集作为基准。你可以在 http://ai.stanford.edu/~amaas/data/sentiment/ 上下载，或者你也可以从我的 GitHub 存储库 https://github.com/dipanjanS/data_science_for_all/tree/master/tds_deep_transfer_learning_nlp_classification 下载。见图 10-9。

图 10-9　电影评论的情感分析

这个数据集共有 50 000 条影评，其中 25 000 条是正面情感，25 000 条是负面情感。我们将在总计 30 000 条评论的训练数据集上训练模型，在 5 000 条评论上验证模型，并使用 15 000 条评论作为测试数据集。主要目标是正确预测每一条评论的正面或负面情感。

10.5　使用通用句子嵌入

既然已经确定了主要目标，让我们把通用的句子编码器付诸实践！该代码可在本书的 GitHub 存储库中获得，网址为 https://GitHub.com/dipanjanS/text-analytics-with-python。随便试试吧。我建议使用基于 GPU 的实例。我喜欢使用 Paperspace，在这里你可以在云中启动 notebook，而不用担心手动配置实例。

我的配置是一个 8 核 CPU、30GB 内存、250GB 的固态硬盘和一个 NVIDIA Quadro P4000，这通常比大多数 AWS GPU 实例便宜（不过我喜欢 AWS！）。

10.5.1　加载依赖

我们从安装 `tensorflow-hub` 开始，它使我们能够轻松地使用这些句子编码器。

```
!pip install tensorflow-hub
Collecting tensorflow-hub
  Downloading https://files.pythonhosted.org/packages/5f/22/64f246ef80e64b
  1a13b2f463cefa44f397a51c49a303294f5f3d04ac39ac/tensorflow_hub-0.1.1-py2.
  py3-none-any.whl (52kB)
    100% |##############################| 61kB 8.5MB/s ta 0:00:011
Requirement already satisfied: numpy>=1.12.0 in /usr/local/lib/python3.6/
dist-packages (from tensorflow-hub) (1.14.3)
Requirement already satisfied: six>=1.10.0 in /usr/local/lib/python3.6/
dist-packages (from tensorflow-hub) (1.11.0)
```

```
Requirement already satisfied: protobuf>=3.4.0 in /usr/local/lib/python3.6/
dist-packages (from tensorflow-hub) (3.5.2.post1)
Requirement already satisfied: setuptools in /usr/local/lib/python3.6/dist-
packages (from protobuf>=3.4.0->tensorflow-hub) (39.1.0)
Installing collected packages: tensorflow-hub
Successfully installed tensorflow-hub-0.1.1
```

现在让我们加载本教程的基本依赖项！

```
import tensorflow as tf
import tensorflow_hub as hub
import numpy as np
import pandas as pd
```

以下命令可帮助你检查 `tensorflow` 是否使用 GPU（如果你已经设置了一个 GPU）：

```
In [12]: tf.test.is_gpu_available()
Out[12]: True

In [13]: tf.test.gpu_device_name()
Out[13]: '/device:GPU:0'
```

10.5.2　加载和查看数据集

我们现在可以加载数据集并使用 `pandas` 查看它。我在存储库中提供了数据集的压缩版本，你可以按如下方法使用它。

```
dataset = pd.read_csv('movie_reviews.csv.bz2', compression='bz2')
dataset.info()

<class 'pandas.core.frame.DataFrame'>
RangeIndex: 50000 entries, 0 to 49999
Data columns (total 2 columns):
review       50000 non-null object
sentiment    50000 non-null object
dtypes: object(2)
memory usage: 781.3+ KB
```

我们将情感列编码为 1 和 0，以便在模型开发（标签编码）过程中更轻松。见图 10-10。

```
dataset['sentiment'] = [1 if sentiment == 'positive' else 0 for sentiment
in dataset['sentiment'].values]
dataset.head()
```

	评论	情感
0	One of the other reviewers has mentioned that ...	1
1	A wonderful little production. The...	1
2	I thought this was a wonderful way to spend ti...	1
3	Basically there's a family where a little boy ...	0
4	Petter Mattei's "Love in the Time of Money" is...	1

图 10-10　电影评论数据集

10.5.3 构建训练、验证和测试数据集

在开始建模之前，我们将创建训练、验证和测试数据集。我们的训练数据集使用 30 000 条评论，验证数据集使用 5 000 条评论，测试数据集使用 15 000 条评论。你还可以使用训练–测试分割函数，如 Scikit-Learn 中的 `train_test_split()`。

```
reviews = dataset['review'].values
sentiments = dataset['sentiment'].values

train_reviews = reviews[:30000]
train_sentiments = sentiments[:30000]

val_reviews = reviews[30000:35000]
val_sentiments = sentiments[30000:35000]

test_reviews = reviews[35000:]
test_sentiments = sentiments[35000:]
train_reviews.shape, val_reviews.shape, test_reviews.shape

((30000,), (5000,), (15000,))
```

10.5.4 基本文本整理

我们需要进行一些基本的文本整理和预处理，以消除一些噪声，如缩写、不必要的特殊字符、HTML 标签等。下面的代码可帮助我们构建一个简单而有效的文本整理系统。如果没有下列库，请安装它们。如果你愿意，还可以重用我们在第 3 章中构建的文本整理模块。

```
!pip install contractions
!pip install beautifulsoup4
```

以下函数可帮助我们构建文本整理系统。

```
import contractions
from bs4 import BeautifulSoup
import unicodedata
import re

def strip_html_tags(text):
    soup = BeautifulSoup(text, "html.parser")
    [s.extract() for s in soup(['iframe', 'script'])]
    stripped_text = soup.get_text()
    stripped_text = re.sub(r'[\r|\n|\r\n]+', '\n', stripped_text)
    return stripped_text

def remove_accented_chars(text):
    text = unicodedata.normalize('NFKD', text).encode('ascii', 'ignore').
    decode('utf-8', 'ignore')
    return text

def expand_contractions(text):
    return contractions.fix(text)

def remove_special_characters(text, remove_digits=False):
```

```
    pattern = r'[^a-zA-Z0-9\s]' if not remove_digits else r'[^a-zA-Z\s]'
    text = re.sub(pattern, '', text)
    return text

def pre_process_document(document):

    # strip HTML
    document = strip_html_tags(document)

    # lower case
    document = document.lower()

    # remove extra newlines (often might be present in really noisy text)
    document = document.translate(document.maketrans("\n\t\r", "   "))
    # remove accented characters
    document = remove_accented_chars(document)

    # expand contractions
    document = expand_contractions(document)

    # remove special characters and\or digits
    # insert spaces between special characters to isolate them
    special_char_pattern = re.compile(r'([{.(-)!}])')
    document = special_char_pattern.sub(" \\1 ", document)
    document = remove_special_characters(document, remove_digits=True)

    # remove extra whitespace
    document = re.sub(' +', ' ', document)
    document = document.strip()

    return document

pre_process_corpus = np.vectorize(pre_process_document)
```

让我们使用上面已经实现的函数对数据集做预处理。

```
train_reviews = pre_process_corpus(train_reviews)
val_reviews = pre_process_corpus(val_reviews)
test_reviews = pre_process_corpus(test_reviews)
```

10.5.5　构建数据接入函数

由于我们将在 `tensorflow` 中使用 `tf.estimator` API 实现模型，因此我们需要定义一些函数来构建数据和特征工程流水线，以便在训练期间将数据送入模型。下面的函数将对我们有所帮助。我们利用 `numpy_input_fn()` 函数将 `numpy` 数组字典送入模型中。

```
# Training input on the whole training set with no limit on training epochs.
train_input_fn = tf.estimator.inputs.numpy_input_fn(
    {'sentence': train_reviews}, train_sentiments,
    batch_size=256, num_epochs=None, shuffle=True)

# Prediction on the whole training set.
predict_train_input_fn = tf.estimator.inputs.numpy_input_fn(
    {'sentence': train_reviews}, train_sentiments, shuffle=False)
```

```
# Prediction on the whole validation set.
predict_val_input_fn = tf.estimator.inputs.numpy_input_fn(
    {'sentence': val_reviews}, val_sentiments, shuffle=False)

# Prediction on the test set.
predict_test_input_fn = tf.estimator.inputs.numpy_input_fn(
    {'sentence': test_reviews}, test_sentiments, shuffle=False)
```

我们现在可以构建模型了!

10.5.6 使用通用句子编码器构建深度学习模型

在构建模型之前，我们首先需要定义使用通用句子编码器的句子嵌入特征。我们可以使用下面的代码来实现这一点。

```
embedding_feature = hub.text_embedding_column(
    key='sentence',
    module_spec="https://tfhub.dev/google/universal-sentence-encoder/2",
    trainable=False)

INFO:tensorflow:Using /tmp/tfhub_modules to cache modules.
```

正如我们所讨论的，我们使用版本 2 的通用句子编码器，它在我们的输入字典中处理句子属性，这是我们的评论数据的 numpy 数组。我们构建一个简单的前向 DNN，其中有两个隐藏层。这只是一个标准模型，没有什么太复杂的东西，因为我们想看看这些嵌入在一个简单的模型上的表现如何。在这里，我们以预训练嵌入的形式使用迁移学习。我们通过设置 trainable=False 来固定嵌入权重，不进行微调。

```
dnn = tf.estimator.DNNClassifier(
        hidden_units=[512, 128],
        feature_columns=[embedding_feature],
        n_classes=2,
        activation_fn=tf.nn.relu,
        dropout=0.1,
        optimizer=tf.train.AdagradOptimizer(learning_rate=0.005))

# train for approx 12 epochs
# 256*1500 / 30000 == 12.8
```

我们已经将 batch_size 设置为 256，我们将在 1 500 步中以每批 256 条记录的批处理方式输入数据。这个转换相当于 12～13 轮。

10.5.7 模型训练

现在让我们在训练数据集上训练模型，并在训练和验证数据集上进行评估，步长为 100。

```
tf.logging.set_verbosity(tf.logging.ERROR)
import time

TOTAL_STEPS = 1500
STEP_SIZE = 100
for step in range(0, TOTAL_STEPS+1, STEP_SIZE):
```

```
    print()
    print('-'*100)
    print('Training for step =', step)
    start_time = time.time()
    dnn.train(input_fn=train_input_fn, steps=STEP_SIZE)
    elapsed_time = time.time() - start_time
    print('Train Time (s):', elapsed_time)
    print('Eval Metrics (Train):', dnn.evaluate(input_fn=predict_train_
    input_fn))
    print('Eval Metrics (Validation):', dnn.evaluate(input_fn=predict_val_
    input_fn))
```

```
--------------------------------------------------------------------
Training for step = 0
Train Time (s): 78.62789511680603
Eval Metrics (Train): {'accuracy': 0.84863335, 'accuracy_baseline':
0.5005, 'auc': 0.9279859, 'auc_precision_recall': 0.92819566, 'average_
loss': 0.34581015, 'label/mean': 0.5005, 'loss': 44.145977, 'precision':
0.86890674, 'prediction/mean': 0.47957155, 'recall': 0.8215118, 'global_
step': 100}
Eval Metrics (Validation): {'accuracy': 0.8454, 'accuracy_baseline': 0.505,
'auc': 0.92413086, 'auc_precision_recall': 0.9200026, 'average_loss':
0.35258815, 'label/mean': 0.495, 'loss': 44.073517, 'precision': 0.8522351,
'prediction/mean': 0.48447067, 'recall': 0.8319192, 'global_step': 100}

--------------------------------------------------------------------
Training for step = 100
Train Time (s): 76.1651611328125
Eval Metrics (Train): {'accuracy': 0.85436666, 'accuracy_baseline': 0.5005,
'auc': 0.9321357, 'auc_precision_recall': 0.93224275, 'average_loss':
0.3330773, 'label/mean': 0.5005, 'loss': 42.520508, 'precision': 0.8501513,
'prediction/mean': 0.5098621, 'recall': 0.86073923, 'global_step': 200}
Eval Metrics (Validation): {'accuracy': 0.8494, 'accuracy_baseline':
0.505, 'auc': 0.92772096, 'auc_precision_recall': 0.92323804, 'average_
loss': 0.34418356, 'label/mean': 0.495, 'loss': 43.022945, 'precision':
0.83501947, 'prediction/mean': 0.5149463, 'recall': 0.86707073, 'global_
step': 200}
--------------------------------------------------------------------
...
...
...
--------------------------------------------------------------------
Training for step = 1400
Train Time (s): 85.99037742614746
Eval Metrics (Train): {'accuracy': 0.8783, 'accuracy_baseline': 0.5005,
'auc': 0.9500882, 'auc_precision_recall': 0.94986326, 'average_loss':
0.28882334, 'label/mean': 0.5005, 'loss': 36.871063, 'precision': 0.865308,
'prediction/mean': 0.5196238, 'recall': 0.8963703, 'global_step': 1500}
Eval Metrics (Validation): {'accuracy': 0.8626, 'accuracy_baseline':
```

```
0.505, 'auc': 0.93708724, 'auc_precision_recall': 0.9336051, 'average_
loss': 0.32389137, 'label/mean': 0.495, 'loss': 40.486423, 'precision':
0.84044176, 'prediction/mean': 0.5226699, 'recall': 0.8917172, 'global_
step': 1500}
--------------------------------------------------------------------
Training for step = 1500
Train Time (s): 86.91469407081604
Eval Metrics (Train): {'accuracy': 0.8802, 'accuracy_baseline': 0.5005,
 'auc': 0.95115364, 'auc_precision_recall': 0.950775, 'average_loss':
 0.2844779, 'label/mean': 0.5005, 'loss': 36.316326, 'precision': 0.8735527,
 'prediction/mean': 0.51057553, 'recall': 0.8893773, 'global_step': 1600}
Eval Metrics (Validation): {'accuracy': 0.8626, 'accuracy_baseline': 0.505,
 'auc': 0.9373224, 'auc_precision_recall': 0.9336302, 'average_loss':
 0.32108024, 'label/mean': 0.495, 'loss': 40.135033, 'precision': 0.8478599,
 'prediction/mean': 0.5134171, 'recall': 0.88040406, 'global_step': 1600}
```

根据输出日志，你可以看到我们在验证数据集上的整体准确率接近87%，AUC 为94%，对于这样一个简单的模型，这个结果非常好！

10.5.8　模型评估

现在让我们评估模型，检查训练和测试数据集的整体性能。

```
dnn.evaluate(input_fn=predict_train_input_fn)
```

```
{'accuracy': 0.8802, 'accuracy_baseline': 0.5005, 'auc': 0.95115364,
 'auc_precision_recall': 0.950775, 'average_loss': 0.2844779,
 'label/mean': 0.5005, 'loss': 36.316326, 'precision': 0.8735527,
 'prediction/mean': 0.51057553, 'recall': 0.8893773, 'global_step': 1600}
```

```
dnn.evaluate(input_fn=predict_test_input_fn)
```

```
{'accuracy': 0.8663333, 'accuracy_baseline': 0.5006667, 'auc': 0.9406502,
 'auc_precision_recall': 0.93988097, 'average_loss': 0.31214723, 'label/
mean': 0.5006667,
 'loss': 39.679733, 'precision': 0.8597569, 'prediction/mean': 0.5120608,
 'recall': 0.8758988, 'global_step': 1600}
```

得到的测试数据集的整体准确率接近87%，根据我们之前在验证数据集上观察到的情况，我们得到了一致的结果。这样一来你应该掌握了如何轻松地使用预训练的通用句子嵌入，而不必担心麻烦的特征工程或复杂的建模。

10.6　红利：使用不同的通用句子嵌入进行迁移学习

现在让我们尝试使用不同的句子嵌入来构建不同的深度学习分类器。我们将尝试使用以下句子嵌入：

❑ NNLM-128
❑ USE-512

我们还将在这里介绍两种重要的迁移学习方法。

❑ 使用冻结的预训练的句子嵌入构建模型

❑ 使用可以在训练期间微调和更新预训练的句子嵌入构建模型

以下通用函数可以在 `tensorflow-hub` 中即插即用不同的通用句子编码器。

```python
import time

TOTAL_STEPS = 1500
STEP_SIZE = 500

my_checkpointing_config = tf.estimator.RunConfig(
    keep_checkpoint_max = 2,          # Retain the 2 most recent checkpoints.
)

def train_and_evaluate_with_sentence_encoder(hub_module, train_
module=False, path="):

    embedding_feature = hub.text_embedding_column(
        key='sentence', module_spec=hub_module, trainable=train_module)

    print()
    print('='*100)
    print('Training with', hub_module)
    print('Trainable is:', train_module)
    print('='*100)

    dnn = tf.estimator.DNNClassifier(
            hidden_units=[512, 128],
            feature_columns=[embedding_feature],
            n_classes=2,
            activation_fn=tf.nn.relu,
            dropout=0.1,
            optimizer=tf.train.AdagradOptimizer(learning_rate=0.005),
            model_dir=path,
            config=my_checkpointing_config)

    for step in range(0, TOTAL_STEPS+1, STEP_SIZE):
        print('-'*100)
        print('Training for step =', step)
        start_time = time.time()
        dnn.train(input_fn=train_input_fn, steps=STEP_SIZE)
        elapsed_time = time.time() - start_time
        print('Train Time (s):', elapsed_time)
        print('Eval Metrics (Train):', dnn.evaluate(input_fn=predict_train_
        input_fn))
        print('Eval Metrics (Validation):', dnn.evaluate(input_fn=predict_
        val_input_fn))

    train_eval_result = dnn.evaluate(input_fn=predict_train_input_fn)
    test_eval_result = dnn.evaluate(input_fn=predict_test_input_fn)
    return {
      "Model Dir": dnn.model_dir,
```

```
        "Training Accuracy": train_eval_result["accuracy"],
        "Test Accuracy": test_eval_result["accuracy"],
        "Training AUC": train_eval_result["auc"],
        "Test AUC": test_eval_result["auc"],
        "Training Precision": train_eval_result["precision"],
        "Test Precision": test_eval_result["precision"],
        "Training Recall": train_eval_result["recall"],
        "Test Recall": test_eval_result["recall"]
    }
```

我们现在可以使用这些定义的方法来训练模型。

```
tf.logging.set_verbosity(tf.logging.ERROR)

results = {}

results["nnlm-en-dim128"] = train_and_evaluate_with_sentence_encoder(
    "https://tfhub.dev/google/nnlm-en-dim128/1", path='/storage/models/
    nnlm-en-dim128_f/')

results["nnlm-en-dim128-with-training"] = train_and_evaluate_with_sentence_
encoder(
    "https://tfhub.dev/google/nnlm-en-dim128/1", train_module=True, path='/
    storage/models/nnlm-en-dim128_t/')

results["use-512"] = train_and_evaluate_with_sentence_encoder(
    "https://tfhub.dev/google/universal-sentence-encoder/2", path='/
    storage/models/use-512_f/')

results["use-512-with-training"] = train_and_evaluate_with_sentence_encoder(
    "https://tfhub.dev/google/universal-sentence-encoder/2", train_
    module=True, path='/storage/models/use-512_t/')

=================================================================
Training with https://tfhub.dev/google/nnlm-en-dim128/1
Trainable is: False
=================================================================
-----------------------------------------------------------------
Training for step = 0
Train Time (s): 30.525171756744385
Eval Metrics (Train): {'accuracy': 0.8480667, 'auc': 0.9287864,
'precision': 0.8288572, 'recall': 0.8776557}
Eval Metrics (Validation): {'accuracy': 0.8288, 'auc': 0.91452694,
'precision': 0.7999259, 'recall': 0.8723232}
-----------------------------------------------------------------
...
...
-----------------------------------------------------------------
Training for step = 1500
Train Time (s): 28.242169618606567
Eval Metrics (Train): {'accuracy': 0.8616, 'auc': 0.9385461, 'precision':
0.8443543, 'recall': 0.8869797}
```

```
Eval Metrics (Validation): {'accuracy': 0.828, 'auc': 0.91572505,
'precision': 0.80322945, 'recall': 0.86424243}
==================================================================
Training with https://tfhub.dev/google/nnlm-en-dim128/1
Trainable is: True
==================================================================
------------------------------------------------------------------
Training for step = 0
Train Time (s): 45.97756814956665
Eval Metrics (Train): {'accuracy': 0.9997, 'auc': 0.9998141, 'precision':
0.99980015, 'recall': 0.9996004}
Eval Metrics (Validation): {'accuracy': 0.877, 'auc': 0.9225529,
'precision': 0.86671925, 'recall': 0.88808084}
------------------------------------------------------------------
...
...
------------------------------------------------------------------
Training for step = 1500
Train Time (s): 44.654765605926514
Eval Metrics (Train): {'accuracy': 1.0, 'auc': 1.0, 'precision': 1.0,
'recall': 1.0}
Eval Metrics (Validation): {'accuracy': 0.875, 'auc': 0.91479605,
'precision': 0.8661916, 'recall': 0.8840404}

==================================================================
Training with https://tfhub.dev/google/universal-sentence-encoder/2
Trainable is: False
==================================================================
------------------------------------------------------------------
Training for step = 0
Train Time (s): 261.7671597003937
Eval Metrics (Train): {'accuracy': 0.8591, 'auc': 0.9373971, 'precision':
0.8820655, 'recall': 0.8293706}
Eval Metrics (Validation): {'accuracy': 0.8522, 'auc': 0.93081224,
'precision': 0.8631799, 'recall': 0.8335354}
------------------------------------------------------------------
...
...
------------------------------------------------------------------
Training for step = 1500
Train Time (s): 258.4421606063843
Eval Metrics (Train): {'accuracy': 0.88733333, 'auc': 0.9558296,
'precision': 0.8979955, 'recall': 0.8741925}
Eval Metrics (Validation): {'accuracy': 0.864, 'auc': 0.938815,
'precision': 0.864393, 'recall': 0.860202}
==================================================================
Training with https://tfhub.dev/google/universal-sentence-encoder/2
Trainable is: True
```

```
==================================================================
------------------------------------------------------------------
Training for step = 0
Train Time (s): 313.1993100643158
Eval Metrics (Train): {'accuracy': 0.99916667, 'auc': 0.9996535,
'precision': 0.9989349, 'recall': 0.9994006}
Eval Metrics (Validation): {'accuracy': 0.9056, 'auc': 0.95068294,
'precision': 0.9020474, 'recall': 0.9078788}
------------------------------------------------------------------
...
...
------------------------------------------------------------------
Training for step = 1500
Train Time (s): 305.9913341999054
Eval Metrics (Train): {'accuracy': 1.0, 'auc': 1.0, 'precision': 1.0,
'recall': 1.0}
Eval Metrics (Validation): {'accuracy': 0.9032, 'auc': 0.929281,
'precision': 0.8986784, 'recall': 0.9066667}
```

我已经在输出中描述了重要的评估指标，可以看到，我们的模型确实得到了一些好的结果。图 10-11 中的表很好地总结了这些用于对比的结果。

```
results_df = pd.DataFrame.from_dict(results, orient="index")
results_df
```

	模型目录	训练准确率	测试准确率	训练AUC	测试AUC	训练精度	测试精度	训练召回率	测试召回率
nnlm-en-dim128	/storage/models/nnlm-en-dim128_t/	0.861600	0.836133	0.938546	0.918221	0.844354	0.822770	0.886980	0.857390
nnlm-en-dim128-with-training	/storage/models/nnlm-en-dim128_t/	1.000000	0.878467	1.000000	0.919655	1.000000	0.875975	1.000000	0.882157
use-512	/storage/models/use-512_t/	0.887333	0.867067	0.955830	0.942319	0.897995	0.876776	0.874192	0.854594
use-512-with-training	/storage/models/use-512_t/	1.000000	0.904533	1.000000	0.930401	1.000000	0.904660	1.000000	0.904660

图 10-11　不同通用句子编码器的结果比较

看起来经过微调后的谷歌的通用句子编码器在测试数据集上得到了最好的结果。让我们加载这个保存好的模型并对测试数据集进行评估。

```
# get location of saved best model
best_model_dir = results_df[results_df['Test Accuracy'] == results_df['Test
Accuracy'].max()]['Model Dir'].values[0]

# load up model
embedding_feature = hub.text_embedding_column(
        key='sentence', module_spec="https://tfhub.dev/google/universal-
        sentence-encoder/2", trainable=True)

dnn = tf.estimator.DNNClassifier(
        hidden_units=[512, 128],
        feature_columns=[embedding_feature],
        n_classes=2,
        activation_fn=tf.nn.relu,
```

```
        dropout=0.1,
        optimizer=tf.train.AdagradOptimizer(learning_rate=0.005),
        model_dir=best_model_dir)
```

```
# define function to get model predictions
def get_predictions(estimator, input_fn):
    return [x["class_ids"][0] for x in estimator.predict(input_fn=input_fn)]
```

```
# get model predictions on test data
predictions = get_predictions(estimator=dnn, input_fn=predict_test_input_fn)
predictions[:10]
[0, 1, 0, 1, 1, 0, 1, 1, 1, 1]
```

评估模型性能的最佳方法之一是以混淆矩阵的形式可视化模型预测结果（见图 10-12）。

```
import seaborn as sns
import matplotlib.pyplot as plt
%matplotlib inline
```

```
with tf.Session() as session:
    cm = tf.confusion_matrix(test_sentiments, predictions).eval()
```

```
LABELS = ['negative', 'positive']
sns.heatmap(cm, annot=True, xticklabels=LABELS, yticklabels=LABELS,
fmt='g')
xl = plt.xlabel("Predicted")
yl = plt.ylabel("Actuals")
```

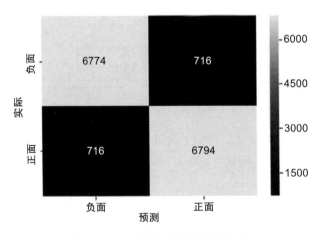

图 10-12　最佳模型预测的混淆矩阵

我们还可以使用 Scikit-Learn 打印出模型的分类报告，描述从混淆矩阵导出的其他一些重要的度量指标，包括精度、召回率和 F1 分数。

```
from sklearn.metrics import classification_report
```

```
print(classification_report(y_true=test_sentiments,
                    y_pred=predictions, target_names=LABELS))
```

```
            precision    recall  f1-score   support
```

negative	0.90	0.90	0.90	7490
positive	0.90	0.90	0.90	7510
avg / total	0.90	0.90	0.90	15000

我们在测试数据上得到了整体的模型精度和 F1 分数，其值都为 90%，这个结果真的很好。去试试这个吧。你可能会得到更好的分数，如果是的话，告诉我！

10.7 本章小结与展望

通用句子嵌入无疑是实现不同 NLP 任务迁移学习的一个巨大进步。事实上，我们已经看到像 ELMo、通用句子编码器和 ULMFiT 这样的模型确实成了头条，它们展示了预训练的模型可以在 NLP 任务上获得最新的结果。我非常高兴未来能进一步推广 NLP，使我们能够轻松地解决复杂的任务！

这是本书最后一章的结尾。我希望这能让你走进现实世界，运用你在这里学到的知识来解决你在 NLP 中的真实问题。永远记住奥卡姆剃刀（Occam's Razor）定律，它指出最简单的解决方案通常是最好的。虽然深度学习方法现在可能是一件很酷的事情，但它们并不是所有解决方案的灵丹妙药。只有当这样做完全合理时，你才应该使用它们，随着时间的推移，通过直觉、实验、实践和阅读，你会更好地理解这一点。现在就去解决一些有趣的 NLP 问题吧，记得告诉我你的进展！

推 荐 阅 读

统计学习导论——基于R应用

作者：Gareth James 等 ISBN: 978-7-111-49771-4 定价：79.00元

统计反思：用R和Stan例解贝叶斯方法

作者：Richard McElreath ISBN: 978-7-111-62491-2 定价：139.00元

计算机时代的统计推断：算法、演化和数据科学

作者：Bradley Efron ISBN: 978-7-111-62752-4 定价：119.00元

应用预测建模

作者：Max Kuhn 等 ISBN: 978-7-111-53342-9 定价：99.00元

推 荐 阅 读

基于深度学习的自然语言处理

作者：Karthiek Reddy Bokka 等 ISBN：978-7-111-65357-8 定价：79.00元

面向自然语言处理的深度学习：用Python创建神经网络

作者：Palash Goyal ISBN：978-7-111-61719-8 定价：69.00元

Java自然语言处理（原书第2版）

作者：Richard M Reese 等 ISBN：978-7-111-65787-3 定价：79.00元

TensorFlow自然语言处理

作者：Thushan Ganegedara ISBN：978-7-111-62914-6 定价：99.00元

推荐阅读

Python学习手册（原书第5版）

作者：Mark Lutz ISBN：978-7-111-60366-5 定价：219.00元

Python 3标准库

作者：Doug Hellmann ISBN：978-7-111-60895-0 定价：199.00元

Effective Python：编写高质量Python代码的59个有效方法

作者：Brett Slatkin ISBN：978-7-111-52355-0 定价：59.00元

Python数据整理

作者：Tirthajyoti Sarkar 等 ISBN：978-7-111-65578-7 定价：99.00元